MILHO

Blucher

Maurício de Oliveira
Gustavo Heinrich Lang
Cristiano Dietrich Ferreira
organizadores

MILHO
Química, tecnologia e usos

Milho: química, tecnologia e usos

Publisher Edgard Blücher
Editor Eduardo Blücher
Coordenação editorial Jonatas Eliakim
Produção editorial Thaís Costa
Preparação de texto Évia Yasumaru
Diagramação Felipe Gigek
Revisão de texto MPMB
Capa Leandro Cunha
Imagem da capa iStockphoto

As imagens coloridas deste livro estão disponíveis no nosso site.

Blucher

Rua Pedroso Alvarenga, 1245, 4° andar
04531-934 – São Paulo – SP – Brasil
Tel.: 55 11 3078-5366
contato@blucher.com.br
www.blucher.com.br

Segundo Novo Acordo Ortográfico, conforme 5. ed. do *Vocabulário Ortográfico da Língua Portuguesa*, Academia Brasileira de Letras, março de 2009.

Dados Internacionais de Catalogação na Publicação (CIP)
Angélica Ilacqua CRB-8/7057

Milho: química, tecnologia e usos / organizado por Maurício de Oliveira, Gustavo Heinrich Lang, Cristiano Dietrich Ferreira. – São Paulo : Blucher, 2022.
432 p.

Bibliografia
ISBN 978-65-5506-439-1

1. Engenharia de alimentos 2. Milho II. Lang, Gustavo Heinrich III. Ferreira, Cristiano Dietrich

21-5024 CDD 660

Índices para catálogo sistemático:
1. Engenharia de alimentos

CONTEÚDO

CAPÍTULO 1
PRODUÇÃO, ESTRUTURA E COMPOSIÇÃO

Eberson Dietrich Eicholz

RESUMO

O milho (*Zea mays* L.) é uma gramínea da família Poaceae, sendo cultivado e fazendo parte da dieta humana há milhares de anos. A origem é a região do México, sendo uma espécie muito domesticada e altamente produtiva, com adaptações a praticamente todos os continentes e atualmente é o cereal mais produzido no mundo. É importante não somente para a alimentação humana, mas também na indústria e, principalmente, para a alimentação animal. O Brasil é o terceiro maior produtor mundial, precedido da China e dos Estados Unidos. A maior parte do milho consumido no Brasil é destinada para as cadeias de suínos, aves e outros animais; o uso pela indústria e para consumo humano é de aproximadamente 15%. A produção do grão tem relevante importância na agricultura familiar, estando presente em grande parte das propriedades. O país se destaca entre os exportadores, estando em segundo lugar com representação superior a 20% do volume total. O milho tem muitas aplicações na indústria, que vai desde a produção de farinhas e canjicas até aplicações mais aprimoradas, como na indústria química e farmacêutica. O grão de milho é composto por aproximadamente 72% de amido, 10% proteínas e 5% de óleo, além de açúcares, minerais e fibras; e é dividido em quatro principais estruturas físicas: endosperma, gérmen, pericarpo e ponta.

1.1 INTRODUÇÃO

O milho (*Zea mays* L.) é uma monocotiledônea da família Poaceae, muito domesticada e com ciclo que depende do genótipo e do clima da região, podendo variar de 90 a mais de 180 dias. É uma espécie C4 sendo extremamente eficiente na assimilação de CO_2, com alta taxa de atividade fotossintética. As variedades melhoradas estão entre as espécies alimentares mais produtivas mundialmente. A taxa de multiplicação é uma das mais elevadas da produção vegetal, possibilitando produtividades superiores a 15 toneladas por hectare com menos de 20 kg de sementes.

O milho é uma planta milenar originada da planta teosinto na região do México (PATERNIANI et al., 2000; PARK et al., 2016). Foi base para alimentação das civilizações maia, asteca e inca que reverenciavam o cereal na cultura, presente nas manifestações religiosas e artísticas desses povos. O milho já fazia parte da dieta indígena na época de descoberta do Brasil em 1500 (PATERNIANI et al., 2000).

É uma cultura adaptada ao uso de tecnologias avançadas de cultivo e em sistemas simples e manuais o que torna o cereal presente em quase todas as propriedades, principalmente as de base familiar. É cultivado em praticamente todos os continentes em diferentes condições, porém, para cada região, existem milhos distintos com adaptações específicas (PATERNIANI et al., 2000). Assim encontramos variedades adaptadas a condições de altitude, solos de várzea, climas subtropicais e tropicais, resultado de esforços humanos para cultivar milho em condições de solo, climas e configurações topográficas diversas.

O milho possibilita uma infinidade de formas de usos desde a alimentação humana e animal (Capítulos 7 a 16), produção de combustíveis (Capítulo 17) até a produção de filmes e embalagens biodegradáveis (Capítulo 18). É um cereal energético, nutricionalmente importante, rico em amido, possui proteína, lipídeos, fibras, micronutrientes, vitaminas, ß-caroteno e minerais essenciais, como magnésio, zinco, fósforo e cobre. O milho também contém antioxidantes que protegem de várias doenças degenerativas (AI; JANE, 2016; SHAH et al., 2016).

Este cereal não contém glúten, assim, atende à demanda de pessoas que têm alergia ou intolerância ao glúten (celíacos). O milho pode ser utilizado diretamente na alimentação humana na forma de pipoca, canjica, cozido ou assado na espiga, ou ainda na forma de farinhas para fazer bolo de milho, pudins, pirão e polenta.

Estas características tornam o milho uma das espécies de grãos mais importantes mundialmente tanto no âmbito social como econômico, pela sua alta disponibilidade e acessibilidade, baixo custo e valor nutricional.

1.2 IMPORTÂNCIA DO MILHO

1.2.1 PRODUÇÃO E DEMANDA

1.2.1.1 Mundo

Os cereais mais produzidos no mundo são milho, trigo e arroz e contribuem com 50-60% das necessidades diárias de energia humana (BATHLA *et al.*, 2019).

Segundo dados da Food and Agriculture Organization (FAO, 2020), o trigo possui a maior área cultivada, no entanto o milho possui maior produtividade por hectare, o que o torna o cereal com maior produção mundial (Tabela 1.1). São semeados 194 milhões de hectares com produção superior a 1 bilhão de toneladas em 2018.

Segundo López-Pereira e Garcia (1997), o arroz e o trigo são os principais cereais usados na alimentação humana, enquanto o milho é a mais importante fonte de energia para alimentação animal. O milho ganha destaque na produção de combustível (etanol) principalmente nos Estados Unidos, segundo United States Department of Agriculture, Foreign Agricultural Service (USDA/FAS, 2020), além de ser utilizado para fabricação dos mais diversos produtos na indústria química (AI; JANE, 2016; RIOS *et al.*, 2011; PAES, 2006).

Tabela 1.1 Produção, área colhida e produtividade das quatro mais importantes espécies de grãos produzidos no mundo, safra 2018

Cultura	Produção x 1000 ton	Área Colhida x 1000 ha	Produtividade kg. ha_{-1}
Milho	1.147.621	193.734	5.924
Arroz em casca	782.000	167.133	4.679
Trigo	734.045	214.292	3.425
Soja	348.712	124.922	2.791

Fonte: FAOSTAT (2018).

De acordo com os dados das organizações USDA, FAS e FAO (2020), os principais produtores de milho no mundo atualmente são os Estados Unidos, China e Brasil, que em conjunto respondem por 63% da produção de milho no mundo (Tabela 1.2), sendo estes também os principais consumidores.

Tabela 1.2 Principais países produtores e consumidores de milho no mundo, safra 2019/20

Países	Produção	Consumo	Produção	Consumo
	milhões/toneladas		%	
Estados Unidos	347.782	312.308	31	28
China	260.770	279.000	23	25
Brasil	101.000	66.000	9	6
União Europeia	65.000	82.500	6	7
Argentina	50.000	15.000	5	1
Índia	29.000	29.000	3	3
México	25.000	44.500	2	4
Ucrânia	35.500	6.400	3	1
Outros	196.783	300.484	18	26
Mundo	1.110.835	1.135.192	100	100

Fonte: Elaborado de USDA/FAS (2020).

Praticamente todo milho colhido é consumido no mesmo ano ou safra (Figura 1.1). Alguns grandes produtores de milho como a China, União Europeia e México continuam deficitárias e importam principalmente dos Estados Unidos e do Brasil.

O milho é uma importante commodity movimentando cerca de 174 milhões de toneladas em 2019. Os estoques mundiais são de aproximadamente 297 milhões de toneladas, permitindo uma segurança de suprimento do grão por aproximadamente três meses.

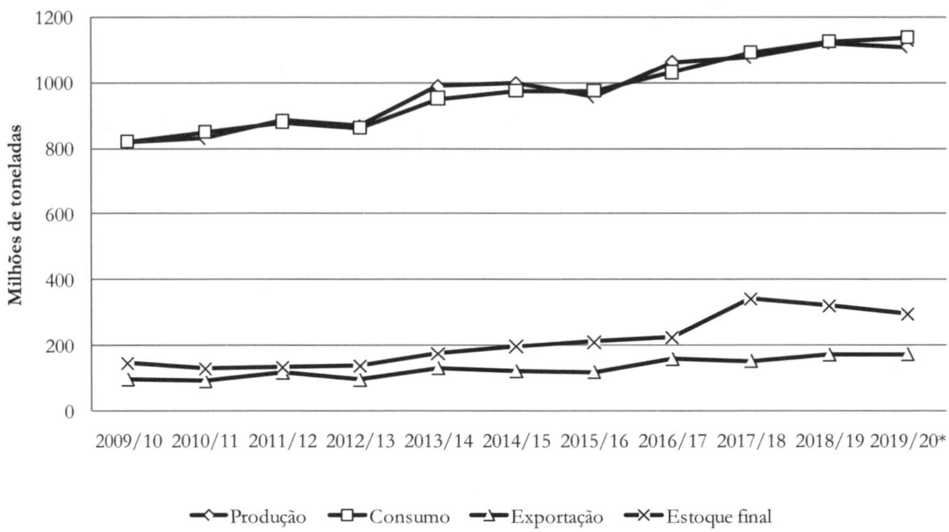

Figura 1.1 Produção, consumo, exportação e estoques de milho de 2009 a 2020 em milhões de toneladas

Fonte: USDA/FAS (2020).

1.2.1.2 Brasil

Devido a suas características fisiológicas, o milho apresenta alto potencial produtivo. A média nacional de produtividade é baixa (Tabela 1.3), cerca de 5700 kg.ha-1 (CONAB, 2020). No entanto segundo dados de pesquisa foram encontradas produtividades superiores a 15 ton.ha^{-1} (ARGENTA *et al.*, 2003).

Dentre os grãos cultivados no Brasil, o milho é um dos mais expressivos, com cerca de mais de 100 milhões de toneladas de grãos produzidas, em uma área de aproximadamente 17,5 milhões de hectares, considerando a três safras que ocorrem por ano agrícola, dentre as quais a safrinha (semeada de abril a junho), a mais expressiva quanto à produção (CONAB, 2020).

O milho é o segundo colocado entre os grãos produzidos no Brasil, ficando atrás apenas da cultura da soja, que na mesma safra produziu cerca de 115 milhões de toneladas (15% a mais), porém utilizando o dobro da área ocupada pelo milho.

Tabela 1.3 Produção, área colhida e produtividade das quatro mais importantes espécies de grãos mais produzidos no Brasil, safra 2018/19

Cultura	Produção x 1000 ton	Área Colhida x 1000 ha	Produtividade kg.ha^{-1}
Milho	100.043	17.493	5.719
Arroz em casca	10.484	1.703	6.158
Trigo	5.155	2.041	2.526
Soja	115.030	35.874	3.206

Fonte: Conab (2020).

Nas últimas dez safras ocorreu um aumento de mais de 40% da produção do milho, provavelmente estimulado pelo maior consumo e pela exportação, que dobrou no período (Figura 1.2).

A exportação do Brasil é significativa e importante para a economia. O volume foi próximo a 10 milhões de toneladas em 2010/11 e praticamente quadruplicou em dez anos. O estoque representa em torno de 13% do consumo, o que possibilita um suprimento inferior a dois meses.

O consumo interno de milho está numa ascendente, estimulado principalmente pelo aumento da produção de proteína animal para consumo interno e exportação. Entre os anos 2000 e 2018, o volume produzido de carne de frangos cresceu 2,2 vezes, o da carne suína 1,4 vezes e o da carne bovina 1,5 vezes no país (TALAMINI *et al.*, 2018).

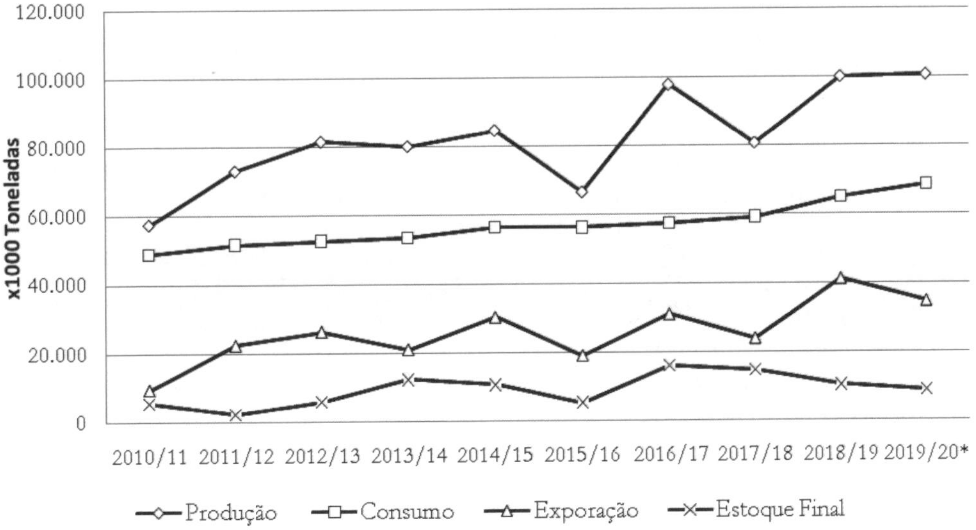

Figura 1.2 Produção, consumo, exportação e estoques de milho no Brasil de 2010/11 a 2019/20 (estimativa de julho de 2020) em 1.000 toneladas.

Fonte: Conab (2020).

Existe uma disparidade muito grande entre as regiões brasileiras tanto em área, quanto em produção e produtividade, segundo dados da Conab (2020) o centro-oeste atualmente é a principal região produtora de milho do Brasil e junto com o sul e sudeste são responsáveis por mais de 90% da produção nacional. O norte e nordeste têm importância menor em área, produção e produtividade (Tabela 1.4).

Segundo dados do IBGE, cerca de 90% dos estabelecimentos cultivam até cinco hectares de milho somando quase 1,5 milhões de propriedades. Este dado mostra a importância principalmente do milho na agricultura familiar, apesar de não representar muito na área cultivada e produção.

Tabela 1.4 Área, produtividade e produção de milho por região do Brasil, safra 2018/19

REGIÃO	Produção (x 1000 tons)	Produtividade (kg. ha^{-1})	Área (x 1000 ha)
Norte	3.076	4.161	739
Nordeste	6.677	2.664	2.507
Centro-Oeste	52.826	6.197	8.524
Sudeste	12.153	5.995	2.027
Sul	25.310	6.849	3.696
Norte/Nordeste	9.753	3.005	3.246
Centro-Sul	90.290	6.337	14.247
Brasil	100.043	5.719	17.493

Fonte: Conab (2020).

Embora represente menos de 1% dos estabelecimentos, atualmente a maior parte da área do milho está em propriedades superiores a 500 ha representando 57% da área colhida com 53 % da produção.

Tabela 1.5 Número de estabelecimentos, área colhida e produção de milho em grão, por grupo de área colhida - Brasil - 2017

Variáveis selecionadas	Estabelecimentos		Área colhida		Produção	
	Número	%	Hectares (x1000)	%	Toneladas (x1000)	%
De 0 a menos 5	1.497.630	90,5	3.455	3,9	1.442	9,1
De 5 a menos 20	99.154	6,0	4.658	5,3	900	5,7
De 20 a menos 50	25.452	1,5	4.512	5,1	777	4,9
De 50 a menos 100	11.637	0,7	4.744	5,4	815	5,2
De 100 a menos 500	15.460	0,9	20.158	22,9	3.376	21,4
De 500 e mais	6.117	0,4	50.573	57,4	8.474	53,7
Total	1.655.450	100	88.100	100	15.784	100

Fonte: Adaptado de IBGE (2017).

A utilização do milho é versátil. Apesar de ser usado principalmente para produção de rações para uso animal, o milho tem uso significativo na alimentação humana e na indústria do etanol.

No Brasil, cerca 50 milhões de toneladas são destinadas para uso na alimentação animal, o que representa aproximadamente 46% do total produzido, significando mais de 75% do milho consumido no país (Tabela 1.6). O uso do milho na ração animal destina-se principalmente para a alimentação de suínos e aves, que são importantes commodities brasileiras (ABPA, 2020).

No cenário do comércio mundial o milho é importante produto de exportação, pois o Brasil exportou mais de 40 milhões de toneladas, o que representa mais de 20% do mercado desta commodity no mundo, segundo dados da USDA e FAS (2020), que somaram aproximadamente 174 milhões de toneladas em 2019 (Figura 1.1).

Tabela 1.6 Principais usos do milho em mil toneladas e participação percentual do consumo total no Brasil, safra 2018/19

Itens	Milho (x 1000 tons)	Participação (%)	
		Demanda	Total
Consumo animal	49.703	75	46,5
Suinocultura	13.384	20	12,5
Aves de corte	24.230	37	22,7
Aves de postura	4.309	7	4,0
Bovinocultura	4.250	10	4,0
Outros animais	3.530	5	3,3
Consumo humano	1.061	2	1,0
Consumo industrial	8.760	13	8,2
Outros usos	3.862	6	3,6
Sementes	459	1	0,4
Perdas	2.009	3	1,9
Total da demanda	65.854	100	62
Exportações	41.000		38
TOTAL	106.854		100

Fonte: Adaptado de CELERES®/SECEX (2020).

O uso do milho na alimentação humana e na indústria representa aproximadamente 15% do milho consumido. Segundo dados da FAO (2020), o consumo *per capta* médio do milho na alimentação humana é de aproximadamente 24 kg no Brasil, inferior ao consumo *per capta* de quase 42 kg em países africanos e de 136 kg *per capta* no México.

Os dados do consumo humano de milho são bastante escassos e baseados em estimativas. Segundo a Abimilho, no ano de 2019 o consumo humano e pela indústria representou mais de 11 milhões de toneladas, sendo destes 3 milhões para o consumo humano direto e outros 8 milhões processados pela indústria, que também podem ter uso para alimentação humana. O etanol já responde por 2 milhões de toneladas de milho (Figura 1.3). No Brasil este uso é mais recente, mas países como os Estados Unidos etanol produzido a partir do milho tem importância global e é a principal fonte de bioenergia do país (USDA/FAS, 2020)

A transformação do milho em diversos derivados possibilita o uso desse cereal como excelente fonte de matéria-prima para a indústria de alimentos. Do milho obtêm-se em torno de noventa derivados diferentes; dentre eles, os principais são *grits*, fubá, canjica, óleo, amido, amilose, amilopectina, zeína e fibras (GONÇALVES *et al.*, 2003).

Alem da aplicação em produtos alimentícios, o uso estende-se às indústrias química, farmacêutica, de papéis, têxtil, entre outras de aplicação ainda mais nobres (PAES, 2006; STRAZZI, 2015).

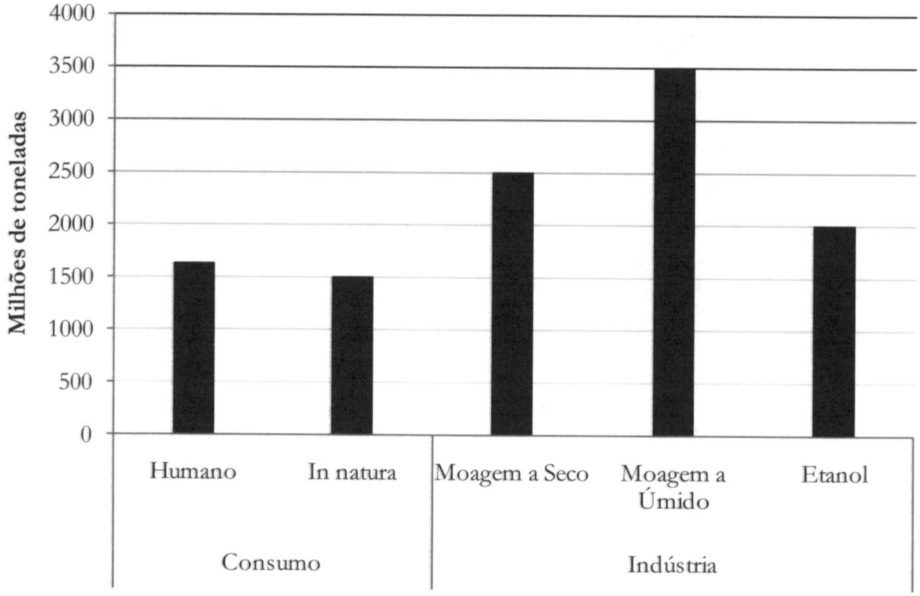

Figura 1.3 Consumo de milho humano e industrial do Brasil – 2019
Fonte: Abimilho (2020).

São basicamente dois processos que dão origem aos derivados do milho na indústria, a moagem seca e a moagem úmida (PAES, 2006; STRAZZI, 2015). Na Tabela 1.7 foram listados os principais derivados e aplicações do milho, desde os menos processados até a indústria especializada.

Cabe lembrar que na formulação de rações muitos subprodutos da indústria também são utilizados como os flocos e farinhas de milho pré-cozidas, farelos de milho e de gérmen desengordurado, fibras entre outros (PAES, 2006; STRAZZI, 2015).

Tabela 1.7 Produtos derivados do milho e principais aplicações ou que contêm seus componentes isolados ou transformados industrialmente

Produtos	Principais aplicações
Canjicas	Pipoca doce, alimentos matinais (*corn flakes*), farinha biju e bebidas alcoólicas.
Canjiquinhas	Salgadinhos (*snacks*).
Grits	Cervejarias, salgadinhos (*snacks*), mineração e extrusados para a substituição de isopor.
Farinhas e fubás	Alimentos infantis, colorífico, panificação, misturas preparadas para bolo, biscoitos e massas alimentícias, tecelagem, explosivos e indústrias de ração animal.
Farinha de milho pré-gelatinizada	Alimentos instantâneos, fertilizantes, perfuração de poços de petróleo, fundição e indústria de ração animal.
Amido de milho	Pós para sobremesas, panificação, misturas preparadas para bolos e outras, fermento em pó, alimentos infantis, produtos cárneos, mostardas, sopas, massas alimentícias, produtos farmacêuticos, processos de fermentação, papel, papelão ondulado, tecelagem, mineração, explosivos, adesivos, giz, cosméticos, produtos de limpeza e de recuperação industrial da água.
Amidos modificados	Balas de goma, bebidas, alimentos instantâneos, alimentos infantis, alimentos pré-cozidos congelados, veículos para aromas e corantes, molhos, papel, papelão ondulado, fitas gomadas, tecelagem e perfuração de poços de petróleo.
Dextrina	Adesivos, lixas, papéis abrasivos, estampagem de tecidos, sacos de papel multifoliado, cartonagem e mineração.
Xaropes de glicose e maltose	Balas duras, balas mastigáveis, gomas de mascar, doces, creme e suco de frutas, geleias e compotas, coberturas, produtos cárneos e embutidos, misturas preparadas (bolos, alimentos infantis, pós para pudins), xaropes, sorvetes, cervejas, refrigerantes, molhos, bebidas alcoólicas, alimentos matinais, panificação, molhos e produtos farmacêuticos.
Liquor de milho	Antibióticos, produtos farmacêuticos, enzimas, produtos de fermentação e ração animal.
Flocos de milho e farinhas de milho pré-cozidas	Sopas, biscoitos, indústrias de ração animal.

Fontes: Adaptado de Strazzi (2015) e Rios *et al.* (2011).

1.2.2 ESTRUTURA E COMPOSIÇÃO DO GRÃO DE MILHO

O grão de milho é formado por quatro principais estruturas físicas: endosperma, gérmen, pericarpo e ponta (Figura 1.4), as quais diferem em composição química e também na organização estrutural do grão. A composição média em base seca é 72%

de amido, 10% proteínas e 5% de óleo. Mas existem variações significativas na composição relacionadas a genética da variedade, nível e tipo de adubação, ambiente de cultivo e ocorrência de pragas (LIMA *et al.*, 2005).

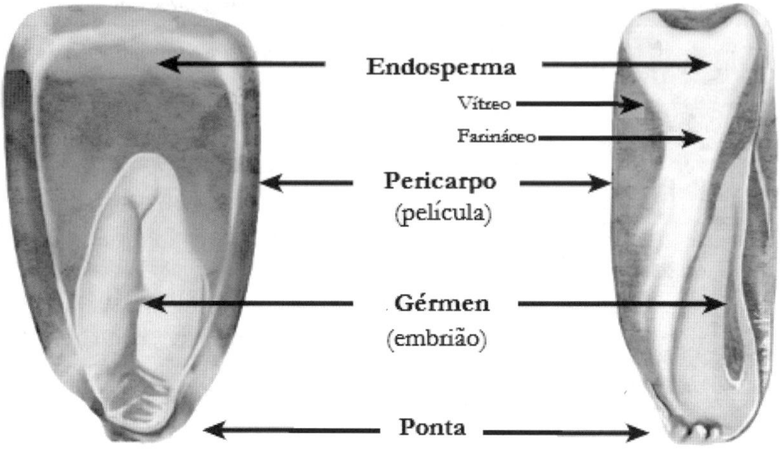

Figura 1.4 Composição básica do grão de milho
Fonte: Adaptado de Strazzi (2015).

A endosperma é constituída basicamente de amido (Tabela 1.8) e de aproximadamente 10% de proteína, que inclui albuminas, globulinas, glutelinas e zeína, sendo que este último grupo representa de 50% a 70% da proporção total (GIBBON; LARKINS, 2005), e por isso é muito importante na alimentação humana (SHAH *et al.*, 2016).

Em termos de aminoácidos, geralmente o milho comum é deficitário em lisina e triptofano (LIMA *et al.*, 2005; MOTUKURI, 2019), mas existem variedades de milho QPM (Quality Protein Maize) com maior valor biológico de proteína, o que possibilita o melhor aproveitamento metabólico por animais monogástricos como suínos, aves, peixes e equídeos.

Em muitos casos, principalmente na agricultura familiar, o milho pode ser a única fonte proteica, que devido à melhor eficiência de sua conversão alimentar proporciona ganhos de peso significativos (OLIVEIRA *et al.*, 2007). Na alimentação humana, os milhos QPM têm mostrado superioridade em relação ao milho normal, representando uma excelente fonte proteica (GIBBON; LARKINS, 2005; GLÓRIA *et al.*, 2004; LIMA *et al.*, 2005; MOTUKURI, 2019; OLIVEIRA *et al.*, 2007). Pode ser usado em suplementos nutricionais, pelo alto valor nutritivo, expresso por sua qualidade proteica, e com baixa relação custo/benefício no controle e combate à desnutrição infantil principalmente (GLÓRIA *et al.*, 2004; NAVES *et al.*, 2004).

O pericarpo é uma camada fina, quase invisível e fortemente aderida à camada de aleurona, que representa aproximadamente 5% do peso seco do grão. O pericarpo é semipermeável e protege o endosperma e o embrião da elevada umidade do ambiente, insetos e microrganismos. É constituído basicamente de polissacarídeos do tipo hemicelulose (67%) e celulose (23%) (PAES, 2006).

A ponta é a menor estrutura, constitui cerca de 2% do grão, é o ponto ligação do grão ao sabugo e é a única área do grão não coberta pelo pericarpo, sendo composta por material lignocelulósico (PAES, 2006).

Tabela 1.8 Composição química proximal do grão de milho e seus componentes

Fração	Grão	Amido	Proteína	Lipídeos	Açúcares	Cinzas
	%					
Endosperma	82	86,4	9,4	0,8	0,6	0,3
Gérmen	12	8,2	18,8	34,5	10,8	10,1
Pericarpo	5	7,3	3,7	1,0	0,3	0,8
Ponta	1	5,3	9,1	3,8	1,6	1,6
Grão Inteiro	100	71,5	10,3	4,8	2	1,4

Fonte: Tosello (1987).

Praticamente todo amido (98%) e a maior parte da proteína (74%) estão localizados no endosperma, que representa aproximadamente 82% do grão. Esta fração também possui lipídios (15%), açúcares (29%) e minerais (18%) (Tabela 1.9).

Já no gérmen está concentrada quase a totalidade dos lipídeos (83%) e dos minerais (78%) do grão, além de conter quantidades importantes de proteínas (26%) e açúcares (70%).

Tabela 1.9 Percentagem do constituinte total indicado nas estruturas físicas específicas do grão de milho

Fração	Grão (%)	Amido	Proteína	Lipídeos	Açúcares	Minerais	Fibras
		% da parte (base seca)					
Endosperma	82	98,0	74,0	15,4	28,9	17,9	
Gérmen	11	1,3	26,0	82,6	69,3	78,4	12,0
Pericarpo	5	0,6	2,6	1,3	1,2	2,9	54,0
Ponta	2	0,1	0,9	0,8	0,8	1,0	7,0

Fonte: Adaptado de Paes (2006).

Os grãos de milho encontrados no mercado são, geralmente, amarelos ou alaranjados, mas existem grandes variações na coloração dos grãos da espécie, contemplando tonalidades desde branco, preto, roxo até o vermelho, e muitas vezes são visualizadas inclusive grãos misturas ou grãos rajados. Esta diversidade pode ser encontrada nos bancos de germoplasma dos órgãos de pesquisa, mas também em feiras e eventos relacionados à agrobiodiversidade, mantidas por agricultores guardiões de sementes.

Também ocorrem diferenças quanto ao grupo de grãos de milho após maduros e secos, que são basicamente cinco: milhos dentados, duros, farináceos, pipoca e doce.

As diferenças entre os grupos de milho referem-se à forma e ao tamanho dos grãos, definidos pela estrutura do endosperma e tamanho do gérmen (Tabela 1.10). Os milhos duros diferem dos milhos farináceos e dentados na relação de endosperma farináceo e endosperma vítreo (Capítulo 2).

No Brasil, a comercialização dos grãos e milho seguem os preceitos estabelecidos pelo Ministério da Agricultura, Pecuária e Abastecimento (BRASIL, 2011). A classificação segue a Instrução Normativa (IN) nº 60 de 22/12/2011 e estabelece que o milho será classificado, de acordo com a consistência e formato do grão, em quatro grupos:

- I. duro: quando apresenta o mínimo de 85% em peso de grãos com as características duro, ou seja, apresentando endosperma predominantemente córneo, exibindo aspecto vítreo; quanto ao formato considera-se duro o grão que se apresenta predominantemente ovalado e com coroa convexa e lisa;
- II. dentado: o mínimo de 85% em peso de grãos com as características de dentado, ou seja, com consistência parcial ou totalmente farináceo; quanto ao formato, considera-se os que apresentam predominantemente dentado com a coroa apresentando reentrância acentuada;
- III. semiduro: quando apresentar o mínimo de 85% em peso de grãos com consistência e formato intermediários entre duro e dentado;
- IV. misturado: quando não estiver compreendido nos grupos anteriores, especificando-se no documento de classificação as percentagens da mistura de outros grupos.

Tabela 1.10. Formato e proporções do endosperma farináceo e vítreo em grãos de milho. Preto – endosperma vítreo; Branco – endosperma farináceo e Riscado – gérmen

	Milho dentado – o endosperma farináceo concentra-se na região central do grão, entre a ponta e o extremo superior. Nas laterais dessa faixa e no verso do grão está localizado o endosperma vítreo. Observa-se a ocorrência de uma endentação na parte superior do grão, caracterizando-o como dentado.
	Milho duro – possui um volume contínuo de endosperma vítreo, que resulta em grãos lisos e mais arredondados, com uma aparência dura e vítrea.

Milho farináceo – o endosperma é completamente farináceo, resultando em uma aparência opaca.

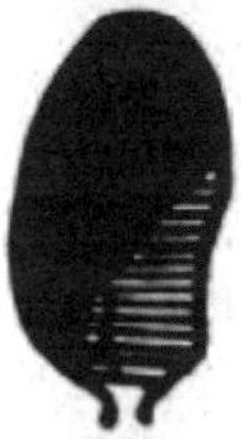

Milho pipoca – possuem o pericarpo mais espesso, com o endosperma predominantemente vítreo. Os grãos possuem menor tamanho e formato arredondado.

Fontes: Adaptado de Oliveira *et al.* (2007) e Paes (2006).

1.3 CONSIDERAÇÕES FINAIS

Esta gramínea, que faz parte da dieta humana há milhares de anos, tem como origem o México, é uma espécie domesticada e altamente produtiva, adaptada a praticamente todos os continentes, é o cereal mais produzido do mundo. No Brasil, a maior parte é destinada à alimentação animal e aproximadamente 15% ao consumo humano. O milho tem muitas aplicações na indústria, desde a produção de farinhas até aplicações mais aprimoradas, como na indústria química e farmacêutica. É composto por aproximadamente 72% de amido, 10% de proteínas e 5% de óleo, além de açúcares, minerais e fibras, distribuídos em quatro estruturas físicas: endosperma, gérmen, pericarpo e ponta.

REFERÊNCIAS

ABIMILHO - ASSOCIAÇÃO BRASILEIRA DAS ÍNDUSTRIAS DO MILHO. Consumo de milho humano e industrial do Brasil – 2020. Disponível em: http://www.abimilho.com.br/estatisticas/consumo. Acesso em: agosto de 2022.

ABPA (Associação Brasileira de Proteína Animal). *Relatório anual 2020*. Disponível em: http://abpa-br.org/

AI, Yongfeng; JANE, Jay-lin. Macronutrients in corn and human nutrition. *Comprehensive Reviews in Food Science and Food Safety*, v. 15, n. 3, p. 581-598, 2016.

ARGENTA, Gilber *et al.* Potencial de rendimento de grãos de milho em dois ambientes e cinco sistemas de produção. *Scientia Agraria*, v. 4, n. 1, p. 27-34, 2003.

BATHLA, Shikha; JAIDKA, Manpreet; KAUR, Ramanjit. Nutritive Value. *In*: HOSSAIN, Akbar (ed.). *Maize:* Production and Use. 2019.

BRASIL. Instrução Normativa no 60, de 22 de dezembro de 2011. Estabelece o Regulamento Técnico do Milho. *Diário Oficial da República Federativa do Brasil*, Brasília, DF, n. 246, 23 dez. 2011. Seção 1, p. 3-5.

CONAB (Companhia Nacional de Abastecimento). Acompanhamento da safra brasileira de grãos: safra 2019/20. 7:1-74, 2020. Disponível em: https://www.conab.gov.br/info-agro/safras.

FAO. *Food outlook*: biannual report on global food markets: June 2020. Food Outlook, 1. Rome. https://doi.org/10.4060/ca9509en.

FAOSTAT; FAO (Food and Agriculture Organization of the United Nations). 2018. Disponível em: http://www.fao.org/faostat/en/#compare.

GIBBON, Bryan C.; LARKINS, Brian A. Protein storage in maize endosperm. *Trends in Genetics*, v. 4, n. 21, p. 227-233, 2005.

GLÓRIA, Enara Cristina Silva *et al.* Avaliação proteica de uma nova multimistura com base no milho QPM BR 473. *Revista de nutrição*, v. 17, p. 379-385, 2004.

GONÇALVES, Rogério Amaro *et al.* Rendimento e composição química de cultivares de milho em moagem a seco e produção de grits. *Ciência e Agrotecnologia*, v. 27, p. 643-650, 2003.

IBGE (Instituto Brasileiro de Geografia e Estatística). Censo agropecuário. Disponível em: https://www.ibge.gov.br/estatisticas/economicas/agricultura-e-pecuaria/21814-2017-censo-agropecuario.html?edicao=25757&t=resultados. Acesso em: 1 ago. 2020.

LIMA, G. J. M. M. *et al.* Qualidade nutricional do milho: padrões e valorização econômica. *In*: CONFERÊNCIA APINCO 2005 DE CIÊNCIA E TECNOLOGIA, 2005, Santos. Palestras... Santos: FACTA, 2005. p. 235-248.

LOPES, Mauricio A.; LARKINS, Brian A. Gamma-Zein content is ralated to endosperm modification in quality protein maize. *Crop Science*, v. 31, n. 6, p. 1655-1662, 1991.

LOPEZ PEREIRA, M. A.; GARCIA, João Carlos. The maize seed industries of Brazil and Mexico: past performance, current issues and future prospects. México: CIMMYT (International Maize and Wheat Improvement Center), 1997.

MAITRA, Sagar; SHANKAR, Tanmoy; BANERJEE, Pradipta. Potential and advantages of maize-legume intercropping system. *In*: HOSSAIN, Akbar (ed.). *Maize*: Production and Use. 2020.

MOTUKURI, S. R. Krishna. Quality protein maize: An alternative food to mitigate protein deficiency in developing countries. *In*: HOSSAIN, Akbar (ed.). *Maize*: Production and Use. IntechOpen, 2019.

NAVES, Maria Margareth Veloso *et al.* Avaliação química e biológica da proteína do grão em cultivares de milho de alta qualidade proteica. *Pesquisa Agropecuária Tropical*, v. 34, n. 1, p. 1-8, 2004.

OLIVEIRA, Jaison Pereira de *et al.* Qualidade física do grão em populações de milho de alta qualidade proteica e seus cruzamentos. *Pesq Agropec Trop*, v. 37, n. 4, p. 233-241, dez. 2007. Disponível em: https://repositorio.bc.ufg.br/bitstream/ri/13217/5/Artigo – Jaison Pereira de Oliveira - 2007.pdf.

PAES, Maria Cristina Dias. Aspectos físicos, químicos e tecnológicos do grão de milho. Circular Técnica (INFOTECA-E). Sete Lagoas (MG): Ministério da Agricultura, Pecuária e Abastecimento. *Embrapa Milho e Sorgo*, n. 75, dez. 2006. Disponível em: https://www.infoteca.cnptia.embrapa.br/bitstream/doc/489376/1/Circ75.pdf.

PARK, Sunmin; HONGU, Nobuko; DAILY III, James W. Native american foods: history, culture, and influence on modern diets. *Journal of Ethnic Foods*, v. 3, n. 3, p. 171-177, 2016.

PATERNIANI, E.; NASS, L. L.; SANTOS, M. X. dos. O valor dos recursos genéticos de milho para o Brasil: uma abordagem histórica da utilização do germoplasma. *In*: UDRY, Consolación Villafañe; DUARTE, Wilson (orgs.). *Uma história brasileira do milho:* o valor dos recursos genéticos. Brasília: Paralelo 15, 2000. p. 11-41. Disponível em: https://ainfo.cnptia.embrapa.br/digital/bitstream/item/91836/1/Uma-historia-brasileira-do-millho.pdf.

RIOS, S. de A. *et al.* Deficiências nutricionais e a biofortificação de alimentos. *In*: BORÉM, A.; RIOS, S. de A. (Ed.). *Milho biofortificado.* Visconde do Rio Branco: Suprema, 2011. p. 9-21.

SHAH, Tajamul Rouf; PRASAD, Kamlesh; KUMAR, Pradyuman. Maize—A potential source of human nutrition and health: a review. *Cogent: Food & Agriculture*, v. 2, n. 1, 2016. DOI: 10.1080/23311932.2016.1166995.

STRAZZI, Sueli. Derivados do milho são usados em mais de 150 diferentes produtos industriais. *Revista Visão Agrícola* – USP/ESALQ, n. 13, p. 146-150, 2015.

TALAMINI, Dirceu João Duarte; MARTINS, Franco Müller; SANTOS FILHO, Jonas Irineu dos. Conjuntura econômica da avicultura brasileira em 2018. *Anuário 2019 da Avicultura Industrial*, n. 11, p. 20-25, 2018.

TOSELLO, G. A. Milhos especiais e seu valor nutritivo. In: PATERNIANI,. E.; VIEGAS, G.P. (Eds.). *Melhoramento e produção de milho*. Campinas: Fundação Cargill, 1987. v. 1, p. 375-409.

USDA/FAS. United States Department of Agriculture/Foreign Agricultural Service. 2020. Grain: world markets and trade. August 2020. Disponível em: https://www.fas.usda.gov/data/grain-world-markets-and-trade.

WILSON, C. M. Zein composition in hard and soft endosperm of maize. *Cereal Chem*, v. 70, n. 1, p. 105-108, 1993.

CAPÍTULO 2
CARBOIDRATOS

Ricardo Tadeu Paraginski
Felipe Leandro Felipim Ferrazza

RESUMO

O Brasil é o terceiro maior produtor mundial de milho, cujos grãos apresentam elevado valor comercial, seja para alimentação animal, consumo humano ou uso industrial, com destaque na utilização dos grãos para extração de amido, fonte responsável por 80% do total consumido no mundo. Assim, dentre os constituintes dos grãos de milho, os carboidratos apresentam grande importância para o consumo e utilização nas diferentes esferas da sociedade. No decorrer deste capítulo discutiremos detalhes e etapas dos processos de produção de milho e mais especificamente de carboidratos, abordando assuntos desde o processo de formação, estrutura, propriedades destes, até a produção a campo, colheita, limpeza, secagem, armazenagem e processamento de grãos. Neste capítulo serão discutidos assuntos sobre: composição dos carboidratos de milho (1), amido de milho (2), estrutura do amido (3), processo de formação de carboidratos e suas estruturas (4), manejo de lavouras na formação e qualidade dos carboidratos (5), processos de secagem na estrutura de carboidratos (6), processos de armazenamento na estrutura de carboidratos (7), propriedades do amido (8), processo de obtenção do amido de milho (9) e fibras (10).

2.1 INTRODUÇÃO

Os grãos de milho são valorizados comercialmente e utilizados na alimentação animal para fabricação de rações e na alimentação humana, consumidos na forma "in natura", ou a partir da industrialização para extração de amido, óleo vegetal, dextroses e produtos extrusados. Dentre os constituintes dos grãos de milho, os carboidratos possuem elevada importância nos processos produtivos, onde o amido se destaca devido à grande utilização industrial. Ainda, falaremos sobre os constituintes e as características das fibras presentes nos grãos de milho.

2.2 COMPOSIÇÃO DOS CARBOIDRATOS DE MILHO

O grão de milho é formado por endosperma, gérmen, pericarpo e ponta (Figura 2.1), entretanto, em função da grande diversidade existente entre as cultivares, pode haver variações nesta estrutura, apresentando diferentes composições de nutrientes e tamanhos estruturais. As principais causas de variação na composição química dos grãos de milho estão relacionadas às características do material genético, solo, adubação, condições climáticas e estádio de maturação da planta. Dentre os carboidratos que compõe o milho, predomina a fração amilácea (64% a 78%, base seca), seguido de polissacarídeos não amiláceos (9,7%), açúcares totais (1%-3%) e lignina (cerca de 1%) (HAMAKER BRUCE et al., 2019).

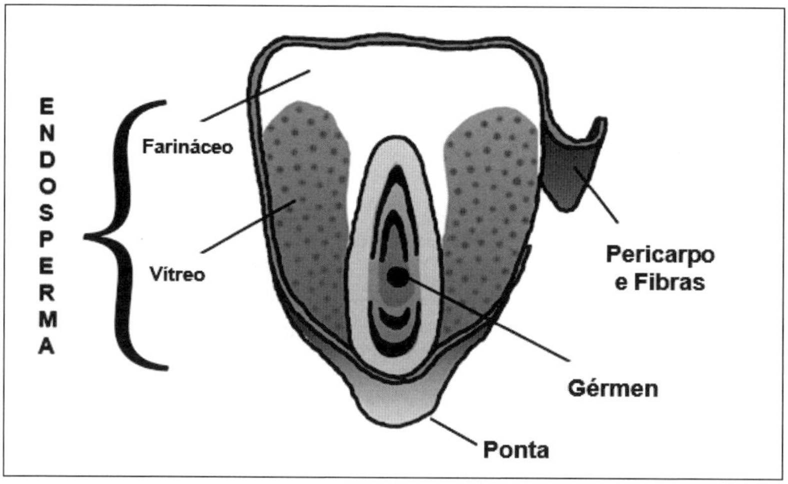

Figura 2.1 Anatomia da estrutura dos grãos de milho

Fonte: Adaptado de: The structure of corn. Cereal Science and Technology. 23 abr. 2013. Disponível em: http://cereal-scientech.blogspot.com.br/2013/04/the-structure-of-corn.html.

No endosperma encontra-se aproximadamente 98% do total de amido de um grão, formado por grânulos com diâmetro médio de 20 μm e forma variando desde poliédrica a esférica. Com base na distribuição dos grânulos de amido e da matriz proteica, o endosperma é classificado em dois tipos: farináceo e vítreo.

No primeiro, os grânulos de amido são arredondados e estão dispersos, não havendo matriz proteica circundando essas estruturas, o que resulta em espaços vagos durante o processo de secagem do grão, a partir dos espaços onde antes era ocupado pela água, durante o desenvolvimento do grão. Por sua vez, no endosperma vítreo, a matriz proteica é densa, com corpos proteicos estruturados, que circundam os grânulos de amido de formato poligonal, não permitindo espaços entre essas estruturas (Figura 2.2).

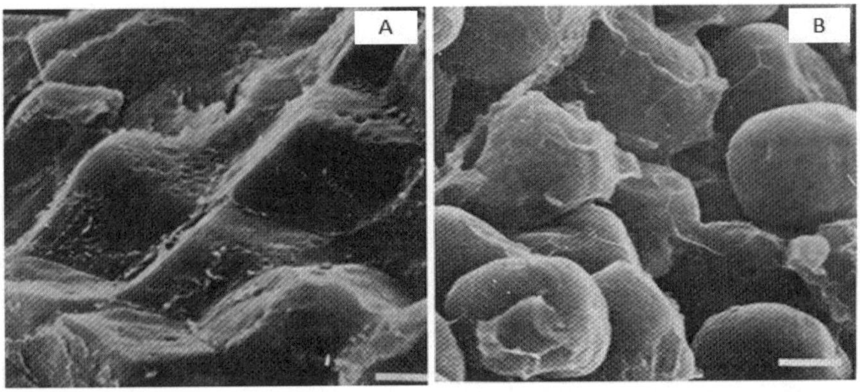

Figura 2.2 Estrutura dos grânulos de amidos extraídos do endosperma vítreo (A) e endosperma farináceo (B) de grãos de milho

Fonte: Delcour; Hoseney (2010).

2.2.1 AMIDO DE MILHO

O amido encontra-se amplamente distribuído em diversas espécies vegetais como um carboidrato de reserva, sendo estas uma das fontes potenciais mais importantes de amido, pois nos grãos de cereais representam de 40% a 90% do seu peso seco. Entre essas fontes potenciais, estão os grãos de milho.

O amido é o principal constituinte responsável pelas propriedades tecnológicas que caracterizam grande parte dos produtos processados, uma vez que contribui para diversas propriedades de textura em alimentos, possuindo aplicações industriais como espessante, estabilizador de coloides, agente geleificante e de volume, apresentando efeitos na adesividade e retenção de água (DENARDIN; SILVA, 2009).

O amido extraído de grãos de milho é responsável por mais de 80% do mercado mundial de amidos, e a maior produção se encontra nos Estados Unidos da América e no Brasil. As fontes mais utilizadas industrialmente são milho e mandioca, sendo que do total produzido a partir de grãos de milho, aproximadamente 70% é convertido em xarope de milho, produto que possui alto teor de frutose e dextrose.

O amido de milho nativo se caracteriza pela formação de um gel consistente, muito utilizado em sopas desidratadas e molhos que requerem viscosidade do produto a quente. Para produtos que necessitam de armazenamento refrigerado, o amido de milho não é indicado, devido à elevada sinérese (exsudação de água), consequência do fenômeno de retrogradação, conforme descrito por Weber et al. (2009). Quando houver necessidade de uso de amido em produtos refrigerados o uso do amido de milho ceroso (waxy) é o mais indicado, uma vez que este não possui amilose, e por isso apresenta maior estabilidade em baixas temperaturas, devido à elevada capacidade de retrogradação que a amilose possui, assim formam géis fracos, altamente viscosos no cozimento, claros e coesivos. Ainda, podem ser encontrados amidos de milho com teor de amilose acima de 50% (high-amilose), que gelificam e formam filmes com maior facilidade devido ao alto conteúdo de amilose (PARKER; RING, 2001).

2.2.1.1 Estrutura do amido

A estrutura molecular do amido e seu comportamento em algumas propriedades físico-químicas sugerem que diversas características estruturais, como teor de amilose, distribuição de comprimento das cadeias de amilopectina e grau de cristalinidade dos grânulos podem estar intimamente relacionadas aos eventos associados com a gelatinização e a retrogradação, como inchamento dos grânulos, lixiviação de amilose e/ou amilopectina, perda da estrutura radial (birrefringência), supramolecular (cristalinidade), molecular e de recristalização.

O amido que se apresenta em forma de grânulos com tamanho variável, é um homopolissacarídeo composto pelas macromoléculas amilose e amilopectina. As cadeias de amilose e amilopectina não existem livres na natureza, mas como agregados semicristalinos, organizados sob a forma de grânulos. O tamanho, a forma e a estrutura dos grânulos de amido de milho variam com as fontes botânicas, geralmente variam entre 1 a 100 μm de diâmetro, e os formatos podem ser regulares ou irregulares.

A amilose é formada por unidades de glicose unidas por ligações glicosídicas α-1,4, originando uma cadeia linear. Já a amilopectina é formada por unidades de glicose unidas em α-1,4 e α-1,6, constituindo uma estrutura ramificada (Figura 2.3). As proporções, em que essas estruturas aparecem, diferem em relação a cultivares e variedades de uma mesma espécie, o grau de maturação da planta, e também as condições edafoclimáticas de cultivo.

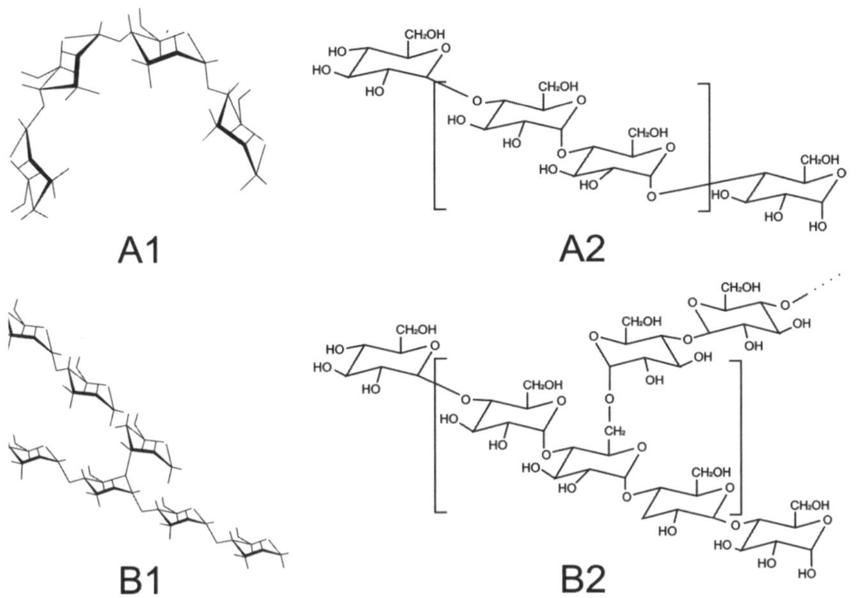

Figura 2.3 A) Estrutura da amilose [polímero linear composto por unidade de D-glicose unidas em ligações α-(1-4)]. B) Estrutura da amilopectina [polímero ramificado composto por unidades de D-glicose unidas em ligações α-(1-4) e α-(1-6)]

Fontes: Adaptado de Corradini et al. (2005) e Lajolo; Menezes (2006).

2.2.1.2 Amilose

A amilose é um polímero essencialmente linear, composto quase completamente de ligações α-1,4 nas unidades de D-glicose, entretanto algumas evidências sugerem a presença de algumas ramificações nesse polímero (XIE et al., 2005). Embora ilustrada tipicamente por uma estrutura linear de cadeia, a amilose é frequentemente helicoidal. O interior da hélice contém átomos de hidrogênio (que lhe confere característica de hidrofobicidade), permitindo que a amilose forme complexos com ácidos graxos livres com componentes glicerídios dos ácidos graxos, com alguns alcoóis e com o iodo, formando com este, um complexo de coloração azul (THOMAS; ATWELL, 1999). De acordo com Franco et al. (2001) a massa molecular da amilose é dependente da fonte e das condições de processamento empregadas na extração do amido, mas geralmente varia de $1{,}5.10^5$-10^6,com tamanho médio de 103 unidades de glicose.

O amido de milho não ceroso contém entre 25% e 28% de amilose, e esta possui habilidade de formar pasta depois da gelatinização dos grânulos de amido, e este comportamento é evidente em certos amidos que contêm maiores teores de amilose. O amido de milho com alto teor de amilose é considerado formador de pasta, e conforme Thomas e Atwell (1999), a formação da pasta decorre principalmente da reassociação, denominado processo de retrogradação dos polímeros de amido solubilizados depois da gelatinização.

2.2.1.3 Amilopectina

A amilopectina é uma macromolécula altamente ramificada e consiste em cadeias lineares mais curtas de ligações α-1,4, que contêm de 10 a 60 unidades de glicose e cadeias laterais com 15 a 45 unidades de glicose com uma média de 5% de ligações α 1,6 nos pontos de ramificação (VAN DER MAAREL et al., 2002).

As cadeias de amilopectina estão organizadas de maneiras diferentes, sugerindo uma classificação de cadeias A, B e C (Figura 2.3B). O tipo A é composto por uma cadeia não-redutora de glicoses unidas por ligações α -(1,4) sem ramificações, sendo unida a uma cadeia tipo B por meio de ligações α -(1,6), já as cadeias do tipo B são compostas por glicoses ligadas em α -(1,4) e α -(1,6), contendo uma ou várias cadeias tipo A e podem conter cadeias tipo B que são unidas por meio de um grupamento hidroxila primário, e a cadeia C é única em uma molécula de amilopectina, sendo composta por ligações α -(1,4) e α -(1,6), com grupamento terminal redutor (ELIASSON, 2004; VANDEPUTTE; DELCOUR, 2004; LAJOLO; MENEZES, 2006).

O peso molecular da amilopectina é cerca de 1000 vezes o peso molecular da amilose e varia de $1x10^7$ a $5x10^8$ $g.mol^{-1}$ (YOU et al., 2002). Segundo Vandeputte e Delcour (2004), a amilopectina apresenta um grau de polimerização de 4.700 a 12.800 unidades de resíduos de glicose com comprimento médio de 17 a 24 e limite de β-amilose de 55% a 60%. As cadeias individuais podem variar entre 10 e 100 unidades de glicose (DENARDIN; SILVA, 2009).

A amilopectina é estrutural e funcionalmente a mais importante das duas frações, pois sozinha é suficiente para formar o grânulo, como ocorre em mutantes que são desprovidos de amilose. Quanto à amilose, a sua localização exata dentro do grânulo ainda é uma tarefa difícil, acreditando-se que ela esteja localizada entre as cadeias da amilopectina e aleatoriamente entremeada entre as regiões amorfas e cristalinas. As moléculas de amilose maiores estão concentradas no centro do grânulo e, provavelmente, participam das duplas hélices com a amilopectina, enquanto as moléculas menores, presentes na periferia, podem ser lixiviadas para fora do grânulo. Apesar de seu limitado papel na formação de cristais, a amilose pode influenciar a organização das duplas hélices, interferindo na densidade de empacotamento das cadeias de amilopectina (OATES, 1997; TESTER *et al.*, 2004). Além disso, estudos de Kuakpetoon e Wang (2007) sugerem que parte da amilose pode cristalizar juntamente com a amilopectina, formando lamelas cristalinas, porém a organização exata desses componentes dentro do grânulo ainda não está totalmente esclarecida.

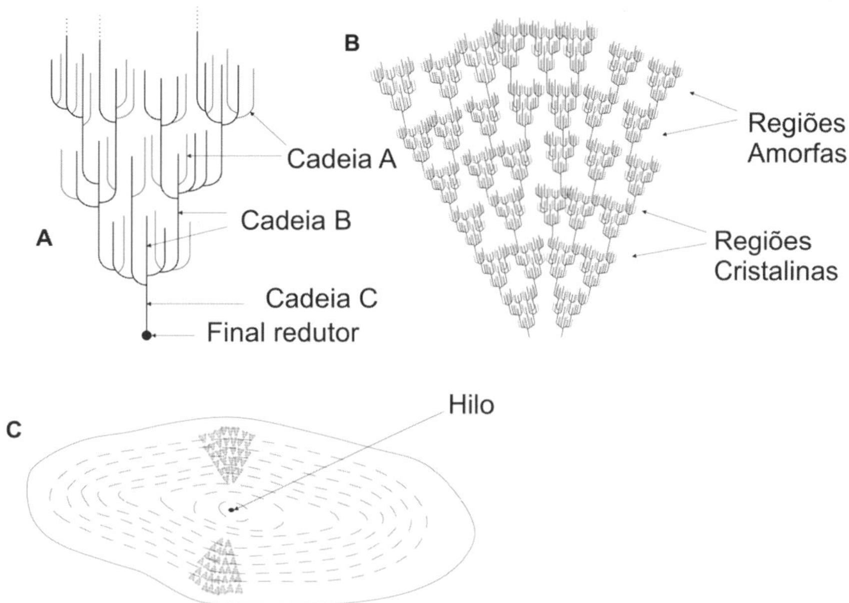

Figura 2.4 A) Classificação das cadeias da amilopectina em cadeias tipos A, B e C. B) Estrutura da amilopectina formando as regiões amorfas e cristalinas no grânulo de amido. C) Modelo da estrutura interna do grânulo de amido com a visualização dos anéis de crescimento e centro ou hilum

Fonte: Adaptado de Parker; Ring (2001).

2.2.2 PROPRIEDADES DO AMIDO

O amido de milho possui propriedades como cristalinidade, poder de inchamento, solubilidade, gelatinização e retrogradação, que determinam sua aplicação industrial, sendo o conhecimento destas propriedades fundamentais para a correta utilização e obtenção de produtos de boa qualidade.

2.2.2.1 Cristalinidade

Os grânulos de amido nativos contêm entre 15% e 45% de material cristalino com modelos de difração de raios X, que correspondem a duas poliformas (A ou B) ou a uma forma intermediária (C), as quais têm a sua classificação baseada em variações no conteúdo de água e na configuração de empacotamento de duplas hélices (IMBERTY *et al.*, 1991). Os padrões de cristalinidade (Figura 2.5A) são definidos com base nos espaços interplanares e intensidade relativa das linhas de difração de raio X (CEREDA, 2001).

De acordo com Zobel (1988), o padrão de cristalinidade tipo A é aquele que apresenta picos fortes nos espaços interplanares de 5,8; 5,2 e 3,8 Å (angstrons), o tipo B apresenta um pico de intensidade forte a 5,2 Å e vários picos de intensidade média de 15,8; 6,2; 4,0 e 3,7 Å, e o tipo C apresenta semelhança com o padrão A, tendo um pico adicional a 15,4 Å de intensidade fraca. A amilose quando estiver complexada com compostos orgânicos, água ou iodo, pode aparecer no padrão tipo V. O padrão V apresenta picos em 12,0; 6,8 e 4,4 Å, sendo que o pico de 4,4 Å é normalmente usado como a primeira indicação de que o complexo V está sendo formado (ZOBEL, 1988; BILIADERIS, 1991).

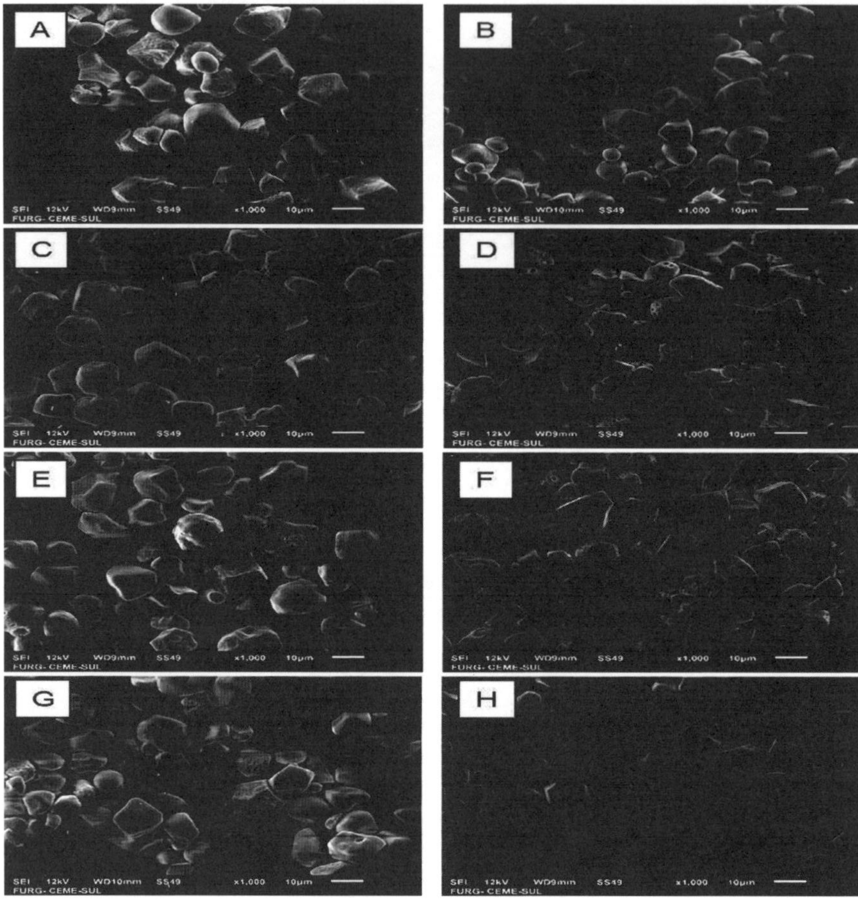

Figura 2.5. Microscopia Eletrônica de Varredura (SEM) de amido isolado de diferentes defeitos de grãos de milho: sem defeitos (A), quebrados (B), fermentados (C), ardidos (D), mofados (E), germinados (F), carunchados (G) e chochos e imaturos (H)

Fonte: Adaptado de Paraginski et al. (2019).

A cristalinidade tipo A é descrita como uma unidade celular monocíclica altamente condensada e cristalina, em que doze resíduos de glicose de duas cadeias no sentido anti-horário abrigam quatro moléculas de água entre as hélices. A estrutura de padrão tipo B é mais claramente definida, sendo composta por uma unidade básica de cadeias que são empacotadas em um arranjo hexagonal, onde a unidade celular tem duas duplas hélices no sentido anti-horário, alinhadas e arranjadas em paralelo. Os amidos de milho normal e ceroso apresentam padrão do tipo A e o amido de milho com alto teor de amilose apresenta padrão de cristalinidade do tipo B conforme descrito por Karim, Norziah e Seow (2000).

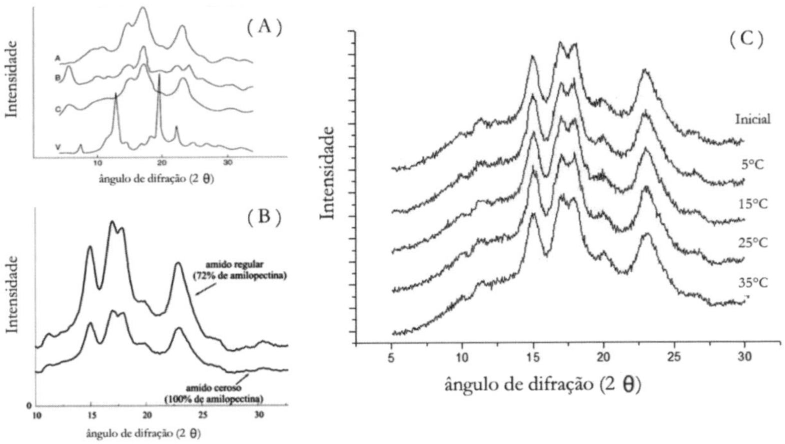

Figura 2.6. Difratogramas de raio –X padrões (A), de amido de milho normal e ceroso (B) e de amido extraído de grãos de milho armazenados nas temperaturas de 5 °C, 15 °C, 25 °C e 35 °C com 14% de umidade durante doze meses (C)

Fontes: Adaptado de Zobel (1988); Xie et al. (2005); Corradini et al. (2005); Paraginski et al. (2014).

A maior suscetibilidade a hidrólise dos amidos com cristalinidade do tipo A ocorre devido à presença de poros superficiais que podem ser alargados pela ação das enzimas, facilitando a sua ação no interior do grânulo. Outra possível explicação para essa maior suscetibilidade a erosões químicas e enzimáticas nos grânulos do tipo A, quando comparados aos do tipo B, é a presença de cascas protetoras (chamados blocos cristalinos), incorporadas estruturalmente ao redor dos grânulos tipo B, que são menos fortemente empacotados (OATES, 1997).

2.2.2.2 Poder de inchamento e solubilidade

O amido puro tem coloração branca, é insípido, e se adicionado à água fria e mantido em agitação, forma uma suspensão de aspecto leitoso, separando-se após o repouso, porém uma pequena fração torna-se solúvel quando agitado em água, ocasionando um pequeno inchamento.

A insolubilidade dos grânulos de amido é devida às fortes ligações de hidrogênio que mantêm as cadeias unidas (CEREDA, 2001). Porém, quando o amido é aquecido em excesso de água, acima da temperatura de empastamento, a estrutura cristalina é rompida pelo relaxamento das pontes de hidrogênio e as moléculas de água interagem com os grupos hidroxilas da amilose e da amilopectina. Isso causa um aumento do tamanho dos grânulos devido ao inchamento com parcial solubilização (HOOVER, 2001). O amido de milho apresenta inchamento limitado que ocorre em dois estágios, sugerindo que dois tipos de forças estão envolvidos nas interações entre as cadeias poliméricas que relaxam a diferentes temperaturas (PERONI, 2003).

2.2.2.3 Gelatinização e retrogradação

O aquecimento de suspensões de amido em excesso de água e acima de uma determinada temperatura causa uma transição irreversível denominada gelatinização. A gelatinização do amido é o colapso do arranjo molecular, em que o grânulo de amido sofre mudanças irreversíveis em suas propriedades, ocorre perda da cristalinidade, absorção de água, intumescimento do grânulo e lixiviação de alguns componentes, principalmente amilose (ZHONG *et al.*, 2009). A retrogradação é um processo que ocorre quando as moléculas de amido gelatinizado começam a se reassociar em uma estrutura ordenada. Fatores como temperatura, tamanho e concentração dos grânulos e a presença de lipídios podem influenciar o comportamento geral do amido (JANE *et al.*, 1999).

As propriedades de inchamento e gelatinização são controladas, em parte, pela estrutura molecular da amilopectina (comprimento de cadeia, extensão de ramificação, peso molecular), pela composição do amido (proporção amilose/amilopectina e teor de fósforo) e pela arquitetura granular (proporção entre regiões cristalinas e amorfas). Convencionalmente, altas temperaturas de transição têm sido associadas a altos graus de cristalinidade, os quais fornecem a estabilidade estrutural e tornam os grânulos mais resistentes à gelatinização (SINGH, 2003).

Quando é armazenado e resfriado, o amido gelatinizado pode sofrer um fenômeno denominado de retrogradação. Com o passar do tempo, as moléculas do amido vão perdendo energia e as ligações de hidrogênio tornam-se mais fortes, e assim as cadeias começam a se reassociar em um estado mais ordenado. Essa reassociação culmina com a formação de simples e duplas hélices, resultando no entrelaçamento ou na formação de zonas de junção entre as moléculas, formando áreas cristalinas. Como a área cristalizada altera o índice de refração, o gel vai se tornando mais opaco à medida que a retrogradação se processa (ELIASSON, 1996).

A amilose exsudada de grânulos inchados forma uma rede por meio da associação com cadeias que rodeiam os grânulos gelatinizados. Como consequência, a retrogradação aumenta (*setback*), convertendo-se num sistema viscoelástico turvo ou em concentrações de amido suficientemente altas (> 6 p/p) em um gel elástico opaco (LAJOLO; MENEZES, 2006), em que, às vezes, ocorre a precipitação de cristais insolúveis de amido, levando à separação de fases. A forte interação das cadeias entre si, promove a saída da água do sistema, sendo essa expulsão denominada sinérese.

2.2.3 PROCESSO DE OBTENÇÃO DO AMIDO DE MILHO

No processo de obtenção do amido (Figura 2.7) a canjica é submetida a maceração ou hidratação em tanques de aço inoxidável ou de madeira por um período médio de 48 horas, em água aquecida de 48°C a 52°C com a finalidade de amaciar os grãos, em tanques de maceração ou maceradores, contendo de 0,1% a 0,2% de dióxido de enxofre (SO_2) dissolvido. O aquecimento da água de maceração é realizado por meio da injeção direta de vapor. O ácido sulfuroso (H_2SO_3) diluído, formado pela interação do SO_2 e da água, controla a fermentação, reduzindo o crescimento bacteriológico, e facilitando a separação do amido. Durante a maceração, os componentes solúveis são extraídos do grão.

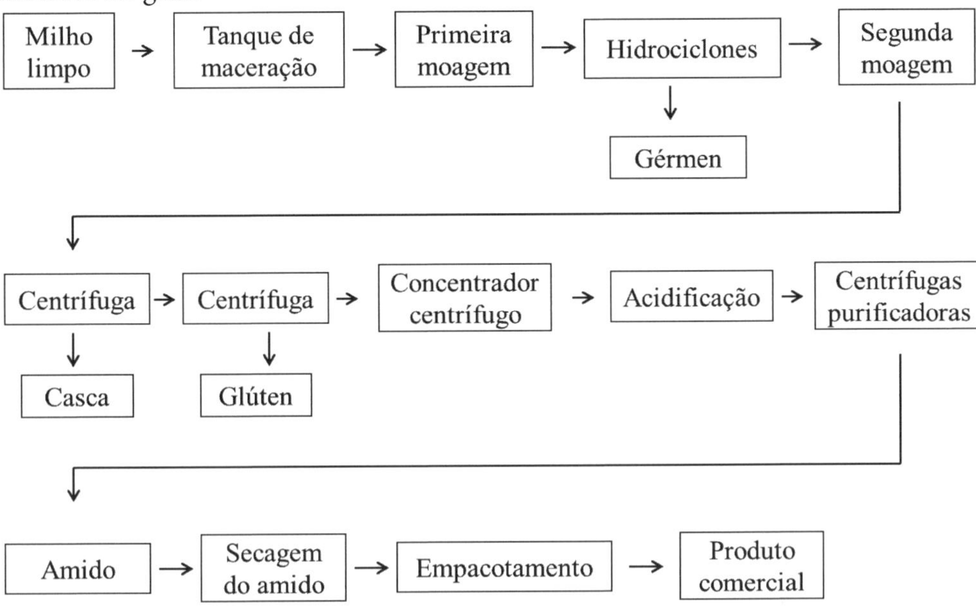

Figura 2.7 Fluxograma de processamento para obtenção de amido de milho

O tempo dessa operação é de 46 horas e os grãos absorvem água chegando à umidade de 45%. Nos maceradores, a água passa em corrente contínua, e o milho já sai lavado do próprio macerador, livre da película gomosa. A água é então drenada e armazenada, para ser utilizada no próximo tanque de canjica a ser macerado, sendo a água só descartada quando esta atinge uma concentração em torno de 10 °Bé (escala de densímetros). Uma vez macerados, os grãos podem ser moídos em moinhos de disco, o suficiente para promover a quebra e formar uma massa homogênea, a fim de facilitar a separação dos seus componentes.

O material moído vai para os hidrociclones, que pela velocidade da passagem da água promove um movimento de turbilhão e a auto-centrifugação necessária para separar o gérmen (que sai no topo) dos demais componentes. O gérmen é conduzido à extração do óleo e o material que sai dos hidrociclones pela parte inferior segue para uma segunda moagem em moinhos de disco de alta velocidade, a 800 rpm, resultando numa pasta. A pasta é conduzida a centrífugas que recebem o acréscimo de água, separando a casca, o material proteico e o amido. Este é obtido sob a forma de uma suspensão, conhecida por leite de amido. A operação é feita em duas etapas, a primeira em centrífugas verticais, que trabalham sob pressão, equipadas com peneiras de 125 mesh, que separam as cascas. Na segunda etapa, também em centrífugas verticais, ocorre a separação do material proteico. A casca e o material proteico seguem para operações que os transformarão em ração animal.

O leite de amido, que sai da centrifuga a 21°Bé, é acidificado (para facilitar a purificação) e vai para as centrífugas purificadoras-concentradoras, as quais possuem cesta vertical com tela de nylon e um raspador que retira o amido aderido após a operação. Ao sair da centrífuga, o amido apresenta alta qualidade, com aproximadamente 99,7% de pureza. Assim, o leite de amido é aspirado para uma câmara de secagem com vapor a 150 °C, e após a secagem, o produto é embalado, estando pronto para a comercialização.

2.3 PROCESSO DE SÍNTESE DE CARBOIDRATOS E SUAS ESTRUTURAS

O processo de síntese de carboidratos em grãos de milho ocorre desde a etapa de diferenciação ainda nas etapas de desenvolvimento e floração, e também no enchimento de grãos de milho, onde fatores como luminosidade, temperatura e precipitação interferem. Trabalhos realizados indicam que a semeadura em épocas de maior luminosidade aumenta o potencial produtivo das culturas, bem como a falta de umidade do solo em períodos de floração compromete a diferenciação floral.

Carboidratos são normalmente formados por átomos de carbono, hidrogênio e oxigênio, e são elaborados pelas células vegetais por meio da fotossíntese, onde ocorre a conversão do dióxido de carbono (CO_2) e água em glicídios, com energia fornecida pela luz. A partir dos glicídios formados, o amido é sintetizado nos plastídeos, presentes em cloroplastos de folhas e amiloplastos de órgãos de reserva, polimerizando as moléculas de glicose obtidas da fotossíntese, e formando cadeias de amilose e amilopectina, conforme respostas gênicas e ambientais.

2.4 MANEJO DE LAVOURAS NA FORMAÇÃO E QUALIDADE DOS CARBOIDRATOS

Atualmente são conhecidos cinco grupos de milho, sendo: pipoca, duro, dentado, farináceo e doce, que já existiam na América por ocasião do descobrimento. O milho é um dos cereais que possui maior capacidade produtiva, pois é uma planta de metabolismo C4, que é mais eficiente na produção de matéria seca por área e consequentemente na produção de grãos.

O aumento da produção total de milho deve-se ao processo de melhoramento genético das cultivares utilizadas, além do manejo de cultivo da cultura, com técnicas de semeadura e adubação avançadas, que elevaram os níveis médios produtivos inferiores a 2.000 $kg.ha^{-1}$ na década de 1990 para aproximadamente 4.000 $kg.ha^{-1}$ na safra 2019/2020 no território nacional, porém, sabe-se que produtores que utilizam altos níveis tecnológicos de produção conseguem níveis de produtividades acima de 16.000 $kg.ha^{-1}$. Na Tabela 2.1, observa-se a produtividade de grãos, produtividade de carboidratos, peso de 1.000 grãos, número de fileiras por espiga e peso médio de grãos por espiga de diferentes cultivares de milho utilizadas, em experimento desenvolvido no Instituto Federal de Educação, Ciência e Tecnologia Farroupilha - Campus Santo Augusto na safra 2019/2020, onde pode-se observar que existe uma grande variação de tecnologias e, consequentemente, produtividade e qualidade dos grãos produzidos, principalmente devido a genética, clima e ciclo de cada cultivar.

Tabela 2.1 Produtividade (P), produtividade de carboidratos (PC), peso de mil grãos (PMG), número de fileiras por espiga (NFE) e peso de grãos por espiga (PGE) de diferentes cultivares milho na safra 2019/2020

Cultivar	P (kg. ha^{-1})	PC (kg.ha^{-1})	PMG (gramas)	NFE	PGE (g)
NS 45 VIP3	12.960,00	11.352,96	253,58	15,73	183,33
NS 50 PRO 2	9.307,20	8.152,11	355,67	13,33	211,00
NS 73 VIP	13.267,80	11.622,59	393,66	14,80	235,40
NS 90 PRO 2	9.157,20	8.021,71	290,00	17,33	200,40
MORGAN MG 300	12.403,2	10.867,83	358,56	15,06	214,66
MORGAN 30A57	14.973,00	13.116,35	358,02	14,66	253,86
MORGAN MG545	11.950,20	10.468,36	344,36	14,80	212,53
B2688 PWU	12.861,00	11.266,24	363,54	18,53	232,73
B2433 PWU	15.219,60	13.332,37	337,44	17,73	251,13
B2401 PWU	11.442,00	10.023,19	361,87	15,60	210,33
B2418 VYHR	13.655,40	11.962,13	377,78	14,80	234,53
B2612 PWU	13.710,00	12.009.96	347,67	15,46	230,66
BREVANT 7318 VYH	13.481,40	11.809,71	355,95	15,06	242,93
LG 36300 VIP3	8.098,80	7.094,55	331,99	13,73	194,10
LG 6033 PRO2	11.324,40	9.920,17	320,16	14,80	217,73
LG 3040 VIP3	13.338,60	11.684,61	294,14	16,93	224,46
LG 36790 PRO3	11.968,20	10.484,14	366,66	15,86	260,86
AGROESTE 1757	15.411,60	13.500,56	329,26	15,60	261,26
AGROESTE 1666	14.184,00	12.425,18	413,30	16,26	260,00
AGROESTE 1677 PRO 3	12.484,20	10.936,16	379,94	13,73	209,26
AGROCERES 9025 PRO3	12.791,40	11.205,27	473,00	14,06	320,11
AGROMEN JMEN 3M51	8166,00	7.153,42	387,88	15,73	283,95
DKB 230	11.354,40	9.946,45	383,67	14,26	196,86

SHS 5050	3.798,60	3.327,57	345,53	14,75	204,87
BIOMATRIX 3061	6.270,00	5.492,52	375,93	13,40	179,40
PIONNER 1225	12.671,40	11.100,15	234,55	32,53	135,00

*Considerando que o grão possui 87,6% de amido.

Fonte: Grupo Pós-Col do IFFar (2020).

2.5 PROCESSOS DE SECAGEM NA ESTRUTURA DE CARBOIDRATOS

Os grãos necessitam ser armazenados por longos períodos para atender a demanda das indústrias alimentícias durante o período de entressafra. Uma das formas mais utilizadas para a conservação dos grãos é a secagem, em que ocorre uma redução da atividade de água dos grãos, auxiliando na conservação, porém muitas vezes temperaturas muito elevadas, acima de 40ºC de temperatura de massa e condições inadequadas podem comprometer a qualidade dos grãos antes mesmo do armazenamento. Em grãos de milho, o processo de secagem mais utilizado é o processo contínuo, entretanto em muitas unidades os grãos ingressam com níveis de umidade acima de 20%, assim, altas temperaturas e também longos tempos são utilizados para redução da umidade a valores próximos a 13%, recomendados para a armazenagem.

Trabalhos realizados por Malumba *et al.* (2009) e Setiawan *et al.* (2010) relataram que temperaturas muito elevadas de secagem afetam parâmetros de qualidade do amido, como propriedades de pasta, morfologia dos grânulos, poder de inchamento e atividade enzimática, podendo impedir a utilização comercial devido às elevadas alterações. De acordo com Malumba *et al.* (2010) pré-tratamentos de alta temperatura aplicados ao amido, podem afetar eventualmente a região amorfa de grânulos, induzindo provavelmente transições vítreas, que podem modificar a capacidade de ligação à água e, subsequentemente, o comportamento de inchamento de grânulos em excesso de água. Malumba *et al.* (2009) ainda encontrou rendimentos de extração de amido entre 64,40 e 43,30% ao avaliar grãos de milho secos com temperaturas de ar entre 80 ºC e 130 ºC.

Na secagem de milho, quando os níveis de umidade são altos o processo é mais rápido, e vai se tornando mais difícil à medida que o produto vai ficando mais seco. Isso se deve ao fato de que a água evapora da superfície do grão e, em seguida, com a desidratação mais avançada, como a evaporação só se processa na superfície, é necessário que a água chegue até ela, do interior, por difusão. Quanto mais espesso for o grão, mais difícil será a difusão, e maior a diferença entre a umidade superficial e a do interior (gradiente de umidade), assim, no caso do milho deve-se esperar que isso ocorra para após ocorrer a evaporação, sendo, portanto, necessária a utilização de silos pulmões ou mesmo deixar o grão de milho em repouso para ocorrer a difusão e evitar que o processo de aquecimento continue e resulte em alterações nas características dos carboidratos.

Em estudo realizado por Setiawan *et al.* (2010), para avaliar o armazenamento de amido extraído de grãos de milho secos ao sol e em secador, o autor encontrou aumento do número de grânulos de amido danificados, ou seja, grânulos quebrados e detritos, além de observar grânulos danificados, resultados da atividade enzimática. Entretanto, esta atividade enzimática não resultou em declínio dos picos de viscosidade, como descrito pelo autor.

2.6 PROCESSOS DE ARMAZENAMENTO NA ESTRUTURA DE CARBOIDRATOS

Durante a armazenagem, vários fatores interferem na qualidade dos grãos, como temperatura, umidade dos grãos, umidade relativa do ar, atmosfera de armazenamento, teor de grãos quebrados, teor de impurezas, presença de microrganismos, insetos, ácaros e tempo de armazenamento. Em trabalho realizado com armazenamento de grãos de milho em temperaturas de 5 °C, 15 °C, 25 °C e 35°C durante doze meses (Tabela 2.2) o rendimento de extração é menor apenas para os grãos armazenados na temperatura de 35°C. De acordo com Sodhi *et al.* (2003), durante o armazenamento podem ocorrer interações entre proteínas, lipídios oxidados e amido, e conforme descrito por Salman *et al.* (2007), as cadeias de amilose podem formar complexos helicoidais, alterando as propriedades do amido, reduzindo o rendimento de extração. Ainda neste trabalho, os resultados do Valor L e Valor b* do perfil colorimétrico (Tabela 2.2) indicam que as maiores alterações ocorrem nos grãos armazenados na temperatura de 35 °C, sendo que o amido no início do armazenamento apresentava Valor b* (de azul a amarelo) de 6,27, chegando a valores de 10,67 ao final de doze meses de armazenamento, resultando em um amido com coloração mais amarelada, resultado de resíduo proteico e lipídico (conforme apresentado na Tabela 2.2) e também interações entre as frações. Segundo Debet e Gidley (2006), o teor residual de proteína e a presença de lipídios nos grânulos de amido podem provocar restrição do poder de inchamento durante a gelatinização do amido.

Tabela 2.2 Rendimento de extração (%), valor b*, valor L* e teor residual de proteína (%) e lipídios (%) do amido isolado de grãos de milho armazenados durante doze meses nas temperaturas de 5 °C, 15 °C, 25 °C e 35 °C com 14% de umidade

Condições de armazenamento	Rendimento extração (%)		Valor b*		Valor L*		Teor residual de proteínas (%)		Teor residual de lipídios (%)	
Inicial	59,07	±0,31a	6,27	±1,46b	96,26	±0,49b	0,23	±0,03b	0,61	±0,08a
5ºC	62,88	±1,25a	6,55	±0,40b	97,47	±0,52a	0,27	±0,08b	0,63	±0,03a
15ºC	66,94	±0,71a	5,98	±0,69b	97,34	±0,90a	0,32	±0,00b	0,62	±0,04a
25ºC	63,36	±2,32a	6,00	±0,44b	96,82	±0,25ab	0,29	±0,06b	0,60	±0,04a
35ºC	45,99	±6,58b	10,67	±0,87a	92,44	±0,27c	0,74	±0,01a	0,40	±0,04b

* Médias aritméticas simples ± desvio padrão, seguidas por letras minúsculas iguais na mesma coluna, não diferem entre si pelo teste de Tukey a 5% de significância ($P \leq 0,05$).

Fonte: Adaptado de Paraginski et al. (2014).

Durante o armazenamento, alterações podem ocorrer na morfologia dos grânulos de amido. Em trabalho realizado com grãos de milho armazenados em diferentes temperaturas (Figura 2.8), no amido extraído dos grãos armazenados nas temperaturas de 5 °C se observa perfurações nos grânulos, resultadas da atividade enzimática, pois com temperatura baixa as enzimas são mantidas inativadas durante o armazenamento e ativadas no processo de extração, devido à temperatura elevada (50 °C), assim, provoca as alterações na estrutura.

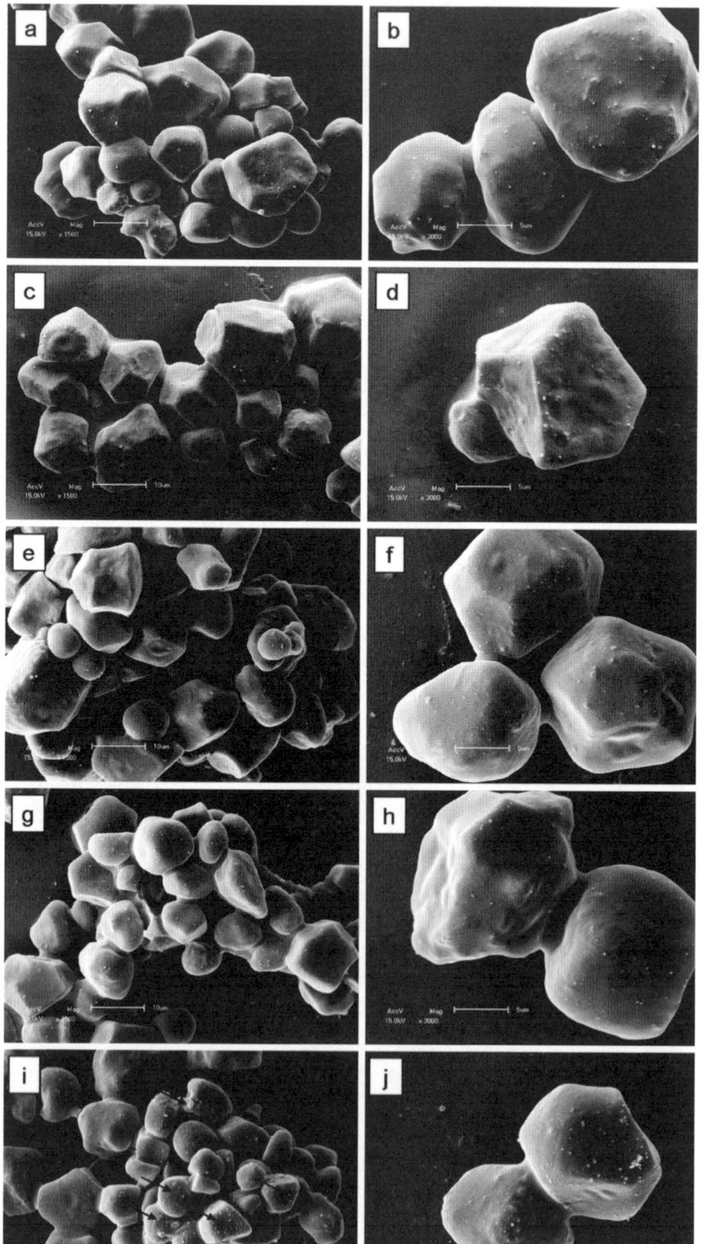

Figura 2.8 Microscopia Eletrônica de Varredura (SEM) de amido isolado de grãos de milho armazenados durante 12 meses nas temperaturas: inicial (a e b), 5 °C (c e d), 15 °C (e e f), 25 °C (g e h) e 35 °C (i e j)

Fonte: Adaptado de Paraginski *et al.* (2014).

O amido isolado dos grãos armazenados em temperatura alta (35 °C) apresentou um maior teor residual de proteínas, o que pode ser observado onde a superfície dos grânulos é recoberta por corpos proteicos, indicando que cuidados com temperaturas de armazenamento devem ser tomados durante o processo.

As pragas podem afetar a qualidade dos grãos e do amido de milho durante o armazenamento, ou mesmo antes da industrialização. Dentre as principais pragas, tem-se insetos, fungos, ácaros, pássaros e roedores. Assim, para garantir um produto de boa qualidade deve-se adotar um Manejo Integrado de Pragas (MIP), de forma a garantir um produto de boa qualidade aos consumidores. O armazenamento incorreto, além do ataque de pragas, está sujeito ao desenvolvimento de grãos com diferentes defeitos, como fermentados, ardidos, mofados, germinados, carunchados, e de acordo com os padrões de comercialização nacional, determinados pela Instrução Normativa n. 60, de 22 de dezembro de 2011, do Ministério da Agricultura, Pecuária e Abastecimento, a presença de defeitos reduz o valor comercial do produto, deixando muitas vezes de ser utilizados, devido à baixa qualidade (BRASIL, 2011).

Devido à grande importância dos grãos de milho para produção de amido, estes precisam ser limpos, secos e armazenados ao longo do ano para permitirem a utilização industrial. Vários fatores podem resultar na formação de grãos com defeitos, que muitas vezes são impossibilitados de serem comercializados, ou os valores pagos por esses grãos são muitos baixos, necessitando assim uma alternativa para comercialização, que pode ser a extração de amido. Em trabalho realizado por Glória et al. (2002), os autores avaliaram a qualidade de amido extraído de grãos de milho Tipo 1, Tipo 2 e Tipo 3 de acordo com Instrução Normativa do Ministério da Agricultura, Pecuária e Abastecimento de 1976, e encontraram diferenças na pureza e propriedades do amido isolado, porém não avaliaram as alterações provocadas pelos defeitos isoladamente, de acordo com a nova Instrução Normativa, de 2011.

Neste contexto, a elevada utilização de amido de milho na indústria alimentícia, e a busca de alternativas para grãos de milho com defeitos, em trabalho realizado foram avaliadas propriedades físico-químicas, de cristalinidade, de pasta, térmicas e morfológicas do amido extraído dos grãos de milho sem defeitos, e com os diferentes defeitos determinados pela IN MAPA n. 60/2011 (quebrados, fermentados, ardidos, mofados, carunchados, germinados, e chochos e imaturos).

Na Figura 2.9 é apresentado um comparativo das propriedades viscoamilográficas dos grãos moídos (Figura 2.9 A) e do amido extraído (Figura 2.9 B), onde observa-se que existe uma grande variação nas propriedades, principalmente nos grãos, e estas reduzem após a extração do amido, indicando sim que durante o processo de armazenamento inadequado existe complexação de compostos que podem afetar a qualidade final dos carboidratos presentes nos grãos.

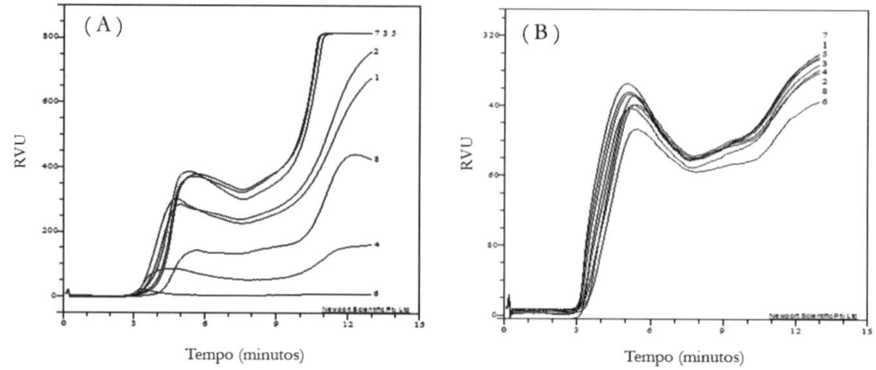

Figura 2.9 Parâmetros viscoamilográficos dos grãos (A) e do amido extraído (B) de grãos sem defeitos (1), e de grãos quebrados (2), fermentados (3), ardidos (4), mofados (5), germinados (6), carunchados (7) e chochos e imaturos (8)

Fonte: Adaptado de Paraginski *et al.* (2019).

No mesmo trabalho, foram avaliadas as características morfológicas dos grânulos de amido (Figura 2.10), e nestes percebe-se que existe uma grande variação na qualidade de cada defeito, oriundos do processo de formação completa dos carboidratos ainda na lavoura, adversidades climáticas, ou mesmo alterações que ocorrem durante a armazenagem destes.

2.7 CARBOIDRATOS NÃO AMILÁCEOS

Os grãos de milho quando separados por partes estruturais apresentam diferentes frações, e cada uma apresenta diferentes percentuais de fibras: endosperma (0%), gérmen (12%), pericarpo (54%) e ponta (7%). As camadas de células que compõem o pericarpo são constituídas de polissacarídeos do tipo hemicelulose (67%) e celulose (23%), embora também contenham lignina (0,1%), e, na ponta, a composição é essencialmente de material lignocelulósico.

Estes carboidratos não amiláceos presentes em grãos de milho auxiliam no sistema digestório e protegem os intestinos, além de promover a saciedade, ajudando quem está em dietas para emagrecimento. Obtidas a partir do pericarpo, as fibras de milho são utilizadas na produção de muitos alimentos, como *grits* para flocos de milho, grãos para cerveja e salgadinhos e farinha de milho para alimentos para bebês e para cozinhar.

Dentre estes carboidratos, apresentaremos a seguir os principais.

2.7.1 HEMICELULOSE

As hemiceluloses compõem um grupo de polissacarídeos que, diferentemente da celulose, são compostos por grupos heterogêneos de açúcares pentose e hexose, que incluem xilose, manose, glicose e galactose na cadeia principal e arabinose, galactose, glicose e ácido glucurônico nas cadeias laterais. Este grupo inclui ainda xilanos, glucuronoxilanos, arabinoxilanos, glucomananos, xiloglucanos e β-glucanas. Compostos que possuem por característica comum uma espinha dorsal composta por ligações β-(1-4) contínuas e várias unidades ramificadas, sendo as β-glucanas a exceção de cadeias lineares com ligações β-(1-4) e β-(1-3). No milho as hemiceluloses mais abundantes são as arabinoxilanas e as β-glucanas.

2.7.1.1 Arabinoxilanas

As arabinoxilanas correspondem de 90% a 95% do total das hemiceluloses encontradas nos grãos de milho, e são também conhecidas por heteroxilanos (OOMIYA; IMAZOTO, 1982). Possuem uma estrutura β-(1-4) xilana, e em sua forma mais simples as unidades β xilopiranosil da estrutura são ramificadas com unidades α-arabinofuranose em suas posições O-2 e/ou O-3.

Como em outros cereais as arabinoxilanas do milho são encontradas em duas frações diferentes: 1) na parede celular do endosperma e 2) no farelo. De acordo com a origem (localização no grão) estas hemiceluloses apresentam variações nas estruturas químicas e composição, especialmente na razão arabinose/xilose e da ramificação. Em estudos realizados por Yadav *et al.* (2007a, 2007b) verifica-se que a arabinoxilana do endosperma contém menos ácido ferúlico que o encontrado no farelo de milho.

Devido à capacidade de reticulação por pontes de ácido di- e/ou triferúlico (SAULNIER; THIBAULT, 1999), além de associações com proteínas (SAULNIER *et al.*, 1995) e possivelmente com lignina (LAPIERRE *et al.*, 2001) as arabinoxilanas em grãos de milho possuem limitada solubilidade em água. Porém, após uma extração alcalina os arabinoxilanos de milho são solúveis em água (HOOPER, 1942; WOLF *et al.*, 1953; ANTRIM; HARRIS, 1977; SUGAWARA *et al.*, 1994; SAULNIER *et al.*, 1995). A fim de deslignificar e facilitar a extração alcalina de arabinoxilano o peróxido de hidrogênio (H_2O_2) tem sido usado ((HROMA 'DKOVA'; EBRINGEROVA', 1995; ROSE *et al.*, 2010; DONER; HICKS, 1997).

Mesmo após a extração alcalina, alguns ácidos ferúlicos ainda permanecem esterificados aos arabinoxilanos de milho solubilizados (CARVAJAL-MILLAN *et al.*, 2007; YADAV *et al.*, 2007a, 2007b). Estes arabinoxilanos de milho contendo ácidos ferúlicos podem formar géis por meio de peroxidase ou lacase que catalisam a reticulação oxidativa (NG *et al.*, 1997a, 1997b; CARVAJAL-MILLAN *et al.*, 2007), impactando nas propriedades de gelificação. Além disso os arabinoxilanos do milho têm bom potencial para ser utilizado como agente de encapsulamento e carreador para as indústrias de alimentos e medicamentos (CARVAJAL-MILLAN *et al.*, 2007).

2.7.1.2 β-glucanas

Outra importante hemicelulose encontrada no milho e seus derivados é a β-glucana. As b-glucanas do milho são homopolissacarídeos lineares de unidades D-glucopiranosil conectadas por meio de uma mistura de ligações β-(1-4) e β-(1-3), com blocos de (1-4) unidades ligadas (segmentos oligoméricos semelhantes à celulose) separados por ligações (1-3). A maioria dos oligômeros são trímeros e tetrâmeros; no entanto, a celobiose e os oligômeros celulósicos mais longos do que os tetrâmeros também estão presentes em proporções menores (LAZARIDOU *et al.*, 2004; LAZARIDOU; BILIADERIS, 2007; YOSHIDA *et al.*, 2014).

A presença de ligações β-(1-3) cria dobras estruturais nas β-glucanas. Esta conformação assimétrica não apenas evita o alinhamento intermolecular extenso de cadeias em microfibrilas de celulose, mas também permite que β-glucano forme matrizes semelhantes a gel solúveis em água que reforçam as microfibrilas celulósicas na parede (BURTON; FINCHER, 2009).

Os grãos de milho contêm teores de β-glucanas que variam de 0,8% a 1,7% (base em peso) (Tabela 11.1) (EL-KHOURY *et al.*, 2012). De acordo com estudos realizados por Yoshida *et al.* (2014) 94% da molécula do β-glucano deste cereal é composta de segmentos de celotrímero e celotetrâmero, numa razão de 2,60. O restante da molécula contém pequenas quantidades de segmentos de celobiose (0,3%) e quatro resíduos consecutivos de glicose ligada a 4-O (5,4%). Estes teores são considerados baixos quando comparados a outros cereais como aveia e cevada.

2.7.2 CELULOSE

A celulose é o principal polissacarídeo estrutural encontrado nas plantas. Os teores encontrados em milho amarelo, segundo Jaworski *et al.* (2015), ficam em torno de 1,7% em grãos, 5,8% em DDGS de milho e 10,1% no farelo de milho. Como em outros cereais, a celulose está principalmente presente na porção do farelo.

Este polissacarídeo é constituído por cadeias lineares de D-glicose unidas por ligações β-(1-4). O grau de polimerização pode chegar a 10 mil unidades de glicose (ASPINALL, 1982). As ligações β-(1-4) entre as unidades de glicose mantêm a cadeia em um arranjo de fita plana que é mantida por ligações de hidrogênio intramoleculares.

Esta conformação permite que as cadeias de celulose se alinhem próximas umas das outras e formem numerosas ligações de hidrogênio intermoleculares entre os grupos hidroxila nas posições C3 dos resíduos de glicose vizinhos. Devido a essas interações únicas, as cadeias podem se empilhar para formar microfibrilas maiores (WANG *et al.*, 2012), que em grãos de cereais foram postuladas como associadas a outras frações de carboidratos (NSP) e não carboidratos (lignina) que permitem a formação da estrutura rígida e forte da parede celular, conforme discutido abaixo. Este agrupamento único e parcialmente cristalino devido às ligações intermoleculares e intramoleculares prejudica a funcionalidade da celulose e restringe seu uso na indústria alimentícia (HARRIS; SMITH, 2006).

A estrutura natiba da celulose pode ser física ou quimicamente modificada, produzindo ingredientes funcionais como géis celulósicos com alta capacidade de hidratação e alta viscosidade.

2.7.3 LIGNINA

A lignina é um composto polifenólico complexo originado de três precursores de monolignol: álcoois p-cumaril, coniferil e sinopilico, e que, junto com as arabinxilanas, ß-glucanas, celulose e pectina, está entre os principais componentes das paredes celulares secundárias das plantas vasculares (KNUDSEN, 1997; MOTTIAR *et al.*, 2016). Está fortemente reticulada com outros componentes da parede celular, conferindo resistência mecânica aos tecidos vegetais e rigidez às paredes celulares (RUBIN, 2008). O grão de milho integral contém 1,1% de lignina (peso base), o que é inferior ao observado em outros cereais (KNUDSEN, 1997).

Além de conferir resistência mecânica, a lignina do milho desempenha papel fundamental na organização de redes de polissacarídeos, impactando significativamente as propriedades funcionais de farelo de milho (LAPIERRE *et al.*, 2001).

2.8 TENDÊNCIAS DE UTILIZAÇÃO DE CARBOIDRATOS DE MILHO

O milho é um dos grãos mais estudados pelos órgãos de pesquisa, sendo que vários trabalhos já foram publicados em periódicos nacionais e internacionais, desde a produção no campo, com o desenvolvimento de cultivares específicas, e de técnicas de manejo, com adubação, tratos culturais e épocas de plantio, e também na área de pós-colheita, sobre secagem e armazenamento de grãos, onde técnicas adequadas já foram desenvolvidas e identificadas, porém ainda falta um pouco de difusão destas para os produtores utilizarem estas em suas unidades de produção.

A maior parte dos grupos de pesquisa localizados no mundo que trabalham com grãos de milho busca o desenvolvimento de novos produtos que apresentem melhor qualidade nutricional e sejam de grande aceitação dos consumidores. Pesquisas com modificação física, químicas e biológicas foram realizadas com amido para melhoria de suas propriedades físico-químicas, de pasta, morfológicas, térmicas e de cristalinidade, porém ainda faltam informações sobre os efeitos dessas modificações nas propriedades, principalmente após o desenvolvimento de novas cultivares, com diferentes teores de amilose, que podem resultar na obtenção de amido com propriedades diferentes.

Portanto, existem muitos trabalhos e linhas de pesquisa com grãos de milho e derivados que obtiveram bons resultados, porém, ainda existem dúvidas quanto a alguns processamentos utilizados, e novas pesquisas necessitam ser realizadas para agregar valor a estes produtos, e atender a necessidade e exigência dos consumidores.

Muito têm-se aprendido nos últimos sobre a estrutura do amido e das fibras e suas importantes funções. O amido de milho já é bastante usado e possui propriedades funcionais atrativas e de ampla aplicação. Os polissacarídeos não amiáceos encontrados na fibra de milho, especialmente oriundo da moagem úmida, são um produto de baixo valor, mas têm constituintes com potencial de valor agregado. O arabinoxilanos, principal componente, é funcionalmente pobre em seu estado reticulado nativo, porém quando solubilizado em álcali tem propriedades interessantes e potencialmente úteis de fermentabilidade lenta no cólon para fornecer uma fibra dietética tolerável que estende a fermentação até o intestino distal.

REFERÊNCIAS

ASPINALL, G. O. *The polysaccharides*. Academic Press, New York, 1982.

BILIADERIS, Costas G. The structure and interactions of starch with food constituents. *Canadian Journal of Physiology and Pharmacology*, v. 69, n. 1, p. 60-78, 1991.

BURTON, Rachel A.; FINCHER, Geoffrey B. (1, 3; 1, 4)-β-d-Glucans in cell walls of the Poaceae, lower plants, and fungi: a tale of two linkages. *Molecular plant*, v. 2, n. 5, p. 873-882, 2009.

CARVAJAL-MILLAN, Elizabeth *et al.* Maize bran gum: extraction, characterization and functional properties. *Carbohydrate Polymers*, v. 69, n. 2, p. 280-285, 2007.

CARVAJAL-MILLAN, Elizabeth *et al.* Storage stability of laccase induced arabinoxylan gels. *Carbohydrate Polymers*, v. 59, n. 2, p. 181-188, 2005.

CEREDA, M. P. *Culturas de tubersosas amiláceas latino-americanas: propriedades gerais do amido*. Campinas: Fundação Cargill, 2001. v. 1.

CORRADINI, E. *et al.* Comparative studies of corn thermoplastic starches with different amylose content. *Polímeros*, v. 15, n. 4, p. 268-273, 2005.

DEBET, Martine R.; GIDLEY, Michael J. Three classes of starch granule swelling: influence of surface proteins and lipids. *Carbohydrate Polymers*, v. 64, n. 3, p. 452-465, 2006.

DENARDIN, Cristiane Casagrande; SILVA, Leila Picolli da. Estrutura dos grânulos de amido e sua relação com propriedades físico-químicas. *Ciência Rural*, v. 39, p. 945-954, 2009.

DONER, Landis W.; HICKS, Kevin B. Isolation of hemicellulose from corn fiber by alkaline hydrogen peroxide extraction. *Cereal Chemistry*, v. 74, n. 2, p. 176-181, 1997.

ELIASSON, Ann-Charlotte (ed.). *Starch in food*: structure, function and applications. Boca Raton, FL: CRC Press, 2004.

FRANCO, C. M. L.; DAIUTO, E. R.; DEMIATE, I. M.; CARVALHO, L. J. C. B.; LEONEL, M.; VILPOUX, O. F.; SARMENTO, S. B. S. *Propriedades gerais do amido*. São Paulo: Fundação Cargil, 2001. 221 p.

GEORGET, Dominique MR *et al.* Thermal characterisation of oxidatively cross-linked American corn bran hemicellulose. *Journal of the Science of Food and Agriculture*, v. 79, n. 3, p. 481-483, 1999.

HAMAKER, Bruce R.; TUNCIL, Yunus E.; SHEN, Xinyu. Carbohydrates of the Kernel. *In*: SERNA-SALDIVAR, Sergio O. *Corn: chemistry and technology*. 3. ed. AACC International Press, 2019. p. 305-318.

HARRIS, Philip J.; SMITH, Bronwen G. Plant cell walls and cell-wall polysaccharides: structures, properties and uses in food products. I*nternational Journal of Food Science & Technology*, v. 41, p. 129-143, 2006.

HOOVER, Ratnajothi. Composition, molecular structure, and physicochemical properties of tuber and root starches: a review. *Carbohydrate Polymers*, v. 45, n. 3, p. 253-267, 2001.

HOSENEY, R. Carl *et al. Principles of cereal science and technology*. American Association of Cereal Chemists (AACC), 1994.

IMBERTY, Anne *et al.* Recent advances in knowledge of starch structure. *Starch-Stärke*, v. 43, n. 10, p. 375-384, 1991.

JANE, J. L. *et al.* Effects of amylopectin branch chain length and amylose content on the gelatinization and pasting properties of starch. *Cereal Chemistry*, v. 76, n. 5, p. 629-637, 1999.

JAWORSKI, N. W. *et al.* Carbohydrate composition and in vitro digestibility of dry matter and nonstarch polysaccharides in corn, sorghum, and wheat and coproducts from these grains. *Journal of Animal Science*, v. 93, n. 3, p. 1103-1113, 2015.

JOBLING, Steve. Improving starch for food and industrial applications. *Current opinion in plant biology*, v. 7, n. 2, p. 210-218, 2004.

KARIM, A.; NORZIAH, M. H.; SEOW, C. C. Methods for the study of starch retrogradation. *Food Chemistry*, v. 71, n. 1, p. 9-36, 2000.

KNUDSEN, Knud Erik Bach. Carbohydrate and lignin contents of plant materials used in animal feeding. *Animal Feed Science and Technology*, v. 67, n. 4, p. 319-338, 1997.

KUAKPETOON, Daris; WANG, Ya-Jane. Internal structure and physicochemical properties of corn starches as revealed by chemical surface gelatinization. *Carbohydrate Research*, v. 342, n. 15, p. 2253-2263, 2007.

LAJOLO, Franco Maria; MENEZES, Elizabete Wenzel de. *Carbohidratos en alimentos regionales iberoamericanos*. São Paulo: Edusp, 2006. 646 p.

LAPIERRE, Catherine *et al.* The phenolic fraction of maize bran: evidence for lignin-heteroxylan association. *Phytochemistry*, v. 57, n. 5, p. 765-772, 2001.

LAZARIDOU, Athina *et al.* A comparative study on structure–function relations of mixed-linkage (1→ 3), (1→ 4) linear β-d-glucans. *Food Hydrocolloids*, v. 18, n. 5, p. 837-855, 2004.

LAZARIDOU, Athina; BILIADERIS, C. G. Molecular aspects of cereal β-glucan functionality: Physical properties, technological applications and physiological effects. *Journal of Cereal Science*, v. 46, n. 2, p. 101-118, 2007.

LEACH HARRY, W.; MCCOWEN, L. D.; CHOCH, J. Thomas. Structure of the starch granule I. Swelling and solubility patterns of various starches. *Cereal Chemistry*, v. 36, p. 534-544, 1959.

MALUMBA, Paul *et al.* Comparative study of the effect of drying temperatures and heat-moisture treatment on the physicochemical and functional properties of corn starch. *Carbohydrate Polymers*, v. 79, n. 3, p. 633-641, 2010.

MALUMBA, Paul *et al.* Influence of drying temperature on functional properties of wet-milled starch granules. *Carbohydrate Polymers*, v. 75, n. 2, p. 299-306, 2009.

MOTTIAR, Yaseen *et al.* Designer lignins: harnessing the plasticity of lignification. *Current Opinion in Biotechnology*, v. 37, p. 190-200, 2016.

NG, Annie; GREENSHIELDS, Rod N.; WALDRON, Keith W. Oxidative cross-linking of corn bran hemicellulose: formation of ferulic acid dehydrodimers. *Carbohydrate Research*, v. 303, n. 4, p. 459-462, 1997a.

NG, K.-Y. *et al.* Thermal properties of starch from 62 exotic maize (Zea mays L.) lines grown in two locations. *Cereal Chemistry*, v. 74, n. 6, p. 837-841, 1997b.

OATES, Christopher G. Towards an understanding of starch granule structure and hydrolysis. *Trends in Food Science & Technology*, v. 8, n. 11, p. 375-382, 1997.

OOMIYA, M., IMAZOTO, S. Corn seed hemicellulose. *In*: INGLETT, G. E. (Ed.). *Maize: recent progress in chemistry and technology*. New York: Academic Press, 1982. p. 19-32.

PARAGINSKI, Ricardo Tadeu *et al.* Characteristics of starch isolated from maize as a function of grain storage temperature. *Carbohydrate Polymers*, v. 102, p. 88-94, 2014.

PARAGINSKI, Ricardo Tadeu *et al.* Physicochemical, pasting, crystallinity, and morphological properties of starches isolated from maize kernels exhibiting different types of defects. *Food Chemistry*, v. 274, p. 330-336, 2019.

PARKER, Roger; RING, Stephen G. Aspects of the physical chemistry of starch. *Journal of Cereal Science*, v. 34, n. 1, p. 1-17, 2001.

PERONI, Fernanda Helena Gonçalves. *Características estruturais e físico-químicas de amidos obtidos de diferentes fontes botânicas*. Orientadora: Célia Maria Landi Franco. 2003. 118 f. Dissertação (Mestrado em Engenharia e Ciência de Alimentos) – Instituto de Biociências, Letras e Ciências Exatas, Universidade Estadual Paulista, São José do Rio Preto, 2003. Disponível em: http://hdl.handle.net/11449/88414.

RUBIN, Edward M. Genomics of cellulosic biofuels. *Nature*, v. 454, n. 7206, p. 841-845, 2008.

SALMAN, Hayfa; COPELAND, Les. Effect of storage on fat acidity and pasting characteristics of wheat flour. *Cereal Chemistry*, v. 84, n. 6, p. 600-606, 2007.

SETIAWAN, Stephen *et al.* Effects of drying conditions of corn kernels and storage at an elevated humidity on starch structures and properties. *Journal of Agricultural and Food Chemistry*, v. 58, n. 23, p. 12260-12267, 2010.

SINGH, Narpinder *et al.* Morphological, thermal and rheological properties of starches from different botanical sources. *Food Chemistry*, v. 81, n. 2, p. 219-231, 2003.

SODHI, Navdeep Singh *et al.* Changes in physico-chemical, thermal, cooking and textural properties of rice during aging. *Journal of Food Processing and Preservation*, v. 27, n. 5, p. 387-400, 2003.

TESTER, Richard F.; KARKALAS, John; QI, Xin. Starch: composition, fine structure and architecture. *Journal of Cereal Science*, v. 39, n. 2, p. 151-165, 2004.

THOMAS, D. J.; ATWELL, W. A. *Starches:* practical guides for the food industry. Minnesota: Eagan Press Handbook Series, 1999. 94 p.

VAN DER MAAREL, Marc J.E.C. *et al.* Properties and applications of starch-converting enzymes of the α-amylase family. *Journal of Biotechnology*, v. 94, n. 2, p. 137-155, 2002.

VANDEPUTTE, G. E.; DELCOUR, Jan A. From sucrose to starch granule to starch physical behaviour: a focus on rice starch. *Carbohydrate polymers*, v. 58, n. 3, p. 245-266, 2004.

WANG, Hui; GURAU, Gabriela; ROGERS, Robin D. Ionic liquid processing of cellulose. *Chemical Society Reviews*, v. 41, n. 4, p. 1519-1537, 2012.

WEBER, Fernanda Hart; COLLARES-QUEIROZ, Fernanda Paula; CHANG, Yoon Kil. Caracterização físico-química, reológica, morfológica e térmica dos amidos de milho normal, ceroso e com alto teor de amilose. *Food Science and Technology*, v. 29, p. 748-753, 2009.

XIE, Sherry X.; LIU, Qiang; CUI, Steve W. *Starch modification and applications*. Boca Raton, FL: CRC Press, 2005.

YADAV, Madhav P. *et al.* Corn fiber gum: A potential gum arabic replacer for beverage flavor emulsification. *Food Hydrocolloids*, v. 21, n. 7, p. 1022-1030, 2007a.

YADAV, Madhav P. *et al.* Molecular characteristics of corn fiber gum and their influence on CFG emulsifying properties. *Cereal Chemistry*, v. 84, n. 2, p. 175-180, 2007b.

YOSHIDA, Cristiana M. P. *et al.* Chitosan biobased and intelligent films: Monitoring pH variations. *LWT-food science and technology*, v. 55, n. 1, p. 83-89, 2014.

YOU, S. *et al.* Separation and characterization of barley starch polymers by a flow field-flow fractionation technique in combination with multiangle light scattering and differential refractive index detection. *Cereal Chemistry*, v. 79, n. 5, p. 624-630, 2002.

ZHONG, Fang *et al.* The effect of rice variety and starch isolation method on the pasting and rheological properties of rice starch pastes. *Food Hydrocolloids*, v. 23, n. 2, p. 406-414, 2009.

ZOBEL, H. F. Starch crystal transformations and their industrial importance. *Starch-Stärke*, v. 40, n. 1, p. 1-7, 1988.

CAPÍTULO 3
PROTEÍNA

Aldrey Nathália Ribeiro Corrêa
Cristiano Dietrich Ferreira
Henrique Passos Neutzling
Newiton da Silva Timm

RESUMO

Este capítulo apresenta tópicos referentes às características bioquímicas e tecnológicas das proteínas do milho. O teor total de proteína em grãos de milho varia de 6% a 12%, dependendo do genótipo e condições de cultivo. Dentre os vinte aminoácidos formadores de proteínas, os principais para a constituição das proteínas do milho são o glutamato e a leucina. Mesmo que o milho seja constituído predominantemente por amido, a rede proteica tem papel fundamental na classificação dos grãos quanto a consistência do endosperma, denominado endosperma vítreo e farináceo. A zeína, pertencente à classe de proteínas denominadas como prolaminas, é a principal proteína encontrada em grãos de milho, chegando a 60% do total de proteínas, estando quase em sua totalidade depositada no endosperma.

3.1 INTRODUÇÃO

Proteínas são macromoléculas compostas por uma sequência de aminoácidos, as quais têm por função principal manifestar a expressão gênica do DNA do indivíduo. Presentes em todas as células de um ser vivo, as proteínas possuem inúmeras funções metabólicas, sendo cada proteína particularizada em uma atribuição específica, a qual é delegada pela sequência dos aminoácidos presentes em determinada cadeia proteica.

Em grãos de milho predominam as proteínas de armazenamento, contendo aminoácidos essenciais na germinação e no desenvolvimento inicial de uma nova planta. O teor total de proteína em grãos de milho pode variar de 6% a 12%, dependendo do genótipo e condições de cultivo. A proteína dos grãos de milho está dividida em cerca de 75% no endosperma e os 25% restantes se encontram distribuídos em outras partes do grão, principalmente no gérmen.

As proteínas do milho podem ser agrupadas (Classificação de Osborne) em várias frações de acordo com sua solubilidade em diferentes solventes: as prolaminas, que são referidas como zeínas no milho (solúveis em álcool), as globulinas (solúveis em soluções salinas), as albuminas (solúvel em água) e as glutelinas (solúveis em soluções alcalinas diluídas) (LANDRY; MOUREAUX, 1980).

O milho é amplamente utilizado na alimentação animal, estando presente na dieta de aves, bovinos, equinos, ovinos e caprinos. No entanto, as proteínas do milho podem ser consideradas de baixo valor nutricional, mas ainda capazes de suprir com aproximadamente 20% da necessidade de proteína em uma dieta inicial de aves (COWIESON, 2005).

Neste capítulo são apresentadas as principais características das proteínas de grãos de milho, com ênfase na zeína, principal proteína deste cereal.

3.2 AMINOÁCIDOS

Compostos por um grupo amino e um grupo carboxila ligados a um carbono central, os aminoácidos são moléculas menores que se ligam em sequência para a formação das proteínas. Existem inúmeros aminoácidos catalogados, porém exclusivamente vinte são os responsáveis pela formação de proteínas. Além da ligação do grupo amino e do grupo carboxila, o carbono central também se liga a um átomo de hidrogênio e a uma cadeia lateral denominada de radical (Figura 3.1). Esse último é o responsável pela diferenciação entre aminoácidos. São inúmeras as combinações possíveis de aminoácidos na sequência da cadeia proteica e são essas diferentes disposições, atreladas ao comprimento da sequência, responsáveis pela definição da característica específica da proteína sintetizada.

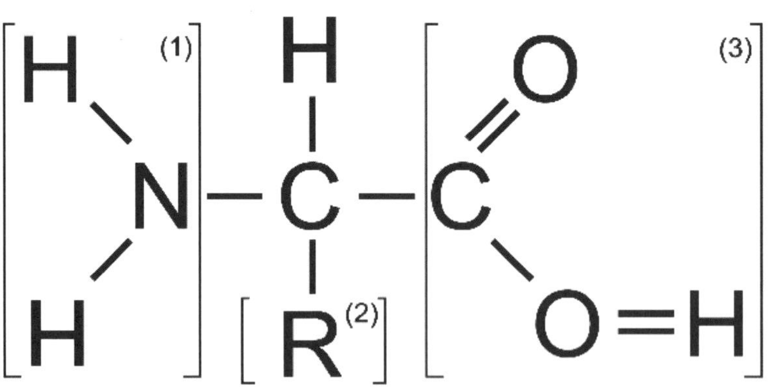

Figura 3.1 Composição química de um aminoácido: (1) estrutura do grupo amino, (2) radical responsável pela diferenciação do aminoácido, (3) estrutura do grupo carboxila

Na Tabela 3.1 são apresentados quatorze aminoácidos presentes em duas variedades de milho. Os principais aminoácidos do milho são o glutamato e a leucina, que apresentam teores de 16,4 a 19,8 $g.kg^{-1}$ e 10,2 a 12,2 $g.kg^{-1}$, respectivamente.

Tabela 3.1 Principais aminoácidos presentes em grãos de milho

Aminoácido	Teor ($g.kg^{-1}$)
Aspartato	5,0 – 7,6
Treonina	3,6 – 4,3
Serina	4,8
Glutamato	16,4 – 19,8
Alanina	7,2 – 7,9
Valina	4,0 – 4,7
Isoleucina	2,9 – 3,5
Leucina	10,2 – 12,2
Tirosina	3,5 – 4,3
Fenilalanina	3,9 – 4,7
Lisina	2,7 – 3,0
Arginina	3,7 – 4,1
Cistina	2,1 – 2,6
Metionina	1,9 – 2,0

Fonte: Adaptado de Barrier-Guillot *et al.* (1993).

3.3 PROTEÍNAS DO MILHO

Os vegetais utilizam de suas sementes para depósito de moléculas e compostos necessários para o desenvolvimento de novas plantas, o mesmo ocorre com as proteínas. É na semente que predominantemente a planta estoca suas proteínas de armazenamento, as quais servirão de fonte de aminoácidos fundamentais durante o processo de germinação e crescimento vegetativo (SHEWRY *et al.*, 1995).

Nos grãos de milho e em cereais em geral as proteínas de armazenamento são majoritariamente pertencentes à classe de proteínas denominadas prolaminas. Prevalentemente, as prolaminas são solúveis em solução etanólica diluída, o que, atrelado à ausência de aminoácidos essenciais como lisina e triptofano, as torna pouco almejada na dieta de humanos (SHEWRY; TATHAM, 1990).

A porção do endosperma de grãos de milho corresponde a aproximadamente 90% da massa total do grão e nessa fração do grão estão armazenadas grande parte das substâncias de reserva que a planta necessita para sua germinação e desenvolvimento. De acordo com a espessura da matriz proteica que envolve os grânulos de amido e a compactação dos grânulos de amido, os grãos de milho podem ser classificados quanto à consistência do endosperma. O endosperma que possui grânulos de amido esparsos e menos ligados à matriz proteica, havendo porosidade, é classificado como de endosperma farináceo. Já o endosperma que apresenta uma matriz proteica mais sólida, com grânulos de amido complexados a essa matriz, é classificado como endosperma vítreo (DELCOUR; HOSENEY, 2010). Embora o teor total de proteínas em grãos de milho seja relativamente baixo, quando comparado a outros grãos, a consistência do endosperma está diretamente ligada à condição da estrutura da matriz proteica, que envolve os grânulos de amido e demais substâncias de reserva.

Devido ao fato de possuírem maior ambição no setor industrial, grãos com endosperma vítreo possuem produção consideravelmente elevada em relação aos grãos farináceos. O teor de proteínas em grãos de milho influencia em inúmeras propriedades tecnológicas, principalmente de caráter industrial. Quanto à textura do endosperma, não é diferente; a estruturação da matriz proteica se mostra como fator determinante na definição referente à consistência do endosperma. A complexação dos grânulos de amido no interior da matriz proteica está diretamente ligada às características de endosperma vítreo. A combinação dos grânulos de amido liberados pelos amiloplastos incorporados às estruturas proteicas e demais conteúdo citoplasmático seco pode gerar uma estrutura translúcida e rígida, formando o endosperma vítreo. No entanto, embora as características da matriz proteica sejam fator determinante para a definição estrutural do endosperma, as características dos grânulos de amido complexados também devem ser levadas em consideração. Grãos com endosperma farináceo apresentam grânulos de amido mais opacos e menos coesos em relação aos grânulos de amido apresentados nos grãos de endosperma vítreo (LARKINS, 2019).

Na Figura 3.2 é possível observar, por microscopia eletrônica de varredura, a relação dos grânulos de amido com a matriz proteica em um grão de endosperma vítreo e um grão com o endosperma farináceo. No endosperma vítreo (Figura 3.2A) é possível observar a matriz proteica fazendo um envoltório ao redor dos grânulos de amido. Já no endosperma farináceo (Figura 3.2B), é facilmente perceptível a maior liberdade com que os grânulos de amido se configuram, sem que haja proteína ao seu redor.

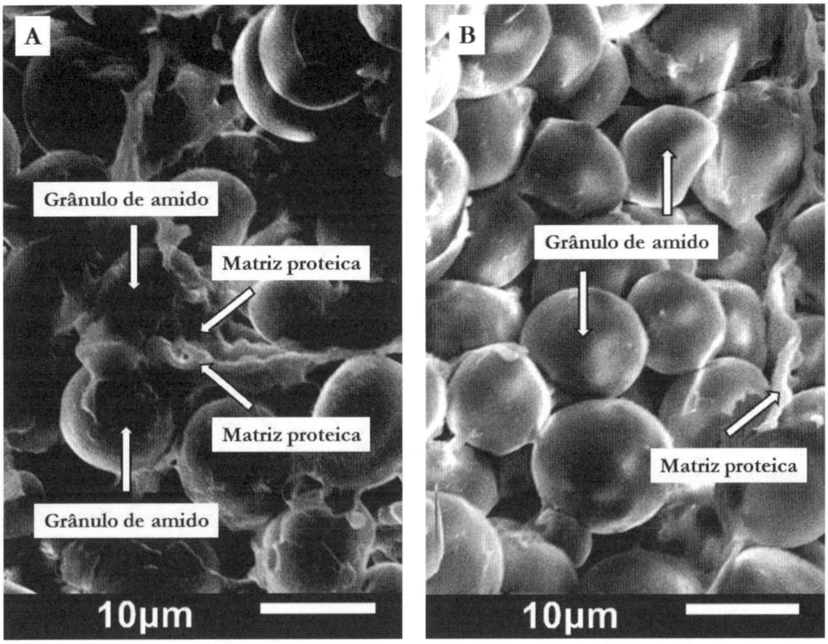

Figura 3.2 Microscopia eletrônica por varredura de um grão com endosperma vítreo (A) e de um endosperma farináceo (B). Imagens capturadas a uma voltagem de 15 kV e ampliação de 1000x

Fonte: Autores.

Quando nos referimos às proteínas extraídas de grãos de milho, automaticamente devemos lembrar das mais abundantes e características da cultura, as zeínas. Tal nomenclatura deriva do gênero botânico *Zea*, do qual o milho (*Zea mays*) faz parte.

Pertencente à classe de proteínas presentes especificamente em cereais, denominada prolaminas, a zeína é a principal proteína encontrada em grãos de milho, chegando a 60% do total de proteínas, estando quase em sua totalidade depositada no endosperma. Por ser insolúvel em água, em consonância com o déficit de aminoácidos fundamentais em humanos, como lisina e triptofano, a zeína se apresenta pouco atrativa nutricionalmente, fazendo que sua principal aplicação se dê na indústria de polímeros (SHUKLA; CHERYAN, 2001). A zeína também pode ser utilizada na produção de filmes (Capítulo 19) de proteção que visam a conservação de alimentos, formando uma camada de proteção resistente à passagem de umidade e gases, mantendo a estabilidade de massa e características nutricionais e reduzindo perdas ocasionadas na pós-colheita (PAPALIA; LONDERO, 2015).

Na Figura 3.3 é apresentada a disposição da estrutura das zeínas, em que os aminoácidos unidos se depositam em formato helicoidal e a união destas hélices formam cilindros, os quais se depositam de forma empilhada e ordenada. Nas extremidades dos cilindros se põem resíduos de glutaminas, as quais ficam responsáveis pelas ligações de hidrogênio com macromoléculas vizinhas (ARGOS *et al.*, 1982).

As zeínas podem ser classificadas em grupos diferenciados por letras gregas α, β, γ e δ, de acordo com os aminoácidos apresentados em sua cadeia, os quais podem alterar as propriedades das zeínas, como comportamento da estrutura e até mesmo a solubilidade proteica, embora todas possuam em comum abundância de aminoácidos como, glutamina e prolina, e ausências de lisina e triptofano.

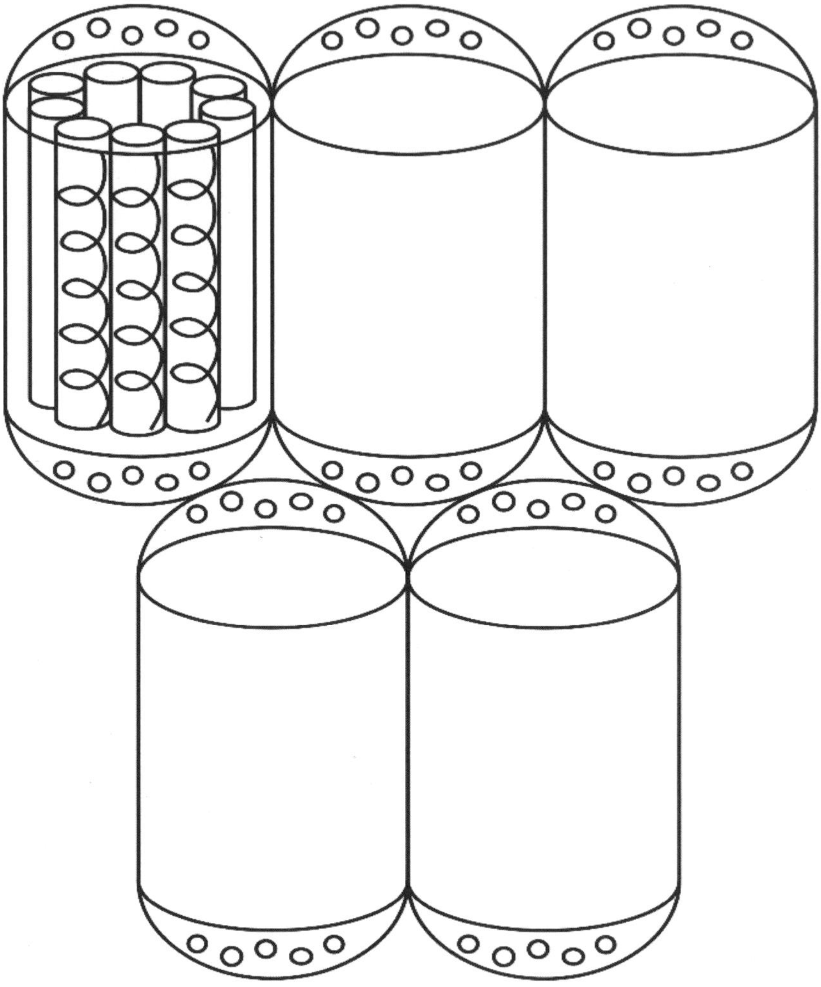

Figura 3.3 Configuração de corpos zeínicos com relação à sua disposição e estrutura interna
Fonte: Adaptado de Argos *et al.* (1982).

A relação entre as zeínas e os aminoácidos que as formam pode ser melhor entendida quando analisados os dados apresentados na Tabela 3.2. Observa-se que há uma predominância dos aminoácidos não essenciais, como a glutamina e glutamato, que somam 20,7% de presença nas zeínas extraídas, assim como esses aminoácidos estão presentes em todas as proteínas do milho (Tabela 3.1). Leucinas, prolinas e alaninas também se destacam na formação das zeínas, apresentando cada um mais de 10% da formação das zeínas. Também é possível observar a já mencionada ausência dos aminoácidos essenciais lisina (0,2%) e triptofano (não relatado).

Tabela 3.2 Composição de aminoácidos da zeína e frações α-zeína (duas bandas), -zeína, γ-zeína e δ-zeína, quantificados via eletroforese em bandas de 19 kD, 22 kD, 15 kD, 28 kD e 10 kD, respectivamente

Aminoácido	Total de Zeína (%)	α-zeína		-zeína	γ-zeína	δ-zeína
		19 kD	22 kD	15 kD	28 kD	10 kD
Aspartato	3,9	0	0	1	0	1
Asparagina		10	12	3	0	3
Treonina	3,2	5	8	4	9	5
Serina	5,9	15	16	8	8	8
Glutamato	20,7	1	1	3	2	0
Glutamina		41	50	26	30	15
Prolina	13	23	22	14	51	20
Glicina	3,8	5	4	14	13	4
Alanina	11,3	29	34	22	10	7
Cisteína	1,9	2	1	7	15	5
Valina	4,5	5	15	4	15	5
Metionina	1,9	0	5	18	1	29
Isoleucina	2,9	9	8	1	4	3
Leucina	15,3	43	44	16	19	15
Tirosina	3,9	8	8	14	4	1
Fenilalanina	3,8	13	9	0	2	5
Histidina	2,1	2	3	0	16	3
Lisina	0,2	0	0	0	0	0
Arginina	1,7	2	2	5	5	0
Triptofano	ND	0	0	0	0	0
Somatório	ND	213	242	160	204	129

ND = não relatado.

Fonte: Adaptado de Shewry; Tatham (1990).

As α-zeínas representam em média 80% do teor total de zeínas encontradas em grãos de milho. Em separação por massa molecular as α-zeínas se dividem nas bandas de 19 e 22 kD. Por ser o grupo mais abundante, as características e propriedades nele carregados simbolizam as características genéricas das zeínas, servindo para critério de comparação com as β, γ e δ-zeínas.

As β-zeínas representam entre 10% a 15% do total de zeínas e são apresentadas na faixa de 15 kD quando submetidas à eletroforese de gel. Como apresentado na Tabela 3.2, as β-zeínas se diferenciam dos demais grupos de zeínas por apresentarem taxas maiores dos aminoácidos metionina e cisteína. Diferentemente das α-zeínas, as β-zeínas não apresentam cadeias organizadas e lineares, mas sim uma rede mais abstrata de organização das ligações.

Representando cerca de 5% a 10% do teor total de zeínas, γ-zeínas em separação de massa se apresentam na banda de 28 kD e algumas se organizam na banda de 16 kD. Embora que perto da totalidade das zeínas seja solúvel em solução alcoólica, as γ-zeínas se apresentam como glutaminas, ou seja, necessitam de um agente redutor para que haja quebra das ligações entre os aminoácidos. Entre todos os grupos de zeínas, as δ-zeínas são as menos abundantes e, consequentemente, menos estudadas. Esse grupo proteico apresenta característica de organização semelhante às β-zeínas, não exibindo linearidade na sua configuração.

3.4 PROPRIEDADES DAS PROTEÍNAS

3.4.1 DETERMINAÇÃO

A principal forma de determinação do teor total de proteínas em grãos de milho se dá pela quantificação do teor do nitrogênio presente, por meio dos processos de digestão, destilação e titulação. Após a determinação do nitrogênio, o teor de proteína é obtido pela aplicação de um fator de conversão que associa a massa total de nitrogênio na amostra com o teor total de proteínas. Para grãos de milho o fator de conversão utilizado é de 6,25, ou seja, cada 1 g de nitrogênio contém 6,25 g de proteína.

No processo de digestão a amostra previamente moída é submetida a alta temperatura a fim de quebrar todas as ligações orgânicas. Utiliza-se uma alíquota de ácido sulfúrico, com intuito de auxiliar na quebra das ligações orgânicas, fazendo uma digestão ácida, conservando o nitrogênio na forma de amônia e uma mistura catalisadora, que altera seu ponto de ebulição. Durante a operação de destilação a amostra é submetida à migração da amônia para uma solução receptora, formando borato de amônia, substância de caráter básico. Por fim, a amostra é titulada com solução de ácido clorídrico e aplicado o fator de conversão.

3.4.2 MÉTODOS DE EXTRAÇÃO E FRACIONAMENTO

Na extração do isolado proteico é necessário que a massa de grãos seja previamente moída a grânulos menores que 0,2 mm de diâmetro, aumentando a superfície de contato dos solventes, e em seguida desengordurada, a fim de que a matriz proteica não se ligue aos corpos lipídicos no momento da extração. Inicialmente são extraídas as albuminas (proteínas solúveis em água), seguido pela remoção das globulinas (grupo solúvel em solução salina). A combinação destes dois grupos proteicos compreende menos de 10% do total de proteínas presente em grãos de milho. Logo após, são extraídas as prolaminas (zeínas), as quais são solúveis em solução alcoólica e responsáveis pela maior parte das proteínas presentes nos grãos de milho, podendo chegar a 60% do teor total de proteínas. Por fim, é realizada a extração das proteínas solúveis em solução de NaOH (glutelinas) (PAPALIA; LONDERO, 2015).

Visando melhor compreensão da sucessão de métodos de extração das proteínas com relação ao seu meio de solubilidade, na Figura 3.4 está esquematizado o fluxo pelo qual os grãos de milho passam até completa extração das suas proteínas.

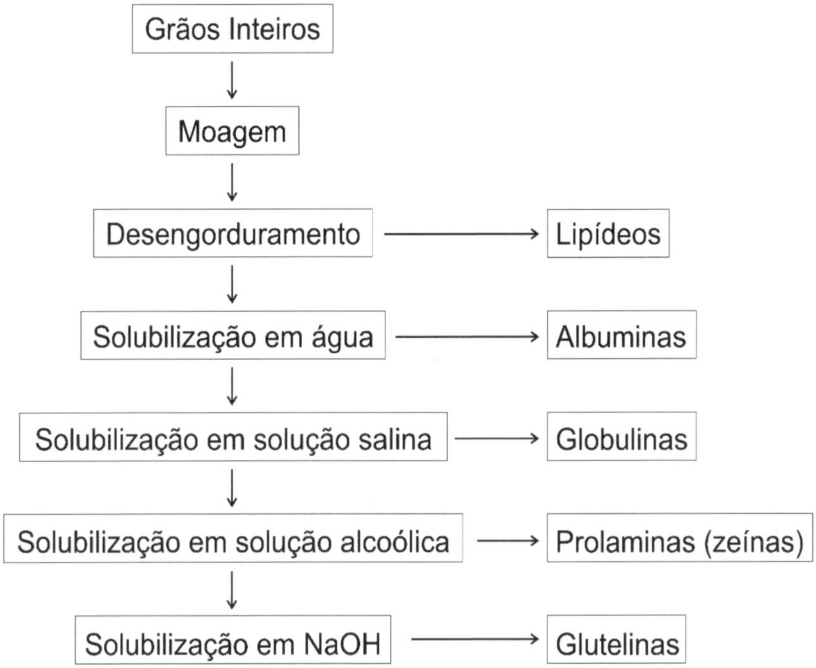

Figura 3.4 Fluxograma dos processos de fracionamento de proteínas de acordo com a solubilidade

3.4.3 SEPARAÇÃO POR MASSA MOLECULAR

O método de eletroforese em gel de poliacrilamida, conhecido popularmente pela abreviatura em inglês PAGE (*polyacrylamide gels electrophoresis analysis*), tem por objetivo separar as moléculas de acordo com sua massa molecular. Esta metodologia consiste em submeter o isolado proteico carregado negativamente em um campo elétrico, assim elas devem migrar na direção oposta destas cargas, se dividindo em bandas expressas na unidade de massa, Dalton.

No entanto, esta reação pode ser dificultada pela complexação dos grânulos de amido na matriz proteica do grão, que pode acarretar na imobilização das proteínas maiores durante a análise. No preparo da análise são adicionados na amostra o dodecil sulfato de sódio (SDS) e o β-mercaptoetanol a fim de tornar lineares as cadeias secundárias e terciárias da matriz proteica, assim como quebrar as ligações bissulfíticas. O SDS é um detergente aniônico utilizado para romper ligações não covalentes da matriz proteica e promove a desnaturação das proteínas em estrutura secundária e terciária, impulsionando o surgimento de cargas negativas pertinentes na execução da análise. Já a adição do agente redutor β-mercaptoetanol tem como objetivo romper as ligações dissulfídicas, fazendo com que os aminoácidos fiquem mais livres.

Na Figura 3.5 é possível observar uma fita de apresentação dos resultados de uma análise de eletroforese em gel. É observada a separação dos grupos de zeínas de acordo suas massas moleculares expressas em Dalton.

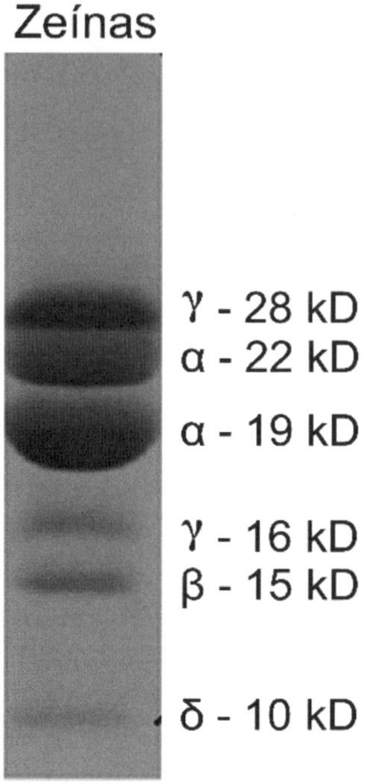

Figura 3.5 Zeínas separadas de acordo com sua por massa molecular
Fonte: Adaptado de Larkins (2019).

Similarmente ao método SDS-PAGE citado anteriormente, no método HPSEC (*High-Performance Size Exclusion Chromatography*) também são utilizados os reagentes SDS e β-mercaptoetanol na preparação das amostras, com intuito de linearizar as cadeias proteicas e quebrar as ligações dissulfídicas entre os aminoácidos. No entanto, este método utiliza de cromatografia para a realização da separação das proteínas.

3.5 ALTERAÇÕES NAS PROTEÍNAS DO MILHO NA PÓS-COLHEITA

Os grãos de milho são colhidos com graus de umidade elevados, geralmente superiores a 20%. No entanto, nestas umidades o grão tem período de conservação muito curto, necessitando de secagem. Durante a secagem do milho, os grãos geralmente são submetidos a temperaturas elevadas, o que pode alterar a fração proteica.

A temperatura pode modificar as características da proteína do milho de diferentes formas. Conforme reportado na literatura, temperaturas acima de 40 °C já iniciam o processo de desnaturação proteica, principalmente das enzimas que são proteínas importantes no processo de hidratação e germinação. Em temperaturas superiores a 70 °C a reação de Maillard é conhecida pela redução no conteúdo proteico. É importante lembrar que a proteína nos grãos de milho não se encontra isolada, por isso durante os processos de secagem ela interage com outros constituintes como hemicelulose, pectina, amido e compostos fenólicos (CONE *et al.*, 1996).

A redução da digestibilidade tem sido reportada como um dos principais fatores negativos da secagem inadequada. O aumento na temperatura de secagem de 60 °C para 140 °C reduz a digestibilidade ideal de milho em frangos de corte (Malumba *et al.*, 2008: 2009). Temperaturas do ar maiores que 130 °C reduzem a solubilidade das albuminas, globulinas e zeínas, principalmente pela desnaturação e formação de pontes dissulfídicas (Malumba *et al.*, 2008; 2009). A principal fração proteica que sofre insolubilização durante a secagem o milho é a solúvel em soluções salinas diluídas, ou seja, as globulinas, atribuída a formação de pontes dissulfídicas entre os aminoácidos cisteína (KACZMAREK *et al.*, 2013).

A extração comercial de zeína é prejudicada por temperaturas elevadas de secagem. Nestas condições os grupamentos sulfidrilas das cisteína são oxidados, formando pontes dissulfídicas, originando a cistina. Uma estratégia que vem sendo utilizada para o rompimento dessa ligação é a adição de sulfitos (SO2). Na Tabela 3.3 são apresentados os dados de Wu *et al.* (1997), que mostra a redução na extração da zeína com o aumento da temperatura de secagem, sofrendo variação em função do genótipo.

Tabela 3.3 Rendimento de extração de zeína de farelo de glúten de milho seco sob diferentes condições

Híbridos	Método/Temperatura de secagem				
	Estufa			Liofilização	*Spraydrying*
	50ºC	100ºC	150ºC		
Wilson D110	21,5aA	18,2bA	17,1bcA	16,4cA	16,4cA
Pioneer 3394	17,8aB	17,2aB	16,8aA	10,4bB	11,5cB

Fonte: Adaptado de Wu *et al.* (1997).

O armazenamento é uma etapa de fundamental importância para a conservação da qualidade proteica de grãos de milho, sendo influenciada pela temperatura de armazenamento, umidade dos grãos e tempo que o grão permanece armazenado. Durante o processo de deterioração do milho, a proteína não é o principal componente consumido, por isso pode-se dizer que a proteína é um componente relativamente estável.

Rehman *et al.* (2002) estudaram o armazenamento de milho em 10 °C, 25 °C e 45 °C por seis meses e verificaram redução na digestibilidade proteica de aproximadamente 10%, principalmente associado aos aminoácidos lisina e tiamina. Esses parâmetros são de vital importância para a nutrição humana e animal. A temperatura e armazenamento também foi relatada por Paraginski *et al.* (2014), que verificaram que a redução na solubilidade proteica com o avanço do tempo de armazenamento, ocorre principalmente em temperatura de 35 °C, quando comparado aos grãos de milho armazenados a 5 °C.

Além da temperatura de armazenamento, a umidade dos grãos é outro fator que pode levar a perda da qualidade das proteínas, principalmente devido ao desenvolvimento de microrganismos e pragas, mas também ao próprio metabolismo.

3.6 APLICAÇÕES

Embora a produção de amido tenha maior visibilidade econômica quando falamos em grãos de milho, a aplicação de proteínas também se mostra relevante para o setor industrial (PAPALIA; LONDERO, 2015). Devido à ampla maioria das proteínas armazenadas nos grãos de milho ser de caráter hidrofóbico, a utilização destas se torna pouco voltada para aplicação em alimentos. No entanto, este produto é altamente cobiçado na indústria de polímeros biodegradáveis em geral (veja Capítulo 19), como produção de cápsulas para medicamentos e elaboração de matriz extracelular para cultivo de vegetais *in vitro* (LARKINS, 2019).

REFERÊNCIAS

ARGOS, Patrick *et al.* A structural model for maize zein proteins. *Journal of Biological Chemistry*, v. 257, n. 17, p. 9984-9990, 1982.

BARRIER-GUILLOT, B. *et al.* Effect of heat drying temperature on the nutritive value of corn in chickens and pigs. *Animal Feed Science and Technology*, v. 41, n. 2, p. 149-159, 1993.

BUGGENHOUT, Joke; BRIJS, Kristof; DELCOUR, Jan A. Impact of processing conditions on the extractability and molecular weight distribution of proteins in parboiled brown rice. *Journal of Cereal Science*, v. 58, n. 1, p. 8-14, 2013.

CONE, J. W.; VAN GELDER, A. H.; MARVIN, H. J. P. Influence of drying method and ageing on chemical and physical properties and in vitro degradation characteristics of grass and maize samples. *The Journal of Agricultural Science*, v. 126, n. 1, p. 7-14, 1996.

CORADI, Paulo Carteri *et al.* Qualidade de grãos de milho após secagem e armazenamento em ambiente natural e resfriamento artificial. *Brazilian Journal of Maize and Sorghum*, v. 14, n. 3, p. 420-432, 2015.

COWIESON, Aaron J. Factors that affect the nutritional value of maize for broilers. *Animal Feed Science and Technology*, v. 119, n. 3-4, p. 293-305, 2005.

DELCOUR, Jan; HOSENEY, R. Carl. Principles of cereal science and technology authors provide insight into the current state of cereal processing. *Cereal Foods World*, v. 55, n. 1, p. 21-22, 2010.

KACZMAREK, S. A. *et al.* Effect of maize endosperm hardness, drying temperature and microbial enzyme supplementation on the performance of broiler chickens. *Animal Production Science*, v. 54, n. 7, p. 956-965, 2013.

LANDRY, Jacques; MOUREAUX, Therese. Distribution and amino acid composition of protein groups located in different histological parts of maize grain. *Journal of Agricultural and Food Chemistry*, v. 28, n. 6, p. 1186-1191, 1980.

LARKINS, Brian A. Proteins of the Kernel. *In*: SERNA-SALDIVAR, Sergio O. *Corn*: chemistry and technology. 3. ed. AACC International Press, 2019. p. 319-336.

MALUMBA, Paul *et al.* Influence of drying temperature on the wet-milling performance and the proteins solubility indexes of corn kernels. *Journal of Food Engineering*, v. 95, n. 3, p. 393-399, 2009.

MALUMBA, Paul et al. Influence of drying temperature on the solubility, the purity of isolates and the electrophoretic patterns of corn proteins. *Food chemistry*, v. 111, n. 3, p. 564-572, 2008.

ODJO, Sylvanus *et al.* Influence of variety, harvesting date and drying temperature on the composition and the in vitro digestibility of corn grain. *Journal of Cereal Science*, v. 79, p. 218-225, 2018.

PAPALIA, Índira da Silva; LONDERO, Patrícia Medianeira Grigoletto. Extração de zeína e sua aplicação na conservação dos alimentos. *Ciência Rural*, v. 45, p. 552-559, 2015.

PARAGINSKI, Ricardo Tadeu *et al.* Physicochemical and pasting properties of maize as affected by storage temperature. *Journal of Stored Products Research*, v. 59, p. 209-214, 2014.

REHMAN , H. *et al.*, 2002 Nutritional changes in maize (Zea mays) during storage at three temperatures *Food Chem.*, v. 77, n. 2, pp. 197-201, 2002.

REED, Carl *et al.* Response of storage molds to different initial moisture contents of maize (corn) stored at 25 C, and effect on respiration rate and nutrient composition. *Journal of Stored Products Research*, v. 43, n. 4, p. 443-458, 2007.

SHEWRY, Peter R.; NAPIER, Johnathan A.; TATHAM, Arthur S. Seed storage proteins: structures and biosynthesis. *The Plant Cell*, v. 7, n. 7, p. 945, 1995.

SHEWRY, Peter R.; TATHAM, Arthur S. The prolamin storage proteins of cereal seeds: structure and evolution. *Biochemical Journal*, v. 267, n. 1, p. 1, 1990.

SHUKLA, Rishi; CHERYAN, Munir. Zein: the industrial protein from corn. *Industrial Crops and Products*, v. 13, n. 3, p. 171-192, 2001.

WALL, J. S.; JAMES, C.; DONALDSON, G. L. Corn proteins: chemical and physical changes during drying of grain. *Cereal Chemistry*, v. 52, n. 6, p. 779-790, 1975.

WU, Shaowen; MYERS, Deland J.; JOHNSON, Lawrence A. Effects of maize hybrid and meal drying conditions on yield and quality of extracted zein. *Cereal Chemistry*, v. 74, n. 3, p. 268-273, 1997.

CAPÍTULO 4
ÓLEO DE MILHO

Valmor Ziegler

RESUMO

O óleo de milho destaca-se por sua excelente qualidade nutricional, estabilidade oxidativa e propriedades físicas peculiares, que lhe credencia para o uso em diferentes indústrias e receitas culinárias. Embora quantitativamente não esteja entre os mais produzidos no mundo, o óleo de milho é um dos produtos que contribui para agregar valor a essa tão importante cadeia produtiva, que é base para toda a cadeia produtiva de alimentos. O processo de extração e de refino do óleo de milho se assemelha ao de outros óleos vegetais, com algumas peculiaridades que são discutidas neste capítulo. O detalhamento do controle de qualidade do óleo de milho é importante para entender o seu processo degradativo e os principais mecanismos envolvidos nestas alterações. Este capítulo aborda, de maneira explicativa, uma série de análises realizadas para avaliar a qualidade do óleo. Além disso, apresentamos algumas possibilidades de modificações do óleo de milho que possibilitam aumentar a gama de aplicações em produtos alimentícios, farmacêuticos, tintas, dentre outras utilizações industriais.

4.1 INTRODUÇÃO

Mundialmente a produção de óleos vegetais é liderada pela produção do óleo de palma, seguida pelos óleos de soja e canola. A produção de óleo de milho no Brasil está estimada em 100 mil toneladas, sendo destinada praticamente em sua totalidade para o consumo humano, enquanto a produção de óleo de soja atingiu o patamar de 8,5 milhões de toneladas em 2019, sendo destinada para a produção de biodiesel e consumo humano (USDA, 2020).

Esse baixo volume de produção de óleo de milho se explica pela baixa concentração de óleo no grão (cerca de 4%), que está majoritariamente concentrado no gérmen (80%). Outro fator que contribui para a baixa produção de óleo de milho é que cerca de 70% dos grãos produzidos no Brasil são destinados, na sua forma integral, para a elaboração de ração animal. Mesmo assim, no contexto mundial, estima-se que até 2022 o mercado global de óleo de milho atingirá cerca de 7,2 bilhões de dólares (TECHSCI RESEARCH, 2017).

A extração do óleo é realizada no gérmen, após a etapa de degerminação dos grãos, seja ela por via úmida ou seca (Capítulo 7). Assim como na industrialização de outros óleos vegetais, no óleo de milho o processo deve ser realizado de modo a garantir a sua qualidade para atender os parâmetros de comercialização, para isso a industrialização se divide em duas etapas, que compreendem a extração do óleo bruto e o refino.

O consumo de óleo de milho tem ganhado destaque, em virtude de seus potenciais benefícios à saúde dos consumidores, que permeiam pela possibilidade de prevenção da obesidade, diabetes e doenças cardiovasculares, além de alguns tipos de câncer, principalmente quando comparado ao consumo de gorduras de origem animal, pelo fato de estas últimas serem predominantemente saturadas e possuírem baixa concentração de compostos bioativos (SI *et al.*, 2014).

Quanto ao uso de óleos vegetais em preparações culinárias, o óleo de milho apresenta uma estabilidade oxidativa semelhante ao óleo de soja, mesmo possuindo um teor de ácidos graxos insaturados ligeiramente maior que o óleo de soja, que é o óleo mais utilizado em frituras. Provavelmente isso se explica, de modo geral, por que o óleo de milho apresenta uma maior concentração de antioxidantes naturais, como os carotenoides, tocoferóis e tocotrienóis.

As perspectivas para o futuro em relação ao óleo de milho são bastante positivas, principalmente em virtude da sua composição de compostos bioativos que tem chamado a atenção dos consumidores. Além disso, cresce a expectativa pelo uso do óleo de milho para a produção de biodiesel, assim como outros produtos não-alimentícios como sabonetes, fármacos, tintas etc. (TECHSCI RESEARCH, 2017).

Na linha do melhoramento genético, há alguns anos vem se pesquisando a possibilidade de criar cultivares com maior capacidade de produção de óleo, tendo em vista a relevância comercial do óleo de milho (Capítulo 1). No entanto, a principal dificuldade parece estar no desenvolvimento de cultivares com alto teor de óleo e que mantenham o potencial produtivo (PRECIADO-ORTIZ *et al.*, 2013).

Nesse contexto de importância do óleo de milho para o consumo humano, assim como suas outras utilizações industriais e que colaboram para a valorização da balança comercial do milho, neste capítulo será abordada a caracterização do óleo de milho, assim como os processos industriais envolvidos das etapas de extração, refino e modificação deste óleo.

4.2 CARACTERIZAÇÃO DO GÉRMEN E DO ÓLEO DE MILHO

4.2.1 GÉRMEN DE MILHO

Na Figura 4.1 estão apresentados o gérmen extraído e a sua localização no grão de milho. O gérmen localiza-se na região central do grão, próximo à ponta e é composto pela plúmula, o escutelo e a radícula. O gérmen de milho representa cerca de 9% do total do grão de milho em peso, com uma concentração de 25% a 50% de óleo, dependendo da forma de separação, via seca ou úmida (Capítulo 7), concentrando mais de 80% do total de óleo, por isso a separação do gérmen do restante do grão é essencial para a extração desse óleo.

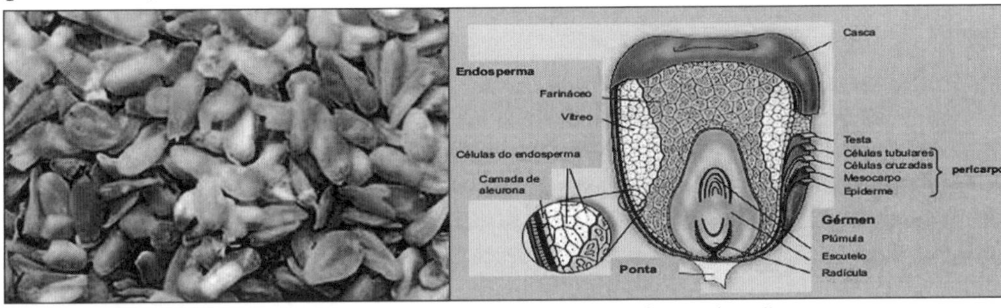

Figura 4.1 Gérmen de milho e sua localização na estrutura anatômica do grão

Fonte: Adaptado de Britannica (CEREAL, 2020).

4.2.2 COMPOSIÇÃO DO ÓLEO DE MILHO

O perfil de ácidos graxos do óleo de milho compreende aproximadamente 11,6% de ácido palmítico e 1,8% de ácido esteárico, que totalizam 13,4% de ácidos graxos saturados (Tabela 4.1), sendo este o segundo menor conteúdo de ácidos graxos saturados dentre os principais óleos vegetais, pois o óleo de girassol possui 8,6%. Em relação aos ácidos graxos insaturados, o óleo de milho destaca-se pelo segundo maior teor de ácidos graxos insaturados (85,7%), ficando atrás apenas do óleo de girassol, que possui 90,4% de ácidos graxos insaturados (Tabela 4.1).

O perfil de ácidos graxos pode sofrer pequenas alterações em função das condições de cultivo, principalmente no que se refere a altitude, temperatura e disponibilidade hídrica durante o cultivo. Sabe-se que cultivos produzidos em regiões quentes tendem a apresentar maior concentração de ácidos graxos saturados, enquanto em regiões mais frias tendem a apresentar maior concentração de ácidos graxos insaturados. Essas pequenas variações se devem às adaptações fisiológicas que a planta realiza, para se adequar às questões climáticas. A maior concentração de ácidos graxos insaturados em regiões mais frias se deve à necessidade de manter o fluxo celular, que se torna limitado pelo aumento da viscosidade da fração lipídica em ambientes frios.

No geral, o perfil de ácidos graxos do óleo de milho se assemelha ao óleo de soja e, por isso, é um dos mais indicados para fritura, além de possuir destaque na composição de compostos antioxidantes e bioativos, conforme detalhado no Capítulo 5.

Tabela 4.1 Perfil de ácidos graxos (%) de diferentes óleos vegetais

Óleo	C16:0	C18:0	Saturados totais	C18:1	C18:2	C18:3	Insaturados totais
Girassol	6,2	2,4	8,6	28	62,2	0,2	90,4
Milho	11,6	1,8	13,4	25,2	59,7	0,8	85,7
Algodão	24,3	2,2	26,5	16,5	54,9	0,1	71,5
Soja	12,3	3,7	16,0	22,3	52,5	7,8	82,6
Palma	45,1	4,7	49,8	38,8	9,4	0,3	48,5

Fonte: Adaptado de Wang e White (2019).

O óleo de milho também possui em sua composição alguns compostos que se diferenciam da estrutura básica dos triacilgliceróis, como os fosfolipídios, que representam de 0,7% a 2% do óleo bruto. Os fosfolipídios são compostos basicamente de glicerol, ácidos graxos, fosfato e uma base orgânica e são encontrados principalmente na membrana celular dos vegetais. A presença desses fosfolipídios no óleo é indesejável, uma vez que estes apresentam alta higroscopicidade, com isso a redução do período de conservação dos óleos, principalmente pelo favorecimento da ação da enzima lipase e formação de ácidos graxos livres que contribuem com o aumento da acidez lipídica. A remoção dos fosfolipídios do óleo bruto para a produção do óleo refinado ocorre durante o refino, na etapa de degomagem, conforme detalhado na seção 4.4.1.

A purificação de lecitinas a partir dos fosfolipídios do milho ainda é insipiente, mas já existem pesquisadores trabalhando com essa possibilidade, como forma de agregar valor a esse subproduto obtido durante o refino do óleo. Os principais limitantes se dão na separação e no rendimento de lecitina purificada.

Outros componentes menores presentes em óleo de milho são as ceras, que enquanto na planta possuem importante função de proteção celular e são compostas por ácidos graxos de cadeia longa esterificado com álcool em cadeia. A presença das ceras em óleo de milho normalmente fica próxima a 0,05%, no entanto, mesmo em baixas concentrações, elas podem sofrer cristalização em temperatura ambiente, afetando a turbidez do óleo de milho, por isso recomenda-se que as ceras sejam removidas do óleo durante o refino (SIKORSKI; KOLAKOWSKA, 2019).

4.2.3 PROPRIEDADES FÍSICAS DO ÓLEO DE MILHO

O conhecimento de algumas propriedades físicas dos óleos é importante, uma vez que estas irão definir o seu comportamento em operações industriais, que vão auxiliar na determinação do diâmetro e inclinação de tubulações e capacidade de bombeamento de bombas. As propriedades físicas mais importantes dos óleos vegetais são a viscosidade e a densidade. Almeida *et al.* (2011) testaram a viscosidade de diferentes óleos vegetais em diferentes orifícios de testagem e os resultados estão expressos na Tabela 4.2. Observa-se que o óleo de milho apresenta uma viscosidade intermediária entre os óleos de soja, girassol e canola.

Tabela 4.2 Viscosidade cinemática de óleos vegetais em diferentes orifícios

Óleo vegetal	Orifício 2 v, mm2/s	Orifício 3 v, mm2/s	Orifício 4 v, mm2/s
Soja	127,06	94,33	55,77
Milho	136,06	106,67	63,47
Girassol	134,56	101,27	59,62
Canola	137,63	109,76	64,75

Fonte: Almeida *et al.* (2011).

Outra propriedade física importante dos óleos vegetais é a densidade relativa. Almeida *et al.* (2011) estudaram a densidade relativa de diferentes óleos vegetais em função da temperatura e observaram que em temperatura ambiente (26 °C), o óleo de milho apresentou menor densidade (0,931 g/cm3), seguido pelo óleo de canola (0,943 g/cm3), girassol (0,945 g/cm3) e soja (0,952 g/cm3). Em função do aumento da temperatura, observa-se que todos os óleos vegetais apresentam redução da densidade. O óleo de milho juntamente com o óleo de canola apresentam as menores densidades, sendo respectivamente de 0,910 e 0,909 g/cm3, quando aquecidos a 80 °C (Figura 4.2).

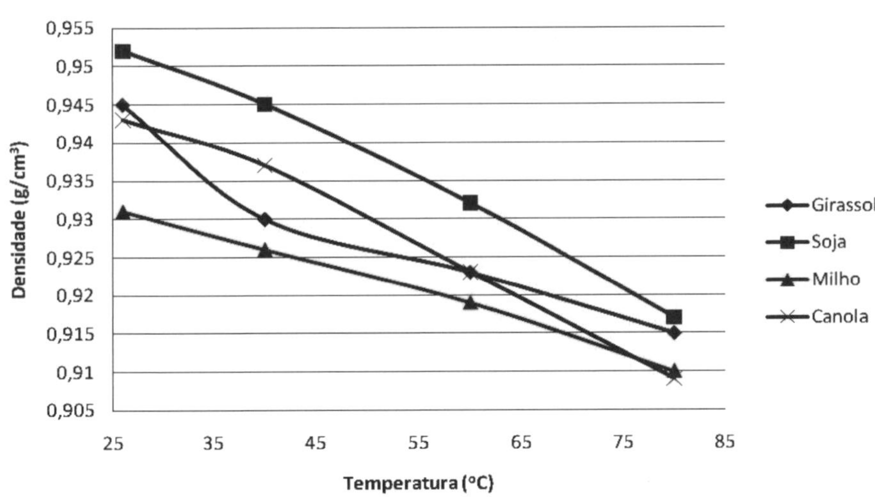

Figura 4.2 Densidades em função da temperatura para diferentes óleos vegetais.
Fonte: Almeida *et al.* (2011).

4.3 EXTRAÇÃO DO ÓLEO DE MILHO

Um fluxograma completo da extração do óleo de milho é apresentado na Figura 4.3. Antes de iniciar o processo de extração do óleo de milho, é necessária a separação do gérmen, a qual pode ocorrer por meio da moagem seca ou úmida. O gérmen oriundo da extração úmida (mais usual na extração de óleo), normalmente apresenta um conteúdo de óleo maior, podendo chegar a 50%, enquanto o gérmen oriundo da moagem a seco contém de 25% a 35%. A maior concentração de óleo na moagem úmida se deve ao processo de lixiviação de compostos hidrossolúveis, o que acaba concentrando o óleo neste tipo de moagem (BARRERA-ARELLANO *et al.*, 2019).

Após a obtenção do gérmen, este deve imediatamente ser submetido ao tratamento térmico, que consiste no aquecimento dos gérmens à temperatura de 70 °C a 75 °C por 20 a 30 minutos, ou 120 °C, por 2 a 3 minutos. Essa etapa pode ser realizada por método direto (vapor) ou indireto (túnel de aquecimento). Essa etapa tem basicamente dois objetivos:

1) Eliminar microrganismos e inativar enzimas: no momento em que o gérmen é retirado do grão, este fica propenso ao ataque de microrganismos e ação enzimática de enzimas lipolíticas como lipases e peroxidases, desta forma o tratamento térmico visa eliminar esses microrganismos e desnaturar proteínas com potencial catalítico, o que vai impedir a formação de ácidos graxos livres que aumentariam a acidez do óleo e, consequentemente, reduziriam o rendimento de extração e de refino do óleo.

2) Facilitar a extração do óleo: o tratamento térmico irá desestruturar a membrana do gérmen e a estrutura dos oleossomos, que estão no interior do gérmen, facilitando a extração do óleo nas etapas subsequentes.

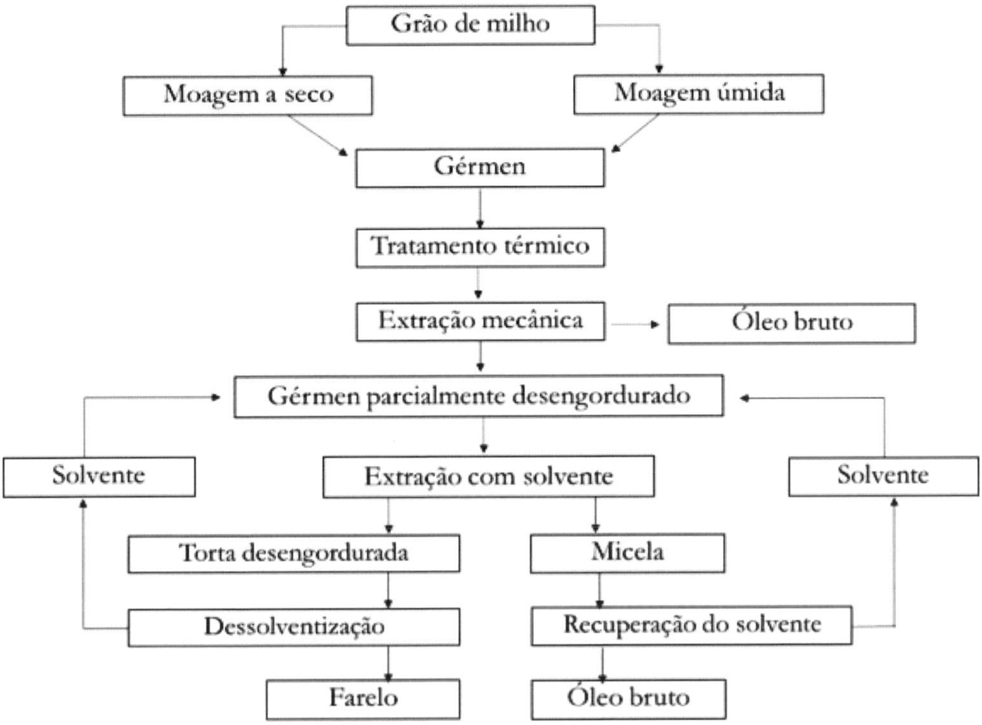

Figura 4.3 Fluxograma para extração do óleo de milho.
Fonte: Adaptado de Barrera-Arellano *et al.* (2019).

A extração pode ser realizada via mecânica, por solvente ou utilizando as duas técnicas em sequência (misto), sendo que a técnica por solvente é a mais comum. E extração mecânica realizada em prensa ou "*expeller*" (Figura 4.4), consegue extrair entre 70% e 75% do óleo presente no gérmen, necessitando de uma segunda extração com solvente. Na extração por solvente, seja utilizada sozinha ou associada com a extração mecânica, o solvente utilizado é o hexano, que apresenta uma temperatura de ebulição de 70 °C (BARRERA-ARELLANO *et al.*, 2019). A extração por solvente ocorre normalmente em sistemas contínuos por percolação, onde o solvente circula em contracorrente pelo sistema. A extração deve ser eficiente a ponto de que o farelo do gérmen apresente menos que 1% de óleo residual.

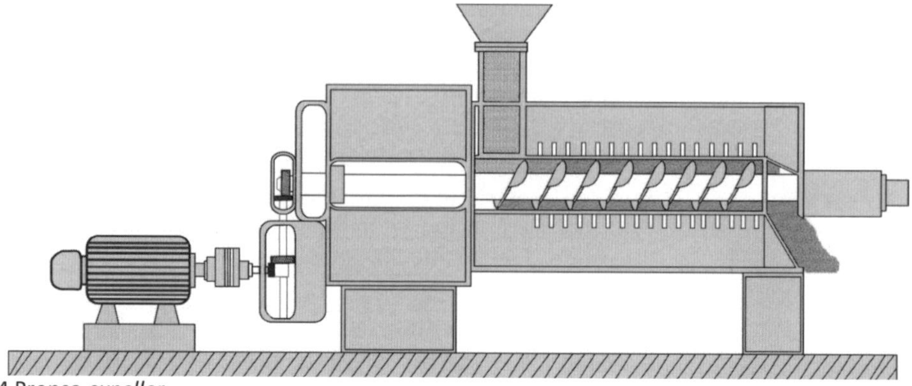

Figura 4.4 Prensa *expeller*

Fonte: Ramos *et al.* (2020).

Após a extração são obtidas duas frações, uma constitui-se a torta desengordurada, contendo cerca de 30% de solvente, o qual deve ser recuperado por meio do uso de dessolventizadores que são constituídos de evaporadores e condensadores. O solvente recuperado pode ser utilizado novamente no processo de extração. A torta desengordurada e dessolventizada, que contém em torno de 25% de proteínas, é moída e/ou tostada e destinada para as fábricas de ração, onde serve como fonte proteica para a alimentação animal.

A segunda fração obtida após a extração é a micela, constituída de solvente e óleo. O solvente é recuperado por um conjunto de destiladores, colunas de separação e condensadores, retornando para a etapa de extração. O óleo obtido nessa etapa é denominado de óleo bruto e deve seguir para as etapas de refino, para atender aos parâmetros da legislação vigente e ser disponibilizado para o consumo.

A planta de extração, seja ela mista ou por solvente, pode ser a mesma utilizada para extração de óleo em outras oleaginosas como soja e canola, o que facilita a sustentabilidade econômica de plantas industriais relativamente complexas.

4.4 REFINO DO ÓLEO DE MILHO

O óleo de milho bruto contém ácidos graxos livres, a depender da qualidade da matéria-prima que iniciou o processo de extração, fosfolipídios, ceras e glicolipídios que conferem acidez e caráter polar a esse óleo. Além disso, outras substâncias indesejáveis como pigmentos, resíduos de micotoxinas e agrotóxicos podem estar presentes no óleo bruto e podem ser removidas a níveis satisfatórios durante a etapa de refino. As etapas de refino do óleo de milho, de modo geral, seguem as mesmas etapas do refino de outros óleos vegetais, conforme apresentado na Figura 4.5.

4.4.1 DEGOMAGEM

A primeira etapa de refino é a degomagem, onde são removidos os fosfolipídios, as ceras e os glicolipídios. A remoção desses compostos é necessária para que óleo não apresente caraterísticas polares, o que facilitaria a ligação desses lipídios com a água e, consequentemente, aceleraria o processo de degradação hidrolítica do óleo. Além disso, impede que esses compostos se depositem em tanques de estocagem e alterem a turbidez do óleo. Nessa etapa, ainda é removida uma série de metais, como ferro e cobre, o que evita a atuação deles como cofatores no processo de oxidação.

A degomagem consiste em adicionar água ao óleo aquecido, com isso os compostos com características polares se hidratam e floculam, sendo facilmente separados por diferença de densidade. Na prática, é adicionado de 1% a 3% de água ao óleo de milho aquecido entre 70 °C e 80 °C, por um período de exposição de 15 a 20 minutos. O tempo e a temperatura podem ser finamente ajustados com base na concentração de compostos que se deseja remover. Para acelerar o processo, é possível adicionar ácidos de qualidade alimentar na etapa de degomagem, com isso necessitando de um ajuste do binômio de tempo e temperatura. Após a hidratação dos compostos que se deseja retirar, serão formadas verdadeiras gomas, que são removidas por um processo de centrifugação entre 5.000 e 6.000 rpm. Cabe destacar que a degomagem ácida é mais eficiente (mais de 90% de remoção), quando comparada à degomagem somente com água (75%). No entanto, o uso do ácido inviabiliza a aproveitamento da lecitina. As plantas industriais podem ser adaptadas para um processo por batelada ou contínuo, dependendo da capacidade estrutural de cada indústria e da demanda por esse processo.

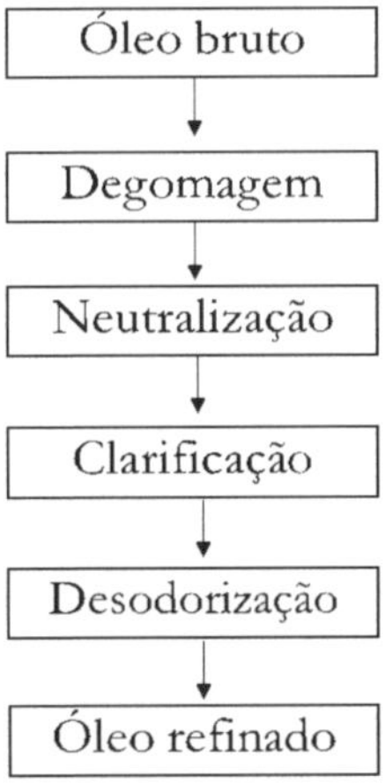

Figura 4.5 Etapas de refino do óleo de milho

4.4.2 NEUTRALIZAÇÃO

Após a degomagem, a próxima etapa é a neutralização, que consiste na remoção de ácidos graxos livres, que conferem o caráter ácido aos óleos vegetais, a níveis abaixo de 0,03%. A operacionalização ocorre normalmente por meio da adição de um álcali ao óleo de milho, normalmente hidróxido de sódio ou hidróxido de potássio, na concentração de 16 a 20 °Bé, podendo variar em função do grau de acidez do óleo que entra no processo. Essa concentração também deve levar em conta o cálculo estequiométrico para a neutralização, com base na acidez inicial e adicionar uma concentração de

5% a 10% a mais, para facilitar a separação dos sabões. O óleo deve estar previamente aquecido, na faixa de 70 °C a 90 °C e mantido sob agitação durante 20 a 30 minutos, para facilitar o contato dos ácidos graxos livres com a solução alcalina.

Em processo por batelada, após o período de agitação, o óleo deve ficar em repouso por algumas horas para a formação da borra, que é retirada por uma torneira localizada na parte inferior do tanque. Em seguida, o óleo é lavado de 3 a 4 vezes com água fervente na proporção de 10% a 20% em relação ao total de óleo, sendo que em cada lavagem é necessário um período de repouso de 30 minutos para a separação das fases. Já em processo contínuo, após o período de contato entre o óleo e a solução alcalina, o óleo é bombeado para uma centrífuga, onde ocorre a separação dos sabões, seguido por duas lavagens com água aquecida entre 80 °C e 90 °C e centrifugação a cada lavagem. Independente do processo, seja ele por batelada ou contínuo, após a neutralização, o teor de sabões não deve exceder 200 mg/kg (BARRERA-ARELLANO *et al.*, 2019).

Nessa etapa, fica evidente a importância de que a matéria-prima que entra no processo de extração e refino seja de qualidade, pois quanto maior o índice de acidez do óleo, maior é o custo com hidróxido de sódio para a neutralização e menor é o rendimento de óleo neutralizado. Para isso, destaca-se a importância do manejo adequado na secagem e no armazenamento dos grãos, para que os processos subsequentes de extração e refino sejam os mais eficientes possíveis.

4.4.3 CLARIFICAÇÃO

Após a degomagem e neutralização, o óleo precisa passar pela etapa de clarificação, que tem como objetivo remover pigmentos em excesso que estão presente nos óleos vegetais. Estes compostos são carotenoides e/ou derivados do ácido cinâmico, como o ácido ferúlico e clorogênico, além de outros pigmentos formados durante as etapas de pós-colheita dos grãos e que antecedem o refino do óleo de milho. Na clarificação, também é possível remover produtos de oxidação, como peróxidos, aldeídos, cetonas, resíduos de pró-oxidantes, compostos Hidrocarbonetos Policíclicos Aromáticos (HPA) e pesticidas (BARRERA-ARELLANO *et al.*, 2019).

O processo de clarificação é realizado com a utilização de terras clarificantes de forma isolada ou misturada com carvão ativado. Ao longo dos anos, as tecnologias foram aprimoradas e o desenvolvimento de terras ativadas com silicato de alumínio possibilitam uma melhor eficiência na retirada desses pigmentos, além de favorecer uma melhora no rendimento de óleo clarificado.

Para iniciar a clarificação, é necessária uma secagem do óleo, pois após a neutralização, existe ainda uma pequena quantidade de água presente no óleo. Esse processo pode ser realizado de forma contínua, imediatamente após a neutralização, ou sob vácuo, com o óleo em temperatura da faixa de 80 °C a 90 °C por um período de 30 minutos.

Com o óleo seco, o processo de clarificação é realizado sob vácuo, na faixa de 20 a 30 mmHg em temperatura próxima a 90°C. O material clarificante é adicionado na proporção de 10% (podendo variar em função da qualidade do óleo a ser clarificado) e permanece sob agitação com o óleo, por aproximadamente 20 minutos para adsorção dos pigmentos que se deseja retirar.

Na sequência, a mistura (óleo e material clarificante) são prensados em um filtro prensa, para separar o óleo clarificado. O processo pode ser realizado por batelada ou em processo contínuo, desde que sejam realizados os ajustes necessários na planta industrial. No entanto, independente do processo, o princípio de clarificação consiste na adsorção das substâncias a serem retiradas.

Algumas plantas de processamento realizam entre a clarificação e a desodorização uma etapa adicional chamada de winterização, que tem por objetivo remover ceras residuais e reduzir a turbidez do óleo de milho. Esse processo consiste no resfriamento do óleo (5 °C a 10 °C), fazendo com que as ceras cristalizem e sejam facilmente separadas por filtração. Normalmente essa etapa é realizada para óleos destinados ao consumo em regiões mais frias e/ou destinados a utilizações em que a turbidez seja indesejável.

4.4.4 DESODORIZAÇÃO

A desodorização é a última etapa do refino do óleo de milho, que tem por objetivo remover compostos voláteis oriundos de reações oxidativas (cetonas, álcoois e aldeídos) ou presentes na própria matéria-prima. Assim como nos processos que antecedem a desodorização, as condições precisas desta etapa dependem da qualidade inicial do óleo e dos parâmetros finais que se deseja atingir. O processo industrial de desodorização consiste em remover esses compostos por destilação, por meio do arraste a vapor. Normalmente a destilação ocorre com o óleo em temperatura na faixa de 230 °C a 260 °C, a uma pressão de até 3 mBar, por um período de 40 a 60 minutos.

4.5 QUALIDADE DO ÓLEO DE MILHO

Os requisitos de qualidade e comercialização do óleo de milho **são** determinados pela Instrução Normativa n. 49 de 12 de dezembro de 2006, que descreve e apresenta as formas de determinação dos parâmetros físico-químicos que influenciam a qualidade do óleo, conforme sintetizado a seguir.

4.5.1 ACIDEZ

A análise de acidez permite identificar o índice de ácidos graxos livres no óleo vegetal. Os ácidos graxos livres são formados pela hidrólise dos triacilgliceróis, catalisada pela enzima lipase em presença de água. Essa é uma análise realizada em diversos momentos da extração do óleo, desde o *grão*, para verificar a qualidade em que o óleo se encontra na matéria-prima; *após a extração*, para fazer a dosagem adequada do álcali na etapa de neutralização; e também *após o refino* do óleo para verificar se o produto atende aos parâmetros exigidos pela legislação vigente para comercialização.

O processo analítico consiste em uma titulação de neutralização dos ácidos graxos livres, com hidróxido de sódio ou potássio, utilizando a fenolftaleína como indicador de cor.

A partir disso, é possível expressar o percentual de ácidos graxos livres ou a quantidade necessária do álcali para neutralizar uma quantidade conhecida de óleo (AOCS, 2009).

4.5.2 PERÓXIDOS, PRODUTOS PRIMÁRIOS (K232) E SECUNDÁRIOS DE OXIDAÇÃO (K270)

O índice de peróxidos é um parâmetro de qualidade que pode indicar o grau de oxidação dos óleos vegetais; no entanto, os peróxidos são bastante instáveis e se degradam rapidamente para formar os produtos finais da oxidação lipídica. Por isso, muitas vezes a análise de peróxidos sozinha pode não representar o real estado de oxidação do óleo. Embora a análise de produtos primários (K232) e secundários (K270) de oxidação não consta na legislação como parâmetro de qualidade de óleos em diversos países, indica-se realizá-la para uma melhor avaliação da real qualidade do óleo.

O K232 quantifica a presença de produtos primários de oxidação, que compreendem os peróxidos, os hidroperóxidos e os dienos conjugados, enquanto o K270 quantifica a presença de produtos secundários de oxidação, como os álcoois, as cetonas e os aldeídos, que conferem sabor desagradável aos óleos vegetais. A quantificação consiste na diluição do óleo vegetal, normalmente em ciclohexano, e a leitura da absorbância em espectrofotômetro nos comprimentos de onda de 232 nm para o K232 e 270 nm para o K270 e quantificação conforme método da American Oil Chemists' Society (AOCS, 2009).

4.5.3 ÍNDICE DE IODO

O índice de iodo é utilizado para verificar o grau de insaturação do óleo e serve como parâmetro de identidade e de qualidade. Durante a degradação do óleo, em seus estágios mais avançados, ocorre a quebra de algumas insaturações, principalmente em ácidos graxos polinsaturados. Por exemplo, um ácido graxo C18:3 tem a quebra de uma de suas insaturações, transformando-se em um ácido graxo C18:2, sendo essas alterações possíveis de serem detectadas pela análise de iodo. No entanto, para saber com maior precisão quais os ácidos graxos afetados, é necessário realizar a análise do perfil de ácidos graxos.

A análise de iodo baseia-se na interação do iodo com as insaturações, logo, quanto maior o grau de instauração, maior a quantidade de iodo ligada. A metodologia completa e o cálculo pode ser encontrado na American Oil Chemists' Society (AOCS, 2009). Além de ser um parâmetro de qualidade, o índice de iodo também é utilizado no controle de processo da hidrogenação de óleos vegetais, cujo processo é interrompido com base no índice de iodo alcançado, o que representa a viscosidade esperada para a gordura vegetal.

4.5.4 ÍNDICE DE REFRAÇÃO

O índice determina a relação entre a velocidade da luz no vácuo e a velocidade da luz na substância testada. Está relacionado com o grau de saturação das moléculas, com a relação de duplas ligações, pode ser influenciado pela oxidação do óleo e por impurezas presentes. Esse parâmetro também é utilizado para acompanhar processos de hidrogenação e isomerização (AOCS, 2009).

4.5.5 ÍNDICE DE SAPONIFICAÇÃO

O índice de saponificação determina a quantidade em miligramas de hidróxido de potássio necessária para saponificar 1 g de óleo. Quanto menor a massa molecular do ácido graxo, maior será o índice de saponificação. Essa análise é importante para verificar a pureza do óleo e ainda a presença de outras substâncias apolares, mas que não são ácidos graxos (AOCS, 2009).

4.5.6 MATERIAL INSAPONIFICÁVEL

O material insaponificável consiste na quantificação de substâncias presentes no óleo que não são solúveis em éter de petróleo ou éter etílico, após a saponificação da amostra. Essa análise complementa o índice de saponificação e também auxilia na verificação da pureza do óleo (AOCS, 2009).

4.5.7 UMIDADE E MATERIAIS VOLÁTEIS

O grau de umidade e materiais voláteis é um importante parâmetro para estimar a qualidade e a vida de prateleira do óleo vegetal, pois quanto maior o grau de umidade, maior é a possibilidade de degradação hidrolítica desse óleo, culminando em um aumento do índice de acidez. Além disso, um elevado grau de umidade demonstra possíveis falhas nas etapas de refino, que não foram eficientes na retirada de água e de compostos voláteis.

4.5.8 ESTABILIDADE OXIDATIVA

A estabilidade oxidativa, medida por um equipamento chamado de Rancimat®, simula um processo de oxidação acelerado do óleo por exposição ao calor e elevado volume de ar. Durante esse tempo, os produtos de oxidação formados vão sendo medidos pela condutividade da solução onde esses compostos são liberados. Por essa análise, é possível identificar o tempo que decorre até o início da oxidação e o tempo em que o produto permanece com uma alta produção de produtos de oxidação, ou seja, é possível criar uma curva de oxidação do óleo. Essas informações são importantes para predizer o comportamento do óleo em utilizações industriais ou culinárias, além de identificar a sua qualidade atual.

4.6 ANTIOXIDANTES ADICIONADOS

Para ser comercializado, o óleo de milho é embalado em embalagem de PET transparente que acaba deixando-o mais exposto, principalmente **à** luz, que favorece as reações oxidativas. Para isso, algumas tecnologias têm desenvolvido embalagens capazes de inibir parte das radiações incidentes sobre as embalagens. Além disso, as empresas podem utilizar alguns antioxidantes sintéticos no óleo de milho, assim como em outros óleos vegetais, para prolongar a vida de prateleira (*shelf-life*) do óleo de milho. A utilização varia de empresa para empresa, de acordo com a necessidade, pois o giro de produto no mercado depende das empresas e também da qualidade da matéria-prima que podem definir a necessidade ou não do uso de antioxidantes.

Cada país possui as suas diretrizes para o uso de antioxidantes em óleos vegetais, as quais devem ser seguidas. No Brasil, a RDC nº 23, de 15 de fevereiro de 2005 aprova o "Regulamento técnico que aprova o uso de aditivos alimentares, estabelecendo suas funções e seus limites máximos para a categoria de alimentos óleos e gorduras - subcategoria creme vegetal e margarinas", que estabelece o uso de antioxidantes sintéticos como o BHA (hidroxianisol butilado), BHT (hidroxitolueno butilado), TBHQ (terc-butil hidroquinona) e PG (galato de propila), no limite de 0,02 g/100 g.

O uso de antioxidantes e aditivos sintéticos vem sendo questionado nos últimos anos por apresentarem possíveis danos à saúde. O consumidor, atento a esses possíveis danos, tem procurado alimentos com menor uso de aditivos sintéticos. Isso tem provocado algumas mudanças no setor de óleos vegetais, e algumas empresas têm buscado melhorar seus processos ou encontrar fontes alternativas de antioxidantes naturais para aplicação em óleos vegetais. No meio científico, também existem estudos com a utilização de antioxidantes de fontes naturais para aplicação em óleos vegetais que apresentam resultados promissores (MALHEIRO *et al.*, 2013; BAŞTÜRK *et al.*, 2018).

4.7 OUTROS PROCESSOS INDUSTRIAIS PARA O ÓLEO DE MILHO

4.7.1 INTERESTERIFICAÇÃO

A interesterificação consiste na redistribuição dos ácidos graxos em relação a sua posição de ligação ao glicerol, sem que haja alteração no perfil de ácidos graxos. É uma tecnologia importante para a produção de óleos com propriedades específicas para algumas aplicações, tornando-os mais plásticos e sem a presença de isômeros *trans*. No entanto, não tem a mesma capacidade de aumento no ponto de fusão como a hidrogenação, o que reduz as possibilidades de aplicações em produtos alimentícios.

O processo de interesterificação pode ser químico, utilizando metóxido de sódio como catalizador, ou enzimático utilizando lipases microbianas para a quebra da ligação éster entre os ácidos graxos e o glicerol. No processo químico, a reorganização dos ácidos graxos ocorre de forma aleatória, obedecendo o equilíbrio termodinâmico que varia de acordo com o perfil de ácidos graxos do óleo que entra no processo. No processo enzimático, a redistribuição já pode ser mais previsível que a interesterificação química, uma vez que a enzima adicionada possui especificidades de atuação. De acordo com as características do óleo esterificado que se deseja obter, é possível adicionar ao processo outros óleos ou gorduras, como gordura do leite, óleo de palma, dentre outras fontes lipídicas.

O processo químico consiste na adição do catalisador na proporção de 0,1% a 0,5% sob agitação constante e pressão reduzida. O tempo de reação varia em função das características do óleo adicionado e a reação é interrompida pela adição de água. Após a decantação ou centrifugação, a fase oleosa interesterificada é separada. No processo enzimático, é necessário o controle na concentração da enzima, pH, temperatura, atividade de água, pressão e presença de inibidores enzimáticos para a obtenção das melhores condições de processo.

4.7.2 HIDROGENAÇÃO

A hidrogenação consiste em um processo químico para aumentar a viscosidade dos óleos vegetais, formando a chamada gordura vegetal hidrogenada. O desenvolvimento desse novo produto veio para aumentar a possibilidade de elaboração de alimentos com gordura vegetal, em substituição as gorduras de origem animal, além de aumentar o período de conservação desses lipídios pelo fato de reduzir os principais pontos de reação oxidativa, que são as insaturações.

A gordura produzida possui um maior ponto de fusão quando comparado ao material inicial, e é amplamente utilizada na elaboração de margarinas, biscoitos, coberturas de chocolate, produtos de panificação, sorvetes, massas, entre outros.

Quimicamente, a hidrogenação consiste na adição de hidrogênio aos ácidos graxos, eliminando parte das insaturações. A operacionalização é realizada em tanques herméticos, onde o gás hidrogênio é misturado ao óleo na presença de 0,05% a 0,2% de óxido de níquel que age como catalizador. A temperatura do processo deve ficar entre 180 °C e 190 °C com pressões de até 4 atm. O controle do processo é realizado pelos índices de iodo e refração e interrompido quando o nível de saturação desejado for atingido. Esse ponto final pode variar em função do uso da gordura produzida.

A hidrogenação trouxe vários benefícios para a indústria de alimentos; por outro lado, nos últimos anos trouxe algumas preocupações à saúde dos consumidores pelo fato da conversão de parte das insaturações *cis* em *trans*. As chamadas de gorduras *trans* apresentam conhecidos efeitos prejudiciais relacionados a doenças cardiovasculares. Desta forma, a hidrogenação vem perdendo espaço na indústria alimentícia, fazendo com que alguns países regulamentem o uso deste ingrediente. Contudo, tendo em vista a importância tecnológica da gordura vegetal hidrogenada, existem alguns estudos que buscam aperfeiçoar as condições de hidrogenação para que as gorduras *trans* não sejam formadas, ou ainda, associar com outras tecnologias de interesterificação para a obtenção de gorduras vegetais para aplicação em diversos alimentos (STATHIS *et al.*, 2017; LI *et al.*, 2018).

REFERÊNCIAS

ALMEIDA, J. K. P. *et al.* Caracterizações físico-químicas de óleos vegetais utilizados para produção de biodiesel com metodologias alternativas simples. *In*: ENCONTRO NACIONAL DE ENGENHARIA DE PRODUÇÃO, XXXI, 4-7 out. 2011, Belo Horizonte (MG). p. 1-14. Disponível em: https://abepro.org.br/biblioteca/enegep2011_tn_stp_135_855_18349.pdf.

AOCS. *Official methods and recommended practices of the American Oil Chemists' Society*. Champaign, IL: American Oil Chemists' Society, 2009.

BARRERA-ARELLANO, Daniel; BADAN-RIBEIRO, Ana Paula; SERNA-SALDIVAR, Sergio O. Corn oil: composition, processing, and utilization. *In*: SERNA-SALDIVAR, Sergio O. (Ed.). *Corn*: chemistry and technology. 3. ed. AACC International Press, 2019. p. 593-613.

BAŞTÜRK, A.; CEYLAN, M. M.; ÇAVUŞ, M.; BORAN, G.; JAVIDIPOUR, I. Effects of some herbal extracts on oxidative stability of corn oil under accelerated oxidation conditions in comparison with some commonly used antioxidants. *LWT – Food Science and Technology*, v. 89, p. 358-364, 2018.

BRASIL. Ministério da Saúde. Agência Nacional de Vigilância Sanitária. Resolução-RDC nº 34, de 09 de março de 2001. [Regulamento Técnico que aprova o uso de Aditivos Alimentares, estabelecendo suas funções e seus limites máximos para a Categoria de Alimentos 21: Preparações culinárias industriais]. *Diário Oficial da União*, n. 49, Brasília, DF, 12 mar. 2001.

BRASIL. Ministério da Saúde. Agência Nacional de Vigilância Sanitária. Resolução-RDC nº 23, de 15 de fevereiro de 2005. [Regulamento técnico que aprova o uso de aditivos alimentares, estabelecendo suas funções e seus limites máximos para a categoria de alimentos óleos e gorduras - subcategoria creme vegetal e margarinas]. *Diário Oficial da União*, Brasília, DF, 16 fev. 2005. Disponível em: https://www.gov.br/anvisa/pt-br/assuntos/alimentos/informes-anexos/17de2006/arquivos/10522json-file-1. Acesso em: 3 ago. 2022.

CEREAL processing and utilization. *In*: BRITANNICA. Disponível em: https://www.britannica.com/technology/cereal-processing/Nonwheat-cereals#ref50113. Acesso em: 3 jul. 2020.

LI, Y.; ZHAO, J.; XIE, X.; ZHANG, Z.; ZHANG, N.; WANG, Y. A low trans margarine fat analog to beef tallow for healthier formulations: Optimization of enzymatic interesterification using soybean oil and fully hydrogenated palm oil. *Food Chemistry*, v. 255, p. 405-413, 2018.

MALHEIRO, R.; RODRIGUES, N.; MANZKE, G.; BENTO, A.; PEREIRA, J. A.; CASAL, S. The use of olive leaves and tea extracts as effective antioxidants against the oxidation of soybean oil under microwave heating. *Industrial Crop and Products*, v. 44, p. 37-43, 2013.

PRECIADO-ORTIZ, R. E.; GARCÍA-LARA, S.; ORTÍZ-ISLAS, S.; ORTEGA-CORONA, A.; SERNA-SALDÍVAR, S. O. Response of recurrent selection on yield, kernel oil content and fatty acid composition of subtropical maize populations. *Field Crops Res.*, v. 142, p. 27-35, 2013.

RAMOS, A. H.; OLIVEIRA, J. P.; OLIVEIRA, M. Tecnologia e industrialização de grãos de soja. *In*: FERREIRA, C. D.; OLIVEIRA, M.; ZIEGLER, V. (Org.). *Tecnologia industrial de grãos e derivados*. Curitiba: CRV, 2020. v. 1, p. 53-96.

SI, H.; ZHANG, L.; LIU, S.; LEROITH, T.; VIRGOUS, C. High corn oil dietary intake improves health and longevity of aging mice. *Experimental Gerontology*, v. 58, p. 244-249, 2014.

SIKORSKI, Zdzislaw Z. E.; KOLAKOWSKA, Anna (Ed.). *Chemical, biological, and functional aspects of food lipids*. 2. ed. Boca Raton, FL: CRC Press, 2019. 512 p.

STATHIS, P.; STAVROULAKI, D.; KAIKA, N.; KROMMYDA, K.; PAPADOGIANAKIS, G. Low trans-isomers formation in the aqueous-phase Pt/TPPTS-catalyzed partial hydrogenation of methyl esters of linseed oil. *Applied Catalysis B: Environmental*, v. 209, p. 579-590, 2017.

TECHSCI RESEARCH. *Global corn oil market*. Disponível em: https://www.techsciresearch.com/report/global-corn-oil-market/1434.html. Acesso em: 3 ago. 2022.

USDA. (United States Department of Agriculture). *Oilseeds and Products Update*. Disponível em: https://www.fas.usda.gov/data/brazil-oilseeds-and-products-update-28. Acesso em: 03 ago 2022.

WANG, T.; WHITE, P. J. Lipids of the Kernel. *In*: SERNA-SALDIVAR, S. O. (Ed.). *Corn*: chemistry and technology. 3. ed. AACC International Press, 2019. p. 337-368.

CAPÍTULO 5
COMPONENTES BIOATIVOS DO MILHO

Maurício de Oliveira
Newiton da Silva Timm
Silvia Rivero Meza
Chirle de Oliveira Raphaelli

RESUMO

Os grãos de milho possuem uma ampla gama de compostos bioativos, que apresentam significativos benefícios à saúde, incluindo a redução dos riscos de doenças crônicas. É um produto amplamente consumido, que possui perfis únicos de nutrientes e compostos bioativos, em concentração geralmente maior quando comparado a outros grãos integrais. Os bioativos do milho incluem ácidos fenólicos (ácido ferúlico, ácido cumárico e ácido siríngico), vitaminas (A, B, E e K), carotenoides e flavonoides (antocianinas), além de outros em menor concentração. Cada vez mais evidências científicas têm mostrado que o consumo regular de milho integral reduz o risco de desenvolver doenças crônicas, como doenças cardiovasculares, diabetes tipo 2 e obesidade, além de melhorar a saúde digestiva. Estas evidências têm mostrado que boa parte dos benefícios à saúde estão associadas aos compostos bioativos presentes que variam com o genótipo, parte do grão, práticas de cultivo, condições do ambiente, processamento, pós-colheita entre outros. Neste capítulo abordaremos os principais compostos bioativos encontrados em milho e seus derivados.

5.1 INTRODUÇÃO

O milho (*Zea mays* L.), originário da América, foi descoberto em 1492 pelo explorador Christopher Columbus e mais tarde introduzido na Europa e China, espalhoando-se pelo mundo. É hoje o cereal mais produzido e uma das principais fontes alimentícias. Contém quantidades significativas de compostos bioativos, que lhe conferem capacidade de trazer benefícios desejáveis à saúde, que se somam ao seu papel como uma importante fonte energia (SIYUAN *et al.*, 2018)

Até pouco tempo, os compostos bioativos do milho recebiam menor atenção que os de frutas e vegetais. Porém, à medida que novas descobertas foram obtidas, os estudos avançaram e evidenciaram que o consumo de milho e outros produtos integrais estão associados à redução dos riscos de doenças crônicas, incluindo doenças cardiovasculares (ANDERSON *et al.*, 2000; LIU *et al.*, 1999; TIGHE *et al.*, 2010), diabetes tipo 2 (XI; LIU, 2016; YE et al., 2012), obesidade (MELANSON *et al.*, 2006), alguns tipos de câncer (LIU, 2007) e com a melhoria da saúde do trato digestivo (HIGGINS *et al.*, 2004), assim o interesse e a atenção pelos compostos deste grão têm aumentado. Evidências atuais sugerem que os compostos bioativos ou antioxidantes são mais bem adquiridos pelo consumo de alimentos integrais que por suplementos alimentares.

Os grãos integrais são compostos de cariopses intactas, moídas, em flocos ou outras formas, nos quais os componentes principais como endosperma amiláceo, gérmen e farelo são apresentados nas mesmas proporções relativas que existiam na cariopse intacta. Os benefícios à saúde do milho não se devem apenas a nutrientes básicos, como carboidratos, vitaminas e minerais, mas também a seus compostos bioativos exclusivos, como os ácidos fenólicos. Os principais componentes de um grão de milho incluem endosperma, gérmen e farelo, e cada um deles contém perfis fitoquímicos distintos, que compõem uma ampla gama de compostos bioativos, como fenólicos totais e ácidos fenólicos (ácido vanílico, ácido siríngico, ácido cumárico, ácido ferúlico e ácido cafeico) encontrados nas frações de farelo e gérmen de milho em altas concentrações. Adom e Liu (2002) descobriram que a maioria dos compostos bioativos presentes em grãos de milho com efeitos benéficos para a saúde humana é encontrada nas frações de farelo e germe e não no endosperma, e cerca de 87% do conteúdo fenólico total está contido nas frações de farelo e gérmen. Por isso, a farinha de milho integral com gérmen, endosperma e farelo contém níveis de compostos bioativos mais altos que o amido de milho refinado ou que o óleo de milho refinado. Além disso, são verificados teores e composições distintas entre genótipos com pigmentação da cariopse diferente.

Os diferentes genótipos de milho são naturalmente ricos em ácidos fenólicos e flavonoides, esteróis vegetais e outros bioativos (ligninas e fitoquímicos ligados). No entanto, diferentes genótipos de milho contêm perfis de compostos bioativos distintos em termos de flavonoides e carotenoides.

Os grãos de milho azul, vermelho e roxo, por exemplo, são ricos em antocianidinas (até 325 mg/100 g), incluindo derivados de cianidina (75% a 90%), derivados de peonidina (15% a 20%) e derivados de pelargonidina (5 % a 10%). Enquanto no milho amarelo predominam os carotenoides (até 823 µg /100g), incluindo luteína (50%), zeaxantina (40%), β-criptoxantina (3%), β-caroteno (4%) e α-caroteno (2%). Portanto, para uma dieta rica e diversificada em compostos bioativos é recomendado o consumo de milho e derivados de diferentes pigmentações e combinado a outros grãos integrais.

Este capítulo busca revisar e apresentar as pesquisas recentes dos principais compostos bioativos encontrados em grãos de milho e seus derivados, além dos potenciais benefícios à saúde.

5.2 COMPOSTOS BIOATIVOS

Há pelo menos 2.500 anos, a humanidade tem reconhecido a forte relação entre os alimentos e a saúde, e os estudos recentes reafirmam que os benefícios à saúde têm estreita ligação com o teor, os tipos (ácidos fenólicos, antocianinas e/ou outros) ou as formas (livre, conjugada e/ou ligadas) de bioativos presentes. Os compostos químicos bioativos são compostos não nutritivos encontrados em plantas como frutas, legumes e grãos, que estão associados à redução do risco de doenças crônicas (LIU, 2004). Como em muitas outras espécies de grãos e seus derivados, os compostos bioativos do milho também são distribuídos em diferentes concentrações nas estruturas que compõem o grão, e assim como em outros cereais, estão concentrados especialmente no gérmen e no farelo. A composição e diversidade de compostos bioativos variam entre os diferentes genótipos de milho e têm forte associação com a cor do pericarpo, que é bastante diversa (Figura 5.1).

Figura 5.1 Algumas das diversas colorações de pericarpo de milho encontradas e associadas a composição de compostos bioativos

Fonte: Pixabay.

Dentre os principais cereais como arroz, trigo e aveia, o milho é o que apresenta a maior atividade antioxidante total (181,4 ± 0,86 μmol de vitamina C equivalente/g de grão) (ADOM; LIU, 2002). Os compostos bioativos presentes neste cereal são os principais responsáveis pela considerável atividade antioxidante total do milho.

Os fenólicos encontrados em milho, normalmente apresentam uma grande proporção de fenólicos ligados (> 80%), que podem ser liberados ou tornados livres por processos enzimáticos, químicos ou térmicos. O processamento térmico, por exemplo, aumenta a atividade antioxidante do milho doce, liberando compostos bioativos ligados e aumentando a fração livre (DEWANTO *et al.*, 2002), com consequente aumento do potencial antioxidante e benefícios à saúde.

5.2.1 FENÓLICOS

Os fenólicos são os compostos bioativos mais amplamente encontrados em milho. São definidos quimicamente como substâncias que possuem um ou mais anéis aromáticos contendo um ou mais grupos hidroxila (substituintes hidroxi, incluindo derivados funcionais, tais como ésteres, éteres metílicos, glicosídeos etc.) em suas estruturas (HO, 2008; LIU, 2013).

Em sua maioria, os fenólicos têm dois ou mais grupos hidroxila e são substâncias bioativas que ocorrem amplamente em plantas alimentícias como o milho. São usualmente classificados como ácidos fenólicos, flavonoides, estilbenos, cumarinas e taninos (SIYUAN *et al.*, 2018). Dentre esses, os flavonoides e os ácidos fenólicos são os mais encontrados no milho. Estes compostos bioativos, especialmente os fenólicos, estão localizados principalmente nas camadas mais externas dos grãos (DAS; SINGH, 2015), e comumente possuem as estruturas apresentadas na Figura 5.2.

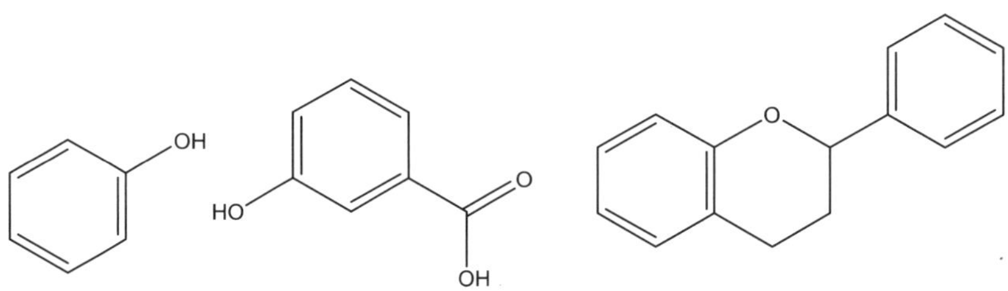

Fenóis Ácidos fenólicos Flavonoides

Figura 5.2 Estruturas comuns dos ácidos fenólicos encontrados em milho

O conteúdo fenólico total varia entre os diferentes genótipos de milho, porém encontram-se comumente na faixa de 243,8 a 320,1 mg de ácido gálico equivalente/100 g de milho (base seca).

A determinação do conteúdo fenólico total em grãos de milho geralmente é baseada no método colorimétrico de Folin-Ciocalteu (SINGLETON, *et al.*, 1999) com modificações (DEWANTO *et al.*, 2002). Este método é baseado no princípio da redução do reagente Folin-Ciocalteu na presença de fenolatos, que resulta na produção de azul de molibdênio-tungstênio, cuja maior tonalidade azul da solução reagente indica maior concentração. Normalmente os resultados são expressos em equivalente de ácido gálico.

Segundo Adom e Liu (2002), dentre os cereais mais comuns, o milho é o que apresenta o maior conteúdo fenólico total (15,55 µmol/g de grãos) seguido pelo arroz (7,99 µmol/g de grãos), pela aveia (6,53 µmol/g de grãos) e pelo trigo (5,56 mol/g de grãos).

Os fenólicos são encontrados em cereais nas formas: livres (solúvel), ligados (insolúveis) e conjugados (LIYANA-PATHIRANA; SHAHIDI, 2006). Os fenólicos livres quando ingeridos são rapidamente absorvidos pelo intestino delgado, enquanto que ligados sobrevivem à digestão gastrointestinal, mas são liberados por fermentação colônica para exercer seus benefícios exclusivos no cólon (LIYANA-PATHIRANA; SHAHIDI, 2007; SANZ-BUENHOMBRE *et al.*, 2016). Estudos realizados por Zavala-Lopez *et al.*(2018) avaliando grãos de teosinto, um ancestral do milho, mostram que os 22 acessos testados apresentam um conteúdo de fenólicos livres (biodisponibilidade) maior que as variedades modernas de milho. Estes compostos têm sido considerados como compostos bioativos capazes de auxiliar no controle dos níveis de glicose sérica pós-prandial e pela incidência de diabetes tipo 2 (CHO; LIM, 2016).

Especialmente devido a estes compostos, os grãos de milho seco são utilizados na formulação de produtos com atividades funcionais aprimoradas (GONG *et al.*, 2018; GUO; BETA, 2013).

5.2.1.1 Ácidos fenólicos

Os ácidos fenólicos são um dos principais compostos bioativos do milho, e podem ser subdivididos em derivados do ácido hidroxibenzoico e do ácido hidroxicinâmico (Figura 5.3) (LIU, 2004). Estes ácidos no milho contribuem para o sabor azedo, amargo e adstringente. Ácidos fenólicos como o ácido trans-cinâmico e o ácido ferúlico são considerados fungicidas naturais eficazes no controle de *Aspergillus flavus* e *Aspergillus parasiticus* (NESCI *et al.*, 2007) e agem como conservantes naturais nos grãos de milho.

Derivados do Ácido Benzoico	**Substituições**		
	R_1	R_2	R_3
Ácido Benzoico	H	H	H
Ácido p-hidrobenzoico	H	OH	H
Ácido Vanílico	CH_3O	OH	H
Ácido Protocatecuico	H	OH	OH
Ácido Siringico	CH_3O	OH	CH_3O

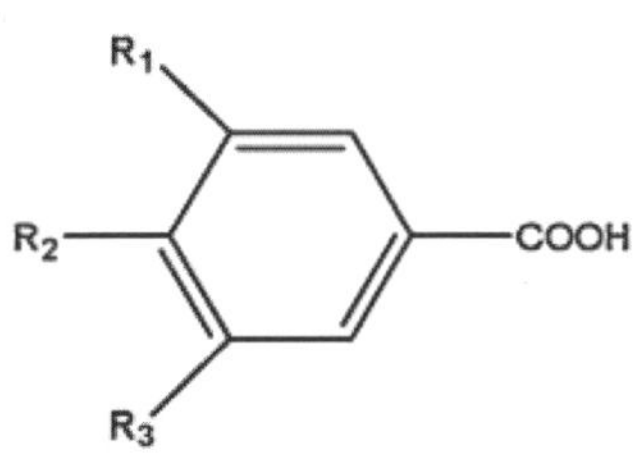

A

Derivados do Ácido Cinâmico	**Substituições**		
	R_1	R_2	R_3
Ácido Ferúlico	CH_3O	OH	H
Ácido Cafeico	OH	OH	H
Ácido p-Cumarico	H	OH	H
Ácido Sinaptico	CH_3O	OH	CH_3O
Ácido Quínico	H	OH	H

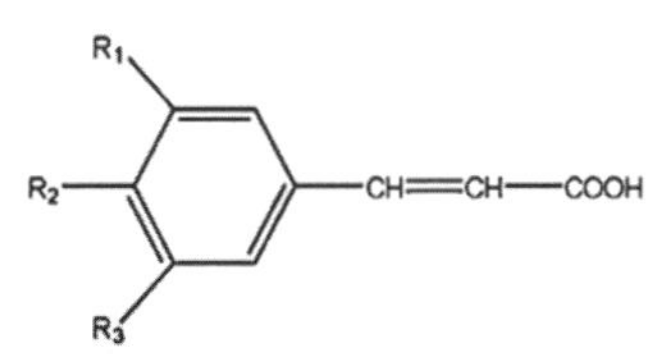

B

Figura 5.3 Derivados do ácido benzoico (A) e do ácido cinâmico (B) encontrados em milho

O milho contém em média 255 mg/100 g de grãos de ácidos fenólicos, mas pode apresentar grande variação entre os diferentes genótipos (ZAVALA-LÓPEZ *et al.*, 2018). Os ácidos fenólicos do milho estão distribuídos em diferentes concentrações entre as suas frações, conforme observado na Tabela 5.1, que mostra na camada fibrosa do pericarpo a maior concentração de ácidos fenólicos.

Tabela 5.1 Teor (µg/g) de ácidos fenólicos em diferentes frações e genótipos de milho

Genótipo	Fração		
	Grão integral	Aleurona	Pericarpo
A	2.579	11.961	18.087
B	2.254	10.215	23.530
C	2.792	14.182	28.481
Média	**2.541**	**4.734**	**23.366**

Fonte: Zavala-López *et al.* (2018).

Dentre os ácidos fenólicos do milho, o ácido ferúlico (AF) (ácido 4-hidroxi-3-metoxicinâmico) é o mais presente, além dos ácidos p-cumarico, isoferúlico, p-hidroxibenzoico, gálico, siríngico e clorogênico (BURLINI *et al.*, 2020; DE VASCONCELOS *et al.*, 2013). O AF é encontrado principalmente ligado a arabinoxilanos da parede celular, e é responsável pela rigidez da parede celular, fazendo ligações entre lignina e polissacarídeos; essas reticulações fazem com que a liberação de AF aconteça somente após fortes condições de hidrólise (ADOM; LIU, 2002; GONG *et al.*, 2018).

O teor de ácido ferúlico em grãos de milho e derivados é variável de acordo com o genótipo ou forma de processamento, conforme apresentado na Figura 5.4:

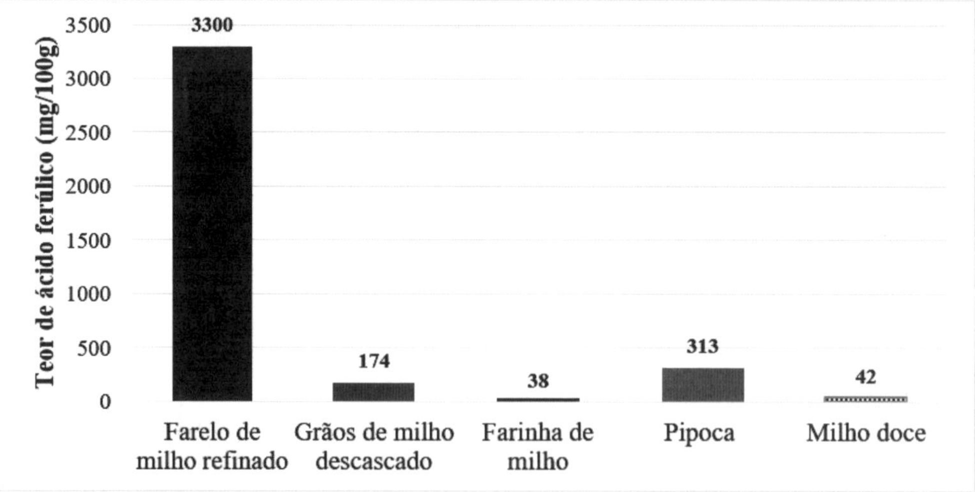

Figura 5.4 Teores médios de ácido ferúlico em grãos de milho e derivados.
Fonte: Adaptado de Luo e Wang (2012).

5.2.1.2 Flavonoides

Grãos de milho podem conter quantidades significativas de flavonoides, como flavanóis, flavanonas, flavonas e antocianinas. As antocianinas são glicosídeos solúveis em água e responsáveis por cores atraentes de milho e outros cereais, como as cores vermelha, laranja, roxa, escarlate, violeta, malva e azul (LAO; GIUSTI, 2016; NILE; PARK, 2014). Quando nas formas agliconas são conhecidas como antocianidinas. As antocianinas estão localizadas principalmente na camada de aleurona ou pericarpo dos grãos de milho, por isso tem grande influência na coloração do pericarpo. A alta concentração nestas camadas externas facilita a separação de frações ricas em antocianinas para uso como corantes funcionais ou ingredientes alimentares, cuja demanda tem aumentado nos últimos anos.

As antocianinas encontradas em milho roxo têm sido relatadas como potentes agentes antioxidantes e anti-inflamatórios, e podem desempenhar um papel na prevenção do câncer (LONG *et al.*, 2016) e no controle da obesidade, diabetes, hiperglicemia e hipertensão (FINKEL *et al.*, 2013; LAO; GIUSTI, 2016; NILE; PARK, 2014). O custo econômico relativamente baixo, o alto teor de antocianinas e os possíveis benefícios à saúde tornam a espiga de milho em um material inicial perfeito para a produção de corantes, e um candidato competitivo como corante alimentar. A estrutura básica das antocianinas comuns é apresentada na Figura 5.5.

Os teores de antocianinas em grãos milho com pericarpo colorido relatados por Abdel-Aal, Young e Rabalski (2006) são bastante variados, apresentando teores que variam de 50,9 μg/g (alaranjado) a 607,1 μg/g (vermelho).

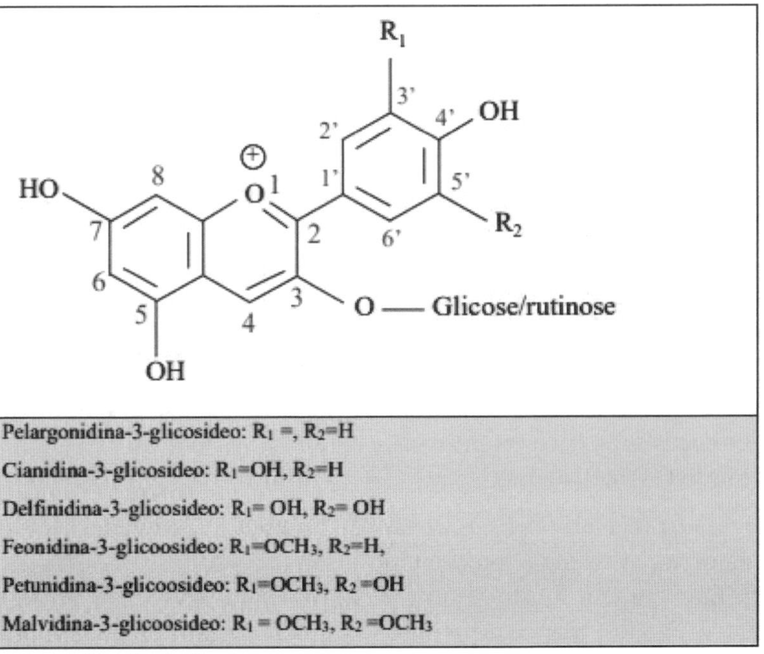

Pelargonidina-3-glicosideo: R_1 =, R_2=H

Cianidina-3-glicosideo: R_1=OH, R_2=H

Delfinidina-3-glicosideo: R_1= OH, R_2= OH

Feonidina-3-glicoosideo: R_1=OCH_3, R_2=H,

Petunidina-3-glicoosideo: R_1=OCH_3, R_2 =OH

Malvidina-3-glicoosideo: R_1 = OCH_3, R_2 =OCH_3

Figura 5.5 Estruturas de antocianinas comuns.

Os flavonoides, incluindo antocianinas, são construídos a partir de duas unidades: um componente C6-C3 do cinâmico e um fragmento C6 do malonil-CoA. Estes compostos bioativos têm sido encontrados em grãos de milho roxo (ABDEL-AAL *et al.*, 2006; AOKI *et al.*, 2002) e milho ceroso (HARAKOTR *et al.*, 2014). Algumas poucas quantidades têm sido observadas no milho amarelo (ZILIC *et al.*, 2012). Dentre os flavonoides, a quercetina, quercitrina e o kaempferol são os mais identificados.

Os flavonoides encontrados em milho apresentam-se em uma fração livre e ligada. Yang *et al.* (2019) avaliaram os teores de flavonoides de diferentes porções da espiga de milho doce, e revelaram que os maiores teores de flavonoides se encontram na forma livre. O conteúdo de flavonoide livre variou de 16,73 a 104,7 mg de equivalente de ácido gálico/100 g peso fresco, enquanto o conteúdo de flavonoides ligados variou de 4,24 a 163,2 mg de eq. ácido gálico/100 g de milho fresco.

As antocianinas do milho têm se mostrado termicamente instáveis, alguns estudos como os desenvolvidos por Sablani *et al.* (1998) mostram que as condições de cozimento podem provocar a degradação destes compostos. Segundo Giusti e Wrolstad (2003), muitos alimentos processados contendo antocianinas exibiram uma diminuição em seu conteúdo à medida que o tratamento térmico foi intensificado. A diminuição na quantidade de antocianinas em farinha de milho aquecida a150 °C foi bastante perceptível em estudo realizado por Blanch e Ruiz Del Castillo (2021), particularmente cianidina-3-O--glicosídeo, que caiu de 0,48 g/kg na farinha sem aquecimento para 0,18 g/kg em farinha aquecida.

Alguns compostos de escurecimento têm se mostrado capazes de estabilizar antocianinas por meio da interação com a aglicona resultante do processo de degradação térmica. No entanto, é importante ressaltar que produtos Maillard são considerados compostos indesejáveis, uma vez que sua formação envolve a destruição de aminoácidos essenciais e a produção de compostos antinutricionais (JAEGER *et al.*, 2010).

5.2.2 CAROTENOIDES

Carotenoides são pigmentos naturais bioativos, que conferem cor amarela, laranja e vermelhas ao milho e a outros alimentos. Na natureza, já foram identificados mais de 650 tipos de carotenoides, dos quais até cem podem estar presentes na dieta humana. Os humanos não são capazes de sintetizar carotenoides, por isso eles são supridos pelos alimentos ou por suplementos. Agem na promoção da saúde por meio de suas funções fisiológicas como pro-vitamina A e como um potente antioxidante que extingue os radicais livres de oxigênio.

Estes pigmentos vegetais ocorrem dentro de sistemas fotossintéticos e exercem a dupla função de captação de luz e fotoproteção (sequestrando oxigênio singleto e tripletos de clorofila). Também têm mostrado uma ação protetora em tecidos biológicos para os carotenoides não ligados, particularmente o β-caroteno. Devido à sua importância, algumas estratégias de biofortificação têm sido usadas para obtenção de altas concentrações de carotenoides pro-vitamina A em milho, como meio para erradicação da deficiência de vitamina A, especialmente em países da região Subsaariana. Estes compostos estão mais concentrados no endosperma vítreo do que no endosperma amiláceo (WANG *et al.*, 2020).

Estruturalmente os carotenoides são terpenoides derivados da condensação de pirofosfatos de prenil, conforme Figura 5.6.

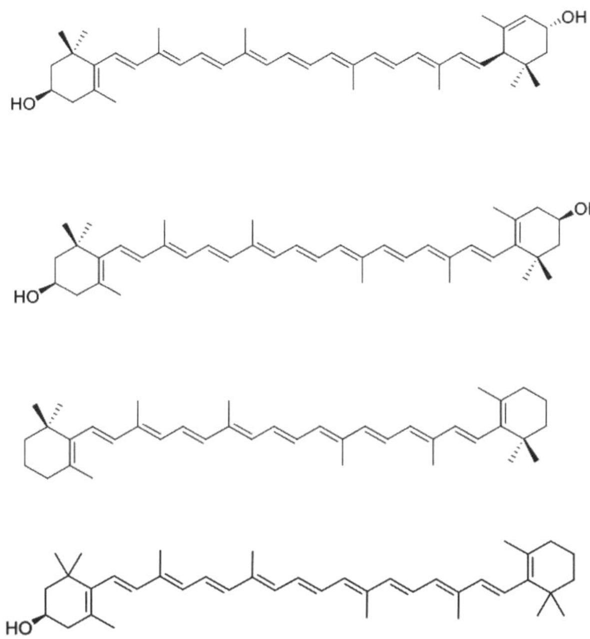

Luteína

Zeaxantina

β-caroteno

β-criptoxantina

Figura 5.6 Estrutura química dos principais carotenoides encontrados em grãos de milho

Devido à pigmentação típica, propriedades antioxidantes e função como precursores da provitamina A, os carotenoides possuem ampla aplicação como aditivos alimentares e corantes (KLJAK *et al.*, 2021). Embora sejam amplamente encontrados na natureza, grande parte dos carotenoides utilizados pelas indústrias ainda provém de síntese química.

Estes compostos bioativos geralmente têm um esqueleto de quarenta carbonos de isopreno unidos ciclizados em uma ou nas duas extremidades (LIU, 2007). A maioria dos carotenoides que ocorrem na natureza é encontrada na forma trans. Por possuir uma longa série de ligações duplas conjugadas na parte central de sua estrutura química, os carotenoides exibem capacidade de absorção de luz e destacada capacidade de extinção de oxigênio singlete (GARAVELLI *et al.*, 1998).

Os genótipos de milho diferem substancialmente quanto ao perfil de carotenoides; 64 genótipos diferentes avaliados por Berardo *et al.* (2004), incluindo variedades de diferentes origens geográficas, híbridos comerciais, linhagens na seleção, flocos de milho, pipoca e milho doce, apresentaram conteúdo total de carotenoides variando de 0,50 a 68,80 g/g (base seca).

Os carotenoides da provitamina A encontrados tipicamente em milho incluem R-caroteno, α-caroteno e β-criptoxantina, entretanto em concentrações tipicamente baixas, que variam de 0 a 0,70, 0,07 a 1,46 e 0,07 a 1,05μg/g, e em média de 0,09, 0,31 e 0,41 μg/g, respectivamente. Além destes, o milho também contém 0,4 a 32 g/g de luteína e 0,5 a 38,20 g/g de zeaxantina, antioxidantes bastante conhecidos (HOWE; TANUMIHARDJO, 2006; KLJAK *et al.*, 2021).

Vários carotenoides encontrados em milho, como β-caroteno, luteína, zeaxantina, têm sido produzidos em escala industrial para serem adicionados em alimentos fortificados ou usados como suplementos. Além disso, também são usados como corantes alimentícios, em bebidas e aplicações farmacêuticas.

São compostos lipossolúveis, por isso, a absorção destes compostos requer de 3 a 5 gramas de gordura ou óleo em uma refeição. A homogeneização mecânica e processamento térmico podem aumentar a biodisponibilidade de carotenoides. Por outro lado, compostos lipossolúveis não absorvíveis reduzem a biodisponibilidade deste composto bioativo.

Uma extensa revisão de estudos feita por Eggersdorfer e Wyss (2018) mostra evidências de que os carotenoides têm efeitos benéficos na saúde ocular, na função cognitiva e na saúde cardiovascular, além de atuarem na redução dos riscos de alguns tipos de câncer. No entanto, a ingestão de carotenoides, seja por alimentos ou suplementos, ainda é baixa, em particular por idosos.

O milho é uma boa fonte de carotenoides, uma vez que o milho doce, por exemplo, tipicamente possui teores que variam de 0,15 a 33,11 μg/g (massa seca) entre seus genótipos, especialmente com altos teores de luteína e zeaxantina (HU et al., 2020). O maior acúmulo geralmente é verificado no endosperma dos grãos.

As maiores temperaturas de secagem e o armazenamento tendem a reduzir o teor de carotenoides de grãos de milho, especialmente no periodo de 3 a 6 meses, mostrando certa estabilidade dos 6 aos 12 meses de armazenamento (BURT et al., 2010).

A análise de carotenoides é inerentemente difícil, pois existe um grande número de carotenoides de ocorrência natural, sua composição é altamente variável, ampla gama de concentrações de carotenoides e além da possibilidade de isomerização e degradação de antes e durante a análise. Os erros associados à cromatografia são menores, porém os erros procedimentais na extração são potencialmente significativos.

5.2.2.1 Carotenos

Os compostos bioativos β-caroteno, α-caroteno e β-criptoxantina são classificados como carotenoides pro-vitamina A, ou seja, que podem ser convertidos em retinol (Vitamina A) no corpo humano, enquanto outro grupo de carotenoides, as xantofilas, não possui essa função. Teoricamente, uma molécula de β-caroteno pode ser convertida em duas moléculas de retinol, por meio de reações enzimáticas principalmente na mucosa intestinal. Realisticamente, a taxa de conversão de pro-vitamina A em retinol é menor, as taxas de conversão de vitamina A de β- e α-carotenoides são estabelecidas por testes *in vivo* e expressas em equivalentes de retinol (ER) em que 1 RE = 1 µg de retinol = 6 µg de β-caroteno ou 12 µg de α-caroteno. Mecanismos de regulação inibem a conversão em vitamina A se o conteúdo de retinol no corpo humano estiver acima da demanda do corpo (BARALDI et al., 2016).

Além disso, carotenoides como o β-caroteno, estão entre os sequestradores de oxigênio singleto (O_2) mais eficientes (TANG, 2010). Apesar disso, em ensaios clínicos com humanos, a incidência de cânceres malignos permaneceu inalterada em pacientes que receberam suplementação de β-caroteno (GARAVELLI et al., 1998).

5.2.2.2 Xantofilas

São pigmentos amarelo-laranja de ocorrência natural da família dos carotenoides, que podem ser extraídos de materiais vegetais como milho com solventes orgânicos, como etanol ou hexano (TSUI; CHERYAN, 2007), sendo bastante usados como corantes. Ao contrário de outros carotenoides, as xantofilas (luteína e zeaxantina) não podem ser convertidas em vitamina A. A luteína e a zeaxantina são absorvidas seletivamente para a região da mácula (mancha amarela) no olho, onde absorvem 90% da luz azul (450 a 470 nm), agindo como filtro deste comprimento de luz, que atinge a parte crítica do olho causando dano oxidativo e estresse (HENNEKENS et al., 1996; LIU, 2013), evidenciando seus efeitos fotoprotetores.

A concentração média de xantofilas no milho (soma de luteína, zeaxantina e criptoxantina) é de 21,97 ug/g de grãos. Os grãos de milho têm em média 15,54 µg/g de luteína, 5,84 µg/g de zeaxantina e 0,54 µg/g de criptoxantina (SIYUAN *et al.*, 2018). A concentração das xantofilas luteína e zeaxantina, segundo Moros *et al.*, (2002), pode ser aumentada pelo manejo de fertilização, onde um aumento das taxas de fertilização com N de 170 kg/ha para 300 kg/ha proporciona um aumento de 10% na concentração deste bioativos.

Estes bioativos coloridos não só têm valor como um corante natural, mas também como um nutracêutico com potencial de redução do risco de degeneração macular relacionada à idade (SEDDON; AL, 1994), de proteger contra doenças cardiovasculares (HOWARD; THURNHAM, 2017) e câncer (BERTONE et al., 2001; KIM et al., 2001).

A luteína plasmática é um biomarcador da ingestão de vegetais e frutas e as evidências sugerem que altas concentrações geralmente estão associadas a uma melhor saúde cardiometabólica (HOWARD; THURNHAM, 2017).

5.2.3 VITAMINA E

A vitamina E é o nome comum de um grupo de compostos bioativos lipossolúveis que inclui oito compostos denominados coletivamente de tocóis, todos com atividade antioxidante, com dois tipos de estruturas que são: quatro tocoferóis (α-tocoferol, β- tocoferol, γ-tocoferol e δ-tocoferol) e quatro tocotrienóis (α-tocotrienol, β-tocotrienol, γ-tocotrienol e δ-tocotrienol) diferidos pelo número e posição dos substituintes no anel aromático. Dentre estas formas naturais de vitamina E, os β-, γ- e δ-tocoferóis e os tocotrienóis não contribuem para o atendimento das necessidades de vitamina E, uma vez que mesmo absorvidos não são convertidos em α-tocoferóis por humanos e são mal reconhecidos pela proteína de transferência α-tocoferol (α-TTP) no fígado (US, 2000). Os dois isômeros mais encontrados em grãos de milho são γ-tocoferol e α- tocoferol, sendo o γ-tocoferol naturalmente mais presente.

As estruturas genéricas das 2 classes de vitamina E são compostas por um grupo 6-hidroxicromano e uma cadeia lateral de fitol feita de unidades de isoprenoides (Figura 5.7), com tocoferóis e tocotrienóis compartilhando uma estrutura química semelhante com pequenas diferenças nos radicais (R1 e R2) da cadeia lateral de fitol e na saturação das cadeias laterais.

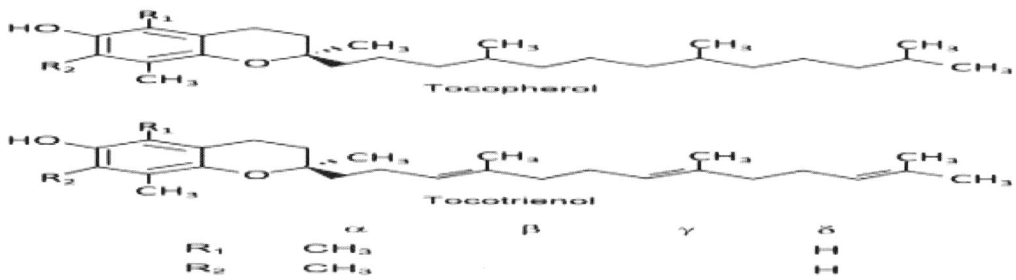

Tocoferóis

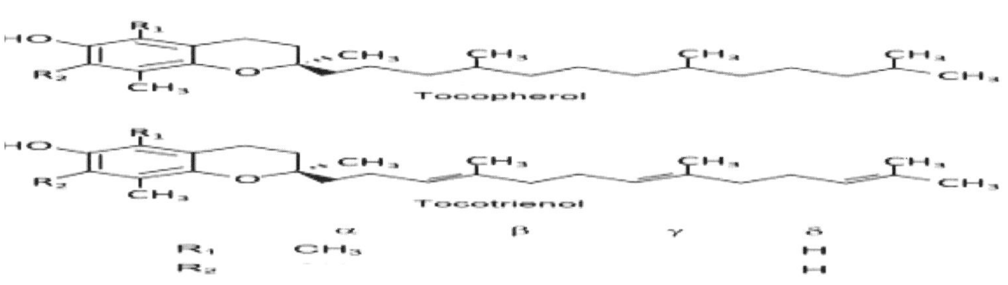

Tocotrienóis

	α	β	γ	δ
R_1	CH_3	CH_3	H	H
R_2	CH_3	H	CH_3	H

Figura 5.7 Estrutura química de tocoferóis e tocotrienóis encontrados em grãos de milho.

Os tocoferóis possuem cadeias laterais de fitol saturadas, enquanto tocotrienóis possuem ligações duplas carbono-carbono na cadeia lateral de fitol. Dentre as principais funções da vitamina E no corpo humano estão a manutenção da integridade das membranas e ação como antioxidante lipossolúvel (NIKI; TRABER, 2012).

Os únicos organismos que produzem tocoferóis são os vegetais, que possuem funções fotossintéticas e não fotossintéticas. Nos tecidos fotossintéticos, os tocoferóis estão armazenados principalmente nos cloroplastos, e envolvidos na eliminação de radicais livres (YAMAUCHI; MATSUSHITA, 1979), protegendo o aparelho fotossintético da peroxidação lipídica. Já em tecidos não fotossintéticos os tocoferóis atuam de forma indispensável na proteção dos ácidos graxos polinsaturados (ROCHEFORD et al., 2014), além de melhorarem a estabilidade dos lipídios armazenados, protegendo-os da autoxidação. O α-tocoferol geralmente é a forma predominante de vitamina E em grãos e derivados, como óleos vegetais. Em termos de teor, há uma variação natural entre os diferentes genótipos de milho. Estudos sugerem que o γ-tocoferol no óleo de milho possui uma maior capacidade antioxidante em comparação ao α-tocoferol (TOMASCH et al., 2001).

Sete dos oito isômeros que compõem o grupo de tocóis da vitamina E são encontrados no milho, exceto o β-tocotrienol. O conteúdo total de vitamina E de grãos de milho amarelo é 66,9 mg/kg de milho (b.s. - base seca), sendo 3,7 mg/kg de milho (b.s) α-tocoferol, 5,3 mg/kg de milho (b.s). de γ-tocotrienol, 0,2 mg/kg de milho (b.s) de β-tocoferol, 45 mg/kg de milho (b.s) de γ-tocoferol (o principal isômero do milho), 11,3 mg/kg de milho (b.s.) de α-tocotrienol, 1,0 mg/g de milho (b.s.) de δ-tocoferol e 0,4 mg/kg de milho (b.s.) de β-tocotrienol (PANFILI et al., 2003), dos quais 95% são encontrados na fração do gérmen do milho (SIYUAN et al., 2018). Estudos realizados por Lipka et al. (2013) incluindo 281 genótipos de milho de programas de melhoramento temperado e tropical encontraram teores de α-tocoferol (0,70 a 31,35 mg/g), β-tocoferol (0,98 a 21,70 mg/g), γ-tocoferol (5,04 a 85,94 mg/g) e δ-tocoferol (0,22 a 3,32 mg/g) e α-tocotrienol (1,46 a 55,25 mg/g), γ-tocotrienol (5,04 a 85,94 mg/g) e δ-tocotrienol (0,09 a 6,06 mg/g).

A deficiência desta vitamina em humanos é rara e quando ocorre resulta em diversas condições neurológicas, incluindo miopatia (fraqueza muscular) e ataxia (equilíbrio e coordenação prejudicados). Uma das formas de melhoria no fornecimento da vitamina E é a biofortificação, especialmente para pessoas de países em desenvolvimento em que é um alimento básico, mas também para habitantes de países desenvolvidos, nos quais o óleo de milho é a fonte primária.

5.2.4 FITOESTERÓIS

São denominados fitoesteróis os compostos esteróis e estanóis vegetais, que possuem uma estrutura semelhante ao colesterol de origem animal, sendo diferenciados apenas pelas cadeias laterais (LIU, 2007), conforme apresentado na Figura 5.8. São componentes essenciais na constituição de paredes e membranas celulares dos vegetais e componente menores no óleo de milho. Os fitoesteróis são classificados em subgrupos: 4-desmetilesteróis ou simplesmente esteróis, 4,4-dimetilesteróis e 4-monometilesteróis. Esta classificação se baseia no número do grupo metil na posição C-4 (NES, 1987).

O óleo de milho é muito rico em fitoesteróis, dos quais de 56% a 60% ocorrem como ésteres esterílicos, diferentemente de outros óleos vegetais, que possuem um conteúdo de esterol esterificado muito menor. O óleo de milho contém teores de 5,13 a 9,79 g/kg de esteróis vegetais, enquanto o óleo obtido de outros grãos possui de 1 a 5 g/kg. O óleo de milho bruto possui um conteúdo de esterol vegetal mais alto (8,09 a 15,57 g/kg) do que o óleo refinado (7,15 a 9,52 g/kg) (PIIRONEN et al., 2000; VERLEYEN et al., 2002; SIYUAN et al., 2018).

O sitosterol é o fitoesterol predominante encontrado no milho, representa de 77% a 87% dos fitoesteróis contidos no milho, seguido pelo campestanol, que responde por 13% a 23%. O estigmasterol e o delta5-avenasterolare são encontrados em menores quantidades no milho. Dentre as partes que compõe um grão de milho, o endosperma é o que contém o nível mais alto de fitoestanóis (HARRABI et al., 2008).

Uma alta ingestão diária de esteróis vegetais (1,6 g por dia) tem se mostrado eficaz na redução das concentrações séricas de LDL (*low density lipoprotein* ou lipoproteína de baixa densidade), conhecido como colesterol ruim e colesterol total, sem afetar a concentração de colesterol HDL (*high density lipoprotein* ou lipoproteína de alta densidade) em humanos (HENDRIKS et al., 1999). Estes efeitos benéficos têm sido atribuídos ao mecanismo proposto em que os fitoesteróis e o colesterol competem pela formação de micelas no intestino, inibindo assim a absorção do colesterol (NISSINEN et al., 2002).

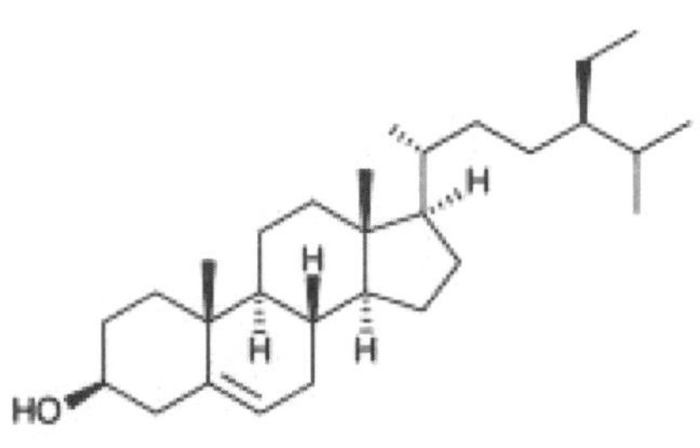

Campesterol

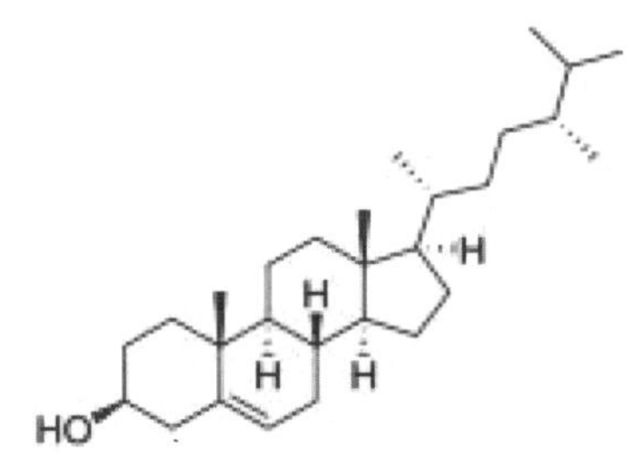

Sitoesterol

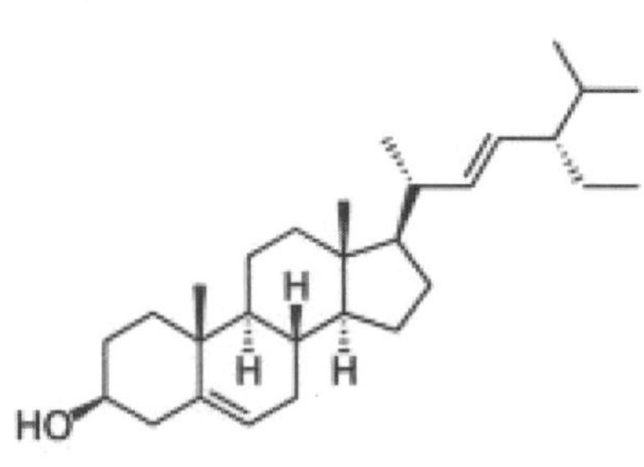

Stigmasterol

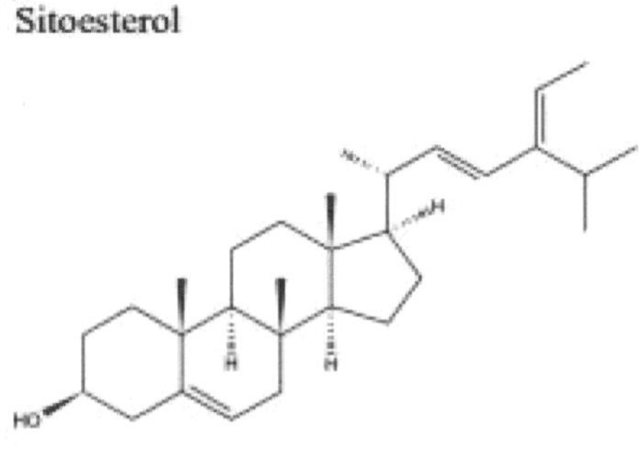

Delta5-avenasterol

Figura 5.8 Estruturas comuns de esteróis encontrados em milho.

Devido à relevância destes fitoesteróis tanto para os vegetais quanto para a saúde humana, é necessário estabelecer métodos analíticos para autenticação de alimentos, avaliando os benefícios dos fitoesteróis à saúde e desdobrando futuras aplicações. Diversas metodologias de extração têm sido empregadas para a obtenção destes compostos a partir de matrizes alimentícias (geralmente extração por solvente e saponificação), embora extração em fase sólida, microextração em fase sólida ou enzimas também tenham sido aplicadas. Além disso, a determinação de fitoesteróis pode também precisar de uma etapa de saponificação, purificação ou enriquecimento subsequente antes de sua determinação. A cromatografia gasosa após a derivatização tem sido historicamente o método de escolha para análise, embora a cromatografia líquida simplifique a análise. Além disso, embora vários detectores tenham sido empregados para a determinação e quantificação, a espectrometria de massas parece resolver muitos problemas de outras metodologias (GARCIA-LLATAS et al., 2021).

5.2.5 OUTROS COMPOSTOS BIOATIVOS

Além dos principais compostos bioativos abordados anteriormente, outros compostos podem ser encontrados no milho e seus derivados (CHAIITTIANAN et al., 2017). Dentre estes, quatro tipos de amidos resistentes foram identificados em milho de acordo com suas estruturas, naturezas e fontes (NAMBA et al., 1993). O amido resistente tipo 2 (RS2), um amido difícil de digerir devido à sua estrutura de grânulos nativa, é o principal amido resistente encontrado no milho, especialmente naqueles com alto teor de amilose, é resistente à digestão no intestino, exibindo efeito benéfico sobre o açúcar no sangue e a saúde do cólon. O milho ceroso com alto teor de amilose (70% de amilose) tem o maior conteúdo de amilose entre todos os grãos integrais (ZHANG; HAMAKER, 2017).

As ligninas (lariciresinol, matairesinol, pinoresinol e secoisolariciresinol) são outros compostos bioativos comuns encontrados em grãos integrais, incluindo o milho, que trazem benefícios à saúde, especialmente devido aos seus efeitos anticâncer e antioxidante (ALPHONSE; ALUKO, 2015). O secoisolariciresinol está presente no milho em níveis como a 12 µg/100g (b.s) e o lariciresinol está presente a 11 µg/100g (b.s), enquanto o matairesinol e o pinoresinol não estão presentes no milho (DURAZZO et al., 2014).

A vitamina C, um agente redutor e antioxidante, é outro bioativo encontrado no milho e seus derivados e um dos fatores nutricionais mais importantes no desenvolvimento das culturas e nas atividades biológicas dos animais. Entretanto, seres humanos, primatas não humanos e alguns outros mamíferos, como os macacos, não conseguem sintetizar vitamina C (AsA), é a forma de atividade biológica do componente da vitamina C e um componente essencial da água. Esta vitamina está associada a muitos benefícios à saúde, incluindo o desenvolvimento de células imunes, tecido conjuntivo, nutriente solúvel em ferro para a biossíntese de carnitina, colágeno e neurotransmissores. Tem utilização e prevenção comum do resfriado.

5.3 CONSIDERAÇÕES FINAIS E PERSPECTIVAS FUTURAS

São inúmeros os compostos bioativos encontrados em grãos de milho, que podem ser obtidos pelo simples consumo ou por meio de processos de extração e isolamento. Estes compostos são capazes de trazer inúmeros benefícios a saúde dos consumidores, ou podem, ainda, ser submetidos a aplicações não alimentícias como corantes e outras formas. O teor de compostos bioativos varia com o genótipo de milho, manejo de cultivo, forma de processamento e/ou tratamento a que os grãos são submetidos. Ao tratar sobre os benefícios do milho para a saúde, há outro componente importante derivado do milho que deve ser altamente considerado: a zeína. Uma prolamina solúvel em álcool encontrada no endosperma do milho, reconhecida como um ingrediente seguro que possui solubilidade única e propriedades de formação de filme, é um produto não tóxico e biodegradável, com grande potencial para atuar como biomaterial em escala manométrica de aplicação farmacêutica e nutracêutica no revestimento de nanopartículas. Atua ainda como agente antimicrobiano promissor na forma de nanocompósito, na produção de novas embalagens de alimentos e como encapsulante de nutrientes e bioativos. Além disso, alguns produtos de menor valor agregado como fibras, farelos e gérmens podem ser mais empregados como fonte para consumo e extração de compostos bioativos.

Ainda mais conhecimento é necessário para promover a utilização dos efeitos de promoção da saúde de todas as partes do milho, embora vários estudos nutracêuticos têm sido estabelecidos em linhas celulares (*in vitro*) e modelos animais (*in vivo*), alguns dos mecanismos subjacentes ainda são inconclusivos, por isso mais ensaios clínicos em seres humanos desses bioativos são necessários para conclusões mais objetivas.

REFERÊNCIAS

(US), I. OF M. Engineering in Society Copyright © National Academy of Sciences. All rights reserved. Unless otherwise indicated, all materials in this PDF File are copyrighted by the National Academy of Sciences. Distribution, posting, or copying is strictly prohibited. [s.l: s.n.]. v. II

ABDEL-AAL, E. S. M.; YOUNG, J. C.; RABALSKI, I. Anthocyanin composition in black, blue, pink, purple, and red cereal grains. *Journal of Agricultural and Food Chemistry*, v. 54, n. 13, p. 4696-4704, 2006.

ADOM, K. K.; LIU, R. H. Antioxidant activity of grains. *Journal of Agricultural and Food Chemistry*, v. 50, n. 21, p. 6182-6187, 2002.

ALPHONSE, P.; ALUKO, R. A review on the anti-carcinogenic and anti-metastatic effects of flax seed lignan secolariciresinol diglucoside (SDG). *Discovery Phytomedicine*, v. 2, n. 2, 2015.

ANDERSON, J. W. *et al.* Whole grain foods and heart disease risk. *Journal of the American College of Nutrition*, v. 19, 3 Suppl, p. 291S-299S, 2000.

BARALDI, I. J.; GIORDANO, R. L. C.; ZANGIROLAMI, T. C. Enzymatic hydrolysis as an environmentally friendly process compared to thermal hydrolysis for instant coffee production. Brazilian *Journal of Chemical Engineering*, v. 33, n. 4, p. 763-771, 2016.

BERARDO, N. *et al.* Carotenoids concentration among maize genotypes measured by Near Infrared Reflectance Spectroscopy (NIRS). *Innovative Food Science and Emerging Technologies*, v. 5, n. 3, p. 393-398, 2004.

BERTONE, E. R. *et al.* A population-based case-control study of carotenoid and vitamin A intake and ovarian cancer (United States). *Cancer Causes and Control*, v. 12, n. 1, p. 83-90, 2001.

BLANCH, G. P.; RUIZ DEL CASTILLO, M. L. Effect of baking temperature on the phenolic content and antioxidant activity of black corn (Zea mays L.) bread. *Foods*, v. 10, n. 6, 2021.

BURLINI, I. *et al.* Different strategies to obtain corn (Zea mays L.). Germ extracts with enhanced antioxidant properties. *Natural Product Communications*, v. 15, n. 1, 2020. DOI: 10.1177/1934578X20903562.

BURT, A. J. *et al.* Impact of postharvest handling on carotenoid concentration and composition in High-carotenoid maize (Zea mays L.) kernels. *Journal of Agricultural and Food Chemistry*, v. 58, n. 14, p. 8286-8292, 2010.

CHAIITTIANAN, R.; SUTTHANUT, K.; RATTANATHONGKOM, A. Purple corn silk: A potential anti-obesity agent with inhibition on adipogenesis and induction on lipolysis and apoptosis in adipocytes. *Journal of Ethnopharmacology*, v. 201, p. 9-16, 2017.

CHEN, L. Phenolics and related in vitro functional activities of different varieties of fresh waxy corn: a whole grain. *BMC Chemistry*, v. 15, n. 14, 2020.

CHO, D. H.; LIM, S. T. Germinated brown rice and its bio-functional compounds. *Food Chemistry*, v. 196, p. 259-271, 2016.

DAS, A. K.; SINGH, V. Antioxidative free and bound phenolic constituents in pericarp, germ and endosperm of Indian dent (Zea mays var. indentata) and flint (Zea mays var. indurata) maize. *Journal of Functional Foods*, v. 13, p. 363-374, 2015.

DE VASCONCELOS, M. C. B. M. et al. Study of composition, stabilization and processing of wheat germ and maize industrial by-products. *Industrial Crops and Products*, v. 42, n. 1, p. 292-298, 2013.

DEWANTO, V.; WU, X.; LIU, R. H. Processed sweet corn has higher antioxidant activity. *Journal of Agricultural and Food Chemistry*, v. 50, n. 17, p. 4959-4964, 2002.

DURAZZO, A. *et al.* Effects of consumption of whole grain foods rich in lignans in healthy postmenopausal women with moderate serum cholesterol: a pilot study. *International Journal of Food Sciences and Nutrition*, v. 65, n. 5, p. 637-645, 2014.

EGGERSDORFER, M.; WYSS, A. Carotenoids in human nutrition and health. *Archives of Biochemistry and Biophysics*, v. 652, p. 18-26, 2018.

FINKEL, M. L. *et al.* Anthocyanin-rich purple corn extract and its effects on the blood pressure of adults. *Journal of Evidence-Based Complementary and Alternative Medicine*, v. 18, n. 4, p. 237-242, 2013.

GARAVELLI, M. *et al.* DFT study of the reactions between singlet-oxygen and a carotenoid model. *Journal of the American Chemical Society*, v. 120, n. 39, p. 10210-10222, 1998.

GARCIA-LLATAS, G. *et al.* Current methodologies for phytosterol analysis in foods. *Microchemical Journal*, v. 168, 2021.

GIUSTI, M. M.; WROLSTAD, R. E. Acylated anthocyanins from edible sources and their applications in food systems. *Biochemical Engineering Journal*, v. 14, n. 3, p. 217-225, 2003.

GONG, K. *et al.* Effects of germination combined with extrusion on the nutritional composition, functional properties and polyphenol profile and related in vitro hypoglycemic effect of whole grain corn. *Journal of Cereal Science*, v. 83, p. 1-8, 2018.

GUO, W.; BETA, T. Phenolic acid composition and antioxidant potential of insoluble and soluble dietary fibre extracts derived from select whole-grain cereals. *Food Research International*, v. 51, n. 2, p. 518-525, 2013.

HARRABI, S. *et al.* Phytostanols and phytosterols distributions in corn kernel. *Food Chemistry*, v. 111, n. 1, p. 115-120, 2008.

HENDRIKS, H. F. J. *et al.* Spreads enriched with three different levels of vegetable oil sterols and the degree of cholesterol lowering in normocholesterolaemic and mildly hypercholesterolaemic subjects. *European Journal of Clinical Nutrition*, v. 53, n. 4, p. 319-327, 1999.

HENNEKENS, C. H. *et al.* Lack of effect of long-term supplementation with beta carotene on the incidence of malignant neoplasms and cardiovascular disease. *New England Journal of Medicine*, v. 334, n. 18, p. 1145-1149, 1996.

HIGGINS, J. A. *et al.* Resistant starch consumption promotes lipid oxidation. *Nutrition and Metabolism*, v. 1, p. 1-11, 2004.

HO, C.-T. Phenolic compounds in food. *Progress in Food Chemistry*, n. 4, p. 1-45, 2008.

HOWARD, A. N.; THURNHAM, D. I. Lutein and atherosclerosis: Belfast versus Toulouse revisited. *Medical Hypotheses*, v. 98, p. 63-68, 2017.

HOWE, J. A.; TANUMIHARDJO, S. A. Evaluation of analytical methods for carotenoid extraction from biofortified maize (Zea mays sp.). *Journal of Agricultural and Food Chemistry*, v. 54, n. 21, p. 7992-7997, 2006.

HU, X. *et al.* Biosynthesis and accumulation of multi-vitamins in black sweet corn (Zea mays L.) during kernel development. *Journal of the Science of Food and Agriculture*, v. 100, n. 14, p. 5230-5238, 2020.

JAEGER, H.; JANOSITZ, A.; KNORR, D. La réaction de Maillard et son contrôle pendant la fabrication des aliments. Le potentiel des nouvelles technologies. *Pathologie Biologie*, v. 58, n. 3, p. 207-213, 2010.

KIM, M. K.; AHN, S. H.; LEE-KIM, Y. C. Relationship of serum α-tocopherol, carotenoids and retinol with the risk of breast cancer. *Nutrition Research*, v. 21, n. 6, p. 797-809, 2001.

KLJAK, K. *et al.* Carotenoid content and bioaccessibility in commercial maize hybrids. *Agriculture, v.11, n. 7* 2021.

LAO, F.; GIUSTI, M. M. Quantification of purple corn (Zea mays L.) anthocyanins using spectrophotometric and HPLC approaches: method comparison and correlation. *Food Analytical Methods*, v. 9, n. 5, p. 1367-1380, 2016.

LIPKA, A. E. *et al.* Genome-wide association study and pathway-level analysis of tocochromanol levels in maize grain. *G3: Genes, Genomes, Genetics*, v. 3, n. 8, p. 1287-1299, 2013.

LIU, L. *et al.* Investigation of α-glucosidase inhibitory activity of wheat bran and germ. *Food Chemistry*, v. 126, n. 2, p. 553-561, 2011.

LIU, R. H. Dietary bioactive compounds and their health implications. *Journal of Food Science*, v. 78, n. S. 1, p. A18-A25, 2013.

LIU, R. H. Potential synergy of phytochemicals in cancer prevention: mechanism of action. *The Journal of Nutrition*, v. 134, n. 12, p. 3479S-3485S, 2004.

LIU, R. H. Whole grain phytochemicals and health. *Journal of Cereal Science*, v. 46, n. 3, p. 207-219, 2007.

LIU, S. *et al.* Whole-grain consumption and risk of coronary heart disease: results from the Nurses' Health Study. *American Journal of Clinical Nutrition*, v. 70, n. 3, p. 412-419, 1999.

LIYANA-PATHIRANA, C. M.; SHAHIDI, F. Antioxidant and free radical scavenging activities of whole wheat and milling fractions. *Food Chemistry*, v. 101, n. 3, p. 1151-1157, 2007.

LIYANA-PATHIRANA, C. M.; SHAHIDI, F. Importance of insoluble-bound phenolics to antioxidant properties of wheat. *Journal of Agricultural and Food Chemistry*, v. 54, n. 4, p. 1256-1264, 2006.

LONG, L. *et al.* Thermotolerant hemicellulolytic and cellulolytic enzymes from Eupenicillium parvum 4-14 display high efficiency upon release of ferulic acid from wheat bran. *Journal of Applied Microbiology*, v. 121, n. 2, p. 422-434, 2016.

LUO, Y.; WANG, Q. Bioactive compounds in corn. *In*: YU, L.; TSAO, R.; SHAHIDI, F. (Eds.). *Cereals and pulses:* nutraceutical properties and health benefits. John Wiley & Sons, 2012. p. 85-103.

MELANSON, K. J. *et al.* Consumption of whole-grain cereals during weight loss: effects on dietary quality, dietary fiber, magnesium, vitamin B-6, and obesity. *Journal of the American Dietetic Association*, v. 106, n. 9, p. 1380-1388, 2006.

MOROS, E. E. *et al.* Analysis of xanthophylls in corn by HPLC. *Journal of Agricultural and Food Chemistry*, v. 50, n. 21, p. 5787-5790, 2002.

NAMBA, T. *et al.* Inhibition of IgE formation in mice by glycoproteins from corn silk. *Phytotherapy Research*, v. 7, n. 3, p. 227-230, 1993.

NES, W. R. passing way-station for carbon, hydrogen and oxygen on their journey to, say, sitosterol. If we exclude these inter- mediates, the number of sterols in Nature is much smaller than otherwise and P. K. Stumpf et al. (eds.),. p. 3–9, 1987.

NESCI, A.; GSPONER, N.; ETCHEVERRY, M. Natural maize phenolic acids for control of aflatoxigenic fungi on maize. *Journal of Food Science*, v. 72, n. 5, p. M180-M185, 2007.

NIKI, E.; TRABER, M. G. A history of vitamin E. *Annals of Nutrition and Metabolism*, v. 61, n. 3, p. 207-212, 2012.

NILE, S. H.; PARK, S. W. Antioxidant, α-glucosidase and xanthine oxidase inhibitory activity of bioactive compounds from maize (Zea mays L.). *Chemical Biology and Drug Design*, v. 83, n. 1, p. 119-125, 2014.

NISSINEN, M. *et al.* Micellar distribution of cholesterol and phytosterols after duodenal plant stanol ester infusion. *American Journal of Physiology - Gastrointestinal and Liver Physiology*, v. 282, n. 6, p. G1009-G1015, 2002.

PANFILI, G.; FRATIANNI, A.; IRANO, M. Normal phase high-performance liquid chromatography method for the determination of tocopherols and tocotrienols in cereals. *Journal of Agricultural and Food Chemistry*, v. 51, n. 14, p. 3940-3944, 2003.

PIIRONEN, V. *et al.* Plant sterols: biosynthesis, biological function and their importance to human nutrition. *Journal of the Science of Food and Agriculture*, v. 80, n. 7, p. 939-966, 2000.

ROCHEFORD, T. R. *et al.* Enhancement of vitamin e levels in corn. *Journal of the American College of Nutrition*, v. 21, n. 3, p. 191S-198S, 2014.

SABLANI, S. S. *et al.* Modeling of simultaneous heat and water transport in the baking process. *LWT - Food Science and Technology*, v. 31, n. 3, p. 201-209, 1998.

SANZ-BUENHOMBRE, M. *et al.* Bioavailability and the mechanism of action of a grape extract rich in polyphenols in cholesterol homeostasis. *Journal of Functional Foods*, v. 21, p. 178-185, 2016.

SEDDON, J. M. *et al.* Dietary Carotenoids, Vitamins A, C, and E, and Macular Degeneration. *JAMA: The Journal of the American Medical Association*, v. 272, n. 18, p. 1413-1420, 1994.

SINGLETON, V. L.; ORTHOFER, R.; LAMUELA-RAVENTOS, R. M. Analysis of total phenols and other oxidation substrates and antioxidants by means of Folin-Ciocalteu reagent. *Methods in Enzymology*, v. 299c, n. 1, p. 152-178, 1999.

SIYUAN, S.; TONG, L.; LIU, R. Corn phytochemicals and their health benefits. *Food Science and Human Wellness*, v. 7, n. 3, p. 185-195, 2018.

SOUZA, A. G. de; ROSA, D. dos S.; LIMA, G. F. *Cellulose nanostructures from lignocellulosic residues*. Beau-Bassin: LAP LAMBERT Academic Publishing, 2019.

TANG, G. Bioconversion of dietary provitamin A carotenoids to vitamin A in humans. *American Journal of Clinical Nutrition*, v. 91, n. 5, p. 1468-1473, 2010.

TIGHE, P. *et al.* Effect of increased consumption of whole-grain foods on blood pressure and other cardiovascular risk markers in healthy middle-aged persons: A randomized controlled trial. *American Journal of Clinical Nutrition*, v. 92, n. 4, p. 733-740, 2010.

TOMASCH, R.; WAGNER, K. H.; ELMADFA, I. Antioxidative power of plant oils in humans: The influence of α- and γ-tocopherol. *Annals of Nutrition and Metabolism*, v. 45, n. 3, p. 110-115, 2001.

TSUI, E. M.; CHERYAN, M. Membrane processing of xanthophylls in ethanol extracts of corn. *Journal of Food Engineering*, v. 83, n. 4, p. 590-595, 2007.

VERLEYEN, T. *et al.* Analysis of free and esterified sterols in vegetable oils. *JAOCS - Journal of the American Oil Chemists' Society*, v. 79, n. 2, p. 117-122, 2002.

WANG, H. *et al.* Carotenoids modulate kernel texture in maize by influencing amyloplast envelope integrity. *Nature Communications*, v. 11, n. 1, p. 1-13, 2020.

XI, P.; LIU, R. H. Whole food approach for type 2 diabetes prevention. *Molecular Nutrition & Food Research*, v. 60, n. 8, p. 1819-1836, 2016.

YAMAUCHI, R.; MATSUSHITA, S. Light-induced lipid peroxidation in isolated chloroplasts and role of α-tocopherol. *Agricultural and Biological Chemistry*, v. 43, n. 10, p. 2157-2161, 1979.

YANG, T. *et al.* Comparison of phenolics, flavonoids, and cellular antioxidant activities in ear sections of sweet corn (Zea mays L. saccharata Sturt). *Journal of Food Processing and Preservation*, v. 43, n. 1, p. 1-9, 2019.

YE, E. Q. *et al.* Greater whole-grain intake is associated with lower risk of type 2 diabetes, cardiovascular disease, and weight gain. *The Journal of Nutrition*, v. 142, n. 7, p. 1304-1313, 2012.

ZAVALA-LÓPEZ, M. *et al.* Screening of major phenolics and antioxidant activities in teosinte populations and modern maize types. *Journal of Cereal Science*, v. 79, p. 276-285, 2018.

ZHANG, G.; HAMAKER, B. R. The nutritional property of endosperm starch and its contribution to the health benefits of whole grain foods. *Critical Reviews in Food Science and Nutrition*, v. 57, n. 18, p. 3807-3817, 2017.

CAPÍTULO 6
OPERAÇÕES E ETAPAS PRÉ-INDUSTRIAIS

Maurício de Oliveira
Silvia Rivero Meza
Lazaro da Costa Canizares
Betina Bueno Peres

RESUMO

O óleo de milho destaca-se por sua excelente qualidade nutricional, estabilidade oxidativa e propriedades físicas peculiares, que lhe credencia para o uso em diferentes indústrias e receitas culinárias. Embora quantitativamente não esteja entre os mais produzidos no mundo, o óleo de milho é um dos produtos que contribui para agregar valor a essa tão importante cadeia produtiva, que é base para toda a cadeia produtiva de alimentos. O processo de extração e de refino do óleo de milho se assemelha ao de outros óleos vegetais, com algumas peculiaridades que são discutidas neste capítulo. O detalhamento do controle de qualidade do óleo de milho é importante para entender o seu processo degradativo e os principais mecanismos envolvidos nestas alterações. Dessa forma, esse capítulo aborda, de maneira explicativa, uma série de análises realizadas para avaliar a qualidade do óleo. Além disso, apresentamos algumas possibilidades de modificações do óleo de milho que possibilitam aumentar a gama de aplicações em produtos alimentícios, farmacêuticos, tintas, dentre outras utilizações industriais.

6.1 INTRODUÇÃO

A pós-colheita do milho tem início tão logo haja a colheita dos grãos, e é etapa crucial para obtenção e manutenção de grãos de alta qualidade, que depende ainda de fatores como: estádio de maturidade fisiológica, sanidade, grau de umidade, condições climáticas e regulagem de colhedoras e outros equipamentos.

Após colhidos, os grãos são transportados às unidades de armazenamento ou diretamente à indústria. Quando provenientes da indústria, geralmente os grãos não estão aptos para o beneficiamento ou processamento imediato, pois necessitam de operações de preparo pré-industrialização, estas operações são adotadas para a uniformização, padronização e manutenção da qualidade dos grãos e seus derivados.

Este capítulo aborda operações denominadas etapas de preparo pré-industrialização a que o milho é submetido, como: recepção, pré-limpeza, secagem, limpeza e armazenamento, focadas nos grãos de milho secos.

A primeira etapa denominada recepção é necessária, para que os grãos de milho de um lote ou carga sejam caracterizados quantitativamente e qualitativamente, nesta etapa os grãos podem ser reprovados caso haja fatores considerados desclassificantes.

Após recepção, caso necessário, os grãos pertencentes ao lote ou carga são submetidos à operação de pré-limpeza, com a finalidade de reduir os teores de matérias estranhas e/ou impurezas e aumentar a segurança do processo de secagem.

Quando o grau de umidade não é adequado para o armazenamento seguro (13%) e os grãos estão pré-limpos, estes devem ser submetidos a secagem, e após esta operação, caso seja necessário, os grãos são submetidos a uma operação de limpeza para a obtenção de níveis baixos de impurezas (menor que 1%).

Uma vez secos e limpos, os grãos podem ser submetidos ao beneficiamento ou processamento imediato ou serem submetidos ao armazenamento até a industrialização. Por se tratar de uma cultura sazonal, para a garantia do abastecimento da indústria durante o ano, ao menos parte da safra deve ser armazenada. Para o armazenamento adequado, devem ser observadas as recomendações de boas práticas de armazenamento, que podem variar com o genótipo, condição climática, sistema de armazenamento ou nível tecnológico empregado.

6.2 OPERAÇÕES DE PRÉ-INDUSTRIALIZAÇÃO

6.2.1 COLHEITA

A colheita dos grãos milho para uso na forma de grãos secos deve ocorrer em umidade entre 18% e 25%, dependendo do genótipo, não devendo os grãos permanecerem na lavoura por muito tempo após a maturação, embora muitos imaginem que colhendo com grau de umidade menor tenha vantagem por sofrer menores descontos nas cerealistas ou nas indústrias. A prática de atraso ou retardo de colheita é equivocada, uma vez que após a maturação fisiológica começam a ocorrer danos qualitativos e quantitativos que inicialmente pouco perceptíveis. Quando colhidos com umidade muito abaixo da recomendada (< 18%) há uma intensificação dos danos físicos e aumento da contaminação cruzada por insetos e fungos, enquanto a reumidificação devido ao atraso durante períodos de chuva ou umidade, reduz o peso dos grãos e intensifica os defeitos metabólicos.

Se o grau de umidade for muito alto, muitos dos grãos se romperão antes de se separarem da espiga e a quebra longitudinal da espiga pode aumentar. Já quando o grau de umidade for muito baixo, as perdas de campo devido ao acamamento e queda de espigas serão intensificadas e mais grãos serão danificados quando a barra do cilindro da colhedora (máquina agrícola usada para a colheita mecânica dos grãos) os atingir. Além disso, estudos desenvolvidos por Santin *et al.* (2004) mostram que o atraso de colheita aumenta a incidência de grãos ardidos e ocorrência de micotoxinas em grãos de milho, por isso deve ser evitado.

Um dos indicativos de que o momento da colheita se aproxima, é o movimento da linha de leite, que demarca a matriz líquida (composta por açúcares) dos grãos que separa da matriz sólida (amido), que conforme aumenta o índice de matéria seca mudará de posição da coroa em direção à base (onde o grão é inserido na espiga). Vale lembrar que este é um indicativo visual que deve ser confirmado pela determinação de umidade.

No caso de milho doce e milho verde, a colheita é realizada com grau de umidade mais alto, sendo no estádio fenológico R3, com umidade média de 80% para o milho verde (antes da conversão total do açúcar em amido), e no estádio R4, e com os grãos em média com 73% de umidade para o milho doce (NUNES *et al.*, 2022).

Quando prontos para colher, os grãos devem ser colhidos, tão logo seja possível, não devendo haver antecipação e nem retardo de colheita. O monitoramento e determinação do ponto ótimo de colheita deve ser constante e alcança bons resultados com o uso de determinadores de umidade apropriados e devidamente calibrados.

Até que os grãos estejam prontos para a colheita, as máquinas e equipamentos devem ser corretamente regulados e se necessário reparados. Deve ser evitada a colheita nas horas do dia em que houver orvalho, para obtenção de melhores rendimentos operacionais e de menores danificações físicas aos grãos ou até mesmo umidade excessiva. Além das operações de preparo é importantíssimo o correto treinamento do pessoal de operação e a observância das normas de segurança.

6.3 TRANSPORTE

Após colhidos, os grãos não devem ser submetidos à exposição prolongada ao sol e devem ser evitados prolongados tempos abafados sob a lona do caminhão ou outro transportador, antes de serem submetidos à pré-limpeza e à secagem, ou ao armazenamento em condições refrigeradas, se for o caso, especialmente para o milho doce e verde. Também devem ser evitados longos períodos de esperas para o transporte dos grãos recém-colhidos para a unidade de secagem.

Deve ser feita adequada limpeza do transportador, para que resíduos de uma carga não sirvam como fonte de inóculos para outra, devendo haver inspeções periódicas do transportador e da carga, para evitar ou minimizar perdas de grãos por vazamento ou derramamento durante o transporte.

Em condições adversas de temperatura e/ou de tempo de transporte, deve-se controlar a temperatura dos grãos e se possível realizar movimentação e/ou ventilação em caso de verificar aquecimento. Grãos que eventualmente tenham passado por essa situação ou que tenham recebido chuva durante o transporte devem ser primeiramente analisados e imediatamente submetidos às operações de pré-limpeza e secagem no mínimo parcial (de 15% a 16%) como etapa preliminar se não houver condições de se realizar a secagem plenamente.

6.4 RECEPÇÃO

A recepção é uma das etapas essenciais na pós-colheita do milho, uma vez que é nessa etapa em que é realizado o diagnóstico inicial da qualidade e das condições em que o lote está chegando na unidade de secagem e armazenamento ou indústria. Em se tratando de grãos oriundos de terceiros, a primeira operação a ser realizada na chegada do caminhão (ou outro transportador) na cerealista ou na indústria é a verificação documental da carga para haver segurança de procedência e de cumprimento das normativas estabelecidas em legislação. Havendo licitude e conformidades, o lote deve ser então amostrado para análises e verificações.

A amostragem deve ser realizada adequadamente da carga a ser recebida, de acordo com a metodologia oficial do Ministério da Agricultura. Dessa forma, uma coleta de amostra representativa é realizada antes que o material seja descarregado para o armazenamento. As amostras coletadas servirão de base para a realização da classificação. Esse procedimento é de suma importância para garantir que os grãos que serão processados sejam de qualidade, que não haja contaminação e para segregar os grãos no armazenamento.

As amostras coletadas servirão de base para a classificação e avaliação de qualidade, por isso, além de representativas, devem ser bem identificadas, permitindo identificação do lote ou carga. Para amostragem em meios de transporte rodoviário, ferroviário e hidroviário é recomendado obedecer às recomendações do Ministério da Agricultura, conforme detalhado na Tabela 6.1 apresentada a seguir.

Tabela 6.1 Número de pontos de coletas de amostra em relação ao tamanho do lote

Quantidade do produto que constitui o lote (toneladas)	Número mínimo de pontos a serem amostrados
até 15 toneladas	5
de 15 até 30 toneladas	8
Mais que 30 toneladas	11

A coleta das amostras deve ser feita em pontos do veículo, uniformemente distribuídos, conforme a Tabela 6.1, em profundidades que atinjam o terço superior, o meio e o terço inferior da carga a ser amostrada, em uma quantidade mínima de 2 kg (dois quilogramas) por ponto amostrado, observando-se os seguintes critérios.

A quantidade total de amostra obtida deverá ser homogeneizada, quarteada e reduzida em, no mínimo, 4 kg (quatro quilogramas) para compor, no mínimo, 4 (quatro) vias de amostras, constituídas de, no mínimo, 1 kg (um quilograma) cada, que serão representativas do lote.

Para a amostragem em equipamentos de movimentação ou grãos em movimento nos casos de carga, descarga ou transilagem é recomendado o uso de amostragem por equipamento apropriado, realizando-se coletas de 500 g nas correias transportadoras e extraindo-se, no mínimo, 10 kg para cada fração de até 500 t de produto a ser amostrado, em intervalos regulares de tempos iguais, calculados de acordo com a vazão de cada terminal. Os 10 kg extraídos de cada fração de, no máximo, 500 t devem então ser homogeneizados, quarteados e reservados para comporem a amostra que será analisada a cada 5.000 t do lote, no máximo. As dez amostras parciais de cada 5.000 t devem ser juntadas, homogeneizadas, quarteadas e reduzidas em, no mínimo, 4 kg de produto para compor, no mínimo, quatro vias de, no mínimo, 1 kg cada, que serão representativas do lote.

No caso de produtos ensacados, deverão ser amostrados no mínimo, 10% dos sacos, devendo abranger todas as faces da pilha; sendo amostrada uma massa mínima de 30 g por saco, até completar, no mínimo, 10 kg do produto, que deverão ser homogeneizados, quarteados e reduzidos em, no mínimo, 4 kg para compor, no mínimo, 4 amostras, constituídas de, no mínimo, 1 kg cada, que serão representativas do lote.

No momento da recepção, os grãos devem ser analisados no mínimo quanto às características físico-químicas relacionadas com a identificação de sua qualidade. Essas análises constam de aparência, presença de odores atípicos, teores de materiais estranhos, impurezas e defeitos, e grau de umidade.

Além das análises de classificação e umidade, os grãos de milho ou seus derivados (farinhas, fubás, amido e outros) poderão ser submetidos às análises de qualidade tecnológica ou de consumo para possibilitar a melhor segregação na unidade e valoração comercial, além de indicar possíveis usos industriais.

Sempre que possível, os grãos devem ser aerados logo após a recepção e mantidos de preferência em temperaturas não superiores a 18ºC, mesmo enquanto esperam para secar. Os grãos não devem permanecer úmidos na moega, sem aeração, por período superior a doze horas, e a secagem deve ser iniciada no menor tempo possível decorrido desde a colheita.

A realização das análises deve obedecer a critérios científicos e normativos, como os citados a seguir.

O grau de umidade dos grãos, expresso como teor de água ou grau de umidade, representa o percentual de água encontrado na amostra do produto isenta de matérias estranhas e impurezas, determinado por um método oficial ou aparelho que dê resultado equivalente. Na classificação comercial normalmente são utilizados métodos de determinação rápidos e indiretos, sendo usualmente empregados aqueles baseados no princípio da capacitância elétrica. Os métodos e equipamentos utilizados devem ser aferidos a partir de métodos de referência para milho, que atualmente são os mesmos disciplinados para análise de sementes pelo Ministério da Agricultura, Pecuária e Abastecimento, em estufa com circulação natural de ar a 105+3 ºC durante 24 horas ou

130 °C durante 1 hora. Outros métodos, como NIR (espectroscopia no infravermelho próximo), podem ser utilizados para grãos, farinhas e produtos derivados.

O teor de impurezas numa amostra é constituído de partes da planta, como caule e folhas, além de pedaços de grãos que vazarem pela peneira de crivos circulares de 3,00 mm (três milímetros) de diâmetro, bem como detritos do próprio produto que ficarem retidos nas peneiras de crivos circulares de 5,00 mm (cinco milímetros) e de 3,00 mm (três milímetros) de diâmetro, que não sejam grãos ou pedaços de grãos de milho.

Matérias estranhas são constituídas por corpos ou detritos de qualquer natureza, estranhos ao produto, como terra, areia, partículas metálicas, insetos mortos ou biologicamente ativas, como sementes de outras espécies vegetais. A análise quantitativa é computada pela soma dos teores de impurezas e matérias estranhas, segundo normas preconizadas pelo Ministério da Agricultura, Pecuária e Abastecimento, que são as mesmas recomendadas para sementes.

É importante lembrar que todos os equipamentos utilizados nas etapas que veremos a seguir devem, antes de ser utilizados, ser submetidos à limpeza e higienização, sendo preferencialmente utilizada a lavagem deles.

6.5 PRÉ-LIMPEZA

A etapa de pré-limpeza é uma das primeiras operações realizadas na etapa de pós-colheita de grãos e geralmente é realizada por máquinas de ar e peneiras. Tem como finalidade separar o produto de outros materiais (matérias estranhas e/ou impurezas, além de alguns grãos quebrados e/ou defeituosos) através de uma corrente de ar e de peneiras, com maior (palhas e sabugos) e/ou menor tamanho que os grãos sadios (DALPASQUALE, 2018). Tanto na pré-limpeza como na limpeza os equipamentos podem ser dotados de separadores magnéticos para a eliminação de partículas metálicas.

De acordo com Rodrigues *et al.* (2015), o processo de pré-limpeza é eficaz para redução da atividade da água e auxilia no controle do crescimento de fungos ou outros microrganismos, além disso, grãos mais limpos e puros apresentam maiores níveis de amido e fibra. Fração de milho com partículas menores que 4,5 mm apresenta maiores teores de aflatoxina, mostrando que o uso desse material deve ser de grande preocupação (PIEDADE *et al.*, 2002).

Para um processo de pré-limpeza eficiente, deve ser feita uma escolha criteriosa do jogo de peneiras, ajustando os fluxos de ar e de grãos na máquina de pré-limpeza, para cada genótipo, com inspeções periódicas do equipamento para analisar tanto a presença de grãos nas impurezas descartadas, quanto de excesso de impurezas junto a grãos, para verificar a eficácia e a eficiência da operação. Além da melhoria na conservabilidade dos grãos de milho, esta operação reduz os custos, reduz o nível de contaminantes e o risco de incêndio na secagem dos grãos, bem como otimiza o transporte e o espaço necessário ao armazenamento dos grãos.

Nesta etapa, boa parte dos grãos quebrados grãos é eliminada, possibilitando assim armazenar predominantemente grãos inteiros, o que reduz a possibilidade de ocorrência de pragas, uma vez que pragas secundárias atacam apenas grãos quebrados ou mesmo aqueles grãos já atacados por pragas primárias. Além disso, impurezas, materiais estranhos e fragmentos de grãos interferem na porosidade, dificultando a operação de aeração da massa de grãos, levando a problemas no controle de umidade e temperatura de armazenamento. Além disso, Rodrigues *et al.* (2015) relata que os teores de amido e fibra são aumentados com a pré-limpeza dos grãos.

Para grãos armazenados na unidade de produção ou propriedade rural a pré-limpeza deve ser mais seletiva. Se a previsão da comercialização for para curto prazo, a pré-limpeza pode ser de 2% a 3% de impurezas e matérias estranhas. Imediatamente depois devem ser realizadas a secagem e o armazenamento, realizando a operação de limpeza até que os teores de impurezas e matérias estranhas sejam reduzidos a no máximo 1% quando da expedição.

Estudos realizados por Zambiasi *et al.* (2020) mostram que a redução de material estranho e/ou impurezas e grãos quebrados permite menor umidade de equilíbrio higroscópico durante o armazenamento do milho, melhorando a conservabilidade da massa de grãos. Isso se deve à maior umidade de equilíbrio de grãos quebrados e matérias estranhas e impurezas. Além disso, esta operação minimiza o aumento de grãos danificados por insetos e defeituosos em todo o período de armazenamento, o que demonstra a importância desta operação para a manutenção da qualidade dos grãos no armazenamento.

6.6 SECAGEM

A secagem é um processo usado quando o uso final do milho é na forma de grãos secos. Embora exista a crença e a prática, em algumas regiões, de que grãos de milho devam ser colhidos quase secos ou, se possível, já secos, esse fato é um equívoco. Deixar os grãos na lavoura após a maturação de campo é expô-los a intempéries e ataques de pragas que provocam reduções de qualidade. Especialmente em grãos de milho, o retardamento ou atraso na colheita é ainda mais grave pelo risco de haver período chuvoso com os grãos maduros ainda na lavoura e haver a contaminação cruzada e desenvolvimento de fungos micotoxigênicos que podem comprometer o uso dos grãos tanto para a alimentação humana como no uso para a fabricação de ração. O milho pode ser seco ainda em espiga (típico em unidades de menor volume) ou trilhado, que é mais usual.

A secagem pode ser descrita como um método de conservação industrial no qual o grau de umidade e a atividade de água são diminuídos pelo uso de ar natural ou aquecido visando minimizar a deterioração bioquímica, química e microbiológica. O principal objetivo na secagem dos grãos de milho é a redução do grau de umidade a um nível que permita o armazenamento seguro por um período prolongado.

A secagem do milho pode ser natural ou artificial. A secagem natural é uma forma considerada mais primitiva, e é realizada na própria planta, pela ação do ar e do sol, sendo dependente das condições atmosféricas, enquanto na secagem artificial há uma circulação forçada de ar natural ou aquecido.

Respeitando-se os parâmetros técnicos e operacionais, a secagem do milho pode ser realizada nos sistemas, processos e/ou métodos que utilizem ar não aquecido (também denominados métodos de secagem com ar natural, com ar ambiente ou com ar frio) ou naqueles que utilizam ar aquecido (também denominados métodos de secagem artificial ou forçada). A secagem com ar quente é mais rápida e proporciona maior uniformidade ao produto, e de forma geral é recomendado que a temperatura da massa dos grãos na secagem não ultrapasse os 48 °C. A secagem com ar natural tem a vantagem de não provocar danos térmicos, porém tem a desvantagem de ser mais lenta do que aquelas que empregam ar aquecido.

A secagem contínua é a mais utilizada na secagem do milho trilhado, é rápida, mas pode provocar danos térmicos nos grãos de milho. Os secadores de colunas podem ser utilizados para secagem contínua, secagem sequencial, seca-aeração e para secagem intermitente, mediante adaptação operacional.

Para utilizar em secagem contínua, na câmara superior deve ser usado ar aquecido e na câmara inferior deve ser usado ar ambiente, havendo uma só passagem dos grãos pelo secador, em fluxos ininterruptos e simultâneos de grãos entrando úmidos na câmara superior e saindo secos e resfriados da câmara inferior. Embora seja o mais rápido dos métodos de secagem, pode ocasionar danos térmicos, que podem causar gelatinização do amido e/ou redução da solubilidade do amido e das proteínas, reduzindo a qualidade industrial deste produto.

No caso do uso da secagem sequencial são utilizados no mínimo dois secadores em cada conjunto para os grãos passarem em sequência. No primeiro da série deve ser utilizado ar aquecido nas duas câmaras, passando os grãos de forma contínua pelo primeiro secador e sem retorno, saindo aquecidos e parcialmente secos para um segundo secador que deve ter ar aquecido na câmara superior e ar ambiente na câmara inferior.

Para o uso da seca-aeração são utilizados secadores de colunas acoplados a silos-secadores. Neste caso, nos secadores de coluna é utilizado ar aquecido nas duas câmaras e os grãos devem ser transferidos parcialmente secos e ainda quentes para um silo-secador onde devem esperar um período de repouso de 6 a 8 horas no secador estacionário, antes da insuflação do ar ambiente, em fluxo de até $1m^3.t^{-1}.min^{-1}$ e umidade relativa preferencialmente menor que 60%. O fluxo de movimentação dos grãos e a temperatura do ar devem ser ajustados para que os grãos estejam com umidade entre 15% e 16% na saída da câmara inferior, antes da remoção para o período de repouso no silo-secador. No processo de seca-aeração, 90 °C é a temperatura máxima do ar na câmara de secagem do secador convencional (contínuo adaptado ou intermitente adaptado) e 38 °C é a temperatura máxima com que os grãos devem sair do secador de colunas para o repouso no silo-secador antes da etapa estacionária final da secagem.

A secagem estacionária pode ser realizada tanto em secadores estacionários ou em silo-secadores (neste caso é obrigatório que os silos tenham fundo falso), que é caracterizada pela formação de uma frente de secagem, e para reduzir a desuniformidade é preferível monitorar e, se possível, controlar a umidade relativa do ar, que é mais eficiente do que por controle de temperatura. Quando for utilizado ar não aquecido, o fluxo de ar deve ser maior do que o usado em silos-secadores que usam ar aquecido, para evitar que a lentidão do processo para evitar o início processos de deterioração durante a própria operação, uma vez que há contato permanente do ar com os grãos neste sistema, deve ser controlada rigorosamente a temperatura da massa dos grãos, que não deve ultrapassar os 43 °C. Na secagem em silo-secador, o fluxo de ar de mínimo deve ser de 4 e o máximo de 12 $m^{3.t^{-1}}.min^{-1}$, dependendo das condições psicrométricas do ar e da espessura da camada de milho.

Quando utilizado ar aquecido, os danos térmicos devem ser evitados para não comprometer as propriedades funcionais do amido e das proteínas do milho. Não se deve carregar totalmente o silo para somente depois secar. Tecnicamente é recomendável fazer a secagem em camadas, que não devem ultrapassar dois metros de espessura, para que a operação não seja excessivamente prolongada e não haja desuniformidade na camada de secagem. Após a secagem, cada camada pode ser removida para um silo de armazenamento definitivo ou ser sobreposta por outra camada de grãos úmidos em processo sequencial ao das camadas já secas e aquelas que ainda se encontram em secagem. No caso da sobreposição de camadas a temperatura do ar deve ser reduzida à medida que aumenta a espessura total da camada.

A temperatura do ar nos silos-secadores não deve ultrapassar 48 °C na secagem estacionária, enquanto a temperatura dos grãos não deve ultrapassar 43 °C para evitar (ou pelo menos reduzir) os danos térmicos nos grãos. Estes danos térmicos causados pelo excesso de calor na secagem predispõem os grãos à ocorrência de danos metabólicos durante o armazenamento, aumentando a ocorrência de defeitos e reduzindo sua conservabilidade e seu valor comercial.

Se utilizar queima de combustíveis sólidos (lenhas, cavacos, serragem, cascas, restos de cultura) para aquecimento do ar de secagem, é recomendável evitar o contato direto do ar da fornalha com os grãos a fim de evitar a contaminação dos grãos por compostos tóxicos oriundos da combustão incompleta, como os HPA (Hidrocarbonetos Policíclicos Aromáticos), além disso, devem ser tomados mais cuidados com o controle térmico da operação, pois os combustíveis sólidos, em consequência da inércia térmica característica de seu processo de queima, produzem maior desuniformidade no aquecimento do ar.

No caso do aquecimento do ar de secagem pela queima de gás liquefeito de petróleo (GLP), ou outro combustível fluido, a operação deve ser monitorada por sistemas automatizados de controle da temperatura e/ou da umidade relativa do ar, visando o melhor aproveitamento potencial de eficiência técnica do sistema e maior a economicidade da operação.

6.7 LIMPEZA

O processo de limpeza dos grãos de milho se constitui de uma operação que objetiva a redução do teor de impurezas e/ou matérias estranhas, restos culturais e de grãos defeituosos até um nível aceitável para a armazenagem, industrialização ou comercialização. Depois da secagem e antes do armazenamento, os grãos podem ser submetidos à operação de limpeza. A pré-limpeza se destina a preparar os grãos para a secagem, enquanto a limpeza dos grãos já secos visa prepará-los para a armazenagem, a comercialização, a industrialização ou o consumo. Enquanto a pré-limpeza prioriza a velocidade operacional, na limpeza a seletividade é a prioridade.

Para cada espécie vegetal são estipulados limites de tolerância de impurezas e/ou matérias estranhas. No caso do milho, os padrões estabelecidos pelo Ministério da Agricultura determinam que a tolerância máxima para o milho classificado como tipo 1 é de 1,5% de matérias estranhas, impurezas e fragmentos; enquanto para os tipos 2 e 3, as tolerâncias são de 2,0% e 3,0%, respectivamente. Por isso, após a limpeza, os índices recomendáveis ficam em torno de 0,5% a 1%, para um bom armazenamento (DALPASQUALE, 2006).

Da mesma forma que o recomendado na operação de pré-limpeza, também na limpeza é necessária escolha criteriosa do jogo de peneiras, com ajuste para cada genótipo ou matéria-prima dos fluxos de ar e de grãos. Devem ser feitas inspeções periódicas no equipamento e análise para verificar presença de grãos nas impurezas descartadas ou excesso de impurezas junto aos grãos selecionadas, para verificar a eficácia e a eficiência da operação.

Para grãos armazenados por períodos longos, a limpeza deve ser mais seletiva, resultando em teores de impurezas e matérias estranhas menores quanto possíveis, no entanto não superiores a 1%. Se a previsão da comercialização for para curto prazo, a limpeza até valores de comercialização pode ser realizada quando da expedição para reduções de teores de impurezas e matérias estranhas.

6.8 ARMAZENAMENTO

O armazenamento de milho seco debulhado ou trilhado normalmente emprega dois sistemas: a granel (silos ou armazéns graneleiros) e em sacarias (sacos ou bags); embora haja predominância do sistema a granel, o sistema de armazenamento em sacaria ainda é utilizado. Em ambos os sistemas, é possível que sejam armazenados em ambiente natural, com ar resfriado ou com atmosfera modificada. O armazenamento tanto em ambiente refrigerado como em atmosferas modificadas confere aos grãos maior conservabilidade, devido à menor temperatura de armazenamento e à menor disponibilidade de oxigênio respectivamente. Para o armazenamento seguro a granel, os grãos devem ser armazenados com grau de umidade máximo de 13%, e no caso de armazenamento em sacarias de até 12%.

Embora menos utilizado, o armazenamento de milho em espiga pode ser uma alterativa para pequenas propriedades, uma vez que requer baixo investimento tecnológico, por normalmente ocasionar maiores perdas inerentes ao sistema. O empalhamento das espigas favorece a conservação, diminuindo o ataque de pragas. As estruturas para o armazenamento de milho em espigas são caracterizadas pelo baixo custo, durabilidade, presença de barreiras antirratos ("chapéu chinês") e deve possuir sistema de arejamento. Pode ser feito em paióis abertos (espigas com palha), paióis fechados (espigas sem palha) ou em armazéns.

Além de serem submetidos previamente a limpeza e secagem uniformes, os grãos devem ser armazenados com as temperaturas mais baixas possíveis, por resfriamento ou por aeração com ar ambiente, a fim de dissipar ou remover a umidade e o calor acumulados. Boas condições de higiene e sanidade nos silos e nos armazéns são fundamentais para a conservabilidade dos grãos.

Caso haja a ocorrência de insetos pragas, qualquer que seja a população, devem ser realizados expurgos de acordo com o Receituário Agronômico e sob a orientação, supervisão e responsabilidade técnica do engenheiro agrônomo que emitir a receita, considerando as informações operacionais pertinentes. Para grãos armazenados que terão como destino a alimentação humana, por exigências legais e pelos riscos de desenvolvimento de fungos produtores de micotoxinas, principalmente, a partir do ataque de insetos e/ou de ácaros, a eles deve ser aplicada a "tolerância zero".

Uma vez aplicadas técnicas adequadas de preparo de pré-armazenamento e pré-industriais, os grãos estarão aptos a serem beneficiados e processados industrialmente, conforme operações que discutiremos de forma detalhada nos capítulos a seguir (capítulos 7 a 21).

REFERÊNCIAS

BRASIL. Ministério da Agricultura, Pecuária e Abastecimento. Instrução Normativa n. 60, de 22 de dezembro de 2011. *Diário Oficial da União*, Brasília, DF, 23 dez. 2011.

DALPASQUALE, V. A. *et al.* Post-harvesting corn losses indexes in a storage unit: a case study. *In*: *International Working Conference on Stored-Product Protection*. 2006. p. 64-70.

DALPASQUALE, V. A. Procedimentos essenciais de recepção e limpeza de grãos. *In*: LORINI, I.; MIIKE, L. H.; SCUSSEL, V. M.; FARONI, L. R. D. *Armazenagem de grãos*. Seção 3: Recepção, classificação, secagem e aeração de grãos. Jundiaí: Instituto Bio Geneziz, 2018. p. 147-184.

NUNES, Diemisson O. *et al.* Green and sweet corn grown under different cover crops and phases of the no-tillage system. *Revista Brasileira de Engenharia Agrícola e Ambiental*, v. 26, p. 173-179, 2022.

PIEDADE, Fabiana S. *et al.* Distribution of aflatoxins in contaminated corn fractions segregated by size. *Brazilian Journal of Microbiology*, v. 33, n. 1, p. 12-16, 2002.

RODRIGUES, Sandra Iara Furtado Costa *et al.* Chemical and energetic content of corn before and after pre-cleaning. *Ciência Animal Brasileira*, v. 16, p. 158-168, 2015.

SANTIN, João Anaracy *et al.* Efeito do retardamento da colheita de milho na incidência de grãos ardidos e de fungos patogênicos. *Revista Brasileira de Milho e Sorgo*, v. 3, n. 2, 2004.

VILLELA, Francisco Amaral; SILVA, Walter Rodrigues da. Efeitos da secagem intermitente sobre a qualidade de sementes de milho. *Anais da Escola Superior de Agricultura Luiz de Queiroz*, v. 48, p. 185-209, 1991.

ZAMBIASI, Milena Ana *et al.* Physical and technological quality of corn kernels during storage as a function of pre-cleaning. *Revista Brasileira de Milho e Sorgo*, v. 19, p. 14, 2020.

CAPÍTULO 7
PROCESSOS DE MOAGEM

Jessie Tuani Caetano Cardoso
Newiton da Silva Timm
Maurício de Oliveira

RESUMO

Os grãos de milho são submetidos a dois processos de moagem conhecidos como moagem por via seca e moagem por via úmida. A moagem por via seca é mais simples e consiste basicamente no fracionamento físico dos grãos de milho, objetivando a produção de canjica e de farinhas com diferentes granulometrias. As principais etapas da moagem por via seca são: condicionamento, degerminação, classificação e moagem. A moagem por via úmida é mais complexa e envolve a combinação de operações químicas e físicas, objetivando prioritariamente a produção de amido. As principais etapas da moagem por via úmida são: maceração, degerminação, moagem, separação de fibras, separação de proteínas, separação do amido e secagem do amido. Em ambos os processos de moagem do milho há a produção de óleo e de farelo, sendo este último altamente proteico e destinado à alimentação animal.

7.1 INTRODUÇÃO

O milho apresenta aplicabilidade em diversas áreas, seja na utilização do grão inteiro, seja de derivados de seus componentes, isolados ou transformados industrialmente. Dentre as matrizes alimentares utilizadas para a extração do amido, o milho é o mais utilizado no mundo. Farinhas de milho apresentam alto valor biológico ao consumidor, pois na camada de aleurona e no endosperma vítreo estão presentes compostos fenólicos e carotenoides. Além disso, produtos alimentares à base de farinha de milho são a principal alternativa para consumidores celíacos, pois o milho não apresenta em sua constituição as proteínas formadoras do glúten.

O amido e as proteínas de reserva do milho concentram-se principalmente no endosperma. Conforme a classificação de Osborne, as proteínas de reserva são classificadas como proteínas do tipo prolaminas, que em grãos de milho são denominadas de zeínas, conforme abordado com maiores detalhes no Capítulo 3. Além disso, o gérmen do milho armazena a maior quantidade de lipídeos do grão, apresentando entre 25% e 35% de óleo no gérmen isolado (MOREAU *et al.*, 2007). Em razão do endosperma e o gérmen serem as maiores frações dos grãos de milho, a extração do amido, do óleo e a utilização do farelo altamente proteico são de grande interesse para as indústrias de alimentos.

Para manter as características nutricionais e o melhor rendimento durante o processamento é necessário realizar uma série de procedimentos durante a pós-colheita dos grãos. Na maioria dos casos, o cultivo de grãos de milho é realizado em grande escala, tornando-se necessário a utilização da colheita mecanizada.

Os grãos são colhidos com grau de umidade de aproximadamente 25% (BERN *et al.*, 2019). Devido a esse elevado percentual de umidade, torna-se necessária a secagem artificial até aproximadamente 12% a 13% de umidade, com objetivo de auxiliar na conservação dos grãos durante o armazenamento.

Nas indústrias de alimentos, o processamento do milho ocorre pelas chamadas moagens via seca ou úmida. Na via seca ocorre a separação do endosperma, do pericarpo e do gérmen. Assim, o endosperma é destinado para a produção de canjicas e farinhas de diferentes granulometrias, o pericarpo é destinado para a produção de farinha com elevado teor de fibras e o gérmen é destinado para a extração do óleo, que resulta no farelo desengordurado. Além disso, os grãos de milho podem ser moídos sem esta separação, originando farinhas integrais.

Já a via úmida é destinada prioritariamente para a extração do amido de milho, havendo também a possibilidade de extração do óleo do gérmen e utilização do restante do material como farelo, destinado principalmente à ração animal.

A moagem úmida de milho teve início nos Estados Unidos, no século XIX, por Thomas Kinsford, que utilizou um novo processo alcalino para extrair amido de milho. Trabalhador da fábrica de amido de trigo Wm Colgate & Company, em Jersey City, Nova York, Kingsford resolveu procurar um método melhor para produção de amido, pois o que utilizavam até então cheirava mal e produzia um amido de baixa qualidade. Foi então que em 1844, Kingsford convenceu seu empregador a tentar um novo processo de extração de milho utilizando soluções alcalinas. A fábrica de Jersey City tornou-se a primeira fábrica dedicada a amido de milho no mundo (CRA, 2013).

Até 1880 as refinarias de milho utilizavam apenas o amido como produto e descartavam as fibras, gérmens e proteínas. No entanto, a partir dessa década, os refinadores começaram a perceber o valor destes componentes não amiláceos, os quais poderiam ser transformados em ingredientes valiosos para ração animal (CRA, 2013). Logo, começaram a produzir ração animal e óleo, além de outros produtos em diferentes indústrias. Isso gerou diminuição das perdas, aumento de qualidade e diminuição do preço de produção do amido, além de mudanças na tecnologia de moagem a úmido (RAMIREZ *et al.*, 2008; WRONKOWSKA, 2016).

Em 1875 houve a substituição do uso de álcali por dióxido de enxofre (SO_2). Essa substituição, que ocorreu quando o processo utilizando o SO_2 foi inventado, foi devido à moagem alcalina ser considerada inferior, em consequência da maceração dos grãos de milho inteiros na presença de álcalis por 40 horas a 50 horas resultar na dissolução total do pericarpo, na solubilização excessiva do amido e na fermentação bacteriana indesejável (SINGH; JOHNSTON, 2004). A partir disto, muitas mudanças ocorreram no processamento e novas tecnologias foram desenvolvidas, que vieram a melhorar o processo convencional de moagem úmida de milho e o tornaram mais eficiente (SINGH; JOHNSTON, 2004; RAMIREZ *et al.*, 2008).

Neste capítulo são apresentados os processos de moagem por via seca e por via úmida submetidos aos grãos de milho.

7.2 MOAGEM POR VIA SECA

Dentre os dois tipos de moagem que os grãos de milho são comumente submetidos durante a industrialização, o processo de moagem por via seca é o mais simplificado. A moagem por via seca consiste nas etapas de condicionamento, degerminação, classificação e moagem (Figura 7.1). A principal etapa dessa moagem é a separação do endosperma, gérmen e pericarpo do milho.

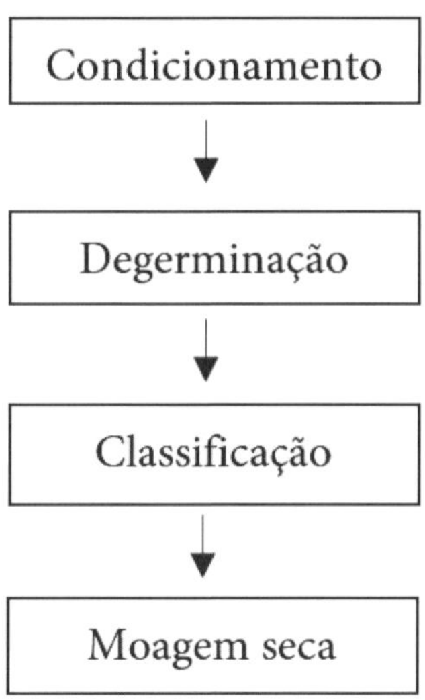

Figura 7.1 Fluxograma do processo de moagem por via seca

A moagem por via seca é utilizada para obtenção de canjica e de farinhas de diferentes granulometrias. As farinhas de milho são denominadas comercialmente quanto a sua granulometria como: fina, média e grossa, ou ainda como canjica, canjiquinha, canjicão, gritz e fubá.

7.2.1 ETAPAS DO PROCESSO

7.2.1.1 Condicionamento e degerminação

A moagem por via seca inicia com o condicionamento dos grãos de milho. Nessa etapa, o milho é submetido ao vapor úmido com objetivo de elevar a umidade dos grãos até aproximadamente 20%. Como a camada periférica do grão de milho (pericarpo) é composta predominantemente por fibras, o vapor úmido que é inserido no condicionamento ficará fracamente ligado e retido principalmente no pericarpo.

Após o condicionamento haverá uma diferença do grau de umidade entre o pericarpo e o endosperma e gérmen do grão, além de conferir maior flexibilidade às partes fibrosas, o que facilitará a degerminação do milho. A degerminação é executada por equipamentos industriais conhecidos como degerminadores.

Os degerminadores contêm um rotor que, ao rotacionarem, fazem com que os grãos de milho entrem em choque mecânico com a estrutura periférica do equipamento. No instante do impacto (grão e equipamento), facilitado pela diferença de umidade, ocorre a separação do endosperma, do gérmen e do tegumento.

O gérmen é utilizado para a extração do óleo, o tegumento é moído e comercializado como farinha de elevado teor de fibras e o endosperma é submetido às etapas de classificação e moagem seca.

7.2.1.2 Classificação e moagem seca

O endosperma do milho após a separação do endosperma, gérmen e pericarpo, sem passar por nenhuma outra etapa é chamado de canjica. Quando o objetivo não é a produção de canjica, este material é submetido à moagem seca, passando por uma série de moinhos e peneiras, que ocorrerá até a obtenção da granulometria desejada pela indústria.

Além da produção de farinhas, o endosperma pode ser submetido à extrusão, com intuito de produzir farinhas pré-gelatinizadas, ou então a uma etapa de laminação, onde o objetivo é produzir flocos e farinhas pré-cozidas.

7.3 MOAGEM POR VIA ÚMIDA

A moagem úmida é uma tecnologia de processamento de milho que tem por objetivo fracionar e purificar os grãos em quatro componentes, sendo eles gérmen, proteínas, fibras e amido (JACKSON; SHANDERA, 1995; HAROS *et al.*, 2003; RAUSCH; BELYEA, 2006; RUAN *et al.*, 2019).

Como os grânulos de amido são bastante associados às proteínas, a separação entre estes componentes é difícil, tornando-se necessárias operações físico-químicas para que ocorra a divisão (HALAL *et al.*, 2019). A fim de facilitar a separação dos componentes, os grãos de milho passam por um processo complexo, que dispõe das etapas de maceração, separação e recuperação de gérmen, fibras e proteínas, e lavagem e recuperação de amido, sendo as etapas de maceração e separação e recuperação de proteínas as mais importantes (MALUMBA *et al.*, 2009a). O fluxograma simplificado do processo de moagem por via úmida é apresentado na Figura 7.2.

Na maceração convencional, o milho é embebido em condições controladas em uma solução aquosa contendo um agente redutor e antimicrobiano, dióxido de enxofre (0,1% a 0,2%), que solubiliza e dispersa as proteínas que envolvem os grânulos de amido (COX *et al.*, 1944; WRONKOWSKA, 2016). Este passo, além de facilitar a separação dos componentes, propicia uma maior pureza e extração do amido e da proteína (REGITANO-D'ARCE *et al.*, 2015).

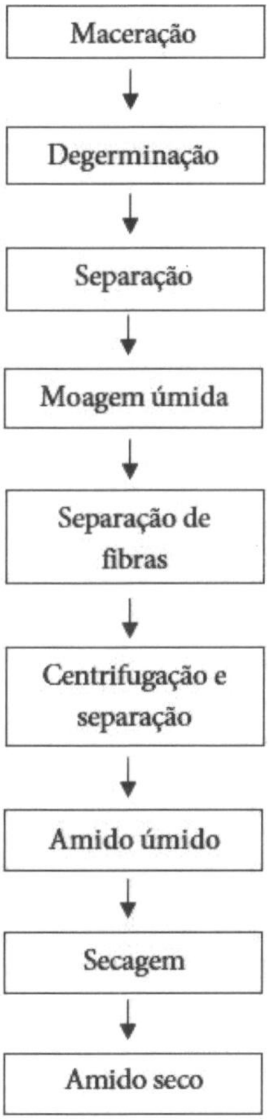

Figura 7.2 Fluxograma do processo de moagem por via úmida

A partir do fracionamento, os componentes tornam-se adequados para uso alimentício (humano e animal) e/ou industrial. Ainda, podem ser utilizados como matéria-prima para conversão de outros produtos (ANDERSON; WATSON, 1982; RAUSCH *et al.*, 2019).

7.3.1 ETAPAS DO PROCESSO

7.3.1.1 Maceração

A maceração, primeira e mais crítica etapa de todo processo de moagem úmida de milho, é a combinação de fenômenos físicos, químicos e biológicos que permitem hidratar os grãos de milho, de modo a enfraquecer a ligação da matriz proteica com os grânulos de amido e amolecer os grãos, facilitando a separação dos componentes (RAMIREZ *et al.*, 2008; RAUSCH *et al.*, 2019).

Nesta etapa, são utilizados de 6 a 50 tanques de aço inoxidável interconectados com capacidade individual de 200 a 600 t (RAUSCH *et al.*, 2019). Cada tanque é conectado a uma bomba que transfere a água do tanque com milho mais antigo para o mais novo. Ainda, essas bombas podem circular a água do mesmo tanque para uniformizar a temperatura (RAUSCH; ECKHOFF, 2016). A água utilizada para embeber os grãos é geralmente reciclada da etapa de lavagem do amido, para uma maior economia e menor impacto ambiental (JACKSON; SHANDERA, 1995). Quando o nível da água do tanque de milho novo baixa, o sistema desvia a água do tanque que contém o milho mais antigo, de tanque em tanque, até chegar no mais novo (JACKSON; SHANDERA, 1995; RAUSCH; ECKHOFF, 2016).

O processo de maceração pode ser dividido em três estágios: (1) dominado pelo ácido lático; (2) difusão do dióxido de enxofre; e (3) reação do dióxido de enxofre. Ao todo, esses estágios levam cerca de um terço do tempo de todo processo de moagem úmida, se operado adequadamente (RAUSCH *et al.*, 2019).

No estágio dominado pelo ácido lático, os grãos de milho, secos e limpos, são introduzidos e embebidos em tanques com água abundante a 48 °C a 52 °C por 18 a 50 horas (normalmente 36 horas) (RAUSCH *et al.*, 2019; SINGH; JOHNSTON, 2004). A qualidade da maceração depende das condições do ambiente em que esses grãos são embebidos. Essas condições do ambiente são necessárias para difundir a água para o gérmen, o endosperma e aos componentes celulares dos grãos.

A temperatura ideal para a produção do ácido lático é de 52 °C. Temperaturas inadequadas podem causar uma maceração ineficiente e reduzir o rendimento de amido. Em temperaturas abaixo de 47 °C, a fermentação se propaga e produz álcool, e em temperaturas superiores a 56 °C, inativam as bactérias que produzem o ácido lático e causando a redução ou eliminação do mesmo (RAUSCH; ECKHOFF, 2016).

O ácido lático é importante porque melhora o amolecimento dos grãos (SHANDERA *et al.*, 1995), aumenta as taxas de difusão de SO_2 no endosperma (YANG; ECKHOFF, 2000), enfraquece as paredes celulares do endosperma (ROUSHDI *et al.*, 1981) e solubiliza a proteína do endosperma (BISS; COGAN, 1988). Em conjunto, estas modificações facilitam a separação dos componentes nas demais etapas (RAUSCH *et al.*, 2019). Ainda no estágio dominado pelo ácido lático, ocorre a fermentação dos carboidratos solúveis originários do gérmen e da água reciclada para produzir o ácido lático. A concentração de SO_2 diminui de cerca de 2.000 para 250 ppm à medida que a água circula do milho com maior tempo no processo para o milho inserido no processamento posteriormente. Quando essa concentração cai abaixo de 300 ppm, as bactérias do ácido lático começam a se propagar, resultando no término desse estágio e na fermentação da glicose para ácido lático em níveis de 1% a 3% (RAUSCH; ECKHOFF, 2016).

No segundo estágio, difusão do dióxido de enxofre, a concentração de SO_2 (0,12% a 0,2%) na água absorvida pelo grão permite que o próprio SO_2 seja difundido na região do endosperma (RAUSCH *et al.*, 2019).

Com isso, na reação do dióxido de enxofre, terceiro e último estágio, o SO_2 interage com a matriz proteica, solubilizando-a do endosperma para a água. O uso dessa concentração é importante, pois o SO_2 é um agente redutor, que quebra as ligações entre proteínas e grânulos de amido, permitindo a separação dos mesmos durante as demais etapas de moagem úmida (RAUSCH *et al.*, 2019).

Durante a maceração, os grãos de milho são hidratados de modo que o grau de umidade passe de 13% a 15% para 43% a 45%. A água não absorvida sai do sistema pelo tanque que contém o milho mais novo e é denominada de água de maceração leve. Essa água que contém matéria solúvel é evaporada de 40% a 50% de sólidos e então é denominada de licor concentrado (Capítulo 8).

7.3.1.2 Degerminação

Esta etapa objetiva promover a separação do gérmen dos demais componentes do grão de milho por meio de hidrociclones, sem danificá-lo. A danificação do gérmen libera óleo na pasta de processamento e nos equipamentos, o que, consequentemente, gera menor rendimento dos produtos e aumenta os custos de manutenção (RAUSCH *et al.*, 2019; SINGH; JOHNSTON, 2004).

Essa etapa é dividida em dois estágios, a moagem primária e a moagem secundária. Na moagem primária, os grãos são moídos grosseiramente. Nesta moagem são utilizados moinhos com um disco estacionário e outro rotativo, cada um equipado com lâminas que permitem quebrar os grãos. A velocidade de rotação e o espaçamento entre os discos na moagem primária são ajustados, permitindo que os grãos sejam quebrados com menor dano ao gérmen. Na moagem secundária, são utilizados moinhos de disco único, com lâminas ajustadas de modo a garantir que todos os grãos restantes sejam moídos de forma correta (RAUSCH *et al.*, 2019; WRONKOWSKA, 2016).

A etapa de maceração permite que o gérmen permaneça intacto durante a separação, enquanto o restante do grão é moído e transformado em uma pasta (RAUSCH *et al.*, 2019). Para recuperar o gérmen do restante da pasta são utilizados hidrociclones. Os hidrociclones são tubos cônicos que fazem um movimento circular causando força centrífuga (SINGH; JOHNSTON, 2004). Cada estágio da separação possui dois conjuntos de hidrociclones, todavia, algumas indústrias que buscam reduzir custos detêm apenas um sistema de hidrociclone após a segunda moagem (RAUSCH; ECKHOFF, 2016).

O primeiro conjunto de hidrociclones, denominado tipo "A", possui taxa de vazão do transbordamento de cerca 20% e é projetado para uma separação qualitativa do gérmen e da pasta. O segundo conjunto (hidrociclones do tipo "B") compreende uma taxa de 30% a 50% e é projetado para uma partição quantitativa (RAUSCH *et al.*, 2019).

A separação é feita com base na densidade da pasta e do gérmen. Como os hidrociclones funcionam por força centrífuga e a densidade do gérmen é mais baixa devido ao alto teor de óleo (cerca de 25% a 35%), eles são forçados para o centro do equipamento e em seguida saem pela porta superior (transbordamento). Já a pasta, por ter densidade maior, é forçada para a parede do equipamento e depois sai pela porta inferior (subfluxo), onde irá seguir para os demais processos de separação dos componentes do milho (RAMIREZ *et al.*, 2008). Gérmens inteiros ou quebrados que não foram recuperados durante a separação permanecem na pasta e são recuperados posteriormente como fração de fibra. Já o óleo não recuperado apresenta-se na fração de proteína (SINGH; JOHNSTON, 2004).

A moagem secundária inicia quando a pasta sai dos hidrociclones tipo B e é enviada para o segundo moinho. O gérmen recuperado nos hidrociclones tipo B é reciclado para os hidrociclones tipo A, bem como o gérmen recuperado na moagem secundária é encaminhado de volta para a moagem primária (BLANCHARD, 1992). O gérmen apenas sai do processo de separação pelos hidrociclones tipo A da moagem primária por meio do transbordamento, para onde é enviado para a lavagem dos gérmens (RAUSCH; ECKHOFF, 2016).

A lavagem é feita em uma série de peneiras com água contracorrente para remover o amido e as proteínas residuais. Na sequência, o gérmen é prensado (normalmente em prensa de parafuso) e em seguida é seco em secadores rotativos de tubo a vapor até cerca de 3% de umidade. Deve-se secar até este valor para evitar oxidação e a acidificação durante o transporte para a indústria de extração do óleo, no qual é recuperado por solventes. Geralmente, cerca de 85% do gérmen é recuperado na primeira moagem (RAUSCH; ECKHOFF, 2016).

7.3.1.3 Separação e recuperação de fibras

A terceira etapa da moagem úmida de milho é dividida em dois estágios. Primeiramente a pasta proveniente da etapa de separação de gérmen é triturada em moinhos de disco duplo que giram em direções opostas. Essa trituração tem o objetivo de diminuir as partículas de amido, proteínas e fibras, desagregando-as. No geral, esses moinhos conseguem reduzir de 35% para 5% a 15% de amido ligado às fibras, sem danificá-las (RAUSCH; ECKHOFF, 2016).

Após a trituração, a pasta moída é destinada a uma série de peneiras para uma lavagem em água contracorrente, com a finalidade de separar as fibras (pericarpo e paredes celulares) do amido e da proteína. Nas indústrias, essas peneiras são comumente chamadas de telas, barra de cunha, barra de perfil e de alimentação por pressão. Geralmente são usadas seis peneiras côncavas a 120° em sequência com o espaçamento entre os fios de cunha de 50 mm na primeira peneira e de 75 mm nas demais (RAUSCH *et al.*, 2019).

Estes espaçamentos permitem que a fibra fique retida na peneira enquanto amido e proteína passam entre os fios (SINGH; JOHNSTON, 2004). Os fios das peneiras são dispostos perpendiculares ao fluxo e levemente inclinados para que haja o máximo deslocamento descendente da pasta em direção à parte inferior da tela. É importante salientar que para ter um bom rendimento nesta etapa, as peneiras devem ser frequentemente lavadas a fim de não conter resíduos (RAUSCH *et al.*, 2019).

Após lavagem, as fibras que ficam retidas nas peneiras são deslocadas para centrífugas ou prensadas com rosca para que o grau de umidade reduza em até 65% a 75%. Na sequência, as fibras são secas em torno de 10% a 12% de umidade em secador rotativo e em seguida misturadas com farelo de gérmen (gérmen desengordurado) para produzir ração de milho para alimentação animal (RAUSCH; ECKHOFF, 2016). O material que passou pelas peneiras segue para a quarta etapa do processo, a separação de proteínas.

7.3.1.4 Separação e recuperação de proteínas

Antigamente, na década de 1950, o amido era separado das proteínas em mesas compridas e inclinadas. O amido permanecia na mesa enquanto as proteínas eram transportadas para fora da mesa pela água corrente. Porém, como essas mesas ocupavam grande espaço na indústria, novas tecnologias foram desenvolvidas, como centrífugas de disco (RAUSCH; ECKHOFF, 2016).

A centrífuga primária é o principal equipamento e a primeira centrífuga em um sistema típico de centrífugas (normalmente são quatro centrífugas) e seu objetivo é obter proteína de alta qualidade. A centrífuga primária opera em alta velocidade e separa os componentes por diferença de densidade. As demais centrífugas são de desaguamento. A proteína que é menos densa (1,1 g/cm^3) tende a ir para o centro do equipamento, e em seguida sai por transbordamento pela porta superior da centrífuga primária, o amido, como é mais denso (1,6 g/cm3), é forçado para as extremidades onde é descarregado pelos bicos da centrífuga (JACKSON; SHANDERA, 1995; RAMIREZ *et al.*, 2008; RAUSCH; ECKHOFF, 2016; SINGH; ECKHOFF, 1996; SINGH; JOHNSTON, 2004).

A maior parte das proteínas é recuperada na centrífuga primária e sai por transbordamento (68% a 75%) (SINGH; JOHNSTON, 2004), no entanto, a pasta de amido resultante permanece com 1,5% a 3% de proteína (RAUSCH; ECKHOFF, 2016). Com isso, é enviada para a etapa de lavagem e recuperação de amido onde é possível recuperar mais proteína. As proteínas recuperadas são desidratadas e secas usando centrífugas de desaguamento, filtro rotativo de correia a vácuo e secador de anel até umidade final de 10% a 12% (SINGH; JOHNSTON, 2004). O excesso de água retirado das centrífugas é reutilizado na etapa de maceração.

7.3.1.5 Lavagem e recuperação do amido

A lavagem e recuperação do amido é a última etapa do processo de moagem úmida. Nela, a pasta de amido que sai do subfluxo da centrífuga primária, advinda da recuperação de proteínas, é lavada em água contracorrente usando de 10 a 14 estágios de pequenos hidrociclones para reduzir as proteínas residuais de 1,5% a 3% para 0,25% a 0,5% (RAUSCH; ECKHOFF, 2016). Teores residuais de proteínas maiores que estes resultam em alterações nas propriedades físico-químicas e tecnológicas do amido isolado, como poder de inchamento, solubilidade, cristalinidade e propriedades de pasta. Já a proteína removida como subfluxo é reciclada e volta para a centrífuga primária na etapa de recuperação de proteínas (JACKSON; SHANDERA, 1995).

A pasta final de amido contém 60% de umidade e menos de 1% de impurezas (RAMIREZ *et al.*, 2008). O amido natural deve ser submetido imediatamente à secagem industrial, utilizando-se centrífugas ou filtros de correia a vácuo (RAUSCH; ECKHOFF, 2016) ou em câmaras de secagem com circulação de ar a 40 °C por pelo menos 12 horas. O amido isolado por ser destinado para uma gama de aplicações, como dextrinas, amidos modificados e produção de xaropes, por exemplo.

7.3.2 FATORES QUE AFETAM A MOAGEM ÚMIDA

Geralmente, antes do processo de moagem via úmida, os grãos são submetidos a etapas de pós-colheita, como limpeza, secagem e armazenamento (PARAGINSKI *et al.*, 2019). Essas etapas são fatores que interferem na moagem úmida de milho e podem prejudicar o rendimento e a qualidade dos produtos se não realizadas adequadamente.

A limpeza antes do processo de moagem úmida é feita usando peneiras alternativas e separador de ímãs e tem o objetivo de remover impurezas e materiais estranhos, como areia, ervas daninhas, pedaços de espiga e outros tipos de grãos (BLANCHARD, 1992; JOHNSON; MAY, 2003; SINGH; JOHNSTON, 2004).

Grãos quebrados não são desejados na moagem, pois entopem as peneiras que ficam no fundo dos tanques, aumentando a viscosidade da água e afetando a qualidade dos produtos finais (RAMIREZ *et al.*, 2008). Além disso, o milho quebrado provoca perda excessiva de sólidos na água, que podem causar problemas de incrustação no evaporador (MALUMBA *et al.*, 2015). Após a limpeza, o milho é pesado e enviado para a primeira etapa do processo de moagem úmida, a maceração (RAMIREZ *et al.*, 2008).

A secagem com ar quente objetiva preservar os grãos, pela diminuição da concentração de água. As temperaturas utilizadas neste processo dependem da finalidade e do tempo de permanência dos grãos nos secadores (JAYAS; WHITE, 2003; MALUMBA *et al.*, 2010).

A secagem como fator que afeta a moagem úmida está ligada à separação entre os grânulos de amido e proteína. A separação com os grãos em seu estado nativo é difícil, entretanto, com secagens em altas temperaturas, piora (HAROS *et al.*, 2003; LORENS; KULP, 1980). Altas temperaturas diminuem severamente o desempenho da moagem úmida, prejudicando principalmente a etapa de lavagem e recuperação do amido (LASSERAN, 1973; MALUMBA *et al.*, 2009a; MISTRY *et al.*, 1993; PEPLINSKI *et al.*, 1994; WELLER *et al.*, 1988; WIGHT, 1981).

O estresse térmico durante a secagem pode provocar má separação de gérmens, redução do rendimento de óleo (HAROS *et al.*, 2003; MACMASTERS *et al.*, 1959), bem como redução do rendimento e da pureza do amido. Além disso, torna os grânulos de amido rígidos, causando diminuição do poder de inchamento e dos índices de solubilidade de água durante o processo de gelatinização, além de afetar as propriedades de pasta (MALUMBA *et al.*, 2009a).

Estudos demostram que temperaturas de secagem superiores a 70 °C podem provocar alterações químicas e físicas nos grãos, responsáveis pela desnaturação de proteínas e enzimas proteolíticas endógenas e gelatinização parcial do amido (RAUSCH; ECKHOFF, 2016). Acima de 80 °C, os grãos serão de difícil reidratação, o rendimento do amido torna-se inferior e o teor residual de proteínas maior (RAUSCH *et al.*, 2019). Já em secagens superiores a 82 °C, o rendimento cai de forma a liberar apenas dois terços da quantidade original de amido (HAROS *et al.*, 2003; WATSON; HIRATA, 1962). Essa redução do rendimento da extração de amido e o maior teor de proteína residual ocorrem graças à maior interação amido-proteína devido a altas temperaturas (MALUMBA *et al.*, 2009b).

Em estudo sobre a extração de amido de milho pipoca de pericarpo vermelho, o rendimento de extração do amido reduziu de 32,32% para 19,18%, com o aumento da temperatura de secagem de 40 °C para 100 °C. A secagem da pipoca vermelha a 40 °C promove as menores alterações nas propriedades estruturais e tecnológicas do amido. A secagem a 100 °C aumenta a resistência térmica do amido, a compactação interna entre os grânulos de amido e a proteína, além de causar deformação nos grânulos de amido (ZIEGLER *et al.*, 2020).

Os efeitos da secagem são verificados também ao longo do armazenamento dos grãos de milho. Nesse período podem ocorrer mudanças nas propriedades físico-químicas e tecnológicas dos grãos de milho e seus derivados. As mudanças podem estar relacionadas às diferentes condições de temperatura e umidade dos grãos (PARAGINSKI *et al.*, 2014a; 2014b).

Paraginski *et al.* (2014a) estudaram os efeitos da temperatura de armazenamento (5 °C, 15 °C, 25 °C e 35 °C) de grãos de milho e observaram que após doze meses de armazenamento os grãos apresentaram alterações físico-químicas. Os autores relataram que ao longo do tempo de armazenamento houve um aumento da acidez lipídica, do percentual de grãos com defeitos e redução da solubilidade proteica, sendo que esses efeitos foram mais intensos nas maiores temperaturas. Além disso, o rendimento de extração do amido de milho armazenado a 35 °C por doze meses reduziu 22,1% em relação ao início do armazenamento.

REFERÊNCIAS

ANDERSON, R. A.; WATSON S. A. The corn milling industry. *In*: WOLF, I. A. (ed.). *CRC Handbook of Processing and Utilization in Agriculture. Boca Raton: CRC Press* 1982. v. 2.

BERN, Carl J.; QUICK, Graeme; HERUM, Floyd L. Harvesting and postharvest management. *In*: SERNA-SALDIVAR, Sergio O. *Corn: chemistry and technology*. 3. ed. AACC International Press, 2019. p. 109-145.

BISS, Rachel; COGAN, U. The significance of insoluble protein solubilization in corn steeping. *Cereal Chemistry*, v. 65, n. 4, p. 281-284, 1988.

BLANCHARD, Paul Harwood *et al. Technology of corn wet milling and associated processes*. Elsevier, 1992.

COX, Mary J.; MACMASTERS, Majel M.; HILBERT, G. E. Effect of the sulfurous acid steep in corn wet milling. *Cereal Chem*, v. 21, n. 6, p. 447-465, 1944.

CRA. From starch to bio-products: the evolution of products of the corn refining industry. *In*: *Corn Refiners Association 2013 Annual Report*. Boca Raton, FL: CRC Press, 2013. p. 21-61. Disponível em: http://issuu.com/sweetenerinfo/docs/2013corn_annual?e=6310424/2642287.

HALAL, Shanise Lisie Mello Al *et al.* Methods for extracting cereal starches from different sources: a review. *Starch-Stärke*, v. 71, n. 11-12, p. 1900128, 2019.

HAROS, Mónica; TOLABA, Marcela P.; SUÁREZ, Constantino. Influence of corn drying on its quality for the wet-milling process. *Journal of Food Engineering*, v. 60, n. 2, p. 177-184, 2003.

JACKSON, David S.; SHANDERA JR. Donald L. Corn wet milling: separation chemistry and technology. *Advances in Food and Nutrition Research*, v. 38, p. 271-300, 1995.

JAYAS, Digvir S.; WHITE, Noel D. G. Storage and drying of grain in Canada: low-cost approaches. *Food Contro*l, v. 14, n. 4, p. 255-261, 2003.

JOHNSON, L. A.; MAY, J. B. Wet milling: The basis for corn biorefineries. *In*: WATSON, S. A. (ed.). *Corn: chemistry and technology*. St. Paul, MN: American Association of Cereal Chemists, 2003. p. 449-495.

LASSERAN, J. C. Incidences of drying and storing conditions of corn (maize) on its quality for starch industry. *Starch-Stärke*, v. 25, n. 8, p. 257-262, 1973.

LORENZ, K.; KULP, K. Steeping of starch at various temperatures: effects on functional properties. *Starch-Stärke*, v. 32, p. 181-186, 1980.

MACMASTERS, Majel M. *et al.* A study of the effect of drying conditions on the suitability for starch production of corn artificially dried after shelling. *Cereal Chemistry*, v. 36, n. 3, p. 247-273, 1959.

MALUMBA, Paul *et al.* Influence of drying temperature on functional properties of wet-milled starch granules. *Carbohydrate Polymers*, v. 75, n. 2, p. 299-306, 2009a.

MALUMBA, Paul *et al.* Influence of drying temperature on the wet-milling performance and the proteins solubility indexes of corn kernels. *Journal of Food Engineering*, v. 95, n. 3, p. 393-399, 2009b.

MALUMBA, Paul *et al.* Comparative study of the effect of drying temperatures and heat-moisture treatment on the physicochemical and functional properties of corn starch. *Carbohydrate Polymers*, v. 79, n. 3, p. 633-641, 2010.

MALUMBA, Paul *et al.* Chemical characterisation and in vitro assessment of the nutritive value of co-products yield from the corn wet-milling process. *Food Chemistry*, p. 143-149, 2015.

MISTRY, A. H. *et al.* Wet-milling characteristics of high-temperature, high-humidity maize. *Cereal Chemistry*, v. 70, n. 3, p. 360-361, 1993.

MOREAU, Robert A.; JOHNSTON, David B.; HICKS, Kevin B. A comparison of the levels of lutein and zeaxanthin in corn germ oil, corn fiber oil and corn kernel oil. *Journal of the American Oil Chemists' Society*, v. 84, n. 11, p. 1039-1044, 2007.

PARAGINSKI, Ricardo Tadeu *et al.* Characteristics of starch isolated from maize as a function of grain storage temperature. *Carbohydrate Polymers*, v. 102, p. 88-94, 2014a.

PARAGINSKI, Ricardo Tadeu *et al.* Physicochemical and pasting properties of maize as affected by storage temperature. *Journal of Stored Products Research*, v. 59, p. 209-214, 2014b.

PARAGINSKI, Ricardo Tadeu *et al.* Physicochemical, pasting, crystallinity, and morphological properties of starches isolated from maize kernels exhibiting different types of defects. *Food Chemistry*, v. 274, p. 330-336, 2019.

PEPLINSKI, A. J. *et al.* Drying of high-moisture corn: Changes in properties and physical quality. *Cereal Chemistry*, v. 71, n. 2, p. 129-132, 1994.

RAMIREZ, Edna C. *et al.* Engineering process and cost model for a conventional corn wet milling facility. *Industrial Crops and Products*, v. 27, n. 1, p. 91-97, 2008.

RAUSCH, K. D.; ECKHOFF, S. R. Maize: wet milling. *In: Grain-based products and their processing*. Elsevier, 2016. p. 467-481.

RAUSCH, Kent D. *et al.* Wet milling: the basis for corn biorefineries. In: SERNA-SALDIVAR, Sergio O. *Corn: chemistry and technology*. 3. ed. AACC International Press, 2019. p. 501-535.

RAUSCH, Kent D.; BELYEA, Ronald L. The future of coproducts from corn processing. *Applied Biochemistry and Biotechnology*, v. 128, n. 1, p. 47-86, 2006.

REGITANO-D'ARCE, Marisa Aparecida Bismara; SPOTO, Marta Helena Fillet; CASTELLUCCI, Ana Carolina Leme. Processamento e industrialização do milho para alimentação humana. *Visão Agrícola*, n. 13, p. 138-140, 2015.

ROUSHDI, M.; GHALI, Y.; HASSANEAN, A. Factors improving the steeping process of corn grains. Part II. Effect of enzyme addition. *Starch-Stärke*, v. 33, n. 1, p. 7-9, 1981.

RUAN, Zhenhua *et al.* Corn. *In*: Integrated processing technologies for food and agricultural by-products. *Academic Press*, 2019. p. 59-72.

SHANDERA, D. L.; PARKHURST, A. M.; JACKSON, D. S. Interactions of sulfur dioxide, lactic acid, and temperature during simulated corn wet milling. *Cereal Chemistry*, USA, 1995.

SINGH, N.; ECKHOFF, S. R. Wet milling of corn: a review of laboratory-scale and pilot plant-scale procedures. *Cereal Chemistry*, v. 73, n. 6, p. 659-667, 1996.

SINGH, V.; JOHNSTON, D. An enzymatic process for corn wet milling. *Advances in Food and Nutrition Research*, p. 151-171, 2004.

WATSON, S. A.; HIRATA, Yoshiro. Some wet-milling properties of artificially dried corn. *Cereal Chem*, v. 39, n. 1, p. 35-44, 1962.

WELLER, Curtis L.; PAULSEN, Marvin R.; STEINBERG, Marvin P. Correlation of starch recovery with assorted quality factors of four corn hybrids. *Cereal Chemistry*, v. 65, n. 5, p. 392-397, 1988.

WIGHT, A. W. Changes in properties of some maize cultivars associated with artificial drying at elevated temperatures. Part I. Wet milling properties. *Starch-Stärke*, v. 33, n. 4, p. 122-124, 1981.

WRONKOWSKA, Małgorzata. Wet-milling of cereals. *Journal of Food Processing and Preservation*, v. 40, n. 3, p. 572-580, 2016.

YANG, P.; ECKHOFF, S. R. Reducing steep time by adding lactic acid during countercurrent steeping of corn with different initial moisture contents. *Cereal Chemistry*, v. 77, n. 5, p. 529-534, 2000.

ZIEGLER, Valmor et al. Effects of drying temperature of red popcorn grains on the morphology, technological, and digestibility properties of starch. *International Journal of Biological Macromolecules*, v. 145, p. 568-574, 2020.

CAPÍTULO 8
FARINHAS E PRODUTOS DEGERMINADOS

Adriano Hirsch Ramos
Gustavo Heinrich Lang
Maurício de Oliveira

RESUMO

Grãos de milho necessitam passar por processos de pós-colheita, como as etapas de moagem por via úmida e seca para obtenção de seus produtos. A moagem via seca constitui o principal processo na industrialização de milho no Brasil, devido ao baixo investimento em infraestrutura. Esses processos são a etapa inicial de obtenção de produtos como farinha de milho ou fubá (ou sêmola), quirera, farelos, óleo e farinha integral desengordurada, envolvendo escalas menores de produção e menores investimentos. A moagem via úmida também gera coprodutos de grande importância econômica, como amido e xaropes. Devido à complexidade de seu processamento e à necessidade de capital envolvido, esses produtos são oriundos de empresas de grande porte. Este capítulo aborda os principais produtos e aplicações de farinhas e produtos processados a partir de grãos degerminados.

8.1 INTRODUÇÃO

Os grãos de milho (*Zea mays* L.) passam por processos de industrialização para obtenção de diversos produtos, dentre eles, as farinhas integrais de milho, que já foram de grande importância no mercado consumidor brasileiro. Para obtenção deste produto dois processos distintos são utilizados para o processamento: a moagem via seca e a moagem via úmida. Na moagem via seca, após a degerminação do grão, o gérmen separado pode ser destinado para extração de óleo e posterior obtenção do farelo, embora o processo mais usado para extração de óleo de milho seja a partir do gérmen oriundo da moagem úmida. Já o grão degerminado pode ser pré-cozido e flocado, ou passar por processos de moagem e classificação, seja para extrusão (farinhas pré-cozidas) ou para produtos de diferentes granulometrias, como farinhas, gritz e creme.

No Brasil, o produto principal da moagem via úmida é o amido de milho, comercializado na forma *in natura* em embalagens para o consumo doméstico ou destinado para indústria alimentícia, onde é utilizado para a elaboração de diversos produtos como doces, embutidos, bebidas fermentadas, panificação, achocolatados, condimentos, entre outros. Nos Estados Unidos, por exemplo, os grãos de milho são amplamente destinados à conversão em sacarose, xarope de frutose e glicose, e etanol. Os requisitos de qualidade e a utilização de farinhas e produtos degerminados obtidos a partir da moagem via seca e via úmida serão discutidos neste capítulo.

8.2 FARINHA DE MILHO INTEGRAL

Farinha de milho é o pó ou granulado que se obtém moendo o milho mediante diferentes métodos. No Brasil, de acordo com a Agência Nacional de Vigilância Sanitária (Anvisa), farinha ou fubá são sinônimos, que identificam o produto obtido pela moagem do grão de milho, degerminado ou não (BRASIL, 2017). Entretanto, em linguagem informal, geralmente se reserva a designação "fubá" para a farinha moída mais fina, usada no preparo de bolos e polentas, enquanto é denominada "farinha de milho" o produto com granulometria maior, em flocos, usado no preparo de farofas e cuscuzes. Esta reunião de diretoria colegiada (RDC) da Anvisa, de acordo com o artigo 4º, determina que farinhas de trigo e de milho devem ser obrigatoriamente enriquecidas com ferro e ácido fólico. Os produtos alimentícios à base de farinha de milho e trigo devem conter entre 4 e 9 mg.100 g^{-1} e entre 140 e 220 µg. g^{-1} de ferro e ácido fólico, respectivamente. De acordo com o órgão, o enriquecimento de farinhas com ferro e ácido fólico é uma estratégia para combater a má formação do tubo neural de bebês durante a gestação e da anemia, conforme o artigo 11 desta resolução.

O processo de fabricação de fubá é feito pela moagem de grãos de milho por via seca, enquanto a farinha de milho é feita a partir de uma massa de grãos macerados (hidratados), esmagados, peneirados e por fim floculados (Figura 8.1). Entretanto, algumas famílias de pequenos agricultores produzem fubá a partir de grãos íntegros, com o gérmen. Fubá ou farinhas integrais de milho normalmente devem ser consumidas rapidamente, devido à acelerada degradação lipídica, em razão do considerável conteúdo de óleo presente no gérmen. As farinhas integrais normalmente são produzidas em moinhos, que transformam a energia física da água em movimento mecânico, a fim de movimentar pedras (também chamados de pilão), promovendo a moagem destes grãos, por meio de uma moega controladora de fluxo. Atualmente, estes moinhos encontram-se em pequenas propriedades, museus e pontos turísticas, e podem estar adaptados para funcionamento com energia elétrica. Apesar de ter constituído uma importante fonte de renda no passado para essas famílias, atualmente outros produtos processados a partir de milho possuem predominância na indústria, em pequena, média e grande escala.

A farinha de milho flocada é obtida pelo processo de torração do grão de milho, previamente macerado, socado e peneirado, e se apresenta sob a forma de flocos. A farinha de milho biju é um produto regional, obtido do milho pré-fermentado, seco e moído, podendo ou não ser despeliculado e degerminado.

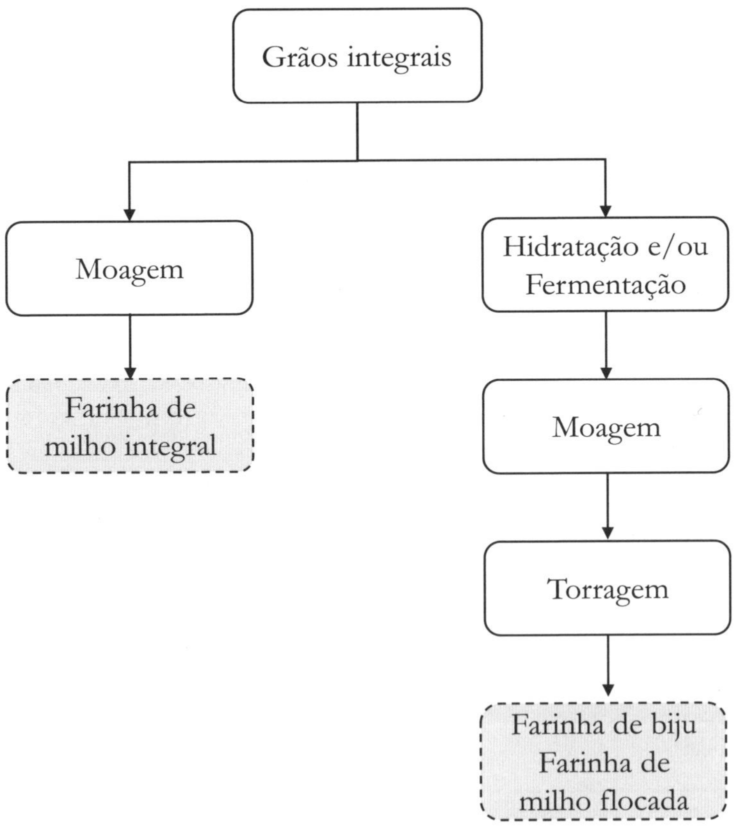

Figura 8.1 Processamento de farinhas e produtos degerminados via moagem seca

Os produtos oriundos do milho podem receber várias denominações, no entanto neste capítulo serão abordados os nomes tecnicamente mais conhecidos, fazendo menção aos jargões populares.

8.3 PRODUTOS DERIVADOS DA MOAGEM POR VIA SECA

8.3.1 MILHO DEGERMINADO

O milho degerminado a partir da moagem por via seca pode ser destinado a diferentes tipos de produtos, dependendo do interesse da indústria (Figura 8.2). Normalmente, os grãos degerminados são classificados e embalados como canjica. Canjica também é conhecida como prato típico da região nordeste do Brasil, que utiliza milho em estado leitoso, de pericarpo branco. As variações de nomes dependem da região produtora destes alimentos. Esta canjica permitirá a obtenção de derivados de maior qualidade tecnológica, principalmente para a produção de extrusados expandidos com ótimas propriedades de textura. A partir da canjica, obtemos outros produtos com diferentes granulometrias (Tabela 8.1).

Comercialmente, a farinha do grão degerminado é o produto que fica retido nas peneiras de >75 mesh (< 200 μm), enquanto o fubá nas peneiras entre 28 e 75 mesh (600 e 200 μm) e os gritz, nas peneiras entre 10 e 40 mesh (1.700 e 425 μm). Outras peneiras podem ser utilizadas para classificação dos produtos desejados (Tabela 8.1).

O rendimento das frações do grão constitui uma característica muito importante na indústria de moagem de milho, mas não mais importante do que a forma e o tamanho das partículas, influenciadas basicamente pela dureza do grão. O milho pode ser classificado quanto ao seu endosperma. O milho considerado duro é aquele grão de milho que na sua composição possui maior proporção de endosperma vítreo, assim, quanto maior endosperma vítreo, mais dura é a textura do grão. Já o milho farináceo é aquele que apresenta endosperma amiláceo, oferecendo menor resistência ao corte e exibindo ao ser cortado aspecto de farinha. O milho duro normalmente é utilizado para consumo humano e ração animal, na forma de grão ou processado. Para obtenção de farinhas, fubás e outros produtos de aplicação alimentícia, a preferência da indústria se dá pelo processamento de milho farináceo.

Tabela 8.1 Produtos do processamento de milho classificados quanto a granulometria e potencial uso

Frações moídas	Granulometria (US Mesh*)	Finalidade industrial ou caseira
Canjica de milho	Peneira de 3,5 a 6	Produção de cereal matinal e canjica (sobremesa).
Gritz grosso	Peneira de 10 a 20	Produção de cereal matinal e snacks.
Gritz	Peneira de 15 a 30	Indústria de cerveja, produção cereal matinal e snacks.
Gritz fino	Peneira de 30 a 40	Produção de cereal matinal, snacks e utilizado como carboidratos fermentescíveis para bebidas destiladas.
Fubá de milho	Peneira de 40 a 60	Fabricação de produtos de panificação, massas e pratos regionais (Brasil).
Farinha de milho	Peneira 60	Produção de pães e em misturas de farinhas, basicamente amido.
Fubá mimoso	Peneira superior a 60	Preferido para a indústria confeiteira e para uso culinário

*Unidade de medida americana para expressar a abertura de peneiras, em que o número de mesh representa o número de aberturas em uma polegada.

O rendimento e parâmetros de qualidade variam conforme o genótipo, manejo agronômico, e as etapas de pós-colheita que os grãos foram submetidos previamente. Um estudo desenvolvido por Mansilla, Nazar e Pérez (2020) verificou variação significativa na composição química, propriedades de pasta e propriedades térmicas de oito cultivares, semeadas por dois anos-safra consecutivos. Os autores reportaram efeitos do genótipo, ambiente e a interação entre ambos. As variáveis abióticas como temperatura e precipitação pluviométrica, bem como variáveis bióticas, como a presença de plantas daninhas, insetos-praga e outros microrganismos associados em nível de campo, podem afetar o desenvolvimento fisiológico dos grãos, o que possivelmente alteraria os parâmetros estudados pelos autores.

Além dos gritz e fubá, a partir da canjica é possível obter-se os flocos de milho. O floco de milho é um produto que é pré-cozido e flocado. O processo consiste em basicamente em moagem prévia (quebra da canjica), passando por um processo de mistura. A mistura é a operação unitária na qual são adicionados outros ingredientes ao produto. Nesta etapa podem ser adicionados minerais e vitaminas, como vitaminas C, B1, B2, B3, B5, B6, B9 e B12; e os minerais cálcio, fósforo, ferro e zinco. Os equipamentos são projetados para promover a mistura destes ingredientes à massa de canjica de forma a homogeneizar o produto. Depois, esta mistura passa por um processo de autoclavagem (calor úmido sob pressão), com pressão de vapor entre 15 e 23 psi por 1 ou 2 horas. O objetivo dessa etapa é a absorção uniforme de água pela mistura.

Outro método utilizado é o cozimento por extrusão. A extrusão promove uma transformação na matéria-prima por meio de um processo de superaquecimento à alta pressão formando um sistema fluido que, ao passar pela matriz, sofre uma expansão provocada pela queda da pressão de vapor de água. Produtos extrusados expandidos normalmente são obtidos de biopolímeros como amido e proteínas. No entanto, matérias-primas com maior teor proteico necessitam de maior teor de umidade ao serem extrusadas, devido à hidrofilicidade de determinadas proteínas capazes de reter o vapor de água e reduzir a expansão do produto. Caso o produto seja extrusado, não há necessidade da etapa de laminação, posterior à secagem. Outros produtos podem ser obtidos a partir de extrusão, como *snacks*, utilizando-se de diferentes produtos do processamento de milho (Tabela 8.1) (DA SILVA *et al.*, 2014; SERNA-SALDIVAR; CHUCK-HERNANDEZ, 2019).

Após o cozimento, o produto passa por uma pré-secagem a 65 °C, com utilização de ar aquecido em um sistema semelhante à secagem contínua de grãos. Outros sistemas de secagem podem ser empregados industrialmente. Posteriormente, a massa passa por um processo de laminação, por meio do uso de rolos cilíndricos lisos. Uma nova etapa de secagem é empregada, para homogeneizar a umidade no interior dos flocos, seguida por uma etapa de torrefação, com o objetivo de reduzir a umidade para teores inferiores a 3%, em torrefadores do tipo rotatório. Nesta etapa há a formação de bolhas de ar. O resfriamento posterior à torrefação tem como objetivo a redução à temperatura ambiente para equilíbrio da amostra e, quando há necessidade, adição de aditivos, como xarope de açúcar fundido. O envase ocorre normalmente em embalagens plásticas, com rotulagem própria, conforme exigido por lei a estes produtos (BRASIL, 2002; 2005).

8.3.2 ÓLEO

O processamento industrial do milho rende, em média, 5% do seu peso do grão na forma de óleo. Após a degerminação, o gérmen, por possuir alto teor de lipídico (18–41%), normalmente é destinado à extração de óleo para consumo humano, enquanto a torta (gérmen desengordurado) é destinada principalmente para ração animal, devido ao gérmen possuir ainda alto teor de proteína e amido (13%-25% e 6%-21%, respectivamente). Independentemente do processo de obtenção, seja por via úmida ou por via seca, o gérmen será submetido a um processo térmico (normalmente através de expansão ou vapor), previamente à extração. O processo de extração de óleo, assim como outras fontes vegetais, pode ser realizado de diferentes maneiras, podendo ser por prensagem mecânica, mista (prensagem mecânica e solvente orgânico), solvente orgânico, extração semicontínua ou contínua. Algumas indústrias de processamento de óleo produzem óleo extraído exclusivamente por via mecânica ou por solvente (hexano). Após o processamento do óleo bruto, ele passa por etapas de refino, a fim de obter-se o óleo refinado, comestível. Após o refino, o óleo de milho é utilizado em alimentos, medicamentos e cosméticos. Atualmente é considerado uma base para produção de biodiesel, integrado com a produção de etanol, principalmente nos Estados Unidos da América (BALAMURUGAN *et al.*, 2018; VELJKOVIĆ *et al.*, 2018).

A qualidade do óleo de milho é regulamentada pela Instrução Normativa do Ministério da Agricultura, Pecuária e Abastecimento IN 49/2006, intitulada "Regulamento Técnico de Identidade e Qualidade dos Óleos Vegetais Refinados; a Amostragem; os Procedimentos Complementares; e o Roteiro de Classificação de Óleos Vegetais Refinados". Os óleos vegetais a partir da extração de grãos de milho são classificados em Tipo 1, Tipo 2 e Fora de tipo (Tabela 8.2).

O processo de extração, refino, análises de qualidade podem ser encontrados em maiores detalhes no Capítulo 4.

Tabela 8.2 Características de qualidade de óleo e enquadrameno conforme o tipo[1]

Parâmetro	Óleo de milho tipo 1	Óleo de milho tipo 2
Índice de acidez (mg KOH/g)	< 0,20	0,20 - 0,60
Ponto de fumaça	*	*
Índice de peróxidos (mEq/kg)	< 2,5	2,5 - 5,0[0]
Impurezas insolúveis em éter de petróleo (%)	< 0,5	
Umidade e material volátil (%)	< 0,1	
Sabões (mg/kg)	< 10	
Aspecto a 25 °C	Límpido e isento de impurezas	
Odor e sabor	Odor e sabor característico do produto	
Cor	Cor característica do produto	

[1]Na hipótese de o produto possuir algum parâmetro que não se encontre dentro dos valores apresentados, este será considerado fora de tipo, podendo ser rebeneficiado ou destinado a outro processo industrial.

* Valores ainda não definidos para o produto.

Fonte: Adaptado de BRASIL (2006).

8.3.3 FARELO PELETIZADO DE GÉRMEN DE MILHO

O farelo de gérmen de milho é um subproduto da moagem por via úmida ou seca, sendo obtido da extração de óleo por solvente a partir do gérmen, e geralmente peletizado para aplicação na forma de ração animal. Devido à torta desengordurada possuir alto teor de proteínas (13%-25%), o farelo desengordurado é destinado principalmente à produção de ração animal (HARBACH *et al.*, 2007). O produto é oferecido aos animais na forma moída e misturada com outros grãos e/ou farelos, como soja, trigo, arroz e outros. Ainda, pode ser encontrado o farelo de milho desengordurado misturado a outros componentes e peletizado.

A peletização tem como objetivo a transformação da ração farelada em granulada, por meio de vapor, temperatura, umidade e pressão, por um tempo determinado, buscando pré-cozinhar a ração visando a atuar sobre as paredes celulares. O processo permite gelatinizar parcialmente o amido, desnaturar proteínas, romper fibras e assim melhorar a digestibilidade e a qualidade dos pellets.

Entretanto, o farelo vem sendo utilizado em outras aplicações, como em produtos de panificação (DE ERIVE *et al.*, 2020) e concentrados proteicos como fonte de proteínas e antioxidantes (KARIMI *et al.*,2020). Apesar das potencialidades apresentadas pelo farelo de gérmen de milho desengordurado, os estudos são escassos e, basicamente, desenvolvidos com aves e suínos. Novas formas de desengordurar o gérmen para produção de farelos com altos teores de proteínas vêm sendo desenvolvidos, com ênfase em produtividade (ESPINOSA-PARDO *et al.*, 2020; REBOLLEDA *et al.*, 2012).

8.4 PRODUTOS DERIVADOS DA MOAGEM VIA ÚMIDA

A moagem via úmida é o processo mais eficiente de separação e purificação dos constituintes do grão de milho (óleo, amido, fibras e proteínas), sendo estes destinados para o consumo humano ou animal na forma direta ou indireta. O amido é o principal produto obtido pela moagem via úmida; além deste, o gérmen é utilizado para a extração de óleo e as fibras, o licor (*"corn gluten feed"*) e o concentrado proteico (*"corn gluten meal"*), destinados para a alimentação animal. Dependendo das condições, é possível se obter 67,5% de amido, 7,5% de gérmen, 5,0% de proteína, 11,5% de fibras e 7,5% de demais sólidos solúveis (licor) por moagem via úmida (em base seca) (RAUSCH *et al.*, 2019). O rendimento industrial para a obtenção dos demais coprodutos, como o óleo comestível, dextrinas e etanol, vai depender das condições de cada processo.

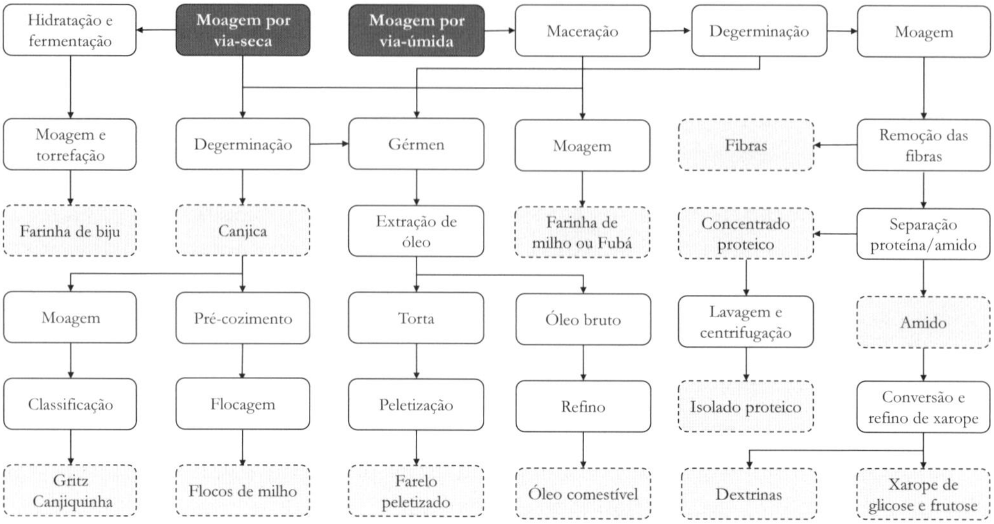

Figura 8.2 Fluxograma simplificado de produtos provenientes da moagem por via úmida e seca de milho

8.4.1 LICOR CONCENTRADO ("CORN GLUTEN FEED")

O licor concentrado é a água resultante do processo de maceração na moagem via úmida, que é evaporada e os sólidos concentrados a 45%, sendo que destes, em torno de 60% são fibras e 20% proteínas. A moagem por via úmida gera em torno de 3,7 m^3 de água por tonelada de grãos processados (RAUSCH *et al.*, 2019). Este coproduto é também denominado de "*corn gluten feed*" e amplamente utilizado pela indústria de ração para ruminantes, aves, suínos e animais de estimação.

Por apresentar alta demanda química de oxigênio, que geralmente inclui amido, glicose, proteínas, vitaminas e sais orgânicos, o licor concentrado é considerado uma importante fonte de água e nutrientes para a utilização no cultivo microbiano, como para a produção de quitosana (BERGER *et al.*, 2014). Além disso, apresenta elevada concentração de compostos bioativos com atividade antioxidante e surfactante, que têm potencial aplicação na indústria alimentícia e de cosméticos. Os principais compostos fenólicos encontrados no licor concentrado são os ácidos ferúlico, protocatecuico, vanílico, cafeico, coumárico e sinápico e os flavonoides quercetina e epicatequina (RODRÍGUEZ-LÓPEZ *et al.*, 2016).

8.4.2 FIBRAS

As fibras removidas durante o processo de separação do amido são, em sua grande maioria, destinadas para a alimentação animal juntamente com o concentrado proteico e o licor concentrado. Atualmente as indústrias têm procurado novos mercados para as fibras de milho, sendo adotadas três abordagens principais: utilização como ingrediente alimentar na dieta, como matéria-prima para a fermentação e para o fracionamento em óleo de fibra de milho, celulose e gomas de hemicelulose. As fibras de milho são oriundas tanto do pericarpo, rico em celulose e denominada fibra grossa, como das paredes celulares do endosperma, que apresentam hemicelulose, lipídeos e proteínas, e é denominada de fibra fina. Tipicamente, as fibras de milho oriundas da moagem via úmida contêm 40% de hemicelulose, 12% celulose, 10% de proteínas e 3% de lipídeos, além de ligninas e minerais (RAUSCH *et al.*, 2019).

A fração lipídica presente nas fibras de milho apresenta elevada concentração de ésteres de fitoesteróis, similares aos orizanóis presentes no óleo de arroz. Estes são compostos de grande relevância farmacológica, pois atuam como compostos funcionais diminuindo os níveis sanguíneos de colesterol total (PATEL; THOMPSON, 2006). É possível extrair de 0,5% a 3,7% de óleo da fibra de milho, sendo que destes, de 9,5% a 17,8% são compostos por fitoesteróis (MOREAU *et al.*, 1996).

A fração de carboidratos propriamente dita é composta de celulose, hemicelulose e amido residual. As hemiceluloses presentes na fibra de milho são basicamente arabinoxilanas (YOSHIDA *et al.*, 2010), que apresentam propriedades reológicas e de viscosidade semelhantes a outras gomas naturais e escassas, como a goma arábica (RAUSCH *et al.*, 2019). Por esse motivo, a hemicelulose extraída da fibra de milho oriunda da moagem via úmida apresenta potencial aplicação como emulsificante, espessante, estabilizante e adesivo. Além disso, a hemicelulose pode ser inserida nos alimentos como ingrediente alimentar funcional por possuir bioatividade, regulando o metabolismo lipídico, diminuindo o risco de câncer de cólon e modulando o sistema imunológico (SWENNEN *et al.*, 2006). A celulose resultante do processo de separação dos lipídeos, ligninas e hemiceluloses pode ser destinada para a produção de etanol por meio de processos fermentativos com enzimas celulases.

8.4.3 CONCENTRADO PROTEICO ("*CORN GLUTEN MEAL*")

Concentrado proteico, também denominado de "*corn gluten meal*", é o coproduto resultante da separação das proteínas do amido pelo processo de centrifugação, que é seco até em torno de 10% de umidade, e destinado basicamente para a alimentação animal. Industrialmente a secagem é realizada utilizando-se secadores rotativos de ar aquecido com temperaturas que não podem exceder 315 °C, devido à formação de xantofilas que conferem coloração escura. No entanto, esse processo gera elevados investimentos e custos operacionais, o que faz com que indústrias de menor porte misturem o licor e o concentrado proteico para a produção de um coproduto combinado com 30% de proteínas. De acordo com Ruan *et al.* (2019), 25,4 kg de milho são capazes de gerar aproximadamente 1,4 kg de concentrado proteico, com no máximo 60% de proteínas.

As proteínas do concentrado são compostas quase que exclusivamente de zeínas – proteínas dos grupos das prolaminas – oriundas da matriz proteica que envolve os grânulos de amido no endosperma. Dessa forma, este coproduto se torna uma importante fonte de extração de zeínas que são comercializadas com um elevado valor de mercado (RAUSCH *et al.*, 2019). Além disso, é possível extrair compostos bioativos do concentrado proteico, como peptídeos e carotenoides que conferem coloração amarelada/alaranjada aos alimentos.

8.4.4 AMIDO

O objetivo principal da moagem via úmida é a obtenção do amido de milho. Atualmente, dentre os cereais, o amido de milho representa 80% de todo o amido produzido no mundo (USDA, 2017). Os grânulos de amido no endosperma do milho estão intimamente associados às proteínas, que apresentam baixa solubilidade devido à sua característica hidrofóbica. Por esta razão, a etapa de maceração é tida como a mais importante para o rendimento de extração, pois visa a separação dos grânulos de amido da matriz proteica por meio do rompimento das ligações de dissulfeto. Além do método convencional, estudos recentes têm sugerido a substituição do dióxido de enxofre (SO_2) por enzimas proteases para interromper as ligações entre a proteína e o amido como uma alternativa para a menor geração de poluentes tóxicos (EL HALLAL *et al.*, 2019).

O amido de milho pode ser destinado para a produção de mais de 150 diferentes produtos no setor alimentício, químico e farmacêutico (STRAZZI, 2015), seja na forma nativa ou por processos de modificação, fermentação e hidrólise (Figura 8.3). A modificação do amido (Capítulo 9), sua utilização em biopolímeros (Capítulo 17) e para a produção de etanol (Capítulo 16) e bebidas fermentadas (Capítulo 14) estão apresentados separadamente neste livro. Além destes, as dextrinas são compostos preponderantes produzidos a partir do amido de milho e serão discutidas neste capítulo.

Dextrina é uma classe de polissacarídeos de baixo peso molecular que podem ser solúveis ou insolúveis em água. As dextroses, frutoses, glicoses, maltodextrinas e ciclodextrinas são produtos (dextrinas) obtidos a partir da hidrólise ácida e/ou enzimática do amido e que dependem do substrato (amido) e das endo- ou exoenzimas utilizadas. Além das enzimas do grupo hidrolase – alfa-amilase, beta-amilase, pululanase e glicoamilase – outras enzimas como as fosforilases, sintases, oxidases, invertases e ciclodextrina transferases são utilizadas para conversões do amido em dextrinas específicas (TOMASIK; HORTON, 2012). As dextrinas são amplamente utilizadas para a fabricação de gomas, adoçantes, papéis, embalagens e adesivos.

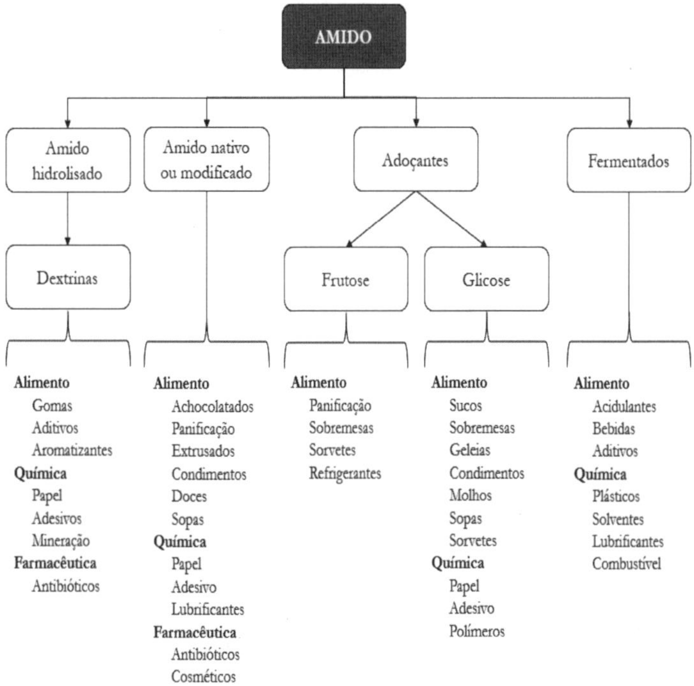

Figura 8.3 Fluxograma da utilização do amido de milho pelas indústrias de alimento, química e farmacêutica

8.4.4.1 Adoçantes

Adoçante de milho é um nome genérico dado aos monos e dissacarídeos obtidos a partir da conversão do amido. O controle desses processos de conversão seguido de métodos de separação e sacarificação dão origem aos xaropes de frutose nas concentrações de 55% a 90%. Estes dois últimos são denominados de xarope de frutose altamente concentrado - *high-fructose corn syrup* (HFCS) – com as siglas de HFCS55 e HFCS90, respectivamente. Os HFCS foram introduzidos na indústria de alimentos na década de 1970 e desde então têm sido utilizados como adoçantes padrão em bebidas carbonatadas. Além deles, é possível ainda produzir outros produtos obtidos a partir dos adoçantes, como o açúcar de mesa e o xarope de milho (HOBBS, 2009). A composição de açúcares dos principais adoçantes está apresentada na Tabela 8.3.

De maneira geral, o amido obtido a partir da moagem via úmida é hidrolisado em xarope de glicose, ou comumente chamado de xarope de milho, que é glicose em sua totalidade (Tabela 8.3). Este processo ocorre em duas etapas: inicialmente pela liquefação do amido em sacarídeos de cadeia curta, média e longa por meio de conversão ácida ou ácida/enzimática. Em seguida, as ligações covalentes entre as moléculas de glicose destes sacarídeos são rompidas por meio de enzimas glicoamilases para a produção do xarope de milho bruto (glicose). A liquefação ácida/enzimática é a mais comumente utilizada pelas indústrias e ocorre primeiramente pela quebra das cadeias do amido em oligossacarídeos por meio do aquecimento sob pressão em um meio com pH igual a 2,0. Somente depois, diferentes enzimas como a alfa-amilase, beta-amilase, pululanase e por fim a glicoamilase são adicionadas para a quebra das ligações α-1,4 e α-1,6. As etapas de conversão do amido em glicose e posteriormente em frutose estão ilustradas na Figura 8.4.

Tabela 8.3. Composição de açúcares dos principais adoçantes obtidos a partir do amido de milho

Produtos	Açúcar de mesa	Xarope de milho	HFSC42	HFSC55	HFSC90
Sacarose (%)	99,3				
Frutose (%)	< 0,01		> 42,0	> 55,0	> 99,9
Glicose (%)	< 0,01	100,0	52,0	41,0	0,1
Oligossacarídeos (%)			6,0	4,0	
Forma	Sólido	Líquido	Líquido	Líquido	Sólido ou líquido

Fonte: Adaptado de White (2014).

Para a sua comercialização como xarope de milho, este deve passar ainda por processos de refino e clarificação para a remoção de proteínas e outros compostos residuais. Além de sua utilização na indústria de alimentos, o xarope de milho pode ser destinado a processos fermentativos para a produção de etanol, vitaminas, aminoácidos, acidulantes, colorantes e ácidos orgânicos para biopolímeros.

A partir do xarope de milho, enzimas glucose isomerases são adicionadas para a isomerização da glicose em frutose, que após um processo de purificação dão origem ao HFCS com concentração de 42% (HFCS42). O processo de purificação visa à remoção da glicose não convertida que retorna para o processo de isomerização. O HFCS42 é purificado por evaporação ou separado por cromatografia dando origem ao HFCS90, ou seja, 90% de frutose. Posteriormente, o HFSC90 e HFSC42 são misturados nas proporções ideais para a produção do HFSC55 (55% de frutose). Além disso, o HFCS90 pode ser submetido ainda a um processo de secagem e cristalização para a produção da frutose cristalizada (Figura 8.4).

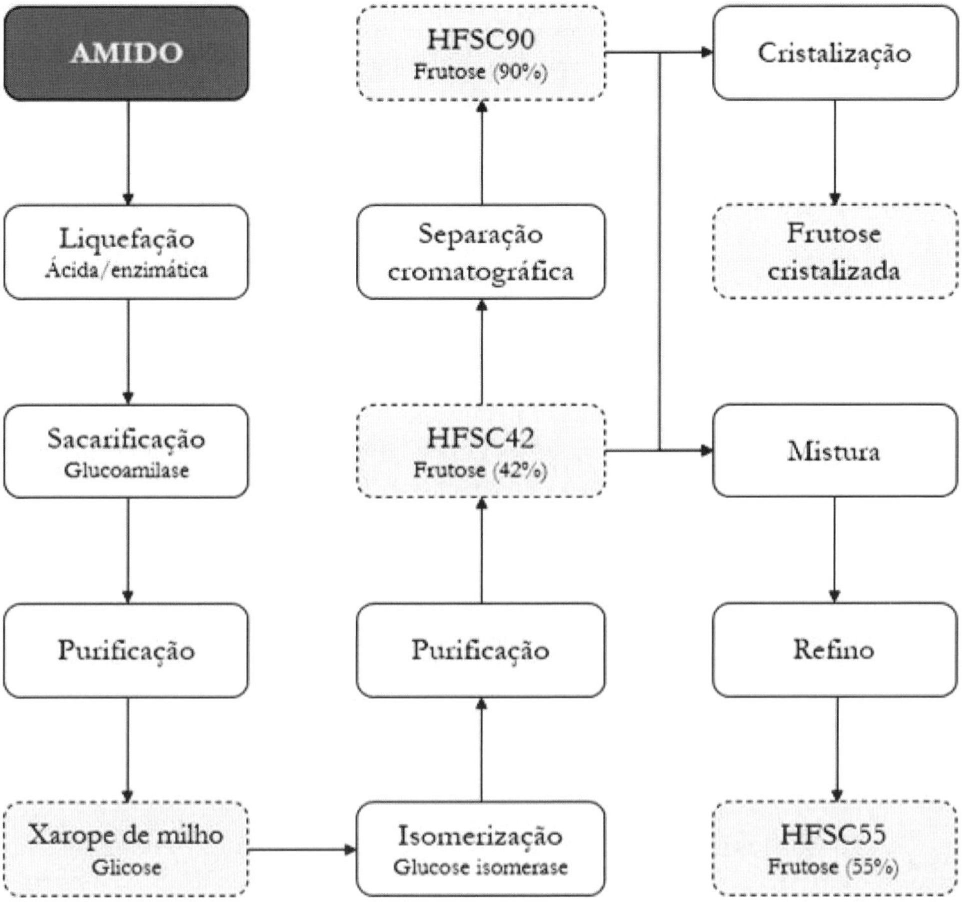

Figura 8.4 Etapas da conversão do amido em glicose e frutose

8.4.4.2 MALTODEXTRINAS

As maltodextrinas são definidas como oligossacarídeos nutritivos e não doces obtidas pela hidrólise enzimática do amido. São compostas de unidades de D-glicose unidas basicamente por ligações α-1,4 e que possuem dextrose equivalente inferior a 20 (*The United States Food and Drug Administration*). A particularidade da maltodextrina é sua característica altamente digerível e que pode conter traços do aminoácido glutâmico. Na indústria de alimentos, a maltodextrina obtida a partir do amido de milho é mais comumente utilizada para a produção de gomas, embutidos, doces e produtos lácteos (TOMASIK; HORTON, 2012).

A alfa-amilase e a pululanase são as principais enzimas utilizadas para a produção de maltodextrinas e responsáveis pelo rompimento das ligações α-1,4 (linear) e α-1,6 (ramificada), respectivamente. Estas enzimas apresentam a vantagem de atuarem no interior das cadeias de amido, ou seja, são endoenzimas. No entanto, realizam o rompimento das ligações de forma aleatória, o que gera uma ampla distribuição de tamanhos de sacarídeos lineares e ramificados. Por esse motivo, o baixo controle das regiões de atuação destas enzimas torna o processo de produção de baixa reprodutibilidade, e pode ser influenciado por diversos fatores como temperatura, pressão, origem da enzima, entre outros. Existe um interesse das indústrias em relação à obtenção de um processo de produção de maltodextrinas que apresenta um padrão de cadeias para um tipo específico de aplicação (MARCHAL *et al.*,1999).

8.5 CONSIDERAÇÕES FINAIS

Os grãos de milho são utilizados amplamente, seja na forma de grão ou processado, possuindo amplo espectro, desde o pequeno agricultor até as grandes indústrias de áreas diversas, como: química, farmacêutica, de bebidas e de biocombustível. As farinhas integrais e os produtos do grão após a degerminação são extensamente utilizados. Ao longo dos anos, novos métodos e processos vêm sendo aprimorados, bem como o aprimoramento genético desta cultura incrementando os parâmetros de qualidade abordados neste capítulo. A participação dos consumidores, seja no Brasil ou em qualquer país, qualifica e potencializa novos produtos ou processos e métodos no que tange a utilização de grãos de milho.

Os grandes desafios a serem enfrentados são a redução de perdas, para aumentar o rendimento e a manutenção da qualidade dos diversos produtos supracitados. O investimento em novas tecnologias vem tornando o processamento das farinhas e produtos degerminados mais técnico e com maior controle de riscos e perdas. Entretanto, outros estudos devem ser desenvolvidos avaliando a qualidade das diferentes frações ou produtos, investigando alternativas e/ou novos processos com o objetivo de qualificar a industrialização de milho, engrandecendo o consumo deste cereal.

REFERÊNCIAS

BALAMURUGAN, T.; ARUN, A.; SATHISHKUMAR, G. B. Biodiesel derived from corn oil: a fuel substitute for diesel. *Renewable and Sustainable Energy Reviews*, v. 94, p. 772-778, 2018.

BERGER, Lúcia Raquel Ramos *et al.* Effect of corn steep liquor (CSL) and cassava wastewater (CW) on chitin and chitosan production by Cunninghamella elegans and their physicochemical characteristics and cytotoxicity. *Molecules*, v. 19, n. 3, p. 2771-2792, 2014.

BRASIL. Ministério da Agricultura Pecuária e Abastecimento. Intrução Normativa nº 49, de 22 de dezembro de 2006. [Regulamento Técnico de Identidade e Qualidade dos Óleos Vegetais Refinados; a Amostragem; os Procedimentos Complementares; e o Roteiro de Classificação de Óleos Vegetais]. *Diário Oficial da União*: seção 1, Brasília, DF, 26 dez. 2006. Disponível em: http://sistemasweb.agricultura.gov.br/sislegis/action/detalhaAto.do?method=visualizarAtoPortalMapa&chave=643062246>30. Acesso em: 1º jul. 2020.

BRASIL. Ministério da Saúde. Agência Nacional de Vigilância Sanitária (ANVISA). *Resolução-RDC Anvisa n° 150, de 13 de abril de 2017.* [Regulamento técnico para fortificação das farinhas de trigo e das farinhas de milho com ferro e ácido fólico]. Disponível em: http://portal.anvisa.gov.br/documents/10181/2718376/RDC_150_2017_.pdf/a873d3b9-3e93-49f3-b6c5-0f45aefcd348. Acesso em: 23 jun. 2020.

BRASIL. Ministério da Saúde. Agência Nacional de Vigilância Sanitária (ANVISA). *Resolução-RDC Anvisa nº 344, de 13 de dezembro de 2002.* [Regulamento técnico para fortificação das farinhas de trigo e das farinhas de milho com ferro e ácido fólico]. Disponível em: http://portal.anvisa.gov.br/documents/10181/2718376/RDC_344_2002_COMP.pdf/b4d87885-dcb9-4fe3-870d-db57921cf73f. Acesso em: 1 jul. 2020.

BRASIL. Ministério da Saúde. Agência Nacional de Vigilância Sanitária (ANVISA). *Resolução-RDC Anvisa no 263, de 22 Setembro de 2005.* [Regulamento técnico para produtos de cereais, amidos, farinhas e farelos]. Disponível em: http://portal.anvisa.gov.br/documents/33880/2568070/RDC_263_2005.pdf/d6f557da-7c1a-4bc1-bb84-fddf9cb846c3. Acesso em: 1 jul. 2020.

DA SILVA, Erika Madeira Moreira *et al.* Physical characteristics of extrudates from corn flour and dehulled carioca bean flour blend. *LWT-Food Science and Technology*, v. 58, n. 2, p. 620-626, 2014.

DE ERIVE, Maria Ortiz *et al.* Development of high-fiber wheat bread using microfluidized corn bran. *Food Chemistry*, v. 310, p. 125921, 2020.

EL HALAL, Shanise Lisie Mello *et al.* Methods for extracting cereal starches from different sources: a review. *Starch Stärke*, v. 71, n. 11-12, p. 1900128, 2019.

ESPINOSA-PARDO, Faber Ariel *et al.* Oil and protein recovery from corn germ: Extraction yield, composition and protein functionality. *Food and Bioproducts Processing*, v. 120, p. 131-142, 2020.

HARBACH, Ana Paula R. *et al.* Dietary corn germ containing phytic acid prevents pork meat lipid oxidation while maintaining normal animal growth performance. *Food Chemistry*, v. 100, n. 4, p. 1630-1633, 2007.

HOBBS, Larry. Sweeteners from starch: production, properties and uses. *In*: BEMILLER, J.; WHISTLER, R. *Starch*. Academic Press, 2009. p. 797-832.

KARIMI, Amin; AZIZI, Mohammad Hossein; AHMADI GAVLIGHI, Hassan. Fractionation of hydrolysate from corn germ protein by ultrafiltration: In vitro antidiabetic and antioxidant activity. *Food Science & Nutrition*, v. 8, n. 5, p. 2395-2405, 2020.

MANSILLA, Pablo Sebastián; NAZAR, María Cristina; PÉREZ, Gabriela Teresa. Flour functional properties of purple maize (*Zea mays* L.) from Argentina. Influence of environmental growing conditions. *International Journal of Biological Macromolecules*, v. 146, p. 311-319, 2020.

MARCHAL, Leon M.; BEEFTINK, H. H.; TRAMPER, J. Towards a rational design of commercial maltodextrins. *Trends in Food Science & Technology*, v. 10, n. 11, p. 345-355, 1999.

MOREAU, Robert A.; POWELL, Michael J.; HICKS, Kevin B. Extraction and quantitative analysis of oil from commercial corn fiber. *Journal of Agricultural and Food Chemistry*, v. 44, n. 8, p. 2149-2154, 1996.

PAN, Zhongli; ZHANG, Ruihong; ZICARI, Steven (Ed.). *Integrated processing technologies for food and agricultural by-products*. Academic Press, 2019.

PATEL, Manoj D.; THOMPSON, Paul D. Phytosterols and vascular disease. *Atherosclerosis*, v. 186, n. 1, p. 12-19, 2006.

RAUSCH, Kent D. *et al*. Wet milling: The basis for corn biorefineries. *In*: SERNA-SALDIVAR, Sergio O. *Corn*: chemistry and technology. 3. ed. AACC International Press, 2019. p. 501-535.

REBOLLEDA, Sara *et al*. Supercritical fluid extraction of corn germ oil: study of the influence of process parameters on the extraction yield and oil quality. *The Journal of Supercritical Fluids*, v. 72, p. 270-277, 2012.

RODRÍGUEZ-LÓPEZ, L. *et al*. A multifunctional extract from corn steep liquor: antioxidant and surfactant activities. *Food & Function*, v. 7, n. 9, p. 3724-3732, 2016.

SERNA-SALDIVAR, Sergio O.; CHUCK-HERNANDEZ, Cristina. Food uses of lime-cooked corn with emphasis in tortillas and snacks. *In*: SERNA-SALDIVAR, Sergio O. *Corn*: chemistry and technology. 3. ed. AACC International Press, 2019. p. 469-500.

STRAZZI, Sueli. Derivados do milho são usados em mais de 150 diferentes produtos industriais. *Revista Visão Agrícola–USP/ESALQ*, n. 13, p. 146-150, 2015. Disponível em: https://www.esalq.usp.br/visaoagricola/sites/default/files/VA_13_Industrializacao-artigo4.pdf. Acesso em: 15 jul. 2020.

SWENNEN, Katrien; COURTIN, Christophe M.; DELCOUR, Jan A. Non-digestible oligosaccharides with prebiotic properties. *Critical Reviews in Food Science and Nutrition*, v. 46, n. 6, p. 459-471, 2006.

TOMASIK, P.; HORTON, D. Enzymatic conversions of starch. *Advances in Carbohydrate Chemistry and Biochemistry*, v. 68, p. 59-436, 2012.

United States Department of Agriculture. *World Agricultural Production*. Office of Global Analysis, Foreign Agricultural Service/USDA, 2017.

VELJKOVIĆ, Vlada B. *et al*. Biodiesel production from corn oil: a review. *Renewable and Sustainable Energy Reviews*, v. 91, p. 531-548, 2018.

WHITE, John S. High-Fructose Syrup: so, what is it exactly? *Dietary Sugars and Health*, v. 6, p. 85-86, 2014.

YOSHIDA, Tomoki *et al.* Optimization of microwave-assisted extraction of carbohydrates from industrial waste of corn starch production using response surface methodology. *Bioresource Technology*, v. 101, n. 20, p. 7820-7826, 2010.

CAPÍTULO 9
AMIDOS MODIFICADOS

Laura Martins Fonseca
Alvaro Renato Guerra Dias
Elessandra da Rosa Zavareze

RESUMO

O amido de milho é utilizado em diversos ramos da indústria alimentícia por possuir propriedades que atendem a variadas demandas como sua versatilidade, biodisponibilidade, biodegradabilidade e baixo custo. Entretanto, o amido de milho nativo apresenta algumas desvantagens em propriedades de pasta e gel, cristalinidade, textura, entre outras. Assim, sua modificação propicia benefícios aprimorando as propriedades supracitadas ampliando assim suas aplicações. As modificações do amido se dividem em químicas, físicas e enzimáticas, e a escolha do processo de modificação e parâmetros, como temperatura e tempo de exposição, é determinada de acordo com as propriedades que se deseja obter ou aprimorar no amido, bem como a aplicação a que se deseja destinar. Assim, como os amidos de milho podem vir a ser aplicados em diversos alimentos, como alimentos instantâneos, panificação, entre outros, a escolha da modificação deve ser de acordo com o seu destino. Nesse contexto, esse capítulo aborda algumas das inúmeras modificações do amido de milho, as alterações que essas acarretam aos grânulos e as possíveis aplicações para os amidos de milho modificados.

9.1 INTRODUÇÃO

Amidos são amplamente utilizados na indústria de alimentos, têxtil e de papel, pois apresentam ótimas características por serem biocompatíveis e de baixo custo, bem como por sua biodisponibilidade, versatilidade e biodegradabilidade (BERTOLINI, 2010). O amido de milho é utilizado na indústria alimentícia como modificador de textura, adesão, viscosidade, retenção de umidade e na formação de géis e filmes (ALCÁZAR-ALAY; MEIRELES, 2015). Essas características o tornam promissor para diversas aplicações como emulsificantes, agentes de moldagem e filtração, para encapsulamento de compostos e como estabilizador em alimentos pré-prontos como enlatados, por exemplo, e ainda cozidos como molhos, pudins e tortas, que apresentem vida útil de horas ou poucos dias (BEMILLER; WHISTLER, 2009; OSTRANDER, 2015).

O amido de milho é encontrado em sua forma nativa e modificada. O amido nativo apresenta algumas limitações, assim sua modificação química, física ou enzimática pode aprimorar características e ampliar sua aplicação industrial (BEMILLER; WHISTLER, 2009; OSTRANDER, 2015). Algumas propriedades como recristalização, temperatura de fusão, poder de inchamento e solubilidade definem a aplicação para qual o amido se destina. Na qualidade de alimentos, propriedades como as sensoriais são de extrema importância e podem ser alteradas adicionando-se amido na sua composição. Para isso o amido deve apresentar características desejadas que podem ser obtidas de acordo com a modificação que se realiza. As modificações aprimoram as propriedades funcionais visando à obtenção de características únicas e especificas de acordo com o uso final para qual o amido é destinado e que não são encontradas em amidos nativos (ELIASSON, 2004). Neste capítulo iremos abordar algumas das diversas modificações que são utilizadas em amido de milho e suas aplicações em produtos alimentícios.

9.2 AMIDO DE MILHO MODIFICADO

Amidos nativos e modificados são utilizados na indústria de alimentos principalmente por sua capacidade de espessamento e geleificação. No geral, o amido nativo apresenta propriedades limitadas, como alta viscosidade, retrogradação e sinerese, o que impossibilita seu uso para algumas aplicações específicas, fazendo assim importante o uso de sua modificação para aprimorar essas propriedades (BERTOLINI, 2010).

As modificações do amido se dividem em química, física, enzimática e ainda uma combinação entre elas. Esses amidos modificados são produzidos visando a aplicações em diversos ramos da indústria como a de alimentos, farmacêutica, têxtil, entre outras.

O amido de milho pode ser encontrado com uma ampla faixa de teores de amilose e pode ser classificado em alto teor de amilose, normal e ceroso. Os amidos de alta amilose (50% a 80% (p/p)) são determinados como variedades mutantes que sofrem uma modificação biotecnológica direto nas plantações, acarretando propriedades específicas sem precisar realizar modificações químicas ou físicas no amido após a colheita do milho e extração do amido. O amido de milho de alta amilose apresenta rápida geleificação e gel mais forte quando comparado com o amido de amilose normal (ELIASSON, 2004; XIE *et al.*, 2005). Amidos com alto teor de amilose apresentam maior capacidade de geleificação e retrogradação, o que os torna propícios como substituto de gelatina em produtos alimentícios. Esses também são ideias para serem utilizados na produção de alimentos fritos, como chips de batatas, gerando uma superfície crocante (ELIASSON, 2004).

Comparando os amidos com teores de amilose alto e normal, para aplicação na produção de balas de goma de gelatina, os amidos com alto teor de amilose propiciam uma diminuição no tempo de molde, pois a formação dos géis é mais rápida e estes apresentam maior fluidez. Ainda, amidos de alta amilose são aplicados a cereais instantâneos, bolachas salgadas e salgadinhos, aumentado sua vida útil e crocância devido a sua maior resistência ao cisalhamento e melhor expansão da massa na produção. Já sua aplicação na produção de filmes biodegradáveis não é favorável uma vez que os filmes produzidos são quebradiços (BEMILLER; WHISTLER, 2009).

A maior concentração de polímero linear no amido de milho com alto teor de amilose acarreta uma gelificação mais rápida e géis mais fortes do que ocorre com o amido de milho de normal amilose. Além disso, amidos de milho de alta amilose são promissores na produção de envoltórios de salsicha, como espessante para molhos e pudins e para formação de massas e de crostas de pães e tortas, reduzindo a viscosidade e causando, consequentemente, melhoria no manuseio e prevenção do empapamento no cozimento (BEMILLER; WHISTLER, 2009).

Na Tabela 9.1, estão listados alguns estudos que relatam modificações de amido de milho e as alterações acarretadas em suas propriedades, bem como as aplicações sugeridas. Esses estudos são citados ao longo deste capítulo nas próximas seções.

Tabela 9.1 Modificações dos amidos de milho, propriedades alteradas e aplicações sugeridas

Modificações	Propriedades	Aplicações sugeridas	Referências
Acetilação, reticulação, acidificado	Redução na cristalinidade, poder de inchamento e temperatura de gelatinização	Produção de filmes biodegradáveis	LÓPEZ *et al.* (2010)
Fosfatação	Formação de amido resistente, aumento na viscosidade		BATISTA *et al.* (2008)
Fosfatação	Maior viscosidade aparente	Produção de nanofibras	FONSECA *et al.* (2019)
Reticulação	Redução no poder de inchamento, na solubilidade e claridade de pasta	--	KOO *et al.* (2010)
Acetilação	Liberação controlada de fármaco	Produção de nanofibras	XU *et al.* (2009)
Acetilação	Aumento na hidrofobicidade, alteração na estrutura cristalina	--	CHI *et al.* (2008)

Fosfatação, succinação, acetilação	Maior poder emulsificante	Produção de microcápsulas com óleo de laranja	MURÚA-PAGOLA *et al.* (2009)
Oxidação	Redução na entalpia de gelatinização e aumento na viscosidade	--	KUAKPETOON; WANG (2006)
Tratamento térmico de baixa umidade	Aumento na cristalinidade	Produção de nanocristais	DAI *et al.* (2019)
Pré-gelatinização	Aumento na viscosidade e na capacidade de ligação com água e óleo	Produção de massas	YOUSIF *et al.* (2012)
Alta pressão	Redução na cristalinidade, formação de amido resistente, redução na viscosidade da pasta	Alimentos à base de amido	LI *et al.* (2013)
Annealing	Aumento na estabilidade térmica e no tamanho do grânulo	--	LIU *et al.* (2013) normal corn 23/77, Gelose 50 50/50, Gelose 80 80/20
Annealing	Redução na cristalinidade, redução na viscosidade, maior quantidade de amido lentamente digerível	Produção de complexo amido/lisina/ óleo de milho	JI (2020)
	Perda da cristalinidae	--	YANG *et al.* (2013)
Alta pressão	Redução na cristalinidade e viscosidade da pasta, formação de amido resistente	--	Li *et al.* (2013)
Enzima ramificadora 1,4-α-glucana	Redução na retrogradação	Alimentos à base de amido	WENWEN *et al.* (2019) 4-α-glucan branching enzyme (GBE)
Enzima ramificadora 1,4-α-glucana	Redução no tamanho da cadeia, maior estabilidade da pasta	Alimentos à base de amido	REN *et al.* (2017)

9.3 MODIFICAÇÕES QUÍMICAS

A modificação química do amido é bastante utilizada para aplicações industriais, e pode se dar por diversas formas, utilizando uma gama de agentes modificadores. A modificação química ocorre pela inserção de novos grupos funcionais nas cadeias dos grânulos de amido, que variam de acordo com a modificação realizada. Para isso, as partes amorfas do grânulo são normalmente modificadas mais facilmente do que as partes cristalinas. Assim, cada tipo de amido reage de maneira diferente às diversas modificações, sendo produzidos amidos com propriedades variadas. Amidos de milho de alta amilose, por exemplo, apresentam maior resistência a modificações químicas, que a verificada em amidos com maior teor de amilopectina, que é a macromolécula que facilita a substituição, devido à presença das ramificações (ELIASSON, 2004).

As modificações na estrutura química do amido são inúmeras, como a oxidação, a fosfatação, a acidificação, a succinação, a acetilação. Cada modificação tem por finalidade conferir características diferentes, como a habilidade de congelamento/descongelamento, a solubilidade em água, a resistência ao ataque enzimático, a alta viscosidade, a rigidez e a transparência das pastas. Essas características podem ser obtidas com a modificação de reticulação ou de fosfatação, gerando maior habilidade de congelamento/descongelamento, por exemplo. Essa habilidade, nos amidos nativos, é mais encontrada em amidos com maior teor de amilopectina. Nas seções a seguir serão detalhas as principais modificações químicas.

9.3.1 FOSFATAÇÃO

Amidos fosfatados são modificados pela introdução de grupos fosfato nos grupos hidroxila da estrutura do amido causando a repulsão entre cadeias, o que aumenta a hidratação do grânulo. A fosfatação é dada pela imersão e agitação controlada do amido em solução aquosa contendo o reagente, geralmente tripolifosfato de sódio. Essa solução é então centrifugada e seca para ser aquecida a alta temperatura, entre 100 °C e 130 °C, garantindo a efetividade do processo de modificação. O excesso de fósforo é removido por diálise (FONSECA *et al.*, 2019; XIE *et al.*, 2005), sendo os teores de fósforo residual permitidos de acordo com a recomendação do *Codex Alimentarius*, o qual preconiza teor de fósforo residual de no máximo 0,4%, exceto para amidos de batata ou trigo nos quais são permitidos teores de até 0,5% (XIE *et al.*, 2005).

A fosfatação pode ser realizada em diferentes níveis, ou seja, graus de substituição dos grupos funcionais e assim forma dois radicais de compostos de acordo com o pH utilizado no processo, o monoéster produzido em pH entre 6 e 10 ou diéster produzido em pH acima de 10, sendo que o último une duas moléculas de amido resultando em amido reticulado (CEREDA *et al.*, 2003; XIE *et al.*, 2005).

No geral, amidos fosfatados apresentam baixa viscosidade, baixa taxa de retrogradação e temperatura de pasta, alta claridade de pasta e alta estabilidade ao armazenamento e ciclos de congelamento/descongelamento. Essas características podem ser atribuídas ao aumento das interações iônicas entre as cadeias (CEREDA *et al.*, 2003;

ZHU, 2017). São bastante aplicados nas indústrias de papel e papelão, aumentando sua resistência a permeação de água e promovendo um acabamento uniforme, selando os poros e aprimorando a impressão. Em alimentos são aplicados em doces de goma promovendo maciez e transparência. São também aplicados em alimentos refrigerados, congelados e enlatados (CEREDA *et al.*, 2003).

Batista *et al.* (2008) realizaram a modificação por fosfatação em amidos de milho em diferentes graus de substituição e relataram que esta modificação pode induzir a formação de amido resistente, sendo a quantidade de amido resistente maior de acordo com o aumento no grau de substituição. Ainda, os autores reportaram um aumento na viscosidade máxima e que os amidos mantiveram constante a temperatura de pasta mesmo quando o grau de substituição foi aumentado.

9.3.2 RETICULAÇÃO (*CROSSLINKING*)

A produção de ligações químicas laterais em diferentes cadeias é chamada de reticulação. Amidos reticulados podem ser produzidos pela reação de hidroxila primária (6-OH) ou secundária (2-OH e 3-OH) da molécula com o reagente contendo dois ou mais grupos funcionais formando assim uma rede tridimensional (XIE *et al.*, 2005). Os reagentes mais utilizados são oxicloreto de fósforo, epicloridrina, tripolifosfato de sódio e trimetafosfato de sódio, reagentes capazes de formar ligações intramolecular e intermolecular entre os grupos hidroxilas do amido (BRUNI *et al.*, 2018; HAQ *et al.*, 2019; KOO *et al.*, 2010; MASINA *et al.*, 2017).

A reticulação é um processo com reação relativamente rápida na qual o amido é homogeneizado com o agente reticulante em alto pH (8-11, dependendo do reagente) sob aquecimento brando (35 °C). Depois é lavado e seco em estufa para futura diálise, visando remover o excesso de fósforo (BRUNI *et al.*, 2018; XIE *et al.*, 2005).

Amidos reticulados apresentam alto poder de inchamento e são sensíveis à ação de ácidos, ocorrendo rápida quebra da viscosidade e sendo propícios a fragmentação quando colocados sob agitação ou calor. Para isso, a modificação de reticulação previne a ruptura do grânulo e a perda de viscosidade sob condições ácidas (XIE *et al.*, 2005). Ainda, apresentam maior estabilidade de pasta em meio ácido, reduzida viscosidade, maior temperatura de gelatinização, maior resistência a altas temperaturas, a baixos pH e à ação mecânica, menor solubilidade e maior mobilidade (CHEN *et al.*, 2015; MASINA *et al.*, 2017).

O amido ceroso (com baixo teor de amilose) modificado por reticulação é utilizado em processos onde a capacidade de espessamento e claridade são necessários (BEMILLER; WHISTLER, 2009). Quando reticulados inadequadamente ou cozidos demais, eles apresentam consistência rígida ao serem resfriados. Amidos cerosos produzem pastas fracas e coesivas gerando alta habilidade de congelamento/descongelamento aos produtos os quais são adicionados (ELIASSON, 2004).

Na indústria de alimentos, amidos reticulados são utilizados para estabilizar estruturas granulares, reduzir a expansão de alimentos (KOO *et al.*, 2010). São aplicados na produção de molhos ácidos, alimentos submetidos a processo drásticos com altas temperaturas e alto cisalhamento, molhos para saladas, temperos, alimentos para bebês, pudins, alimentos fritos e sopas, todos para promover textura (XIE *et al.*, 2005).

Koo *et al.* (2010) avaliaram o efeito da reticulação nas propriedades físico-químicas de amido de milho. Os autores reportaram redução no poder de inchamento, na solubilidade e claridade de pasta quando comparado com o amido de milho nativo. O padrão de cristalinidade não foi alterado com a modificação.

9.3.3 ACETILAÇÃO

No amido modificado por acetilação, parte dos grupamentos hidroxila dos monômeros da glicose são convertidos em radicais acetil (CEREDA *et al.*, 2003; EL HALAL *et al.*, 2015a). Os grupos acetil são introduzidos pela remoção de hidrogênio no grupo hidroxila formando um éster (HAQ *et al.*, 2019). A reação ocorre principalmente na região amorfa do grânulo a qual é mais acessível (XIE *et al.*, 2005). O reagente mais utilizado é o anidrido acético em condições alcalinas, com hidróxido de sódio como catalisador (EL HALAL *et al.*, 2015a).

O amido acetilado é preparado pela sua mistura com o reagente em pH 8 e aquecido a 30 °C, em seguida o pH é ajustado para 6-7, e o amido é lavado e seco. A acetilação pode ser realizada para produção de amidos com baixo (0.01 e 0.1), médio (0.1 e 0.3) e alto (2 e 3) grau de substituição, sendo o de baixo grau o mais utilizado comercialmente. Amidos com baixo teor de amilose são mais propícios a alto grau de substituição, uma vez que a modificação ocorre principalmente nas cadeias amorfas onde os grupos acetil penetram mais facilmente (MASINA *et al.*, 2017).

Quando comparados aos amidos nativos a temperatura de gelatinização dos amidos acetilados reduz em até 7°C e é verificada uma redução na tendência a retrogradação e sinérese e uma perda de textura durante o armazenamento. As pastas de amido acetilado mostram maior estabilidade a congelamento/descongelamento e ao resfriamento, apresentando menor viscosidade e maior solubilidade e poder de inchamento. São largamente utilizados em produtos de panificação, temperos, sopas, alimentos para crianças recém nascidas, enlatados, entre outros (BERTOLINI, 2010; EL HALAL *et al.*, 2015a; XIE *et al.*, 2005; ZHU, 2017).

Chi *et al.* (2008) modificaram amido de milho por acetilação e observaram que a acetilação promoveu alteração na estrutura cristalina do amido de milho formando uma nova estrutura cristalina com diferente padrão de cristalinidade do amido nativo. O amido acetilado apresentou maior hidrofobicidade ampliando seu espectro de aplicação.

9.3.4 OXIDAÇÃO

A oxidação é dada pela despolimerização das cadeias de amido, ocorrendo nas hidroxilas primárias (C-6) e secundárias (C-2, C-3, e C-4), as quais são transformadas em radicais carbonila (CO) e carboxila (COOH) (EL HALAL *et al.*, 2015a; MASINA *et al.*, 2017). A reação ocorre nas regiões amorfas, assim não apresenta diferenças no padrão de cristalinidade. Assim, a oxidação em amidos de alta amilose é ainda mais difícil, limitando o acesso do agente oxidante às duplas hélices das cadeias de amilopectina (VANIER *et al.*, 2017; XIE *et al.*, 2005).

A reação de oxidação ocorre com controle de temperatura, tempo e pH sendo rápida em pH 7 e lenta em pH 10 (EL HALAL *et al.*, 2015a; MASINA *et al.*, 2017; XIE *et al.*, 2005). Os reagentes mais utilizados são hipoclorito de cálcio, hipoclorito de sódio, persulfato de amônia, permanganato de potássio, cloridrato de sódio, peróxido de hidrogênio. A reação ocorre quando misturado o amido com água destilada e o reagente, sob agitação e temperatura de aproximadamente 35 °C em um reator. Logo, o amido é lavado e seco em estufa (EL HALAL *et al.*, 2015a; FONSECA *et al.*, 2015).

A oxidação apresenta efeito em propriedades como solubilidade, poder de inchamento, viscosidade e estabilidade térmica que reduzem em relação ao nativo. O grânulo de amido oxidado apresenta coloração mais branca. Ainda, acarreta no aumento da claridade, estabilidade e fluidez da pasta, uma vez que interfere diretamente na tendência a retrogradação da amilose (BERSKI *et al.*, 2010; BERTOLINI, 2010; ZHU, 2017). Quando modificado, o amido de milho não apresenta alterações no tamanho do grânulo em comparação com o nativo, já o amido de trigo apresenta um aumento no diâmetro em torno de 16% (XIE *et al.*, 2005).

A oxidação do amido é uma modificação química bastante utilizada nas indústrias de papel, têxtil e de alimentos. Aplicações em alimentos para amidos oxidados incluem seu uso como agentes aglutinantes e produtos que requerem maciez e transparência como gomas doces (BERTOLINI, 2010; CHEN *et al.*, 2015; XIE *et al.*, 2005). São utilizados como ligante em massas, empanados, recheios e em confeitaria, como emulsificante, condicionador de massa, em panificação, formador de filme, como revestimento de alimentos e como texturizantes de laticínios (EL HALAL *et al.*, 2015a). Um dos fatores a ser considerado na modificação de oxidação é o teor de cloro ativo em reagentes como hipoclorito de sódio, o qual está diretamente ligado à quantidade de grupos carbonila e carboxila inseridos na molécula e que define as propriedades do amido modificado.

Kuakpetoon e Wang (2006) avaliaram o efeito da oxidação em amidos de milho com diferentes teores de amilose (ceroso, normal e alta amilose) modificado com diferentes teores de cloro ativo (5,0%, 0,8% e 2,0%). Os autores relataram que quanto maior o teor de cloro ativo, maior inserção de grupos carbonila e carboxila. Ainda, obtiveram maior teor de carbonila e carboxila para o amido de milho ceroso (baixa amilose) oxidado com 5% de cloro ativo. Assim, a proporção amilose e amilopectina do amido de milho influencia no controle da eficiência de oxidação e nas propriedades físico-químicas dos amidos oxidados.

9.4 MODIFICAÇÕES FÍSICAS

A modificação física do amido pode ser realizada por calor, pressão, radiação, umidade e cisalhamento. Essas têm ganhado atenção, pois ao contrário das modificações químicas, as modificações físicas não geram resíduos químicos, além de não conter resíduos dos reagentes químicos utilizados na sua produção. Assim, os amidos gerados por modificações físicas são eco amigáveis e proporcionam propriedades funcionais aos amidos para aplicações específicas. No geral, essas modificações acarretam alterações que ocorrem de acordo com as características de cada amido, como sua fonte e o teor de amilose/amilopectina e os parâmetros de cada processo.

9.4.1 *ANNEALING* E TRATAMENTO TÉRMICO DE BAIXA UMIDADE (TTBU)

Modificações hidrotérmicas, como *annealing* e tratamento térmico de baixa umidade (TTBU), são modificações físicas que promovem alterações nos amidos pela reorganização estrutural, sem mudança na estrutura molecular. O *annealing* é um tratamento hidrotérmico que faz uso de altos teores de umidade (50% a 60%) e temperaturas mais brandas, levemente abaixo da temperatura de gelatinização, podendo variar de acordo com o tempo de exposição do amido e da intensidade de modificação desejada (ZAVAREZE; DIAS, 2011).

Em amidos modificados por *annealing* ocorre um aumento na cristalinidade, estabilidade térmica, temperatura de gelatinização e tamanho granular do amido. A solubilidade em água e o poder de inchamento do amido são diminuídos quando essa modificação física é aplicada, possivelmente devido a reorganização estrutural das moléculas de amilose e amilopectina do amido, diminuindo o intumescimento do grânulo durante a gelatinização (ALCÁZAR-ALAY; MEIRELES, 2015).

O TTBU também é um tratamento hidrotérmico que, ao contrário do *annealing*, utiliza altas temperaturas (90 °C a 110 °C) e baixos teores de umidade (18% a 27%) no processo, sem ocorrer a gelatinização do amido. Essa modificação acarreta degradação molecular de cadeias de amido, em alterações morfológicas no grânulo e em sua digestibilidade, reduz propriedades como temperatura de gelatinização, retrogradação, poder de inchamento, solubilidade e a capacidade de ligação com a água. Ainda, proporciona estabilidade ao calor, ao cisalhamento e ao congelamento, não somente de amidos de milho, mas também de outros cereais, raízes e tubérculos, o que os torna propícios para produção de massas alimentícias, alimentos congelados e enlatados (BEMILLER; WHISTLER, 2009; ZAVAREZE; DIAS, 2011). Amidos modificados por TTBU e *annealing* são normalmente aplicados na indústria alimentícia por aprimorarem as qualidades dos alimentos como aparência, estabilidade e vida útil. São vistas aplicações em farinhas, pães, massas e materiais de emulsificação (COLLAR; ARMERO, 2018).

Liu *et al.* (2009), em um estudo com amido de milho modificado fisicamente por *annealing*, mostraram que a modificação em excesso de água a temperatura de 50 °C acarretou alterações nas propriedades térmicas. Essas alterações apresentaram diferenças de acordo com o teor de amilose dos diferentes tipos de amidos de milho. No geral, a estabilidade térmica dos amidos aumentou, assim como o tamanho do grânulo em diâmetro. Os autores reportaram que não houve alterações na cristalinidade dos amidos (LIU *et al.*, 2009). Amidos de milho modificados por *annealing* também apresentam maior susceptibilidade enzimática e rápida digestibilidade em comparação aos nativos e isso ocorre para todos os tipos, ceroso, normal e alto teor amilose (ZAVAREZE; DIAS, 2011).

Annealing também foi utilizado para modificar amido de milho e produzir um complexo de amido/lisina/óleo de milho em um estudo realizado por Ji (2020). O objetivo deste estudo foi avaliar o efeito da modificação do amido na interação entre os três componentes do complexo e observar o impacto do aminoácido e do óleo na estrutura e na digestibilidade do amido. A modificação apresentou um efeito positivo na digestibilidade do amido e a formação do complexo tem potencial para o desenvolvimento de novos produtos com baixo índice glicêmico.

9.4.2 PRÉ-GELATINIZAÇÃO

Outro tipo de modificação física aplicada ao amido é para obtenção de pré-gelatinizados, os quais são modificados fisicamente em duas fases, sendo pela sua cocção e secagem sob condições que propiciem pouca reassociação molecular. A primeira fase ocorre por um pré-tratamento realizado por processo em batelada (autoclaves) ou contínuo (*jet-cooking*) e com posterior secagem que pode ocorrer pela suspensão do amido em *spray-dryer* ou em tambores cilíndricos aquecidos por vapor (*drum-dryer*) ou em um extrusor (CEREDA *et al.*, 2003).

Os amidos pré-gelatinizados apresentam o grânulo intumescido e rápida hidratação, sendo normalmente solúveis em água fria, não necessitando assim, o uso de altas temperaturas para aumento da viscosidade (BEMILLER, 2018; BERTOLINI, 2010; MAJZOOBI *et al.*, 2015). Na indústria são utilizados para controlar a viscosidade a frio, e como estabilizantes, promovendo estabilidade ao congelamento/descongelamento. São aplicados a sorvetes, macarrão instantâneo e outros alimentos prontos, promovendo maior viscosidade e maior maciez na sua textura. São bastante utilizados em alimentos prontos secos e produtos de conveniência como pudins e alimentos infantis, pois auxiliam na rápida cocção, no desenvolvimento de viscosidade imediatamente na hora do consumo, bem como de fácil digestão. Além disso, são utilizados em produtos que são produzidos a baixas temperaturas e que contém componentes sensíveis ao calor como vitaminas (BERTOLINI, 2010; MAJZOOBI *et al.*, 2015).

Yousif *et al.* (2012) produziram amido de milho pré-gelatinizado para substituição (5%, 10% e 15%) de farinha de trigo no processamento de massas. Quanto aos amidos, a viscosidade e a capacidade de ligação com água e óleo aumentaram e o teor de proteína e lipídeos foi reduzido. Quando aplicados às massas, tanto o amido nativo quanto o pré-gelatinizado não alteraram os atributos sensoriais quando comparados com as amostras controle (produzidas somente com farinha de trigo). Assim, o amido de milho pré-gelatinizado pode ser utilizado para o processamento de massas de alta qualidade.

9.4.3 ALTA PRESSÃO

A modificação física que utiliza alta pressão pode ser realizada com processo estático utilizando alta pressão hidrostática ou por homogeneizadores, sendo as duas utilizadas para aplicações em alimentos por ser uma tecnologia que produz alimentos com processo mínimo e por sua tecnologia de produção eficiente. Na primeira forma ocorre a gelatinização parcial ou total do grânulo, sendo a total resultando na conversão de suspensões aquosas em gel. Entretanto, mesmo ocorrendo a gelatinização, a forma granular é mantida. A homogeneização por alta pressão é realizada a pressões acima de 400 Mpa e o grau de modificação é determinado por parâmetros como tempo e pressão (BEMILLER; HUBER, 2015).

Amidos de cereais, como milho, são mais susceptíveis a essa modificação. O teor de amilose influencia diretamente, sendo o amido de milho ceroso mais facilmente modificado por alta pressão hidrostática que os amidos de alto teor de amilose ou normal. Ocorre alteração nas propriedades de pasta, como aumento nas temperaturas de pico e de gelatinização e também a perda da cristalinidade e o aumento da solubilidade (BEMILLER, 2018).

Podem ser aplicados em diversas indústrias como química, farmacêutica, de biotecnologia e na indústria alimentícia como em laticínios, embalagens (WEI *et al.*, 2016). Yang *et al.* (2013) realizaram um estudo com amidos de milho de diferentes teores de amilose (ceroso e alta amilose), modificados com alta pressão hidrostática, e avaliaram a gelatinização desses amidos pela técnica de difração de raios X. De acordo com os difratogramas apresentados neste estudo, os amidos de milho modificados apresentaram perda da cristalinidade, sugerindo sua gelatinização total. Li *et al.* (2013) aplicaram alta pressão em amidos de milho de normal amilose e ceroso, produzindo amidos retrogradados. Os autores reportaram redução na cristalinidade, formação de amido resistente, redução na viscosidade da pasta e sugeriram potencial aplicação para esses amidos em alimentos.

9.5 MODIFICAÇÕES ENZIMÁTICAS

As modificações enzimáticas, assim como as físicas, não geram resíduos químicos e têm uma ampla gama de aplicações. O uso de enzimas para modificação do amido objetiva sua hidrólise e é seguro para o meio ambiente e para os consumidores de produtos que contenham esses amidos em sua composição. O uso de enzimas amilolíticas catalisam reações de hidrólise específicas (de acordo com a enzima escolhida), e devido à não geração de resíduos, necessitam de menor ou nenhum processo de purificação. Os amidos modificados por via enzimática são hidrolisados e promovem uma redução no peso molecular da amilose e da amilopectina. Durante a modificação pode ocorrer a liberação de compostos com menor peso molecular e açúcares simples, como maltodextrinas, dextrinas, maltose e glicose (ELIASSON, 2004; XIE *et al.*, 2005). Assim como nas outras modificações, a fonte de amido e o teor de amilose influenciam diretamente na ação da modificação. Os amidos de milho ceroso são mais susceptíveis a ação das enzimas do que amidos de milho com alto teor de amilose (BEMILLER; WHISTLER, 2009).

O amido hidrolisado por enzimas atinge propriedades funcionais promissoras para sua aplicação em produtos alimentícios. Amidos modificados enzimaticamente são comumente utilizados como ingredientes na produção de xaropes de glicose, como em doces na substituição de sacarose a fim de diminuir a cristalização e granulosidade durante a produção e armazenamento, possibilitando o aumento na quantidade de açúcar utilizada em sua produção (ELIASSON, 2004).

Outra aplicação seria na produção de *fondants* que são as coberturas utilizadas em bolos e doces, promovendo textura (ELIASSON, 2004). Amidos hidrolisados são também aplicados em alimentos funcionais utilizados como alimentos saudáveis e que contenham baixo teor de gordura a fim de promover textura, cor, palatabilidade e estabilidade. São ótimos substitutos de ingredientes como gordura, pois promovem a mesma textura que os alimentos com alto teor de gordura (BERTOLINI, 2010).

Existem diversas enzimas que podem ser utilizadas para clivar as moléculas de amido. Estas são divididas em famílias como amiloglicosidase, pululanase, isoamilase e as mais utilizadas, as amilases (ELIASSON, 2004). A cinética de hidrólise do amido com enzimas amilases varia de acordo com a fonte botânica do amido, a fonte da enzima amilase e a estrutura organizacional do grânulo (PUNIA, 2020).

9.5.1 AMILASES

Na família das amilases encontramos diferentes enzimas como α-amilase, β-amilase e 1,4-α -glucana. A α-amilase é uma endoenzima que hidrolisa ligações glicosídicas α-1,4 das cadeias de amilose e amilopectina de forma aleatória (ao acaso) no interior da cadeia linear. Seus produtos são oligossacarídeos lineares, ramificados, glicose, maltose e dextrinas limite (PORTO *et al.*, 2020; PUNIA, 2020).

A técnica para modificação varia de acordo com o produto que se deseja obter, por exemplo, a modificação para produção de maltodextrina com α-amilase ocorre basicamente pela dispersão do amido em uma suspensão com pH controlado (6,5) contendo a enzima. Após, essa suspensão passa para aquecimento (90 °C a 95 °C por 120 min) e logo para inativação da enzima, onde é reduzido o pH (3,5). Logo, é filtrado e seco em equipamentos como *Spray Drying*, gerando neste caso, maltodextrinas. Para geração de maltose e glicose, ocorrem alterações no processo como após o aquecimento ser realizada uma sacarificação com glucoamilase (60 °C; amilase fúngica, 55 °C) formando assim maltose e glicose.

Esse tipo de modificação acarreta alterações na viscosidade, estrutura, peso molecular e solubilidade (PUNIA, 2020). Amidos modificados com amilases são aplicados em indústrias de papel, têxteis, de alimentos, entre outras (PUNIA, 2020). Na indústria de alimentos as maltodextrinas são utilizadas como estabilizantes e espessantes, em sucos, gomas, pastas, suplementos energéticos, molhos para saladas, produtos lácteos e bebidas. A glicose em refrigerantes e balas e a maltose em confeitaria, produtos de panificação, congelados, balas e cervejas.

Outro tipo de amilase é a enzima ramificadora 1,4-α-glucana (*glucan branching enzyme*, GBE) que cliva as ligações glicosídicas α-1,4 e depois reconecta as cadeias formando novas ligações α-1,6, o que leva a um aumento no grau de ramificação das cadeias do amido. O uso dessa enzima é dado principalmente pela capacidade de reduzir a retrogradação do amido. Assim, quando processado, esse amido tem maior resistência a retrogradação devido ao aumento do teor de amilopectina nas cadeias, a qual apresenta menor taxa de recristalização que a amilose. Amidos modificados pela enzima 1,4-α-glucana tem alto potencial para aplicação em alimentos de panificação (WENWEN *et al.*, 2016).

Wenwen *et al.* (2016) realizaram hidrólise enzimática de amido de milho com a enzima ramificadora 1,4-α-glucana e avaliaram sua influência na retrogradação do amido. Os autores reportaram redução na retrogradação independentemente do tempo de tratamento quando aplicada a enzima. Assim, sugerindo esse método para a preparação de produtos de amido de milho resistentes à retrogradação, visando sua aplicação no desenvolvimento de produtos à base de amido com maior vida útil.

Ren *et al.* (2017) também utilizaram a enzima ramificadora 1,4-α-glucana para modificação de amido de milho ceroso e reportaram uma redução no tamanho da cadeia de amido e nas propriedades de pasta como quebra, pico de viscosidade e retrogradação, mostrando maior estabilidade de pasta.

9.6 ESTUDOS COM AMIDO DE MILHO MODIFICADO E SUAS APLICAÇÕES NA NANOTECNOLOGIA E EM EMBALAGENS DE ALIMENTOS

O amido de milho modificado apresenta uma gama de propriedades específicas, sendo utilizado em indústrias e mostrando-se promissor para novas aplicações abordadas em estudos científicos. Para aplicações em embalagens de alimentos, o amido nativo apresenta limitações como baixa resistência à umidade e permeação de água, baixa resistência mecânica e incompatibilidade com alguns polímeros. Para assegurar sua efetividade como matriz polimérica na formação de embalagens e para conter e proteger os alimentos de forma segura, amidos modificados podem ser utilizados (BERTOLINI, 2010).

López *et al.* (2010) avaliaram os efeitos de diferentes modificações (acidificação, reticulação e acetilação) nas propriedades de amido de milho bem como na formação de filmes biodegradáveis. Quanto aos efeitos das modificações nos amidos, os autores observaram uma redução na cristalinidade, poder de inchamento, temperatura de gelatinização e retrogradação. Na formação de filmes, o amido acidificado não formou uma matriz contínua. Já os amidos modificados por acetilação e reticulação formaram filmes transparentes, sendo o acetilado com melhor capacidade de formação de filmes. Assim, a modificação química do amido é efetiva no aprimoramento de propriedades funcionais e aplicações de amidos na formação de filmes biodegradáveis com potencial para embalagens de alimentos.

O amido de milho vem sendo também estudado de acordo com seu uso na nanotecnologia, para a produção de nanomateriais, nanocristais e nanofibras (KONG; ZIEGLER, 2012; LANCUŠKI *et al.*, 2015; LIU *et al.*, 2017). A produção de nanofibras com amido de milho modificado também é encontrada em estudos, como Fonseca *et al.* (2019), que utilizaram amidos de milho de nativos e modificados por fosfatação para produção de nanofibras pela técnica de *electrospinning* com potencial para ser usado como encapsulante de compostos bioativos. Pela mesma técnica, Xu *et al.* (2009) produziram nanofibras de amido de milho de alta amilose modificado por acetilação em diferentes graus de substituição, sendo as nanofibras avaliadas para liberação de fármacos. Os autores relataram que em maiores graus de substituição, a liberação do fármaco foi maior e mais controlada ao longo do tempo. Essa aplicação do amido de milho promete ser promissora na indústria de alimentos como na área de embalagens e na indústria farmacêutica pelo uso desses nanomateriais como carreadores de medicamentos.

Murúa-Pagola *et al.* (2009) utilizaram um método não convencional para modificação química de amido denominado extrusão reativa, por acetilação, succinilação e forfatação, para aplicação na produção de microcápsulas por *spray drying* para encapsulação de óleo da casca de laranja. Esses materiais apresentam grande potencial para encapsulação de compostos bioativos e sua aplicação em alimentos ou embalagens de alimentos, visando uma liberação controlada e específica.

Nanocristais são produzidos pela modificação do amido por hidrólise ácida ou enzimática em temperaturas abaixo da temperatura de gelatinização, formando um material com alta cristalinidade. Diversas aplicações são possíveis devido à sua alta cristalinidade, à sua escala nanométrica, biodegradabilidade e biocompatibilidade (DAI *et al.*, 2019; ZHOU *et al.*, 2016).

Zhou *et al.* (2016) utilizaram amido de milho ceroso para produção de nanocristais por hidrólise ácida com ácido sulfúrico. Após sua produção realizaram reticulação com ácido cítrico em diferentes tempos de reticulação (2 horas, 4 horas e 6 horas), visando ampliar as aplicações dos nanocristais pela obtenção de nanocristais com caráter hidrofóbico. Esses autores reportaram menores diâmetros e maior hidrofobicidade nos nanocristais modificados. Além disso, a cristalinidade foi preservada e foram sugeridas aplicações na indústria de alimentos e fármacos, como estabilizador de emulsão, modificador de reologia e como veículo para liberação de medicamentos.

Dai *et al.* (2019) produziram nanocristais de amido de milho ceroso combinando as modificações de TTBU e hidrólise ácida. Os autores modificaram o amido de forma física por TTBU objetivando obter um amido com maior cristalinidade e em seguida realizaram reticulação com ácido cítrico, que é um método bem estabelecido na formação de nanocristais. Por meio dessa combinação, a pesquisa visou produzir nanocristais em um processo com menos tempo e maior rendimento. Os resultados demonstraram que o TTBU aumentou a cristalinidade dos amidos, mas também causou alteração na superfície dos grânulos, que apresentaram orifícios. Os autores avaliaram diferentes tempos de hidrólise (variando de 1 a 5 dias), sendo que em quatro dias foram obtidos nanocristais com cristalinidade relativa maior em comparação aos demais. Além disso, com o método de modificação do amido para aumento da cristalinidade, pode-se melhorar a eficiência da produção e o rendimento dos nanocristais.

9.7 CONSIDERAÇÕES FINAIS

O amido de milho é utilizado na indústria para diversas aplicações em produtos alimentícios. Entretanto, apresenta limitações e por isso a sua modificação é realizada visando a alterações em suas propriedades estruturais e físico-químicas aumentando seu espectro de aplicação. As modificações podem ser químicas, físicas e enzimáticas, sendo escolhidas de acordo com as características que se deseja obter no amido e a aplicação a que se destina.

As modificações químicas englobam a oxidação, a fosfatação, a acidificação, a succinação, a acetilação, entre outras. Estas conferem propriedades aprimoradas ao amido de milho ao promover alterações na sua estrutura química pela inserção de novos grupos funcionais de acordo com o reagente escolhido. Já as modificações físicas são realizadas por calor, pressão, radiação e umidade. Estas, assim como as modificações enzimáticas, não geram resíduos químicos por não utilizarem de reagentes químicos. As modificações enzimáticas fazem uso de enzimas, como as amilases, para hidrolisar o amido promovendo a liberação de compostos com menor peso molecular e açúcares simples, como maltodextrinas, dextrinas, maltose e glicose.

REFERÊNCIAS

ALCÁZAR-ALAY, S. C.; MEIRELES, M. A. A. Physicochemical properties, modifications and applications of starches from different botanical sources. *Food Science and Technology* (Campinas), v. 35, n. 2, p. 215-236, 2015.

BATISTA, W. P.; MENDES, C. E.; LIBERATO, M. C.. Propriedades químicas e de pasta dos amidos de trigo e milho fosforilados. *Ciência e Tecnologia de Alimentos*, 2008.

BEMILLER, J. N. Physical modification of starch. *In*: SJÖÖ, M.; NILSSON, L. *Starch in food*: structure, function and applications. 2. ed. *[s.l.]*: Elsevier, 2018. p. 223-253.

BEMILLER, J. N.; HUBER, K. C. Physical modification of food starch functionalities. *Annual Review of Food Science and Technology*, v. 6, n. 1, p. 19-69, 2015.

BEMILLER, J.; WHISTLER, R. *Starch*: chemistry and technology. 3. ed. [*s.l.*]: Elsevier, 2009. v. 3.

BERSKI, W. *et al.* Pasting and rheological properties of oat starch and its derivatives. *Carbohydrate Polymers*, v. 83, p. 665-671, 2010.

BERTOLINI, A. C. *Starches*: characterization, properties and applications. *[s.l.]*: CRC Press, Taylor & Francis Group, 2010.

BRUNI, G. P. *et al.* Phosphorylated and cross-linked wheat starches in the presence of polyethylene oxide and their application in biocomposite films. *Starch-Staerke*, v. 70, n. 7-8, p. 1-9, 2018.

CEREDA, M. P.; VILPOUX, O.; DEMIATE, I. M. Amidos modificados. *In*: *Tecnologia, usos e potencialidades de tuberosas amiláceas latino americanas*. São Paulo: Fundação Cargill, 2003. p. 246-332. (Culturas de Tuberosas Amiláceas Latino Americanas, v. 3).

CHEN, Q. *et al.* Recent progress in chemical modification of starch and its applications. *Royal Society of Chemistry - RSC Adv.*, v. 5, n. 83, p. 67459-67474, 2015.

CHI, H. *et al.* Effect of acetylation on the properties of corn starch. *Food Chemistry*, v. 106, n. 3, p. 923-928, 2008.

COLLAR, C.; ARMERO, E. Impact of heat moisture treatment and hydration level of flours on the functional and nutritional value-added wheat-barley blended breads. *Food and Bioprocess Technology*, v. 11, n. 5, p. 966-978, 2018.

DAI, L.; ZHANG, J.; CHENG, F. Succeeded starch nanocrystals preparation combining heat-moisture treatment with acid hydrolysis. *Food Chemistry*, v. 278, p. 350-356, 2019.

EL HALAL, S. L. M. *et al.* Structure, morphology and functionality of acetylated and oxidised barley starches. *Food Chemistry*, v. 168, p. 247-56, fev. 2015a.

EL HALAL, S. L. M. E. L. *et al.* Films based on oxidized starch and cellulose from barley. *Carbohydrate Polymers*, v. 133, p. 644-53, nov. 2015b.

ELIASSON, A. C. *Starch in food*: structure, function and applications. Cambridge England: CRC Press, Woodhead Publishing, 2004.

FONSECA, L. M. *et al.* Oxidation of potato starch with different sodium hypochlorite concentrations and its effect on biodegradable films. *Food Science and Technology*, v. 60, p. 714-720, 2015.

FONSECA, L. M. *et al.* Electrospinning of native and anionic corn starch fibers with different amylose contents. *Food Research International*, v. 116, p. 1318-1326, 2019.

HAQ, F. *et al.* Advances in chemical modifications of starches and their applications. *Carbohydrate Research*, v. 476, p. 12-35, 2019.

JI, Y. Effect of annealing on the functional properties of corn starch/corn oil/lysine blends. *International Journal of Biological Macromolecules*, v. 144, p. 553-559, 2020.

KONG, L.; ZIEGLER, G. R. Role of molecular entanglements in starch fiber formation by electrospinning. *Biomacromolecules*, v. 13, n. 8, p. 2247-2253, ago. 2012.

KOO, S. H.; LEE, K. Y.; LEE, H. G. Effect of cross-linking on the physicochemical and physiological properties of corn starch. *Food Hydrocolloids*, v. 24, n. 6-7, p. 619-625, 2010.

KUAKPETOON, D.; WANG, Y.-J. Structural characteristics and physicochemical properties of oxidized corn starches varying in amylose content. *Carbohydrate Research*, v. 341, n. 11, p. 1896-1915, ago. 2006.

LANCUŠKI, A. *et al.* Rheological properties and electrospinnability of high-amylose starch in formic acid. *Biomacromolecules*, v. 16, n. 8, p. 2529-2536, ago. 2015.

LI, W. *et al.* Recrystallization characteristics of high hydrostatic pressure gelatinized normal and waxy corn starch. *International Journal of Biological Macromolecules*, v. 83, p. 171-177, 2016a.

LI, W. *et al.* Retrogradation behavior of corn starch treated with 1,4-α-glucan branching enzyme. *Food Chemistry*, v. 203, p. 308-313, 2016b.

LI, Wenhao *et al.* Effect of nitrogen and sulfur fertilization on accumulation characteristics and physicochemical properties of A-and B-wheat starch. *Journal of agricultural and food chemistry*, v. 61, n. 10, p. 2418-2425, 2013.

LIU, G. *et al.* Electrospun starch nano fibers: recent advances, challenges, and strategies for potential pharmaceutical applications. *Journal of Controlled Release*, v. 252, p. 95-107, 2017.

LIU, H. *et al.* Effects of annealing on gelatinization and microstructures of corn starches with different amylose/amylopectin ratios. *Carbohydrate Polymers*, v. 77, n. 3, p. 662-669, 2009.

LÓPEZ, O. V.; ZARITZKY, N. E.; GARCÍA, M. A. Physicochemical characterization of chemically modified corn starches related to rheological behavior, retrogradation and film forming capacity. *Journal of Food Engineering*, v. 100, n. 1, p. 160-168, set. 2010.

MAJZOOBI, M. *et al.* Physical properties of pregelatinized and granular cold water swelling maize starches in presence of acetic acid. *Food Hydrocolloids*, v. 51, p. 375-382, 2015.

MASINA, N. *et al.* A review of the chemical modification techniques of starch. *Carbohydrate Polymers*, v. 157, p. 1226-1236, 2017.

MURÚA-PAGOLA, B.; BERISTAIN-GUEVARA, C. I.; MARTÍNEZ-BUSTOS, F. Preparation of starch derivatives using reactive extrusion and evaluation of modified starches as shell materials for encapsulation of flavoring agents by spray drying. *Journal of Food Engineering*, v. 91, n. 3, p. 380-386, 2009.

OSTRANDER, B. M. Maize starch for industrial applications. *In*: CRUZ, V. M. V.; DIERIG, D. A. (Eds.). *Industrial crops*: breeding for bioenergy and bioproducts. New York: Springer, 2015. p. 171-189.

PORTO, M. D. A. *et al.* Crosslinked electrospun polyvinyl alcohol-based containing immobilized α-amilase for food application. *Journal of Food Processing and Preservation*, v. 44, n. 5, p. 1-7, 2020.

PUNIA, S. Barley starch modifications: physical, chemical and enzymatic – a review. *International Journal of Biological Macromolecules*, v. 144, p. 578-585, 2020.

REN, J. *et al.* Pasting and thermal properties of waxy corn starch modified by 1,4-α-glucan branching enzyme. *International Journal of Biological Macromolecules*, v. 97, p. 679-687, 2017.

VANIER, N. L. *et al.* Molecular structure, functionality and applications of oxidized starches: a review. *Food Chemistry*, v. 221, p. 1546-1559, 2017.

WEI, B. *et al.* High-pressure homogenization induced degradation of amylopectin in a gelatinized state. *Starch-Staerke*, v. 68, n. 7-8, p. 734-741, 2016.

WENWEN, Yu et al. Molecular brewing: Molecular structural effects involved in barley malting and mashing. Carbohydrate polymers, v. 206, p. 583-592, 2019.

XIE, S. X.; LIU, Q.; CUI, S. W. Starch modification and applications. *In*: CUI, S. W. (Ed.). *Food carbohydrates*: chemistry, physical properties, and applications. Boca Raton: CRC Press, LLC, 2005.

XU, W.; YANG, W.; YANG, Y. Electrospun starch acetate nanofibers: development, properties, and potential application in drug delivery. *Biotechnology Progress*, v. 25, n. 6, p. 1788-1795, 2009.

YANG, Z.; GU, Q.; HEMAR, Y. In situ study of maize starch gelatinization under ultra-high hydrostatic pressure using X-ray diffraction. *Carbohydrate Polymers*, v. 97, n. 1, p. 235-238, 2013.

YOUSIF, E. I.; GADALLAH, M. G. E.; SOROUR, A. M. Physico-chemical and rheological properties of modified corn starches and its effect on noodle quality. *Annals of Agricultural Sciences*, v. 57, n. 1, p. 19-27, 2012.

ZAVAREZE, E. DA R.; DIAS, A. R. G. Impact of heat-moisture treatment and annealing in starches: a review. *Carbohydrate Polymers*, v. 83, n. 2, p. 317-328, 2011.

ZHOU, J. *et al.* Hydrophobic starch nanocrystals preparations through crosslinking modification using citric acid. *International Journal of Biological Macromolecules*, v. 91, p. 1186-1193, 2016.

ZHU, F. Structures, properties, modifications, and uses of oat starch. *Food Chemistry*, v. 229, p. 329-340, 2017.

CAPÍTULO 10
FARINHAS E PRODUTOS DEGERMINADOS

Dianini Hüttner Kringel

RESUMO

O milho é uma cultura mundialmente conhecida e representa uma valiosa alternativa para elaboração de produtos em países onde o trigo não está disponível a preços acessíveis. Além disso, o milho apresenta potencial como substituto da farinha de trigo em produtos destinados a portadores da doença celíaca, uma vez que não apresenta em sua composição o glúten, uma mistura de proteínas de armazenamento que confere aos produtos de panificação a formação de uma rede viscoelástica responsável por reter o gás produzido durante o processo de fermentação. Contudo, dada a ausência de glúten e ao teor reduzido de proteínas (cerca de 2% p/p) das farinhas de milho, o seu desempenho em produtos de panificação, em especial o pão, é confrontado por alguns desafios tecnológicos. Assim como em qualquer outro produto de panificação, diversas variáveis podem influenciar na qualidade do produto à base de farinha de milho, como a composição química da farinha, a formulação do produto, a granulometria da farinha, o genótipo, dentre outros. Desta forma, uma melhor compreensão destas variáveis é um fator imprescindível para o desenvolvimento de produtos de qualidade. Neste sentido, este capítulo resume os principais fatores que interferem nas propriedades dos produtos elaborados com farinha de milho, destacando seu potencial uso em produtos como broas, biscoitos, tortilhas, macarrão, entre outros, além de alternativas que visam à melhoria da qualidade destes produtos.

10.1 INTRODUÇÃO

O Brasil se caracteriza como o terceiro maior produtor de milho, ficando atrás apenas de Estados Unidos e China (USDA, 2019). Além disso, a Associação Brasileira de Produtores de Milho (Abramilho) afirma que esta cultura está presente em praticamente todos os países, em diferentes condições, apresentando assim uma vasta variedade.

O milho (*Zea mays*) é um cereal que, além de apresentar propriedades funcionais interessantes, é possível de ser inserido como ingrediente em dietas sem glúten, por não apresentar em sua composição as proteínas formadoras de glúten. Dependendo do país de origem, o milho se destina a produtos específicos, como por exemplo: no México, o milho está presente em formulações de produtos como "tortilhas"; por sua vez, em Portugal, o milho é utilizado principalmente na produção de "broas". A broa é um tipo de pão feito com mais de 50% de farinha de milho misturada com outras farinhas, como farinha de trigo ou centeio. O processo de panificação utilizado na produção das broas é muito empírico e vários tipos de broa podem ser produzidas dependendo da cultivar do milho utilizado na formulação. De forma geral, o processo tradicional envolve a adição de farinha de milho (farinha integral peneirada), água quente, farinha de trigo e fermento. Após o processo de mistura, descanso e fermentação, a massa é tradicionalmente assada em forno a lenha. Esse processo empírico resulta em um produto com características sensoriais marcantes e distintas.

A Celiac Sprue Association, o maior grupo sem fins lucrativos de apoio à doença celíaca nos Estados Unidos, relatou que a proteína do milho não causa nenhuma reação alérgica nos portadores da doença celíaca e, portanto, a farinha de milho pode ser considerada segura como ingrediente na formulação de produtos sem glúten, como pães, bolos, tortilhas, salgadinhos e biscoitos (RAI *et al.*, 2018).

Contudo, apesar da alta disponibilidade, as proteínas do milho não desenvolvem uma rede contínua após hidratação, resultando em massas sem propriedades de extensibilidade e retenção de gás, com isso, a farinha de milho não é capaz de formar massas coesas e elásticas capazes de reter o gás carbônico (CO2) produzido na etapa de fermentação, sendo este o seu principal problema do ponto de vista tecnológico.

Diversos são os fatores que exercem influência nas propriedades dos produtos produzidos com farinha de milho. No decorrer deste capítulo, será abordado cada um destes fatores individualmente, além de alternativas que vêm sendo sugeridas para a melhoria da qualidade destes produtos.

10.2 FATORES QUE AFETAM AS PROPRIEDADES DOS PRODUTOS À BASE DE FARINHA DE MILHO

10.2.1 COMPOSIÇÃO QUÍMICA DA FARINHA DE MILHO

A farinha de milho é considerada uma das principais substitutas da farinha de trigo para a formulação de alimentos sem glúten. No entanto, ela apresenta características discrepantes em relação às demais farinhas sem glúten comumente utilizadas nos produtos de panificação. O milho contém uma proteína de armazenamento chamada zeína, que não tem relação com o glúten em sua estrutura primária e é diferente das demais proteínas encontradas nos cereais tradicionais que contêm glúten, como trigo, cevada e centeio.

Diversos estudos têm reportado as propriedades físico-químicas da zeína e seus efeitos na panificação. Estes estudos relatam que quando combinado ao amido, a zeína é capaz de formar massas semelhantes ao trigo, devido à formação de redes de proteínas semelhantes às da glutenina. Além disso, estas pesquisas demonstram que a capacidade da zeína de formar redes de proteínas viscoelásticas depende da temperatura de mistura, sendo esta capacidade diminuída significativamente em temperaturas abaixo de 25 °C, isso devido à temperatura de transição vítrea relativamente alta da zeína (acima de 25 °C). Mais precisamente, a zeína é capaz de fornecer uma massa coesa, elástica e extensível em temperaturas de aproximadamente 35 °C e com conteúdo de umidade superior a 20%.

Contudo, na sua forma isolada, ou seja, quando não combinada ao amido, a proteína do milho é impedida de contribuir funcionalmente com a formação das massas, isso devido à sua hidrofobicidade relativamente alta; o que resulta em massas com baixa coesão, baixa extensibilidade e elasticidade e insuficiente retenção de gás, o que consequentemente resulta em pães com baixo volume específico, e características indesejáveis de textura e estrutura do miolo.

Além da característica proteica peculiar, o restante de sua composição química também influencia nas propriedades dos produtos de panificação. O milho contém cerca de 70% de amido, o que favorece sua utilização na panificação, devido à capacidade de formação de géis e alta capacidade de absorção de água, melhorando a qualidade de produtos panificáveis com baixos ou nenhum teor de glúten, isso porque neste tipo de produto a gelatinização do amido é o principal fenômeno responsável pela estrutura do produto. Além disso, o alto teor de amido contribui para a etapa de fermentação, e consequentemente para o volume final do produto. As leveduras do fermento utilizam o açúcar presente no amido do milho, produzindo CO_2 e propiciando o crescimento, a maciez e aeração da massa (CAUVAIN; YOUNG, 1998).

10.2.2 Formulação dos produtos

A formulação utilizada exerce influência significativa nos produtos à base de milho. Alguns trabalhos demonstram que a adição de determinados sais pode diminuir a capacidade da zeína de formar um material viscoelástico semelhante ao glúten (SMITH *et al.*, 2014).

Para identificar os fatores responsáveis pelo desenvolvimento da massa e sua influência na qualidade de pães sem glúten a base de milho, Smith *et al.* (2017) avaliaram o efeito de vários sais e de etanol. Os autores verificaram que as formulações contendo etanol e com ausência de sais produziram massas mais macias. O aumento da concentração de sais, como o cloreto de sódio, resultou na coalescência das proteínas, inviabilizando a formação de uma massa coesa e acarretando pães com menor volume específico. De forma geral, os autores concluíram que a inclusão de 5% de etanol na formulação dos pães contribuiu para o aumento da qualidade dos pães. A adição de etanol contribui para a melhor solubilização das proteínas. A zeína é composta principalmente por resíduos de aminoácidos hidrofóbicos (leucina, prolina, alanina e fenilalanina) sendo uma proteína pertencente à classe das prolaminas e, por esta razão, é insolúvel em água e solúvel em etanol, em concentrações acima de 70% (v/v).

Apesar de um ingrediente comumente utilizado em produtos de panificação, o sal é um fator crítico no desenvolvimento da massa e na subsequente qualidade de pães à base de farinha de milho. No entanto, sabe-se que certas formulações podem exigir uma determinada quantidade de sal, não só em função do seu efeito tecnológico, mas também sensorial. Nesses casos, é fundamental que seja determinada uma quantidade mínima de sal necessária para produzir o pão ideal em termos de qualidade geral.

Um ingrediente de importância primordial nos produtos de panificação em geral, não somente nos produtos à base de farinha de milho, é a água. Dentre as funções da água, destacam-se a hidratação dos ingredientes sólidos, o controle da consistência e da temperatura da massa, a dissolução dos sais e a influência na maciez e na palatabilidade do produto. Além disso, a água apresenta a importante função de umedecer e intumescer o amido, o que influencia diretamente no processo de gelatinização do amido durante o tratamento térmico. Assim como em qualquer produto de panificação, a quantidade de água adicionada influencia a qualidade do produto feito a partir de farinha de milho. Comparado a produtos de panificação feitos com outras farinhas sem glúten, o pão à base de farinha de milho, por exemplo, requer uma maior quantidade de água, cerca de 120% (p/v) quando comparado a 80% (p/v) de água requerida para pães feitos com farinha de arroz. Estudos mostram que o volume específico do pão tende a aumentar linearmente com a adição de água à massa. Com quantidades mais baixas de adição de água, entre 80 e 100% (p/v), o volume final do pão de milho é comprometido e a estrutura do miolo se torna densa e quebradiça (RÓŻYŁO *et al.*, 2015).

Além da quantidade adicionada, a temperatura da água utilizada na formulação dos produtos de panificação é de suma importância, principalmente nos produtos à base de farinha de milho. Estudos demonstram que a adição de água fervente (100°C) à farinha de milho promove a gelatinização parcial do amido, aumentando a viscosidade da massa e, consequentemente, resultando em maior consistência da massa (BRITES *et al.*, 2010). Portanto, uma alternativa para melhorar a consistência da massa de produtos à base de farinha de milho é promover a gelatinização parcial do amido por meio da adição de água fervente durante a mistura dos ingredientes.

10.2.3 TAMANHO DE PARTÍCULA DA FARINHA

O tamanho de partícula da farinha de milho também é um parâmetro que exerce influência sobre as propriedades da farinha e sua adequação ou não à panificação sem glúten. De forma geral, farinhas de milho mais grossas resultam em pães com maior volume específico e consequentemente menor firmeza, se comparados aos pães produzidos a partir de farinhas mais finas. Isso se deve à maior disponibilidade da massa em reter o gás carbônico produzido durante a etapa de fermentação e, assim, aumentar seu volume. Farinhas mais finas apresentam menor desenvolvimento de massa durante a fermentação e sua estrutura, de maneira geral, consiste em pequenos fragmentos que provêm de seu tamanho inicialmente pequeno ou do processo de amassamento. Devido à fraca estrutura da massa formada pelas farinhas mais finas, ela não apresenta a capacidade de reter adequadamente o gás produzido na fermentação.

De La Hera *et al.* (2013) avaliaram a influência de diferentes tipos de farinha de milho e seu tamanho de partícula na qualidade de pães sem glúten e mostraram que os maiores volumes específicos foram obtidos em pães produzidos a partir de frações de farinha de milho mais grossas (acima de 106 μm) e atribuíram este comportamento à menor fraturabilidade das partículas da farinha e à estrutura mais consistente formada.

A distribuição granulométrica da farinha de milho influencia não somente na qualidade de pães, mas também de outros produtos de panificação, como os biscoitos, por exemplo. A maioria dos estudos alega que o aumento do tamanho das partículas favorece a expansão e diminui a dureza dos biscoitos. No entanto, Belorio, Sahagún e Gómez (2019) comprovaram pela primeira vez que também é necessário ter certa porcentagem de partículas finas que, quando misturadas com as partículas mais grossas, originam uma massa com maior coesão e permitem a formação dos biscoitos sem quebrar. Caso contrário, as massas são excessivamente frágeis e quebradiças no processo de laminação, tornando impossível o desenvolvimento dos biscoitos.

O tamanho de partícula das farinhas exerce influência também sobre a cor dos biscoitos. Farinhas com maior tamanho de partícula tendem a produzir biscoitos com coloração mais escura após o forneamento. Isso pode ser explicado devido ao maior diâmetro e menor espessura observada nestes biscoitos, o que faz com que sejam atingidas altas temperaturas dentro da massa em pouco tempo de forneamento. Desta forma, esse aumento de temperatura dentro da massa propicia o maior desenvolvimento de reações de Maillard e caramelização, que são as principais causas da coloração escura dos biscoitos.

A capacidade de retenção de água, ou seja, a quantidade de água retida pela amostra sem ser submetida a nenhum estresse, também é influenciada pelo tamanho de partícula da farinha. Farinhas mais finas apresentam maior capacidade de hidratação devido à sua maior área superficial. Por sua vez, as farinhas mais grossas, com menor capacidade de hidratação produzem biscoitos com maior diâmetro, pois permitem que o excesso de água promova a dissolução do açúcar, reduzindo a viscosidade inicial das massas e permitindo uma maior expansão durante o forneamento. Estudos demonstram também a relação existente entre os parâmetros de textura e o tamanho das partículas de farinha, demonstrando que, à medida que o tamanho das partículas diminui, a dureza dos biscoitos tende a aumentar. Contudo, essa relação deve respeitar a proporção entre partículas grossas e finas a fim de permitir a formação dos biscoitos.

10.2.4 GENÓTIPO

Estudos demonstraram que o tipo de genótipo apresenta desempenhos significativamente diferentes durante o processo de panificação, indicando que a escolha do genótipo do milho é mais um fator que afeta qualidade do produto. De forma geral, o desempenho na panificação não é um fator de elevada relevância durante o melhoramento genético do milho, apesar do seu potencial para aplicações em produtos sem glúten e da variabilidade disponível no germoplasma de milho. Além disso, o genótipo de milho tradicionalmente usado na panificação está perdendo sua diversidade genética devido às características limitadas justificadas pelo foco na alta produtividade, adaptabilidade climática e resistência a pragas durante o processo de melhoramento.

Por exemplo, a dureza dos grãos é um parâmetro crucial de qualidade na determinação do tipo de produto de panificação a ser produzido e na definição das condições ideais de processamento, tanto a nível industrial quanto doméstico. Grãos de milho com menor dureza melhoram significativamente o desempenho de panificação comparados ao milho duro. As variedades de milho macio apresentam maior elasticidade do que o milho duro, o que consequentemente acarreta pães com maior volume específico. Variedades com pouca elasticidade originam pães que tendem a se desfazer durante o corte devido à sua alta fragilidade (GARZÓN *et al.*, 2017).

Em um estudo desenvolvido para avaliar o desempenho de duas cultivares híbridas e duas crioulas de milho no processo de panificação, foi verificado que as cultivares crioulas apresentavam menor índice de dureza dos grãos, enquanto as híbridas se caracterizavam pela alta dureza dos grãos. Isso refletia diretamente na grande proporção de endosperma farináceo das cultivares crioulas e a proporção relativamente alta de endosperma vítreo das híbridas (EKPA *et al.*, 2020).

10.3 PRODUTOS À BASE DE MILHO

O milho é o principal cereal em termos de produção mundial, mas ocupa o terceiro lugar como alimento básico, ficando atrás do trigo e do arroz. As razões para esse fato são variadas, mas parte delas está relacionada às preferências culturais ou sociais e porque em muitos países o milho é cultivado principalmente com o objetivo de ser usado como ração animal. Mundialmente cerca de 60% a 70% da produção de milho é usada como ração animal e os 30% a 40% restantes são usados na produção de alimentos para consumo humano.

Os produtos alimentícios à base de milho podem ser processados tanto em pequena escala, de forma artesanal, como a nível industrial. Contudo, alguns produtos se adequam mais à escala industrial, uma vez que requerem processamento adicional, ou por meio do processamento industrial proporcionam conveniência e maior prazo de validade, enquanto os produtos artesanais, de forma geral, devem ser consumidos logo após a produção. Por exemplo, a farinha de milho nixtamalizada, quando preparada a nível doméstico ou em pequena escala, é normalmente usada para finalizar produtos prontos para consumo, com prazo de validade limitado. Por sua vez, em escala industrial, a farinha de milho nixtamalizada pode ser processada e vendida como um produto estável.

Como mencionado anteriormente, o milho é uma cultura produzida mundialmente, e, dependendo da região onde é cultivado, diferentes produtos podem ser desenvolvidos. Alguns desses produtos são apresentados na Tabela 10.1. Por exemplo, um produto típico de milho na América do Sul, principalmente em países como Venezuela e Colômbia, é a "arepa", que é um pão frito ou assado preparado com farinha de milho refinada pré-cozida. Tradicionalmente, as arepas são feitas após descascamento e degerminação dos grãos inteiros previamente encharcados, depois os grãos de milho são manualmente moídos em um almofariz de madeira. O farelo e o germe são removidos lavando repetidamente a mistura contendo o endosperma e a água. Essa fração é então cozida e moída para preparar uma massa que será modelada e cozida (assada ou frita) para obter a arepa. O processo completo, a nível doméstico, leva cerca de dezoito horas para ser concluído (GWIRTZ; GARCIA-CASAL, 2014).

Tabela 10.1 Alimentos típicos de cada país produzidos à base de milho

Local de origem	Produto	Descrição
Venezuela e Colômbia	Arepa	Discos de massa de milho com recheios diversos
América Central e México	Tortilhas	Discos de massa de milho cozidos com água e sal
América Central e México	Pozol	Bebida fermentada feita com massa de milho e outros ingredientes
México	Tesguino	Bebida fermentada semelhante a cerveja
Peru e Bolívia	Chicha morada	Bebida fermentada feita com farinha de milho roxo
Portugal	Broa	Pão elaborado com farinha de milho (mínimo 50%) misturado com trigo, centeio e outros ingredientes
Espanha	Brona	Pão elaborado com farinha de milho (mínimo 50%) misturado com trigo, centeio e outros ingredientes
Brasil	Pamonha	Massa do milho verde com leite, açúcar ou sal
Brasil	Cuzcuz	Massa cozida por vapor em várias etapas
Brasil	Mingau	Sêmola cozida em água
América do Sul	Hanchi	Pudim da sêmola cozida com açúcar
América do Sul	Polenta	Sêmola cozida em água até gelatinização

Fonte: *Adaptada de Rooney *et al.* (2003).

As tortilhas de milho são produtos comumente consumidos pelas populações urbanas e rurais do México, uma vez que esse produto alimentício representa uma importante fonte de calorias diárias (~50% a 70%) e proteínas (~50%). O México é o principal consumidor de tortilhas a nível mundial, com um consumo anual de cerca de 11 milhões de toneladas de milho, o que representa um consumo per capita de 79,5 kg de tortilhas nas áreas rurais e 56,7 kg nas áreas urbanas (COLÍN-CHÁVEZ *et al.*, 2020).

A preparação das tortilhas envolve o processo conhecido como nixtamalização, em que os grãos de milho são cozidos em uma solução de água com cal, seguida de maceração, lavagem e moagem a fim de obter uma massa úmida, a partir do qual as tortilhas são fabricadas. A crescente demanda de produtos produzidos à base de milho, principalmente nos Estados Unidos e na Europa, modificou os métodos tradicionais de fabricação das tortilhas. Atualmente, grande parte do processo de nixtamalização a nível industrial é realizada em autoclaves. Contudo, o processo tradicional de preparação de tortilhas ainda é praticado de forma artesanal em áreas rurais e a crescente demanda por produtos *gourmet* têm impulsionado o ressurgimento destes e outros métodos artesanais. De fato, há uma percepção crescente de que os métodos tradicionais e mais artesanais de preparação de alimentos mantêm as características nutricionais, além de promover valores econômicos culturais e regionais (MARTÍNEZ-VELASCO *et al.*, 2018).

Em Portugal, a farinha de milho é principalmente destinada à produção das broas, um pão de milho típico, composto com 50% de farinha de milho, consumido especialmente nas regiões central e zona norte de Portugal. A farinha de milho pode ser usada em combinação com centeio ou trigo para produzir a broa. A massa para broa é obtida pela mistura de farinhas de milho e centeio (ou trigo) com ingredientes como água, sal e uma pequena quantidade de massa previamente fermentada. As broas apresentam em média um peso de aproximadamente 1,5 kg, mas pode variar entre 1 kg e 3,5 kg, geralmente com formato circular ou elipsoide, topo redondo e base plana, com uma espessura da crosta entre 1 e 2 cm (CORREIA *et al.*, 2016).

Em um estudo realizado em Portugal, foi verificada a influência da cultivar crioula de milho na qualidade de broas. Doze farinhas de milho foram utilizadas nos testes de cozimento, e a broa foi analisada por métodos instrumentais e avaliada por um painel sensorial de consumidores locais. A broa produzida com farinha de milho comercial apresentou maior firmeza e a pior avaliação sensorial. As propriedades estruturais da broa foram significativamente influenciadas pelo tamanho de partícula das farinhas de milho. As broas com farinha comercial apresentaram textura densa com maior grau de resistência à mastigação, o que provavelmente influenciou negativamente sua avaliação com os consumidores, que preferem pão com maior suavidade (CARBAS *et al.*, 2016).

Dentre os produtos produzidos à base de milho, destacam-se aqueles comumente consumidos independente do país de origem, surgindo assim como uma alternativa à população celíaca. Alguns destes produtos são descritos na Tabela 10.2. Além do pão, outros produtos podem ser produzidos à base de farinha de milho, como por exemplo, o macarrão. Shobha *et al.* (2015) avaliaram a viabilidade da incorporação de farinha de milho no preparo de macarrão e seu impacto nas propriedades sensoriais, nutricionais e de cozimento. O estudo em questão mostrou que a farinha de milho pode ser adicionada em até 50% para a produção de macarrão de boa qualidade e com cor amarela natural. Além disso, os autores concluíram que para garantir a qualidade do macarrão à base de milho é necessária uma redução do tempo de cozimento. Isso se deve principalmente à propriedade exclusiva da farinha de milho de reter mais água do que outras farinhas de cereais, desta forma, a taxa de hidratação e a capacidade de inchamento são maiores para o macarrão de milho.

Tabela 10.2 Produtos sem glúten produzidos com farinha de milho

Produto	Objetivo do estudo	Principais resultados/contribuições	Referência
Tortilhas	Comparação de propriedades nutricionais e compostos bioativos entre tortilhas industriais e artesanais de milho	As tortilhas artesanais apresentaram propriedades nutricionais e nutracêuticas superiores às tortilhas industriais	COLÍN-CHÁVEZ et al. (2020)
Tortilhas	Avaliação do efeito do método de preparação (industrial x tradicional) na digestibilidade in vitro de proteínas em tortilhas de milho.	A digestibilidade proteica da tortilha foi maior no método artesanal do que no método industrial	MARTÍNEZ-VELASCO et al. (2018)
Biscoitos	Desenvolvimento de biscoitos de farinha de milho nixtamalizada enriquecida com antocianinas, flavonoides e saponinas extraídas de feijão preto	Os compostos bioativos foram efetivamente retidos (acima de 60%) nos biscoitos após forneamento	CHÁVEZ-SANTOSCOY et al. (2016
Biscoitos	Avaliação do efeito da formulação sobre o teor de compostos fenólicos de biscoitos de farinha de milho	A adição de ácido cítrico à massa aumentou o teor de compostos fenólicos nos biscoitos de milho	ŽILIĆ et al. (2016)
Snacks	Desenvolvimento de snacks extrusados feitos de farinha de milho nixtamalizada e taro (*Colocasia esculenta*)	A farinha de milho nixtamalizada propiciou um maior nível de expansão aos *snacks*	RODRÍGUEZ-MIRANDA et al. (2011)
Macarrão	Avaliação da viabilidade de incorporação de farinha de milho no preparo de macarrão e seu impacto nas propriedades sensoriais, nutricionais e de cocção.	A farinha de milho pode ser utilizada até um nível de 50% para a produção de um macarrão de boa qualidade. Para garantir a qualidade, é necessária uma redução do tempo de cozimento do macarrão à base de milho	SHOBHA et al. (2015)
Macarrão	Avaliação das características de qualidade de macarrão de milho com adição de amido gelatinizado, transglutaminase (TG) e goma xantana (GX)	O macarrão contendo 80% de farinha de milho gelatinizada e com adição de TG E GX exibiu as melhores propriedades sensoriais e de cozimento	YALCIN; BASMAN (2008)

Produto	Objetivo do estudo	Principais resultados/contribuições	Referência
Pão	Avaliação dos parâmetros de qualidade da farinha de milho percebida pelo consumidor do pão "tipo broa" (mais de 50% de farinha de milho)	A textura é o atributo mais relevante para a aceitabilidade do consumidor, sendo associada à distribuição granulométrica da farinha, que por sua vez, depende do tipo do milho	CARBAS et al. (2016)
Pão	Avaliação do efeito de diferentes farinhas de milho para produção de pão	O pão mais apreciado pelos consumidores foi o feito com farinha de milho amarelo crioulo	CORREIA et al. (2016)

Na produção de massas sem glúten, a rede de glúten pode ser substituída pelo uso de um agente geleificante ou pelas propriedades espessantes de amido pré-gelatinizado. Yalcin e Basman (2008) avaliaram o efeito da adição de amido pré-gelatinizado, transglutaminase e goma xantana nas características de qualidade de macarrão de milho sem glúten. O tempo ideal de cozimento foi determinado em onze minutos para o macarrão de milho. Os resultados indicaram que adição de 80% de farinha de milho pré-gelatinizada promoveu as melhores propriedades sensoriais e de cozimento do macarrão. Além disso, a adição de goma xantana e da enzima transglutaminase melhora a maquinabilidade da massa, promovendo uma superfície mais lisa ao macarrão de milho.

Embora o glúten desempenhe um papel indiscutível nos processos de panificação, sua estrutura não é desenvolvida na maioria dos tipos de biscoitos, devido ao alto teor de gordura e açúcar utilizados nas formulações e ao sucinto trabalho mecânico conferido no processo de mistura. Assim, é possível obter biscoitos sem glúten com características muito semelhantes aos produzidos com farinha de trigo. Entre os biscoitos produzidos com farinhas sem glúten, os formulados com farinha de milho estão entre os preferidos pelos consumidores. Contudo, as características finais dos biscoitos podem ser influenciadas pelas propriedades dos ingredientes utilizados em sua elaboração, principalmente o teor de açúcar e a gordura utilizada na formulação, bem como de outros fatores inerentes às propriedades da farinha, como o tamanho de suas partículas (BELORIO *et al.*, 2019).

10.4 ALTERNATIVAS PARA MELHORIAS DE PRODUTOS À BASE DE FARINHA DE MILHO

As principais alternativas para melhorar o desempenho de produtos à base de farinha de milho incluem o uso de ingredientes funcionais, como amidos modificados e pré-gelatinizados, hidrocoloides, condicionadores de massa e algumas tecnologias de processamento mais avançadas. As farinhas de milho comerciais, por exemplo, apresentam em sua estrutura diferentes polissacarídeos de alto peso molecular, visando auxiliar na retenção de água e melhorar a textura do produto final. Algumas das alternativas para melhoria da qualidade dos produtos sem glúten à base de milho serão descritas a seguir.

Como comentado anteriormente, em produtos de panificação sem glúten, a gelatinização do amido é o principal fenômeno responsável pelo volume dos produtos. Assim, a inclusão de farinha de milho pré-gelatinizada tende a melhorar consideravelmente a consistência e coesão da massa. Uma massa de farinha de milho forte e coesa pode ser produzida como resultado da incorporação uniforme de 30% de farinha de milho pré-gelatinizada por meio de repetidas operações de mistura da massa. O amido pré-gelatinizado atua como um hidrocoloide, aumentando a viscosidade da massa por permitir um maior número de interações com moléculas de água através dos seus grupos hidroxilas livres (KHUZWAYO *et al.*, 2020).

Além da adição de amido pré-gelatinizado, outras alternativas vêm sendo descritas com o objetivo de melhorar a viscoelasticidade e capacidade de retenção de gás de massas sem glúten à base de milho, incluindo a adição de gomas e hidrocoloides. Contudo, especialmente em países subdesenvolvidos, são necessárias tecnologias simples e relativamente baratas para desenvolver pães à base de farinha de milho. Dentre essas tecnologias destaca-se a pré-gelatinização da farinha, que tem como objetivo melhorar as propriedades funcionais e de manuseio da massa por meio de maior coesão, elasticidade e viscosidade e consequentemente aumento da retenção de gás (KHUZWAYO *et al.*, 2020).

A nixtamalização é um tratamento alcalino dos grãos de milho amplamente utilizado na cultura colombiana e que visa aumentar o valor nutricional, aprimorar o sabor e aroma e reduzir o conteúdo de micotoxinas. Contudo, a nixtamalização também tem sido sugerida com o propósito de melhorar a qualidade de produtos à base de farinha de milho, pois confere maleabilidade e funcionalidade à farinha de milho por meio da incorporação de cálcio. Estudos mostram que a incorporação de farinha de milho nixtamalizada melhorou a viscoelasticidade da massa, devido à capacidade dos íons cálcio de promover reações cruzadas entre as proteínas. A nixtamalização promove efeitos de reticulação podendo, desta forma, compensar parcialmente a fraca funcionalidade das proteínas da farinha de milho. Além disso, o cálcio divalente fornecido pela cal utilizado no processo atua como um agente de reticulação também nas cadeias de amido, melhorando as propriedades viscoelásticas do gel e a estabilidade da rede (GUADARRAMA-LEZAMA *et al.*, 2016).

Alguns estudos sugeriram também o uso do processo de microfluidização, uma vez que tanto a alta taxa de cisalhamento quanto as forças de impacto neste processo podem melhorar as propriedades físicas da farinha de milho pela desintegração da natureza hidrofóbica das proteínas, além de fornecerem mais poros e cavidades através das novas estruturas formadas, as quais poderiam auxiliar em uma melhor retenção do CO_2 produzido na etapa de fermentação (OZTURK; MERT, 2018).

A adição de enzimas também surge como uma alternativa para a melhoria das propriedades de produtos sem glúten à base de milho. A transglutaminase (TG) é uma enzima que catalisa a formação de ligações cruzadas covalentes não dissulfídicas entre resíduos de aminoácidos e grupos amino de resíduos de lisina presentes nas proteínas. Estudos mostram que adição de TG em macarrão à base de farinha de milho leva à formação de reticulações covalentes, reduzindo significativamente o teor de sólidos solúveis liberados durante o cozimento. As proteínas reticuladas podem formar uma rede em torno dos grânulos de amido e encapsulá-los durante o cozimento, restringindo assim a sua difusão durante o cozimento. A reticulação catalisada pela TG também pode fortalecer a integridade estrutural do macarrão de milho (YALCIN; BASMAN, 2008).

REFERÊNCIAS

BELORIO, Mayara; SAHAGÚN, Marta; GÓMEZ, Manuel. Influence of flour particle size distribution on the quality of maize gluten-free cookies. *Foods*, v. 8, n. 2, p. 83, 2019.

BRITES, Carla *et al.* Maize-based gluten-free bread: influence of processing parameters on sensory and instrumental quality. *Food and Bioprocess Technology*, v. 3, n. 5, p. 707-715, 2010.

CARBAS, Bruna *et al.* Maize flour parameters that are related to the consumer perceived quality of 'broa' specialty bread. *Food Science and Technology*, v. 36, p. 259-267, 2016.

CAUVAIN, Stanley P.; YOUNG, Linda S. *Fabricacion de pan*. Acribia, 1998.

CHÁVEZ-SANTOSCOY, Rocio A. *et al.* Production of maize tortillas and cookies from nixtamalized flour enriched with anthocyanins, flavonoids and saponins extracted from black bean (*Phaseolus vulgaris*) seed coats. *Food Chemistry*, v. 192, p. 90-97, 2016.

COLÍN-CHÁVEZ, Citlali *et al.* Comparison of nutritional properties and bioactive compounds between industrial and artisan fresh tortillas from maize landraces. *Current Research in Food Science*, v. 3, p. 189-194, 2020.

CORREIA, Paula M. R.; SOARES, Andreia M.; BRITES, Carla. Quality characteristics of maize flour and breads. *International Journal of Food Engineering*, v. 2, n. 2, p. 113-118, 2016.

DE LA HERA, Esther *et al.* Influence of maize flour particle size on gluten-free breadmaking. *Journal of the Science of Food and Agriculture*, v. 93, n. 4, p. 924-932, 2013.

EKPA, Onu *et al.* Genotype selection influences the quality of gluten-free bread from maize. *LWT*, v. 125, p. 109214, 2020.

GARZÓN, Raquel *et al.* Diversity among maize populations from Spain and the United States for dough rheology and gluten free breadmaking performance. *International Journal of Food Science & Technology*, v. 52, n. 4, p. 1000-1008, 2017.

GUADARRAMA-LEZAMA, Andrea Yazmin *et al.* Rheological and thermal properties of dough and textural and microstructural features of bread obtained from nixtamalized corn/wheat flour blends. *Journal of Cereal Science*, v. 69, p. 158-165, 2016.

GWIRTZ, Jeffrey A.; GARCIA-CASAL, Maria Nieves. Processing maize flour and corn meal food products. *Annals of the New York Academy of Sciences*, v. 1312, n. 1, p. 66-75, 2014.

KHUZWAYO, Thandiwe A.; TAYLOR, John R. N.; TAYLOR, Janet. Influence of dough sheeting, flour pre-gelatinization and zein inclusion on maize bread dough functionality. *LWT*, v. 121, p. 108993, 2020.

MARTÍNEZ-VELASCO, A. *et al.* Effect of the preparation method and storage time on the in vitro protein digestibility of maize tortillas. *Journal of Cereal Science*, v. 84, p. 7-12, 2018.

OZTURK, Oguz Kaan; MERT, Behic. The effects of microfluidization on rheological and textural properties of gluten-free corn breads. *Food Research International*, v. 105, p. 782-792, 2018.

RAI, Sweta; KAUR, Amarjeet; CHOPRA, C. S. Gluten-free products for celiac susceptible people. *Frontiers in nutrition*, p. 116, 2018.

RODRÍGUEZ-MIRANDA, J. *et al.* Development of extruded snacks using taro (Colocasia esculenta) and nixtamalized maize (*Zea mays*) flour blends. *LWT-Food Science and Technology*, v. 44, n. 3, p. 673-680, 2011.

ROONEY, L. W. *et al.* Food use of whole corn and dry-milled fractions. *In*: WHITE, P. J.; JOHNSON, L. A. *Corn*: chemistry and technology. . 2. ed. Amer Assn of Cereal Chemists, 2003. p. 295-535.

RÓŻYŁO, Renata *et al.* Physical properties of gluten-free bread caused by water addition. *Int. Agrophys*, v. 29, n. 3, p. 353-364, 2015.

SHOBHA, D. *et al.* Effect of maize based composite flour noodles on functional, sensory, nutritional and storage quality. *Journal of Food Science and Technology*, v. 52, n. 12, p. 8032-8040, 2015.

SMITH, Brennan M. *et al.* Role of non-covalent interactions in the production of visco-elastic material from zein. *Food Chemistry*, v. 147, p. 230-238, 2014.

SMITH, Brennan M. *et al.* Effect of salt and ethanol addition on zein-starch dough and bread quality. *Journal of Food Science*, v. 82, n. 3, p. 613-621, 2017.

USDA (UNITED STATES DEPARTMENT OF AGRICULTURE). *Grain*: world markets and trade. Foreign Agricultural Service: USDA, 2019. Disponível em: http://apps.fas.usda.gov/psdonline/circulars/grain.pdf. Acesso em: 10 jun. 2020.

YALCIN, Seda; BASMAN, Arzu. Quality characteristics of corn noodles containing gelatinized starch, transglutaminase, and gum. *Journal of Food Quality*, v. 31, n. 4, p. 465-479, 2008.

ŽILIĆ, Slađana *et al.* Effects of baking conditions and dough formulations on phenolic compound stability, antioxidant capacity and color of cookies made from anthocyanin-rich corn flour. *LWT-Food Science and technology*, v. 65, p. 597-603, 2016.

CAPÍTULO 11
PRODUTOS EXTRUSADOS DE MILHO

Marcio Schmiele
Silvia Letícia Rivero Meza
Mariana Pereira Silveira
Thais de Souza Rocha

RESUMO

A extrusão termoplástica é uma operação unitária extremamente versátil utilizada na indústria de alimentos e aplicada para a produção de extrusados expandidos, conhecidos como salgadinhos ou *snacks*. As principais matérias-primas utilizadas para a obtenção de *snacks* são o *grits* e a farinha de milho, pelas características de composição em amilose e amilopectina e pela fração de endosperma vítreo (dureza). A matéria-prima é submetida ao processo de condicionamento e, em seguida, à extrusão, secagem, aromatização e acondicionamento. As principais propriedades tecnológicas avaliadas nos *snacks* são a textura, a viscosidade de pasta, os índices de absorção e solubilidade em água e de absorção de leite e as características estruturais das células de ar. Como resultado nutricional, temos o aumento da digestibilidade do amido e de proteínas, diminuição do teor de alguns aminoácidos essenciais, aumento da biodisponibilidade de minerais e perda de algumas vitaminas termolábeis e de alguns fitoquímicos com propriedades bioativas.

11.1 INTRODUÇÃO

O milho é o cereal de maior produção mundial, sendo que os derivados são amplamente aplicados na indústria de alimento e não alimentícia (biocombustível, farmacêutica, cosmética, têxtil, de papel, química e petroquímica). O milho em estágio maduro passa por processos tecnológicos adequados para uso na indústria de alimentos. Basicamente dois processos de moagem são utilizados para este fim: as moagens via seca e via úmida. Quando se objetiva a obtenção de frações com diferentes granulometrias é utilizada a moagem via seca, obtendo-se o canjicão, a canjica, o *grits*, a farinha, o fubá e o creme de milho. A moagem via úmida é aplicada para a separação dos componentes do grão, visando a obtenção do amido, da proteína e das fibras alimentares, como demonstrado no Capítulo 7. O óleo de milho pode ser obtido de ambas as moagens, uma vez que os grãos sofrem o processo de degerminação antes de serem submetidos ao processo de redução de granulometria ou separação dos componentes.

Para a produção de extrusados expandidos são utilizadas as frações do *grits* ou da farinha de milho. Ambas possuem diferentes granulometrias, sendo denominadas de *grits* (grosso, médio e fino) e de farinha (grossa, média e fina). O uso da fração e da granulometria adequada é dado pelo tipo de equipamento a ser utilizado e pelas propriedades finais desejadas no produto extrusado.

11.2 CARACTERÍSTICAS DA MATÉRIA-PRIMA

A fração do endosperma do milho é dividida em endosperma vítreo (*hard endosperm*) e endosperma farináceo (*floury endosperm*). O que diferencia estas frações é a compactação da rede proteica sobre os grânulos de amido durante a fase de maturação do grão no campo como resultado das ligações dissulfeto das diferentes frações da zeína, sendo que quanto maior a compressão, maior é a expulsão de ar na matriz do endosperma e maior é a transmitância da luz, e por isso denominado de endosperma vítreo, conforme abordado no Capítulo 1. Esta fração mais rígida (dura) possui uma característica muito importante para o processo de extrusão, pois é a responsável pelo maior grau de cisalhamento e atrito dentro do canhão do extrusor, liberando energia e promovendo a formação de um material viscoelástico adequado dentro do extrusor. Este material formado será responsável pelas características tecnológicas, sensoriais e nutricionais do produto.

Variedades de milho com teores de amilose muito altos não são adequadas para a produção de extrusados expandidos, pois o maior teor de amilose resulta em maior temperatura de gelatinização e menor viscosidade do meio. A amilopectina, em função do alto grau de ramificação, favorece a viscosidade e aumenta o grau de cisalhamento, liberando energia e resultando na gelatinização e na dextrinização termomecânica do amido. A produção de dextrinas e a alta viscosidade do meio são responsáveis pela expansão do produto e a formação da crocância adequada como resultado dos altos índices de expansão, fraturabilidade e solubilidade em água e das baixas dureza e absorção de água, características desejáveis nos extrusados expandidos (CHANG *et al.*, 2009).

11.3 EQUIPAMENTOS

Um sistema de extrusão (Figura 11.1) possui um mecanismo de alimentação, que realiza a introdução do material na linha de processamento. A farinha ou o *grits* de milho é armazenado abaixo de 15% de umidade. Desta forma, necessita da adição de água para que a mistura tenha uma umidade de condicionamento entre 15% e 30%. Após esta etapa ocorre a passagem pelo cilindro ou canhão do extrusor, dentro do qual o material particulado se transforma em um fluido viscoelástico. A matriz ou molde posicionado na saída, juntamente com o mecanismo de corte darão a forma e o tamanho do produto final.

O sistema de alimentação precisa garantir o abastecimento constante e ininterrupto das matérias-primas para um funcionamento eficiente e dosagem uniforme do processo de extrusão (HUBER, 2001).

A descarga do material pode ocorrer através de um parafuso de alimentação vertical ou horizontal, sistema de calha vibratória, alimentador de disco ou alimentador volumétrico de esteira, enquanto a dosagem do material é feita por sistema volumétrico ou gravimétrico. Os líquidos adicionados são dosados por rotâmetro, medidores de deslocamento positivo, medidor de fluxo magnético ou bombas dosadoras (GANJYAL, 2020).

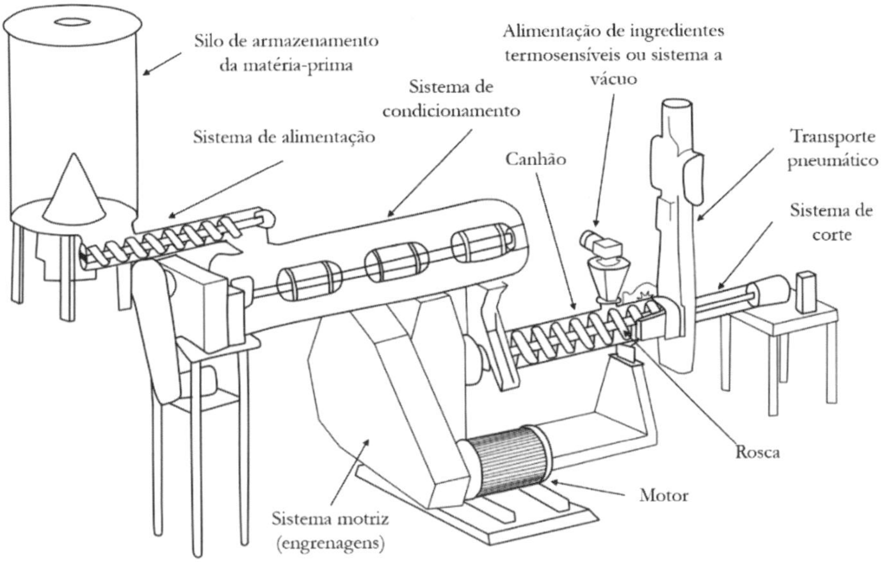

Figura 11.1 Representação esquemática do sistema de extrusão
Fonte: Adaptado de Huber (2001)

O condicionamento da matéria-prima consiste na adição de água ou vapor de água (80 °C a 90 °C), promovendo a homogeneização e melhor hidratação dos ingredientes. Além disso, reduz o desgaste da rosca e do cilindro, diminui o consumo de energia no processo de extrusão, promove maior produtividade e melhor textura do produto. Em geral, esta etapa é aplicada quando são utilizados conteúdos de umidade em torno de 15% a 30% e longos tempos de permanência do material (HUBER; ROKEY, 1990).

Os condicionadores mais usados possuem dois eixos de diferentes diâmetros e velocidades de rotação, garantindo um tempo de permanência entre 2 e 4 minutos e uma capacidade de produção entre 300 e 18.000 kg.h^{-1} (STEEL *et al.*, 2012). Ao se utilizar a água aquecida ou vapor de água, é extremamente importante assegurar que o amido presente na farinha ou no *grits* não sofra o processo de gelatinização, pois o amido gelatinizado não atinge os requisitos necessários de processamento durante a extrusão termoplástica.

11.3.1 TIPOS DE EXTRUSORES

O tipo de rosca é o principal parâmetro de classificação dos extrusores. Este parafuso helicoidal pode ser do tipo simples (mono rosca) ou duplo. A mono rosca pode apresentar diâmetro variável ao longo de seu eixo, em formato reto ou cônico, com diferentes profundidades e posições e geometria das hélices. A dupla rosca pode apresentar conformação contra ou corrotacional, com ou sem entrelaçamentos (roscas encaixadas).

Os extrusores do tipo mono rosca podem ser classificados de acordo com a força de cisalhamento aplicada, que resulta em diferentes características do produto final. Extrusores de alto cisalhamento são utilizados para produção de *snacks* de segunda geração e cereais matinais, enquanto os de médio cisalhamento são ideais para a produção de rações e proteínas vegetais texturizadas. Os extrusores de baixo cisalhamento, por sua vez, são utilizados para massas alimentícias (FELLOWS, 2016).

O material extrusado é submetido à passagem por diferentes zonas de processamento no interior do canhão (Figura 11.2). Na zona de alimentação ocorre a mistura e homogeneização dos ingredientes. O transporte é constante e as hélices profundas, favorecendo a compactação do material. O cozimento é iniciado na zona de transição, onde a pressão e a temperatura aumentam e ocorre a transformação da forma granular para massa viscoamorfa (SILVA, et al 2016).

Na zona de alta pressão há uma alta energia de dissipação mecânica. A temperatura, a pressão e a compressão atingem o nível máximo. O material, sob alta pressão, é expelido através da matriz e, em contato com a pressão ambiente, atinge o formato, propriedades funcionais e textura finais (RIAZ, 2000).

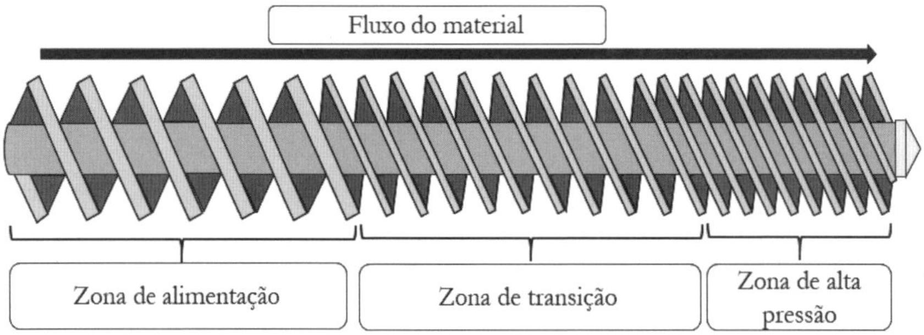

Figura 11.2 Representação das zonas de processamento do extrusor mono rosca

Fonte: Adaptado de Laboratório Integrado de Cereais e Lipídeos (LICEL) do Instituto de Ciência e Tecnologia da Universidade Federal dos Vales do Jequitinhonha e Mucuri.

O grau de entrelaçamento entre os parafusos de um extrusor dupla rosca determina as características de mistura. Os passos, o espaçamento e o ângulo de inclinação das roscas são reguláveis, determinando o volume das zonas de transporte. Na zona de alimentação utiliza-se um passo maior para facilitar o transporte. Na zona de transição ocorrem as reações físico-químicas necessárias (gelatinização e dextrinização do amido, desnaturação das proteínas, inativação de fatores antinutricionais e formação de um sistema coloidal complexo), enquanto na zona de alta pressão se usa um passo mais reduzido para pressionar a massa antes da passagem pela matriz (SILVA, 2016).

Extrusores de rosca dupla apresentam maior flexibilidade de operação, quando comparados com extrusores de rosca única, permitindo a produção de *snacks* de terceira geração. Isso se deve à possibilidade de regulagem dos componentes e parâmetros como a temperatura, a pressão ou a umidade de processo, além da maior facilidade de operação com materiais de textura oleosa ou muito úmidos. As principais diferenças entre extrusores mono e dupla rosca estão dispostas na Tabela 11.1.

Na saída do canhão do extrusor encontra-se a matriz, a qual pode ter um ou mais orifícios, fendas simples ou um desenho mais complexo para obter formas mais elaboradas, como no caso de *snacks* e cereais matinais. O produto é cortado por uma fresa ou por um conjunto rotativo de facas. Além disso, é comum haver um dispositivo de transporte mecânico ou pneumático onde o produto cai e é encaminhado para as etapas adicionais, as quais podem incluir secagem, revestimento e embalagem.

Tabela 11.1 Diferença entre extrusores mono e dupla rosca

Parâmetro	Tipo da rosca	
	Mono rosca	Dupla rosca
Principal fonte de energia	Dissipação viscosa	Transferência de calor para o cilindro
Mecanismo de transporte	Fricção entre o metal e o alimento	Deslocamento positivo
Capacidade de produção	Depende da umidade, teor de lipídeos e pressão	Independente do conteúdo
Consumo de energia	900-1500 kJ/kg	400-600 kJ/kg
Distribuição de calor	Ampla diferença de temperatura	Pequena diferença de temperatura
Dissipação de energia mecânica	Alta taxa de cisalhamento	Baixa taxa de cisalhamento
Rigidez	Alta	Construção de rolamentos é frágil
Custo	Baixo	Alto
Umidade de condicionamento mínima	10%	8%
Umidade de condicionamento máxima	30%	95%

Fonte: Adaptado de Van Zuilichem *et al.* (1983).

Para a produção de *snacks* com recheio geralmente são utilizados coextrusores. Nestes equipamentos há duas zonas de alimentação com um extrusor de fase interna e outro de fase externa. As matérias-primas subdivididas são direcionadas através das matrizes para uma zona de contato, onde as duas fases se encontram formando o produto.

11.3.2 ETAPAS ADICIONAIS

O produto que sai do extrusor geralmente é submetido a um processo de secagem, atingindo valores próximos a 3% de umidade, como é o caso de *snacks*. A redução da umidade ajuda a controlar a textura, a aparência e o prazo de validade do produto. O tipo mais comum de secador na indústria de salgadinhos é o secador de esteiras perfuradas, onde o produto é alimentado criando uma camada uniforme que é então submetido a um fluxo de ar (RIAZ, 2000).

Para a aplicação de temperos secos, geralmente utilizam-se aplicadores de estágio único ou deposição eletrostática. Quando não há líquido suficiente na superfície do produto para adesão de condimentos é necessário primeiro aplicar um líquido que atue como adesivo para o aroma seco. Nesse caso, utilizam-se os aplicadores de duplo estágio (LUSAS; ROONEY, 2001); (HANIFY, 1990). O equipamento consiste em um grande cilindro rotativo, no qual etapas sucessivas (2 a 3 vezes) de revestimento e secagem devem resultar em uma camada uniforme e um nível de umidade adequado para embalagem e armazenamento. Quando deseja-se alcançar apenas a superfície superior do produto, o revestimento pode ser feito por meio de esteiras transportadoras (HUBER, 2001).

Em geral, os produtos extrusados possuem alta higroscopicidade, por isso a embalagem deve garantir adequada barreira ao vapor de água. Devido ao alto teor de lipídeos superficial, é importante também evitar o contato com a luz e o oxigênio. As linhas de embalagem modernas são totalmente automatizadas e incluem medição não assistida ou pesagem do produto associada a um sistema de formação e vedação automática das embalagens. As empacotadoras mais comumente utilizadas possuem uma balança multicabeçote, a qual padroniza a quantidade de produto, embala e sela o pacote.

11.4 CONDIÇÕES DE PROCESSO

O controle das variáveis de processo é essencial para garantir a qualidade dos produtos. O índice de expansão, a textura, a vida de prateleira, a cor e o sabor são características do produto dependentes de parâmetros como composição da matéria-prima, configuração da rosca e do canhão, a velocidade da rosca, a vazão de alimentação, a temperatura, a pressão e o tempo de residência.

11.4.1 CONFIGURAÇÃO DA ROSCA E DO CANHÃO

A rosca do extrusor pode apresentar passo constante da hélice, diâmetro constante e passo crescente ou decrescente, sendo o parafuso de Arquimedes o tipo mais comum. O canhão é geralmente cilíndrico, embora também existam os de forma cônica para operações especiais. A superfície interna pode ser lisa ou ranhurada com cortes retilíneos ou circulares, os quais ajudam a impulsionar o material contra a pressão que se desenvolve durante o processo de extrusão (SILVA, 2016).

Quando a taxa de compressão é muito elevada, o canhão está subdividido em segmentos ligados entre si, os quais podem ser aquecidos ou arrefecidos (HUBER, 2001). Geralmente, o canhão é formado por uma parede dupla encamisada no interior da qual circulam fluidos de aquecimento ou arrefecimento, para controlar mudanças de temperatura devido ao elevado coeficiente de transmissão térmica do aço inoxidável (SILVA, 2016).

Os cilindros de extrusores para *snacks* de segunda geração são normalmente mais curtos e resultam na expansão direta de uma massa contínua, que é cortada em pedaços de tamanho uniforme, sendo posteriormente secos e aromatizados. Para *snacks* de terceira geração (*pellets*), a temperatura na zona de saída do cilindro é menor, visto que não ocorre a expansão do produto e haverá aplicação de um tratamento térmico posterior, sendo a fritura por imersão em óleo e o micro-ondas os mais comuns (STEEL *et al.*, 2012).

A velocidade da rosca depende do tipo de produto pretendido, podendo variar desde 30 rpm, para mistura de ingredientes e/ou processo de moldagem a frio, até 1000 rpm nos processos de extrusão a quente e com alto cisalhamento. Dependendo da configuração da rosca, o tempo de permanência do material dentro do extrusor pode variar de 5 segundos a mais de 2 minutos (HUBER, 2001).

11.4.2 PRESSÃO, UMIDADE E TEMPERATURA

A pressão do cilindro do extrusor é uma resposta à taxa de alimentação, características da matéria-prima, velocidade da rosca, umidade, temperatura do extrusado e geometria da matriz. Em geral, é desejável que a pressão aumente da pressão atmosférica na entrada para o valor máximo na matriz (HUBER, 2001). A pressão exercida sobre a massa junto à matriz varia entre 2 MPa, em produtos de baixa viscosidade, até 17 MPa para *snacks* expandidos.

A umidade é um fator crítico no funcionamento de extrusores mono e dupla rosca. O vapor injetado tanto no condicionamento, quanto no cilindro do extrusor, gera energia adicional para o cozimento. À medida que a umidade aumenta, a energia mecânica necessária para o processamento diminui. A umidade é necessária para a gelatinização do amido e desnaturação das proteínas. A adição de vapor torna as partículas amiláceas do milho macias, reduzindo assim as temperaturas de transição vítrea e abrasividade, diminuindo o desgaste dos componentes do extrusor e os custos operacionais podem ser reduzidos (HUBER, 2001).

Segundo Silva (2016), extrusores de dupla rosca são capazes de processar massas sólidas com teores máximos de 20% de lipídeos, 65% de umidade e 40% de açúcares, comparativamente com valores limite máximos de 4%, 30% e 10%, respectivamente, para extrusores de rosca simples.

A temperatura do cilindro é uma função da temperatura do extrusado e do elemento de aquecimento usado para aquecer ou resfriar o canhão. A temperatura real do extrusado é difícil de medir com precisão por causa dessa interação (HUBER, 2001). Contudo, as temperaturas de processamento são da ordem de 100 °C a 180 °C, podendo chegar aos 200 °C (SILVA, 2016).

11.5 QUALIDADE TECNOLÓGICA DOS EXTRUSADOS

Para que o produto extrusado de milho seja aceito como um produto de qualidade é importante que os parâmetros de formato, cor, aparência, odor, sabor, textura e consistência sejam aprimorados (TROMBINI *et al.*, 2013). Diversas variáveis independentes do processo de extrusão controlam os atributos de qualidade do produto, como a composição dos ingredientes, a umidade de condicionamento, o tamanho das partículas, a velocidade de alimentação e a configuração da rosca, o desenho da matriz, a temperatura, a pressão e o tempo de residência do alimento no cilindro extrusor. Já as variáveis dependentes mudam em função das variáveis independentes. Dentre as quais pode-se citar o volume específico, a expansão, a textura, a viscosidade, os índices de absorção e de solubilidade em água, entre outros (MEUSER, 1994).

O amido é o componente do milho que tem maior relevância nas características do produto extrusado. Isto porque, um dos principais parâmetros de qualidade do produto, a textura, é diretamente influenciado pelas transformações que ocorrem no amido durante o processamento do milho por extrusão. Entretanto, os outros componentes do milho são importantes para a qualidade tecnológica dos produtos extrusados. As proteínas são importantes para a elasticidade, retenção de gás e estrutura celular, adesividade, extensibilidade, absorção de água, ligação e, até mesmo, para a expansão. Os lipídeos são críticos para densidade volumétrica e expansão. As fibras influenciam o controle da densidade e da textura (NIKOLAOU, 2006). Além disso, dependendo das condições operacionais de extrusão é possível gerar diversas características de textura.

Dentre as características dos produtos extrusados, além da textura, também pode-se citar: o teor de umidade final, que afeta a vida de prateleira e estabilidade; a expansão, que afeta o volume, o tamanho e a forma; a solubilidade, que é influenciada pela aderência e coesão; a absorção de água, leite, gordura (HUBER, 2001); e a densidade, que é a razão da massa pelo volume.

Percebe-se então, que diversos parâmetros de qualidade podem ser avaliados em produtos extrusados de milho. Assim, os principais parâmetros de qualidade e de interesse comercial e industrial serão apresentados a seguir.

11.5.1 ÍNDICE DE EXPANSÃO RADIAL, LONGITUDINAL E AXIAL

A expansão é um parâmetro de qualidade de especial interesse para as indústrias de salgadinhos e de cereais matinais. A expansão de produtos extrusados ocorre em frações de segundo através de uma sucessão de fenômenos físicos. Ocorre a nucleação e crescimento de bolhas quando a matriz fundida se torna vítrea, seguida de colapso. Quando se fala em fundir (do inglês, *melt*), não significa necessariamente que o amido esteja totalmente amorfo, mas que passou por uma transição ordem-desordem para que possa fluir como um fluido viscoelástico (KRISTIAWAN *et al.*, 2016; MORARU; KOKINI, 2003).

Quando o material sob pressão atravessa a matriz, a pressão diminui e a água do material extrusado começa a evaporar devido a esta súbita queda de pressão, o que gera núcleos de vapor, dando origem a bolhas que podem crescer e expandir o material, tornando-o poroso. Após passar pela matriz, o produto esfria em função da evaporação e da transferência de calor por convecção. Devido a isto, a temperatura de transição vítrea aumenta. O crescimento das bolhas cessa a uma temperatura superior à temperatura de transição vítrea (KRISTIAWAN *et al.*, 2016).

A força motriz para o crescimento da bolha é a diferença de pressão entre o interior da bolha em crescimento e a pressão atmosférica, sendo influenciada principalmente pela viscosidade da parede da bolha (FAN *et al.*, 1996). Reduzir a viscosidade irá reduzir a conversão de energia mecânica em calor, reduzindo a temperatura do extrusado na matriz e, portanto, a força motriz do crescimento das bolhas. Assim, poderá ocorrer o encolhimento e a perda de aparência de produto expandido (GUY, 2001).

Por sua vez, um menor grau de conversão do amido em função de uma diminuição de viscosidade devido ao aumento no teor de componente plasticizante, poderá resultar em uma parede de bolhas menos extensível e um menor grau de expansão antes que ocorra a ruptura da bolha, tornando o material mais denso e duro (HAGENIMANA *et al.*, 2006; DING *et al.*, 2005; GUY, 2001).

A presença de fibras, lipídeos e proteínas diminui a capacidade de expansão dos grânulos de amido uma vez que estes componentes interagem com o amido e impossibilitam a consequente evaporação da água presente no grânulo (ANTON *et al.*, 2009). As proteínas podem ajustar a distribuição de água por meio de ligações covalentes e interações não ligantes. Os lipídeos têm ação lubrificante e pode reduzir a dissipação da energia mecânica, diminuindo a quantidade de amido gelatinizado (GUY, 2001). As fibras têm a capacidade de interagir com a água do material e, consequentemente, podem gerar uma menor porosidade do produto extrusado (ROBIN *et al.*, 2012).

O índice de expansão pode ser facilmente determinado por meio da razão entre o diâmetro do produto e o diâmetro da matriz da extrusora (MERCIER *et al.*, 1998). Desta forma, determina-se o índice de expansão radial.

O índice de expansão radial é o teste físico mais importante dos produtos extrudados. Por meio deste índice, pode-se, em primeira observação, predizer quão drástico ou leve foi o processo de extrusão. Pelo índice de expansão radial pode-se verificar se determinada matéria-prima, quando extrusada, possui uma composição apropriada para a elaboração do produto desejado (MARINHO, 2015).

Em estudo abrangente de Alvarez-Martinez *et al.* (1988), o processo de expansão de produtos de milho foi amplamente caracterizado, considerando as expansões longitudinal, radial e volumétrica. O mecanismo responsável pelas expansões radial e longitudinal na extrusão foram relacionados com a capacidade do material dentro da extrusora em fundir-se devido à energia aplicada no sistema, que ocorre com altas tensões de cisalhamento na rosca e na matriz. As características elásticas do material fundido, que são determinadas pela temperatura e umidade, controlam a expansão radial ao sair da matriz em detrimento da expansão axial, e isto confirma uma relação inversa entre a expansão radial e longitudinal. A expansão volumétrica do produto é resultado de expansões transversais e longitudinais. Portanto, a tensão de cisalhamento aplicada na extrusora e na matriz juntamente com a umidade e temperatura do material fundido são importantes na explicação das expansões longitudinais e radiais.

11.5.2 VOLUME ESPECÍFICO

O volume específico é um parâmetro primário, associado às medidas de fraturabilidade, dureza, absorção de água e solubilidade em água dos produtos produzidos por extrusão termoplástica. Trata-se de uma medida da expansão volumétrica, que é a soma das expansões radial e axial (LUSTOSA *et al.*, 2010; KARAM *et al.*, 2001).

Da mesma maneira como para o índice de expansão, o volume específico pode descrever, de forma indireta, o grau de conversão do amido e as variações de massa e volume que o material amiláceo sofre ao sair do extrusor. Assim, a temperatura de extrusão e a umidade afetam significativamente este parâmetro (SOUZA *et al.*, 2008). Se houver alto grau de umidade, a gelatinização do amido é reduzida e o crescimento das bolhas é limitado por serem menos extensíveis, resultando em um produto mais denso e de baixa crocância (HAGENIMANA *et al.*, 2006; DING *et al.*, 2005; GUY, 2001). Ainda, temperaturas mais elevadas podem promover um maior grau de gelatinização do amido, diminuindo o volume específico (MENDONÇA *et al.*, 2000).

O volume específico dos produtos expandidos pode ser determinado por meio do deslocamento de massa ocupada, por exemplo, sementes de painço, determinando-se o volume e, em seguida, dividindo-se este valor pela massa da amostra. O resultado é expresso em mL/g ou cm^3/g.

11.5.3 ÍNDICE DE ABSORÇÃO E SOLUBILIDADE EM ÁGUA

O índice de absorção de água (IAA) e o índice de solubilidade em água (ISA) dependem de interações entre o amido e a água. Estes índices são importantes para avaliar se o uso de produtos amiláceos extrusados em suspensões é adequado. Assim, os IAA e ISA permitem estimar a conveniência de se usar ou não produtos amiláceos extrusados em suspensões ou soluções (SILVA *et al.*, 2008).

O IAA está relacionado com a disponibilidade de grupos hidrofílicos (OH) se ligarem às moléculas de água, além da capacidade de formação de gel das moléculas de amido. Somente os grânulos de amido gelatinizados têm capacidade de absorção de água em temperatura ambiente (CARVALHO *et al.*, 2002), portanto, o IAA pode ser correlacionado à viscosidade da pasta a frio. O amido nativo absorve pouca água em temperatura ambiente, mas, a partir do momento em que se aplica calor durante o processamento por extrusão, a capacidade de absorção de água do material amiláceo aumenta até que a temperatura de gelatinização do amido seja alcançada. Assim, o amido extrusado absorve água rapidamente e forma pasta a temperatura ambiente, a qual é composta por macromoléculas solubilizadas, incluindo partículas intumescidas pela água. Acima da temperatura de gelatinização do amido pode ocorrer a ruptura da estrutura amilácea, o que faz com que o IAA diminua com o começo da dextrinização (LUSTOSA *et al.*, 2009; SILVA *et al.*, 2008). Desta forma, o IAA pode indicar também a integridade dos grânulos de amido, refletindo a severidade do tratamento térmico aplicado e até que ponto o material extrusado manteve a estrutura amilácea capaz de absorver água em temperatura ambiente (SILVA *et al.*, 2008). Além da temperatura, a taxa de cisalhamento também pode provocar ruptura da estrutura amilácea e diminuir os valores de IAA (HAGENIMANA *et al.*, 2006; SILVA *et al.*, 2008; JAEKEL *et al.*, 2015).

Durante a extrusão, também ocorre a desnaturação das proteínas do milho e as mudanças conformacionais e estruturais das proteínas podem provocar aumento ou diminuição do IAA em relação às proteínas no estado natural. Isto ocorre porque as proteínas terão o seu balanço hidrofílico-hidrofóbico alterado (ALVIM *et al.*, 2002).

O ISA está relacionado ao teor de moléculas solúveis presentes no produto extrusado. Este teor permite verificar o grau de severidade do tratamento, em função da degradação, gelatinização e dextrinização do amido, permitindo a solubilização desta macromolécula (LUSTOSA *et al.*, 2009; ALVIM *et al.*, 2002). Durante o processamento do milho por extrusão ocorre liberação da amilose e amilopectina de seus grânulos de amido e, dependendo da intensidade do processamento, há a formação de compostos de baixo peso molecular que irão influenciar o ISA (ALVIM *et al.*, 2002)

11.5.4 ÍNDICE DE ABSORÇÃO DE LEITE (*BOWL LIFE*)

O índice de absorção de leite é também conhecido como tempo de tijela, ou pelo termo em inglês *bowl life*. Trata-se de um parâmetro de qualidade de especial interesse para as indústrias de cereais matinais, que frequentemente são consumidos com leite. Este parâmetro é normalmente determinado pela imersão do produto extrusado em leite integral refrigerado, em temperatura de geladeira (5 °C a 7 °C), por um determinado tempo e, depois, o produto é avaliado visualmente, drenado e pesado e/ou medido em texturômetro (MACHADO *et al.*, 1999). O uso do leite integral pode ser substituído por leite desnatado ou semidesnatado, mas, quando isto for realizado, precisa ser considerado que a velocidade de absorção do leite é maior em função do baixo teor de gordura.

O objetivo é simular o tempo que o cereal matinal permanece na tigela com o leite até ser consumido. Desta forma, pode-se predizer se o produto manterá as características de textura e formato, enquanto está sendo consumido.

A diferença deste parâmetro de qualidade para o índice de absorção de água é devido à presença de lipídeos na composição do leite, principalmente quando consumido com leite integral. Estes lipídeos podem se tornar uma barreira para a absorção de água. Durante a imersão do material extrusado em leite integral é possível observar a formação de uma camada de lipídeos e micelas ao redor da superfície do produto (MACHADO *et al.*, 1999). Portanto, claramente, haverá diferenças no índice de absorção de leite se for usado leite desnatado ou semidesnatado, uma vez que o teor de gordura do leite é diminuído.

Uma alteração óbvia que ocorre após a imersão do produto em leite é a perda da crocância, a qual está diretamente correlacionada à dureza do produto seco (CHASSAGNE-BERCES *et al.*, 2011). Por sua vez, produtos com maior grau de umidade podem ser mais elásticos e menos quebradiços, resultando em maior resistência à absorção de leite (CHANVRIER *et al.*, 2013). Alterações na textura dos produtos extrusados estão relacionados ao efeito plasticizante da água em componentes amorfos, como o amido e as proteínas (OLIVEIRA *et al.*, 2015).

11.5.5 PROPRIEDADES DE PASTA

A viscosidade de pasta é uma propriedade que permite avaliar o grau de cozimento do amido de milho durante o processamento por extrusão (CHÁVEZ *et al.*, 2017) e avaliar o comportamento do amido em meio aquoso, aplicando-se diferentes temperaturas durante a avaliação (SILVA *et al.*, 2008).

As propriedades de pasta podem ser determinadas por equipamentos chamados viscoanalisadores ou viscoamilógrafos. Por meio desses equipamentos é possível traçar um perfil de aquecimento para o produto extrusado, aplicando-se diferentes temperaturas durante o processo (TEBA *et al.*, 2009). As viscosidades observadas são expressas em Unidades Amilográficas (UA), que são unidades arbitrárias de cada equipamento, ou em cP (centipoise) (Figura 11.3).

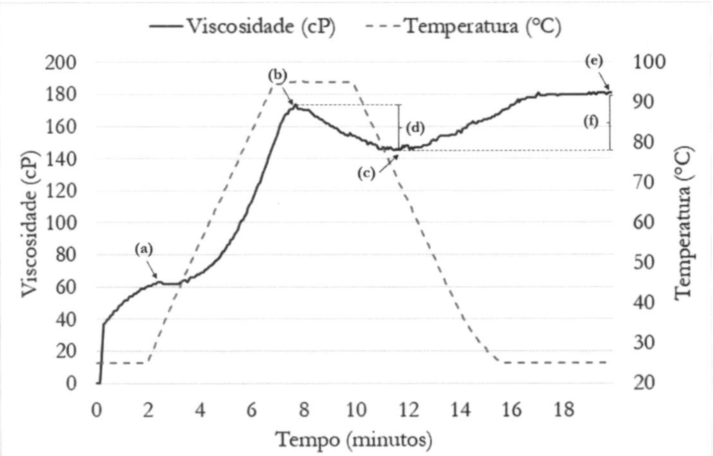

Figura 11.3 Viscoamilograma característico de farinha de milho extrusada. (a) Viscosidade a frio; (b) viscosidade máxima a quente; (c) viscosidade mínima a quente; (d) queda de viscosidade; (e) viscosidade final; (f) tendência à retrogradação

Fonte: Viscoamilograma obtido por projetos de pesquisa dos próprios autores, realizado no Laboratório de Cereais, Raízes e Tubérculos da Faculdade de Engenharia de Alimentos da Universidade Estadual de Campinas.

Durante o perfil de aquecimento até 95 °C ocorre intumescimento e gelatinização dos grânulos de amido, atingindo o pico máximo. O processamento de derivados de milho por extrusão pode causar uma desordenação molecular nos grânulos de amido por cisalhamento, e isto irá resultar em perda da estrutura cristalina do amido (BASTO *et al.*, 2016), liberando amilose e amilopectina (CAMIRE *et al.*, 1990). O material será convertido em uma pasta viscosa dentro do cilindro do extrusor devido à combinação da presença de água, calor e cisalhamento. Desta forma, a curva de viscosidade, ou o viscoamilograma, pode apresentar ausência de pico e valores muito baixos de viscosidade.

Porém, se o processo de extrusão não for muito severo, parte dos grânulos de amido pode ter sua estrutura cristalina preservada. Então, será possível observar valores relativamente maiores de viscosidade de pasta, pois ainda há grânulos em condição de intumescimento (CARVALHO *et al.*, 2002). A hidrólise parcial da amilose e a amilopectina formando maltodextrinas durante o processamento devido às altas temperaturas e à força de cisalhamento dentro do extrusor podem ser verificadas através de análise da viscosidade e da massa molecular (HEFTEL, 1986).

A adição de outros ingredientes ao material amiláceo a ser extrusado pode influenciar as características físico-químicas do produto, dificultando a gelatinização do amido. Quanto maior a proporção de ingredientes não amiláceos adicionados, menor será o grau de gelatinização do amido no produto extrusado, em decorrência da diminuição da proporção de amido.

O viscoamilograma está relacionado ao comportamento do material extrusado durante o aquecimento e permite avaliar as características da pasta formada pelas modificações estruturais das moléculas de amido (LUSTOSA *et al.*, 2009). A viscosidade inicial a 25 °C, também chamada de viscosidade de pasta a frio, indica a capacidade do material extrusado de absorver água em temperatura ambiente e formar pasta, gel ou líquido viscoso. A viscosidade de pasta a 95 °C é um parâmetro que mede a resistência do grânulo de amido ao colapso resultante da ação da temperatura e do atrito mecânico no viscoamilógrafo (SILVA *et al.*, 2008; CARVALHO *et al.*, 2002). O pico de viscosidade durante o perfil de aquecimento indica a presença de amido que não foi modificado durante o processo de extrusão.

Respostas de viscosidade a frio são a base para a elaboração de alimentos instantâneos. Após a cocção por extrusão, as farinhas de milho podem ser comercializadas como farinhas pré-gelatinizadas (LAZOU; KROKIDA, 2010).

11.5.6 ANÁLISE DE TEXTURA

A produção de texturas características é uma das principais razões para o processamento de milho por extrusão. A textura é uma manifestação sensorial relacionada à estrutura do extrusado, sendo percebida na boca e pela audição. Esta propriedade pode ser avaliada através de métodos subjetivos sensoriais ou de métodos instrumentais.

Sensorialmente, a textura está relacionada à crocância, deformação e desintegração do material na boca à medida que se aplica uma força durante a mastigação. Nos métodos instrumentais, a mastigação pode ser mimetizada por meio de perfis de deformação do produto extrusado. Assim, uma combinação de propriedades como fraturabilidade, dureza, coesividade, adesividade, elasticidade, gomosidade podem ser comparadas às sensações na boca (PAULA; CONTI-SILVA, 2014) e podem ser medidas de maneira objetiva por equipamentos como o texturômetro. A análise instrumental de produtos extrusados fornece de forma rápida e relativamente barata as características de textura do produto e aceitação pelo consumidor (ANTON; LUCIANO, 2007). Desta forma, a textura é um atributo crítico de qualidade dos produtos.

As propriedades de textura são resultantes de alterações no amido, principalmente, que é o componente mais importante do milho, responsável pela adesão, coesão e expansão. A estrutura da célula de ar associada à característica da parede determina o perfil de textura de produtos extrusados (TOLEDO, 2015).

Na avaliação da textura instrumental são aplicadas análises de perfil de textura, testes de corte ou cisalhamento, testes de compressão e testes de punção (PAULA; CONTI-SILVA, 2014). Uma diversidade de sondas ou probes são utilizados e diferentes terminologias são aplicadas para descrever os resultados de textura. As diferentes terminologias utilizadas dificultam a comparação de resultados de análises de textura de produtos extrusados, no entanto, é comum observar com maior frequência termos como dureza, fragilidade, firmeza e crocância (ANTON; LUCIANO, 2007). Assim, é importante estabelecer qual teste e sonda são mais apropriados para se estabelecer a melhor correlação com as percepções sensoriais de textura do produto extrusado.

Bouvier *et al.* (1997) propuseram um teste de punctura como um método instrumental para determinar as características mecânicas de produtos extrusados, simulando o impacto dos dentes na mastigação do alimento. Nesta metodologia, obtém-se um gráfico de força (N) pela deformação (mm) que permite avaliar pela resistência mecânica da parede das células as propriedades estruturais dos produtos expandidos, que dependem principalmente da distribuição, do tamanho e da organização das células de ar no interior do produto (TOLEDO, 2015). No teste proposto por Bouvier *et al.* (1997), quatro critérios foram descritos para analisar a crocância dos produtos extrusados, que se obtém por meio da interpretação do gráfico força x deformação: força de compressão (FC), em N, que indica a força total percorrida pelo probe para atravessar completamente o produto; força específica das rupturas (FER), em N, que indica a energia gasta para a ruptura das células de ar do produto; frequência das rupturas (FR), em mm, que indica a energia gasta para a ruptura das células de ar do produto; e o trabalho de crocância (WC), em N/mm, que reúne informações sobre a relação entre a FC e a FR.

Produtos extrusados mais leves devem ter valores de FC preferencialmente mais baixos ao serem consumidos, já que a força necessária para romper a amostra expandida é frequentemente usada para caracterizar sua dureza (ROBIN *et al.*, 2012), e produtos extrusados duros são os que a força capaz de os atravessar é alta. Já, quanto maior a FR, melhor, pois ela indica indiretamente a quantidade de células contidas em determinada área do produto expandido. Altos valores de WC podem indicar menor crocância do produto. Para uma boa crocância são necessárias numerosas células com FC baixa.

O grau de umidade é diretamente proporcional à textura do produto, pois este é um dos fatores responsáveis pela dilatação e pela firmeza do produto (PERFEITO *et al.*, 2017). O aumento do grau de umidade da alimentação é uma desvantagem no processo envolvido na expansão do produto. O excesso de água tem um efeito plasticizante que reduz a viscosidade e a capacidade de dissipação de energia mecânica na extrusora, levando a um produto denso e com estruturas celulares comprimidas (CARVALHO *et al.*, 2010).

A resistência à ruptura do produto extrusado está relacionada à evaporação de água superaquecida na saída da matriz. Quando esta evaporação é instantânea, antes da solidificação da estrutura, irá conferir ao produto uma textura porosa e expandida (KRISTIAWAN *et al.*, 2016). Quando é lenta, permite uma solidificação da estrutura antes que ocorra um grau adequado de expansão, o que limita a expansão do produto que tem a estrutura compactada (HAGENIMANA *et al.*, 2006).

Um maior teor de fibras alimentares também resulta em um produto extrusado mais compacto com paredes celulares espessas e células de ar pequenas (ROBIN *et al.*, 2012), possivelmente devido ao rompimento prematuro das bolhas de vapor de água, o que diminui a expansão e resulta em menor quantidade de poros na estrutura e pela própria rigidez imposta pela estrutura física das fibras alimentares (LAZOU; KROKIDA, 2010).

11.5.7 ANÁLISE DE IMAGEM

A avaliação de produtos extrusados de milho por imagem pode ser realizada em nível macroscópico ou microscópico. Em nível macroscópico, a avaliação pode ser feita através de imagens fotográficas da superfície e/ou secção transversal do produto. As imagens em nível microscópico normalmente são obtidas por microscópio eletrônico de varredura.

Em imagens fotográficas digitais e por *softwares* de análise de imagens é possível estabelecer critérios visuais para avaliar em produtos expandidos o número de células de ar, o diâmetro de expansão das células, espessura das paredes das células e coloração do produto (MEZREB *et al.*, 2003). Diferenças na constituição e disposição das células internas dos produtos extrusados podem indicar variações no processo de extrusão e a avaliação de imagens pode ser uma ferramenta de qualidade importante para o controle de processo. Além disso, a caracterização do tamanho das células e a espessura das paredes podem ser indicativos de qualidade dos produtos, correlacionando-se às características de textura e expansão (BARRETT; PELEG, 1992).

Em contrapartida, por meio da microscopia eletrônica de varredura, são obtidas micrografias que permitem avaliar a estrutura interna dos produtos e aspectos morfológicos que podem estar relacionados à intensidade do processamento por extrusão, como a gelatinização dos grânulos de amido, orientação das fibras, grau de compactação dos componentes do milho e nucleação de bolhas de ar.

11.5.8 UMIDADE

O processo de secagem na produção de produtos extrusados é crítico por dois fatores: (i) apresenta custo expressivo na produção e (ii) assegura a estabilidade do alimento. Um dos maiores desafios da indústria de alimentos extrusados é manter a umidade homogênea no produto. A secagem é um processo complexo que envolve a transferência de calor do ambiente ao redor do produto para evaporar a umidade superficial e a transferência de massa através da umidade que migra do interior para a superfície do produto. A redução da umidade dos produtos extrusados ajuda a controlar características de textura, aparência e vida de prateleira. O processo de secagem deve resultar em uma umidade final que assegure a estabilidade do alimento (LEWICKI, 2006). A técnica convencional de secagem por ar quente é bastante aplicada por ser simples e econômica, quando comparada a outros métodos (HUBER, 2001).

Complementarmente, a análise de atividade de água é muito importante na avaliação de alimentos extrusados, permitindo o controle do crescimento microbiano, reações enzimáticas, oxidativas e hidrolíticas no alimento. Assim, é possível garantir maior qualidade e vida de prateleira do produto (HUBER, 2001).

11.6 QUALIDADE NUTRICIONAL DOS EXTRUSADOS

A composição química da matéria-prima é um dos fatores importantes a serem considerados no processo extrusão. Quando falamos em composição química nos referimos aos teores de carboidratos, proteínas, lipídeos, vitaminas, minerais e compostos bioativos da farinha. Durante o processo de extrusão podem ocorrer alterações da composição desses nutrientes como hidratação do amido e proteínas, gelatinização do amido, liquefação de lipídeos, desnaturação de proteínas, destruição de fatores antinutricionais e inativação de enzimas.

Algumas vantagens nutricionais são observadas durante processamento da farinha de milho. Por exemplo, o cozimento rápido dos ingredientes a alta temperatura promove a gelatinização do amido, desnaturação das proteínas sem alterar a qualidade, aumento da fibra alimentar solúvel, redução da oxidação lipídica e destruição de fatores antinutricionais. Em contrapartida, algumas desvantagens também são observadas, como a redução do valor nutricional da proteína devido **à** rea**ção** de Maillard e **à** perda de vitaminas termicamente lábeis.

11.6.1 POLISSACARÍDEOS AMILÁCEOS E NÃO-AMILÁCEOS

11.6.1.1 Amido

As características do amido influenciam na textura, aparência, sabor e propriedades de expansão do extrusado. Quando a farinha de milho é extrusada, o grânulo de amido sofre inchamento, ruptura e perda da cristalinidade e birrefringência. A birrefringência é um fenômeno que consiste na propriedade que certos materiais possuem de originar raios refratados, a partir de um único raio incidente. Nestas condições ocorre a solubilização da amilose e, consequente, o aumento da viscosidade. A destruição total ou parcial da estrutura do amido ocorre devido às altas temperaturas e à força de cisalhamento dentro da extrusora, os quais promovem a despolimerização molecular, perda da cristalinidade, danificação do amido e a formação de uma massa amorfa.

No processo de despolimerização resultam oligossacarídeos de baixa massa molecular devido à hidrólise do amido durante o aquecimento prolongado. Este processo de hidrólise do amido durante o aquecimento e trabalho mecânico é chamado de dextrinização termomecânica e ocorre em maior proporção nas cadeias de amilopectina, por possuir maior tamanho quando comparada à amilose. A dextrinização das moléculas de amido são favorecidas pela elevada temperatura, energia mecânica específica e grau de cisalhamento durante o processo de extrusão, melhorando assim a digestibilidade do amido. Existe uma forte ligação entre os grânulos de amidos e as proteínas na farinha de milho que resulta em uma partícula mais rígida, requerendo assim mais energia para rompê-la e gerando mais calor na extrusora.

11.6.1.2 Fibras alimentares

Durante o processo de extrusão, uma parte da amilose ou das dextrinas pode complexar com ácidos graxos, resultando na formação de amido resistente (tipo 5) à digestão das enzimas amilolíticas. Além deste complexo, parte do amido sofrerá uma reordenação compacta em função da retrogradação, sendo considerado um amido resistente do tipo 3 (SCHMIELE *et al.*, 2019; JAEKEL *et al.*, 2020; MIRANDA; SCHMIELE, 2020).

Durante o processo de extrusão podem ocorrer alterações nas características estruturais e propriedades físico-químicas das fibras alimentares como a redistribuição de fibra insolúvel em fibra solúvel. Isto ocorre devido à ruptura de ligações covalentes e não covalentes entre carboidratos e proteínas associadas às fibras alimentares, resultando em fragmentos moleculares menores e mais solúveis. Desta forma, não são observadas alterações no conteúdo total de fibras alimentares, mas sim um aumento no conteúdo da fração solúvel (MENIS-HENRIQUE *et al.*, 2020).

11.6.2 PROTEÍNAS

O teor de proteína total não é afetado significativamente após a farinha de milho ser submetida ao processo de extrusão, porém outras alterações importantes relacionadas à estrutura e conformação das proteínas são observadas.

As altas temperaturas e a força de cisalhamento decorrentes do processo de extrusão resultam em diversas alterações das proteínas, como na perda da atividade das enzimas (proteínas que aceleram a velocidade das reações químicas), redução da solubilidade em água e solução salina, quebra das ligações dissulfeto que sofrem reorganização, polimerização e dissociação das proteínas de alta massa molecular em subunidades menores. As ligações dissulfeto, interações hidrofóbicas e eletrostáticas inespecíficas são as principais ligações e interações responsáveis pela texturização de proteínas por extrusão. As reações proteicas, incluindo ligações não covalentes e dissulfeto, se formam após o resfriamento.

Além dessas alterações, a mais importante que ocorre durante o processo de extrusão é a desnaturação proteica. A desnaturação ocorre quando a proteína perde a estrutura conformacional secundária e/ou terciária e/ou quaternária, ou seja, o arranjo tridimensional da cadeia polipeptídica é rompido, fazendo com que ocorra a perda de sua atividade biológica característica. A desnaturação de proteínas durante o processo de extrusão resulta na redução da solubilidade das proteínas, favorece a digestibilidade e inativa fatores antinutricionais, como tripsina e lectina.

Os fatores antinutricionais são compostos tóxicos presentes nos alimentos de origem vegetal que quando consumidos interferem na digestibilidade, absorção e biodisponibilidade dos nutrientes, reduzindo a qualidade nutricional. A tripsina e a lectina são inibidoras de enzimas proteolíticas capazes de reduzir a digestão proteica do alimento. Dessa forma, a extrusão contribui para o aumento da disponibilidade de proteínas no nosso organismo (BENEVIDES *et al.*, 2011).

Além disso, a matriz proteica sofre ruptura e ocorre a liberação de subunidades das proteínas, principalmente da zeína na sua forma α-zeína. A α-zeína é encontrada no centro da matriz proteica do endosperma e é rica em aminoácidos hidrofóbicos, como glutamina e leucina. A formação de agregados insolúveis, como a estrutura fibrosa dos análogos de carne, é favorecida pelas interações hidrofóbicas e eletrostáticas que ocorrem durante a extrusão.

As interações eletrostáticas hidrofóbicas, mediadas por cátions e ligações covalentes também contribuem para a estabilização da rede tridimensional formada durante a extrusão. A qualidade sensorial e de textura dos extrusados depende diretamente do grau de formação desses agregados insolúveis, pois esta formação resulta no desenvolvimento de uma fase dispersa dentro de uma fase contínua.

Durante o processo de extrusão normalmente são utilizadas altas temperaturas, que favorecem a reação de Maillard. Esta reação ocorre entre um aminoácido ou proteína e um açúcar redutor resultando em compostos chamados de melanoidinas. As melanoidinas são responsáveis pelo sabor, odor e cor do produto. Os açúcares redutores, envolvidos na reação de Maillard, apresentam um grupo carbonílico livre aldeído em solução básica, podem ser produzidos durante o processo e reagir com grupamentos amina livres, principalmente da lisina. Como resultado da reação de Maillard, o fator mais importante que afeta a qualidade sensorial dos extrusados de milho é a mudança na coloração, caracterizada pelo escurecimento do produto.

11.6.3 LIPÍDEOS

Os lipídeos são moléculas orgânicas insolúveis em água e solúveis em certas substâncias orgânicas, como álcool, éter e acetona. Os lipídeos encontrados na farinha de milho são compostos por triacilgliceróis, contendo ácidos graxos saturados, monoinsaturados e polinsaturados.

A extrusão da farinha de milho resulta em uma redução do conteúdo de desses lipídeos quando comparado à matéria-prima. Isto ocorre devido à formação de complexo com amilose ou proteína, sendo os ácidos graxos livres e os monoglicerídeos mais favoráveis à formação desse complexo. A farinha de milho apresenta cerca de 2% de lipídeos. Após o processo de extrusão o conteúdo de lipídeos pode reduzir a 1% (NAVALE *et al.*, 2015).

Durante o processo de extrusão, os lipídeos se tornam líquidos quando a temperatura atinge 40 °C, então se dispersam como gotículas de óleo fino e se misturam com outros materiais. Dessa forma, os lipídeos atuam como lubrificantes dentro da extrusora, pois reduzem o atrito entre as partículas da mistura e entre as superfícies dos parafusos e do barril. Conteúdos de lipídeos acima de 3% podem afetar as propriedades de expansão, e quando atinge valores superior a 5%, ocorre uma redução significativa da expansão do produto final. Produtos extrusados à base de milho geralmente não sofrem alterações nas propriedades de expansão devido a seu baixo teor de lipídeos (STEEL *et al.*, 2012).

11.6.4 VITAMINAS

As vitaminas são compostos orgânicos que, em pequenas quantidades, auxiliam para o normal funcionamento do metabolismo humano. Também se caracterizam por serem sensíveis ao tratamento térmico, sendo assim facilmente degradadas. As vitaminas presentes na farinha do milho são: vitamina A e E, tiamina (vitamina B1), niacina (vitamina B3) e traços de riboflavina (vitamina B2), piridoxina (vitamina B6) e vitamina C (ácido ascórbico) (TACO, 2011).

As vitaminas A e E e seus percursores, como carotenoides e tocoferóis, respectivamente, são os menos estáveis termicamente. Estas vitaminas possuem alto poder antioxidante, devido à capacidade de doar hidrogênios aos radicais livres lipídicos interrompendo a propagação em cadeia. Esta ação antioxidante depende, além da estrutura química, de fatores como concentração, temperatura, estado físico do lipídeo e presença de espécies químicas que podem atuar como pró-oxidantes.

No processo de extrusão são utilizadas altas temperaturas, o que resulta em perdas significativas de vitaminas. As perdas de vitaminas dos produtos extrusados variam de acordo com a matéria-prima e condições de processamento como grau de umidade, temperatura e tempo de retenção da matéria-prima na extrusora. Quando é aplicado a extrusão a frio as perdas são mínimas. Porém quando se trabalha em condições de alta temperatura e curto tempo (em inglês, *high temperature, short time* – HTST) como é o caso da extrusão termoplástica, se objetiva minimizar as perdas de vitaminas.

A tiamina, vitamina do complexo B, é extremamente suscetível a degradação térmica, mas a estabilidade pode variar durante o processo de extrusão, podendo alcançar de 5% a 100% de perdas. No entanto, riboflavina e niacina, também vitaminas do complexo B, são mais resistentes e sofrem menores efeitos deletérios com a extrusão. A vitamina C é extremamente sensível não somente ao tratamento térmico, mas também à ação do oxigênio o que torna inevitável sua completa degradação.

Para contornar as perdas de vitaminas sensíveis ao calor no processo de extrusão geralmente é realizada a adição destas após o processamento do produto. Por esse motivo, é possível observar conteúdos de vitaminas superiores em extrusados de milho quando comparados à matéria-prima inicial. Ainda é importante destacar que a perda de vitaminas depende de diversos fatores que não incluem somente as condições de processamento, mas também condições de armazenamento como umidade, temperatura, luz, oxigênio, tempo e pH (BRENNAN *et al.*, 2011).

11.6.5 MINERAIS

Os minerais são elementos inorgânicos que favorecem a saúde, garantindo o equilíbrio metabólico. Nos alimentos, o mineral se apresenta na forma de um complexo orgânico natural que já pode ser utilizado pelo organismo. Os minerais presentes na farinha de milho são cálcio, ferro, magnésio, fósforo, potássio, zinco, cobre e selênio (TBCA-USP, 2020). Os minerais são resistentes à alta temperatura, por isso não se observam perdas significativas durante o processo de extrusão. Pode-se observar ainda um aumento na biodisponibilidade de cálcio, potássio e selênio em extrusados de milho quando comparados à matéria-prima.

Além disso, a extrusão favorece a absorção de minerais, pela redução dos fatores antinutricionais ou tóxicos. Estes fatores são compostos presentes em alimentos de origem vegetal, que quando consumidos reduzem o valor nutritivo dos alimentos. Estes compostos antinutricionais interferem na digestibilidade, absorção e utilização dos nutrientes. No milho, estes fatores antinutricionais presentes são taninos e fitatos, os quais formam quelatos com os minerais.

Os taninos, classificados como polifenóis, podem reduzir a digestibilidade não somente de minerais, mas também de outros macronutrientes como proteínas e carboidratos, podendo causar danos à mucosa do sistema digestivo ou exercer efeitos tóxicos sistêmicos.

Os fitatos, derivados do ácido fítico ou ácido hexafosfórico mioinositol, apresentam a capacidade de formar quelantes com íons bivalentes, como o cálcio e magnésio, e assim formar complexos solúveis resistentes à ação do trato intestinal, diminuindo a disponibilidade desses minerais. Dessa forma, a extrusão apresenta um efeito positivo relacionado à absorção de minerais através da inibição de taninos e fitatos. A redução destes compostos ocorre devido à degradação térmica e mecânica promovida pela extrusão. Por exemplo, a quantidade de ferro disponível para absorção é aumentada no processo de extrusão, melhorando a biodisponibilidade desse mineral ao organismo.

Mesmo não observando impactos no conteúdo de minerais quando a farinha de milho é submetida a extrusão, é possível verificar uma demanda no enriquecimento de farinhas com minerais previamente ao processo de extrusão para assim obter um produto de melhor qualidade nutricional. Quando os alimentos são enriquecidos com minerais antes da extrusão pode-se observar a formação de complexos de ferro com compostos fenólicos que resultam em uma coloração escura, prejudicando assim a aparência do produto. Nestes casos, pode ser adicionado hidróxido de cálcio para aumentar a luminosidade na cor.

11.6.6 COMPOSTOS BIOATIVOS OU FITOQUÍMICOS

Os principais compostos bioativos encontrados no milho são: carotenoides, compostos fenólicos, tocoferóis e ácidos graxos essenciais. Nesta seção vamos nos deter nos efeitos da extrusão sobre os carotenoides e compostos fenólicos. Pois anteriormente foram abordados esses assuntos com relação aos tocoferóis, na seção de vitaminas, e ácidos graxos essenciais, na seção de lipídeos.

11.6.6.1 Carotenoides

O milho precisa ser processado antes do seu consumo, o que pode modificar ou degradar os carotenoides. A extrusão do milho reduz o conteúdo total de carotenoides. Esta perda está associada às severas condições aplicas na extrusão, como alta temperatura e cisalhamento, o que facilita as reações de degradação dos carotenoides, incluindo a isomerização e oxidação. Durante a extrusão, os lipídeos são liberados das células e seu tecido sofre a ruptura devido à alta temperatura, facilitando assim a liberação dos carotenoides, deixando-os mais susceptíveis às ações de degradação.

As perdas de carotenoides podem variar de 30% a 40% em extrusados de milho, tendo maior impacto a luteína por ser seu componente majoritário. Além disso, a capacidade antioxidante dos carotenoides também é afetada, atingindo uma redução de 42%. No entanto, quando são usadas condições mais brandas de temperatura, menor tempo de residência e maior grau de umidade da farinha de milho podem ser minimizadas as ações degradativas sobre os carotenoides (CORRALES-BAÑUELOS *et al.*, 2016; *et al.*, 2017).

11.6.6.2 Compostos fenólicos

As antocianinas são suscetíveis ao calor, dessa forma é inevitável a perda parcial durante o processo de extrusão. Nas variedades de milho roxo pode-se atingir 55% de perdas de antocianinas expostas à extrusão, e uma redução significativa na capacidade antioxidante. A redução destes compostos é atribuída à degradação ou decomposição durante o processamento térmico, sendo acompanhada pela redução da capacidade antioxidante. Durante o processo de extrusão, a alta temperatura do canhão pode levar a descarboxilação dos compostos fenólicos, enquanto altos graus de umidade podem promover a polimerização de fenóis e taninos, levando à redução da extractabilidade e da capacidade antioxidante (MEZA *et al.*, 2019; 2020).

Para contornar esta situação e obter uma maior retenção de antocianinas em extrusados de milho se pode aumentar a umidade de condicionamento da farinha e a velocidade de rosca e, ainda, trabalhar a uma temperatura abaixo de 140 °C. Isto pode ser justificado pelo fato de um maior teor de umidade requerer menor trabalho mecânico e menor grau de cisalhamento, promovendo assim menor degradação dos compostos bioativos (BRENNAN *et al.*, 2011).

11.7 TENDÊNCIAS E DESAFIOS

A tecnologia de extrusão conquistou enormes avanços, principalmente pelo desenvolvimento de equipamentos com alto grau de cisalhamento, mas que permitem um baixo tempo de residência para que ocorra a maior manutenção possível dos nutrientes sensíveis ao processamento. Técnicas como encapsulamento de nutrientes sensíveis tem se mostrado eficientes. A substituição de corantes artificiais ou sintéticos por corantes naturais é uma opção para melhorar a saudabilidade dos produtos e deixá-los sensorialmente atrativos.

Os maiores desafios para a elaboração de extrusados expandidos estão relacionados à diminuição do índice glicêmico, do teor de lipídeos e de sal (cloreto de sódio). Atualmente, os estudos têm sido conduzidos de forma a diminuir a velocidade de digestão do amido e na incorporação de fibras alimentares. O uso de fluidos supercríticos de dióxido de carbono tem sido empregado por favorecer a expansão do produto final a temperaturas mais baixas que o vapor d'água, preservando dessa forma os compostos termolábeis. Com esta técnica, torna-se possível a aplicação de compostos responsáveis por aroma e sabor durante o processo de extrusão, diminuindo a necessidade de uso de lipídeos para fixar estes componentes no produto.

11.8 AGRADECIMENTOS

Os autores agradecem à Coordenação de Aperfeiçoamento de Pessoal de Nível Superior (Capes) pelo suporte financeiro (código de financiamento 001) e pela bolsa de estudo de S. R. L. Meza (#88882.376974/2018-01) e ao Conselho Nacional de Desenvolvimento Científico e Tecnológico (CNPq) pelo suporte financeiro (#424938/2016-2) e pela concessão da bolsa de estudos de M. P. Silveira (#142517/2019-4).

REFERÊNCIAS

ALVAREZ-MARTINEZ, L.; KONDURY, K. P.; HARPER, J. M. A general model for expansion of extruded products. *Journal of Food Science*, v. 53, n. 2, p. 609-615, 1988.

ALVIM, Izabela Dutra; SGARBIERI, Valdemiro Carlos; CHANG, Yoon Kil. Desenvolvimento de farinhas mistas extrusadas à base de farinha de milho, derivados de levedura e caseína. *Food Science and Technology*, v. 22, n. 2, p. 170-176, 2002.

ANTON, Alex A.; FULCHER, R. Gary; ARNTFIELD, Susan D. Physical and nutritional impact of fortification of corn starch-based extruded snacks with common bean (*Phaseolus vulgaris* L.) flour: Effects of bean addition and extrusion cooking. *Food Chemistry*, v. 113, n. 4, p. 989-996, 2009.

ANTON, A. A.; LUCIANO, F. B. Instrumental texture evaluation of extruded snack foods: a review evaluación instrumental de textura en alimentos extruidos: una revisión. *CYTA-Journal of Food*, v. 5, n. 4, p. 245-251, 2007.

BARRETT, A. M.; PELEG, M. Cell size distributions of puffed corn extrudates. *Journal of Food Science*, v. 57, n. 1, p. 146-148, 1992.

BASTO, Gabriela Jardim *et al.* Physicochemical properties and carotenoid content of extruded and non-extruded corn and peach palm (Bactris gasipaes, Kunth). *LWT-Food Science and Technology*, v. 69, p. 312-318, 2016.

BENEVIDES, C. M. J. *et al.* Antinutritional factors in foods: a review. *Segur. Aliment. Nutr.*, v. 18, p. 67-79, 2011.

BOUVIER, J. M.; BONNEVILLE, R.; GOULLIEUX, A. Instrumental methods for the measurement of extrudate crispness. *Agro Food Industry Hi-Tech*, v. 8, n. 1, p. 16-19, 1997.

BRENNAN, Charles *et al.* Effects of extrusion on the polyphenols, vitamins and antioxidant activity of foods. *Trends in Food Science & Technology*, v. 22, n. 10, p. 570-575, 2011.

CAMIRE, Mary Ellen; CAMIRE, Alex; KRUMHAR, Kim. Chemical and nutritional changes in foods during extrusion. *Critical Reviews in Food Science & Nutrition*, v. 29, n. 1, p. 35-57, 1990.

CARVALHO, Carlos W.P. *et al.* Relative effect of particle size on the physical properties of corn meal extrudates: Effect of particle size on the extrusion of corn meal. *Journal of Food engineering*, v. 98, n. 1, p. 103-109, 2010.

CARVALHO, R.V. de; ASCHERI, J. L. R.; CAL-VIDAL, J. Efeito dos parâmetros de extrusão nas propriedades físicas de pellets (3G) de misturas de farinhas de trigo, arroz e banana. *Ciência e Agrotecnologia*, v. 26, n. 5, p. 1006-1018, 2002.

CHANG, Yoon Kil; SCHMIELE, Marcio; MARTÍNEZ-BUSTOS, Fernando. Alterações físico-químicas do alimento durante o processo de extrusão. In: Congresso Internacional, I; Simpósio sobre Nutrição de Animais de Estimação, VIII, 7-8 maio 2009, Campinas (SP). *Anais* [...]. Campinas: Colégio Brasileiro de Nutrição Animal (CBNA), 2009.

CHANVRIER, Hélène *et al.* Starch-based extruded cereals enriched in fibers: a behavior of composite solid foams. *Carbohydrate Polymers*, v. 98, n. 1, p. 842-853, 2013.

CHASSAGNE-BERCES, Sophie *et al.* Effect of fibers and whole grain content on quality attributes of extruded cereals. *Procedia Food Science*, v. 1, p. 17-23, 2011.

CHÁVEZ, Davy W. H. *et al.* Sorghum and roasted coffee blends as a novel extruded product: Bioactive compounds and antioxidant capacity. *Journal of Functional Foods*, v. 29, p. 93-103, 2017.

CORRALES-BAÑUELOS, Ana Belinda *et al.* Carotenoid composition and antioxidant activity of tortillas elaborated from pigmented maize landrace by traditional nixtamalization or lime cooking extrusion process. *Journal of Cereal Science*, v. 69, p. 64-70, 2016.

CUETO, Mario *et al.* Carotenoid and color changes in traditionally flaked and extruded products. *Food Chemistry*, v. 229, p. 640-645, 2017.

DING, Qing-Bo *et al.* The effect of extrusion conditions on the physicochemical properties and sensory characteristics of rice-based expanded snacks. *Journal of Food Engineering*, v. 66, n. 3, p. 283-289, 2005.

FAN, Jintian; MITCHELL, John R.; BLANSHARD, John MV. The effect of sugars on the extrusion of maize grits: I. The role of the glass transition in determining product density and shape. *International Journal of Food Science & Technology*, v. 31, n. 1, p. 55-65, 1996.

FELLOWS, Peter J. *Food processing technology*: principles and practice. Elsevier, 2009.

FELLOWS, Peter J. *Tecnologia do Processamento de Alimentos*: Princípios e Prática. Artmed Editora, 2018.

GANJYAL, Girish M. (Ed.). *Extrusion cooking*: cereal grains processing. Elsevier, 2020.

GUY, Robin (Ed.). *Extrusion cooking*: technologies and applications. Woodhead Publishing, 2001.

HAGENIMANA, Anastase; DING, Xiaolin; FANG, Tao. Evaluation of rice flour modified by extrusion cooking. *Journal of Cereal Science*, v. 43, n. 1, p. 38-46, 2006.

HEFTEL, Jean Claude. Nutritional effects of extrusion-cooking. *Food Chemistry*, v. 20, n. 4, p. 263-283, 1986.

HUBER, Gordon. Snack foods from cooking extruders. *In*: LUSAS, E. W.; ROONEY, L. W. (Eds.). *Snack foods processing*. Boca Raton, FL: CRC Press, 2001. p. 315-367.

HUBER, Gordon R.; ROKEY, Galen J. Extruded snacks. *In: Snack food*. Springer, Boston, MA, 1990. p. 107-138.

JAEKEL, Leandra Zafalon *et al.* Influence of the extrusion process on the technological properties of hydroxypropylated cross-linked cassava starch. *Journal of Food Science and Technology,* v. 52, n. 11, p. 7305-7312, 2015.

JAEKEL, Leandra Zafalon; SCHMIELE, Marcio; CHANG, Yoon Kil. Impactos do amido resistente e da enzima transglutaminase nas características tecnológicas de espaguete. *Research, Society and Development*, v. 9, n. 8, p. e891986219-e891986219, 2020.

KARAM, Laura Beatriz; GROSSMANN, Maria Victória E.; SILVA, Rui Sérgio S. F. Oat flour/waxy corn starch blends for snacks production. *Food Science and Technology*, v. 21, n. 2, p. 158-163, 2001.

KRISTIAWAN, Magdalena *et al.* Modeling of starchy melts expansion by extrusion. *Trends in Food Science & Technology*, v. 48, p. 13-26, 2016.

LAZOU, Andriana; KROKIDA, Magdalini. Functional properties of corn and corn–lentil extrudates. *Food research international*, v. 43, n. 2, p. 609-616, 2010.

LEWICKI, Piotr P. Design of hot air drying for better foods. *Trends in Food Science & Technology*, v. 17, n. 4, p. 153-163, 2006.

LOPES-DA-SILVA, M. F.; SANTOS, Luís; CHOUPINA, Altino. A extrusão em tecnologia alimentar: tipos, vantagens e equipamentos. *Revista de Ciências Agrárias*, v. 38, n. 1, p. 3-10, 2015.

LUSAS, Edmund W.; ROONEY, Lloyd W. (Eds.). *Snack foods processing*. Boca Raton, FL: CRC Press, 2001.

LUSTOSA, B. H. Borges; LEONEL, Magali; MISCHAN, Martha Maria. Influência de parâmetros de extrusão na absorção e solubilidade em água de farinhas pré-cozidas de mandioca e caseína. *Alimentos e Nutrição*. Araraquara, v. 20, n. 2, p. 223-229, 2009.

LUSTOSA, Beatriz Helena Borges; LEONEL, Magali; MISCHAN, Martha Maria. Extrusion parameters in snacks production from cassava flour and casein. *Semina: Ciências Agrárias*, v. 31, n. 1, p. 109-126, 2010.

MACHADO, M. Fátima; OLIVEIRA, Fernanda A. R.; CUNHA, Luís M. Effect of milk fat and total solids concentration on the kinetics of moisture uptake by ready-to-eat breakfast cereal. *International Journal of Food Science & Technology*, v. 34, n. 1, p. 47-57, 1999.
Manual do Laboratório Integrado de Cereais e Lipídeos (LICEL) do Instituto de Ciência e Tecnologia da Universidade Federal dos Vales do Jequitinhonha e Mucuri.

MARINHO, Angleson Figueira. *Caracterização físico-química de extrudados expandidos de multicereais*. Orientador: José Luís Ramírez Ascheri. 2015. 85 f. Dissertação (Mestrado em Ciência e Tecnologia de Alimentos) – Instituto de Tecnologia, Universidade Federal Rural do Rio de Janeiro, Seropédica, RJ, 2015.

MEDINA-LÓPEZ, Sandra Viviana *et al.* Nonconventional hydrocolloids' technological and functional potential for food applications. *Foods*, v. 11, n. 3, p. 401, 2022.

MENDONÇA, Roberto Natanael da Silva; ALVES, João Guilherme Bezerra; CABRAL FILHO, José Eulálio. Hospital costs due to violence against children and adolescents in Pernambuco State, Brazil, during 1999. *Cadernos de Saúde Pública*, v. 18, p. 1577-1581, 2002.

MENDONCA, S.; GROSSMANN, M. V. E.; VERHÉ, Roland. Corn bran as a fibre source in expanded snacks. *LWT-Food Science and Technology*, v. 33, n. 1, p. 2-8, 2000.

MENIS-HENRIQUE, Michele Eliza Cortazzo *et al.* Cereal fiber: extrusion modifications for food industry. *Current Opinion in Food Science*, v. 33, p. 141-148, 2020.

MERCIER, C.; LINKO, P.; HARPER, J. M. *Extrusion cooking*. Saint Paul: American Association of Cereal Chemists,1998.

MEUSER, F. Wheat utilization for the production of starch, gluten and extruded products. *In*: BUSHUK, W.; RASPER, V. F. (Eds.). *Wheat*: production, properties and quality. Boston, MA: Springer, 1994. p. 179-204.

MEZA, Silvia Leticia Rivero *et al.* Production of innovative gluten-free breakfast cereals based on red and black rice by extrusion processing technology. *Journal of Food Science and Technology*, v. 56, n. 11, p. 4855-4866, 2019.

MEZREB, Katiba *et al.* Application of image analysis to measure screw speed influence on physical properties of corn and wheat extrudates. *Journal of Food Engineering*, v. 57, n. 2, p. 145-152, 2003.

MIRANDA, Ana Vitória Silva; SCHMIELE, Marcio. Carboidratos não digeríveis como alternativa para melhorar a qualidade tecnológica e nutricional de produtos cárneos e potencial aplicação em hambúrguer de peixe. *Research, Society and Development*, v. 9, n. 11, p. e87691110490-e87691110490, 2020.

MORARU, C. I.; KOKINI, J. L. Nucleation and expansion during extrusion and microwave heating of cereal foods. *Comprehensive Reviews in Food Science and Food Safety*, v. 2, n. 4, p. 147-165, 2003.

NAVALE, S. A.; SWAMI, Shrikant Baslingappa; THAKOR, N. J. Extrusion cooking technology for foods: a review. *Journal of Ready to Eat Food*, v. 2, n. 3, p. 66-80, 2015.

NIKOLAOU, Michael. Control of snack food manufacturing systems. *IEEE Control Systems Magazine*, v. 26, n. 4, p. 40-53, 2006.

OLIVEIRA, Ludmilla C.; ROSELL, Cristina M.; STEEL, Caroline J. Effect of the addition of whole-grain wheat flour and of extrusion process parameters on dietary fibre content, starch transformation and mechanical properties of a ready-to-eat breakfast cereal. *International Journal of Food Science & Technology*, v. 50, n. 6, p. 1504-1514, 2015.

PAULA, Amanda Maldo; CONTI-SILVA, Ana Carolina. Texture profile and correlation between sensory and instrumental analyses on extruded snacks. *Journal of Food Engineering*, v. 121, p. 9-14, 2014.

PERFEITO, Danielle Godinho de Araújo *et al.* Caracterização pós-colheita de milho doce submetido ao parcelamento de fertirrigação nitrogenada. *Brazilian Journal of Food Technology*, v. 20, 2017.

RIAZ, Mian N. Introduction to extruders and their principles. *In*: *Extruders in food applications*. CRC Press, 2000. p. 1-23.

RIVERO MEZA, Silvia Leticia *et al.* Impact of thermoplastic extrusion process on chemical, nutritional, technological and sensory properties of gluten-free breakfast cereals from pigmented rice. *International Journal of Food Science & Technology*, v. 56, n. 7, p. 3218-3226, 2021.

ROBIN, Frédéric; SCHUCHMANN, Heike P.; PALZER, Stefan. Dietary fiber in extruded cereals: limitations and opportunities. *Trends in Food Science & Technology*, v. 28, n. 1, p. 23-32, 2012.

SCHMIELE, Marcio; SAMPAIO, Ulliana Marques; CLERICI, Maria Teresa Pedrosa Silva. Basic principles: Composition and properties of starch. *In*: SCHMIELE, M.; CLERICI, M. T. P. S. (eds.). *Starches for Food Application*. Academic Press, 2019. p. 1-22.

SILVA, E. M. M. *et al.* Efeito dos parâmetros de extrusão nas características de viscosidade de pasta e índice de absorção de água de macarrões pré-cozidos elaborados a partir de farinha mista de arroz integral e milho obtidos por extrusão. *Bol. Centro Pesqui. Process. Alimen*, v. 26, n. 2, p. 239-254, jul.-dez. 2008.

SOUZA, L. B.; LEONEL, Magali; MISCHAN, Martha Maria. Efeito dos parâmetros de extrusão nas propriedades físicas de extrusados de misturas de fécula de mandioca e polpa cítrica. *Alimentos e Nutrição*, Araraquara, v. 18, n. 1, p. 83-91, 2008.

STEEL, Caroline Joy *et al.* Thermoplastic extrusion in food processing. *In*: EL-SONBATI, A. Z. (Ed.). *Thermoplastic elastomers*. Rijeka, Croácia: InTech, 2012. p. 265-290.

TACO (Tabela brasileira de composição de alimentos). (2011). (4a ed). NEPA UNICAMP.

TBCA-USP (Tabela Brasileira de Composição dos Alimentos (TBCA) – Universidade de São Paulo (USP)). Food Research Center (FoRC). Versão 7.1. São Paulo, 2020. Disponível em: http://www.fcf.usp.br/tbca. Acesso em: 4 jun. 2020.

TEBA, C. da S.; ASCHERI, José Luis Ramirez; CARVALHO, C. W. P. Efeito dos parâmetros de extrusão sobre as propriedades de pasta de massas alimentícias pré-cozidas de arroz e feijão. *Alimentos e Nutrição*, Araraquara, v. 20, n. 3, p. 411-426, 2010.

TEBA, Carla da Silva et al. Elaboração de massas alimentícias pré-cozidas à base de farinha mista de arroz polido e feijão preto sem casca pelo processo de extrusão termoplástica. 2009.

TOLEDO, Vanessa Coelho da Silva. *Estudo de misturas de cereais integrais processadas por extrusão termoplástica*. Orientador: Carlos Wanderlei Piler de Carvalho. 2015. 103 f. Dissertação (Mestrado em Ciência e Tecnologia de Alimentos) – Instituto de Tecnologia, Universidade Federal Rural do Rio de Janeiro, Seropédica, RJ, 2015.

TROMBINI, Fernanda Rossi Moretti; LEONEL, Magali; MISCHAN, Martha Maria. Desenvolvimento de snacks extrusados a partir de misturas de farinha de soja, fécula e farelo de mandioca. *Ciência Rural*, v. 43, p. 178-184, 2013.

UNICAMP/NEPA (Núcleo de Estudos e Pesquisas em Alimentação). *TACO (Tabela Brasileira de Composição de Alimentos)*. Campinas, SP: Editora Fórmula, 2006.

UTRILLA-COELLO, R. G. *et al.* Microstructure of retrograded starch: quantification from lacunarity analysis of SEM micrographs. *Journal of Food Engineering*, v. 116, n. 4, p. 775-781, 2013.

VAN ZUILICHEM, D. J.; STOLP, W.; JANSSEN, L. P. B. M. Engineering aspects of single-and twin-screw extrusion-cooking of biopolymers. *Journal of Food Engineering*, v. 2, n. 3, p. 157-175, 1983.

CAPÍTULO 12
MILHO DOCE

Betina Bueno Peres
Maurício de Oliveira

RESUMO

O milho doce, diferentemente do milho comum, possui caráter adocicado devido à presença de genes mutantes que bloqueiam a conversão de açúcares em amido no endosperma. Destinado exclusivamente ao consumo humano, o milho doce tem ganhado a preferência dos consumidores por seu sabor adocicado, baixo teor de amido e diversidade culinária. A cultura pode ser explorada durante o ano inteiro, desde que se tenha uma boa disponibilidade hídrica, solos com baixa acidez e temperaturas de média a alta. No Brasil, a crescente produção de milho doce vem favorecendo a implantação de indústrias. Devido à sua versatilidade, o milho doce pode ser consumido na forma *in natura*, em conservas, desidratado, congelado em espigas ou grãos e ainda como "minimilho", também chamado de "*baby corn*". Além de sua multifuncionalidade, o milho doce processado possui alto teor de antioxidantes, auxiliando na prevenção de doenças crônicas e degenerativas.

12.1 INTRODUÇÃO

O milho doce (*Zea mays* L. *saccharata)* pertence à família das poaceas ou gramíneas, assim como o milho comum também pertence ao gênero *Zea*. Possivelmente, o milho doce surgiu na região do México e foi domesticado por volta de 5000 a.C. O desenvolvimento fenológico do milho pode ser dividido em vegetativo (V), ou reprodutivo (R), ou seja, antes e após a floração, respectivamente. Para o milho ser considerado doce, o mesmo deve conter um teor de açúcar superior a 25% em sua fase leitosa (Figura 12.1), fase em que ainda não se atingiu a maturação fisiológica por completo.

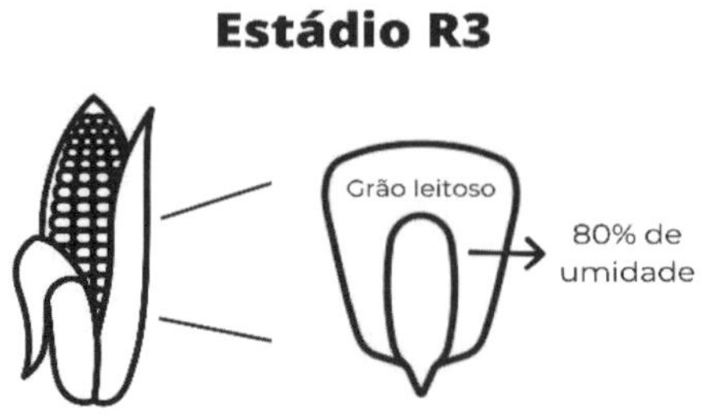

Figura 12.1 Ilustração da fase R3 referente aos grãos leitosos

Segundo Aragão (2002), a botânica e a reprodução do milho doce são idênticas às do milho comum. No entanto, a presença de alguns genes mutantes, como, o gene "brittle" (*bt*), localizado no cromossomo 5; o gene shrunken-2, localizado no cromossomo 3; os genes sugary (*se*); sugary (*su*) e brittle (*bt2*), todos no cromossomo 4, bloqueiam a conversão de açúcares em amido, no endosperma, conferindo o caráter adocicado ao milho doce. Pode-se dividir o material em dois grupos básicos: superdoce (contendo o gene brittle ou shrunken) e doce (contendo o gene sugary).

É bastante improvável que o milho doce tenha ocorrido na natureza como uma raça selvagem, similarmente aos outros tipos de milho. Ele pode ser considerado um produto de mutação seguida de domesticação, pois uma nova fonte de açúcar provavelmente não seria ignorada pelas tribos indígenas de várias regiões da América do Sul (MACHADO, 1980).

Segundo Syngenta Seeds (2004), a área cultivada de milho doce mundialmente foi de 900 mil hectares, já no Brasil, de 36 mil hectares. Acredita-se que o milho doce possui grande potencial de produção, já que dados da Companhia Nacional de Abastecimento (CONAB, 2020) apontam que a produção mundial de milho na safra 2020/21 será a maior da história, com produção estimada em 104,9 milhões de toneladas. Na Tabela 12.1 são apresentados os maiores produtores de milho doce por estado do Brasil.

Tabela 12.1 Produção de milho doce no Brasil

Maiores estados produtores	Produção em hectares
Goiás	28.000 ha
São Paulo	4.000 ha
Rio Grande do Sul	3.000 ha
Minas Gerais	1.000 ha

Fonte: Adaptado de Maggio (2006).

Cultivares que possuem maior teor de açúcar, menor teor de amido, menor tempo para atingir a maturidade fisiológica, tamanho e formato de espigas uniformes são os preferidos da indústria, já que matéria-prima uniforme facilita a aplicação dos tratamentos e resulta em um produto de melhor qualidade. Diversos produtos podem ser obtidos a partir do milho doce, e isso o torna versátil para a indústria alimentícia, além de atrativo para os consumidores.

12.2 CARACTERÍSTICAS DA CULTURA DE MILHO DOCE

A cultura do milho-doce é explorada durante todo o ano, em condições de sequeiro ou irrigada e em escalonamento, o que possibilita maior oferta do produto no mercado (TEIXEIRA *et al.*, 2001).

A planta possui em média de 1,30 a 2,50 m de altura, caule ereto, cilíndrico, fibroso, separado em porções por gomos, e, geralmente, recoberto por uma parte da folha, denominada bainha. As folhas são de tamanho médio a grande, cor verde-escura a verde-clara, flexíveis e tem uma nervura central branca, lisa e bem visível. A planta produz flor masculina (flecha ou pendão) na sua parte mais alta, onde produz os grãos de pólen e a flor feminina (espiga) à meia altura. Cada estigma (fio de cabelo) que sai da espiga é responsável pela produção de um grão depois de fecundada (KWIATKOWSKI; CLEMENTE, 2007).

Quando *in natura*, é indicado para o consumo na forma de milho em espiga, grãos verdes enlatados ou ainda congelados, seja em grãos ou espigas. Por apresentar sabor adocicado, pode-se pensar que o milho doce é o mais indicado para pratos com sabor adocicado, como pamonha e curau, porém, vale lembrar que o mesmo apresenta baixo teor de amido, passando a não ser indicado para esses preparos.

Essa cultura apresenta boa produção em épocas do ano com temperaturas de média a alta, e que tenha boa disponibilidade de água no solo, visto que a restrição hídrica e estressores abióticos são fatores que afetam o rendimento da cultura e a qualidade dos grãos. Por exemplo, as altas temperaturas do ar e a precipitação elevada tem sido associadas à baixas concentrações de açúcares e à menor preferência pelos consumidores. Com a identificação de que a cultura do milho doce é uma excelente fonte de renda, esse vegetal vem ganhando espaço nos estados. Com isso, aumentou-se a instalação de indústrias processadoras de vegetais.

Devido ao alto teor de carboidratos, vitaminas, proteínas e lipídeos, o milho é o cereal que possui maior quantidade de produtos industrializados. Na Tabela 12.2 está representada a composição química e valor energético do milho doce *in natura*, envasado e cozido.

Tabela 12.2 Composição química e valor energético do milho doce

Milho doce (100g)	Calorias (cal)	Glicídios (g)	Proteínas (g)	Lipídeos (g)	Ca (mg)	P (mg)	Fe (mg)
"In natura"	386,50	66,72	11,62	8,13	9,00	182,00	0,32
Envasado	98,0	19,0	2,60	1,20	0,00	0,00	0,00
Cozido	99,9	20,20	2,7	0,70	5,00	52,00	0,23

Fonte: Adaptado de Franco (2005).

A cultura do milho doce no Brasil está em expansão, impulsionada pela demanda da indústria e do consumidor. Algumas empresas governamentais e privadas vêm desenvolvendo programas de melhoramento para produção de cultivares de milho doce, adaptadas a diversas regiões de cultivo, buscando disseminar a produção do milho doce (SCAPIM *et al.*, 1995).

Além das condições climáticas favoráveis, principalmente no que se refere a precipitação, outro fator que eleva os rendimentos da cultura é, sem dúvida, a nutrição mineral adequada.

O milho doce é mais exigente quanto a fertilização, sendo pouco tolerante a solos ácidos quando comparado ao milho comum. Assim, quando o cultivo for do milho doce, deve-se ter um controle ainda mais eficiente em relação as análises de solo para que seja realizado o adequado manejo da fertilidade. A quantidade em açúcares, aliada a um intenso metabolismo e a um ciclo mais curto, pode justificar essa maior exigência em termos de solo (OLIVEIRA JR. *et al.*, 2006).

Segundo Büll *et al.* (1993), o nitrogênio é um dos elementos que apresenta os maiores efeitos no aumento da produção de grãos de milho doce, por ser o nutriente extraído e exportado em maior quantidade pela cultura.

12.3 MATURAÇÃO E PONTO DE COLHEITA

Normalmente, o período de colheita é iniciado cerca de 20 a 28 dias após o florescimento. A colheita pode ser feita de forma manual ou mecânica, porém, quando a colheita é mecânica, é importante considerar que o alto grau de umidade do milho doce aumenta os riscos de embuchamento dos maquinários e intensifica os danos mecânicos, e, portanto, requer maiores tempos de colheita.

A colheita deve ser feita nas horas mais frescas do dia, visando evitar pilhas na lavoura em horários quentes, pois esse acúmulo de milho com calor acelera o processo de fermentação e intensifica a desidratação (que deixa os grãos com aspecto "murcho"). Como o milho doce tem menor tempo de conservação após a colheita, indústrias que utilizam essa matéria-prima empregam um sistema de abastecimento onde possuem fornecedores a uma distância de 100 a 500 km, minimizando perdas e economizando com transporte longos.

12.4 INDUSTRIALIZAÇÃO DO MILHO DOCE

O milho doce apresenta vasta diversificação de uso, podendo ser utilizado em conservas, congelado na forma de espigas ou grãos, *in natura* ou desidratado e como "*baby corn*", se colhido antes da polinização. Todas as formas de processamento dessa matéria-prima são extremamente importantes para economia.

12.4.1 MILHO DOCE EM CONSERVA

Inicialmente, o milho doce recebido pela indústria passa por etapas preliminares e em seguida pelo processamento em si, como ilustrado na Figura 12.2.

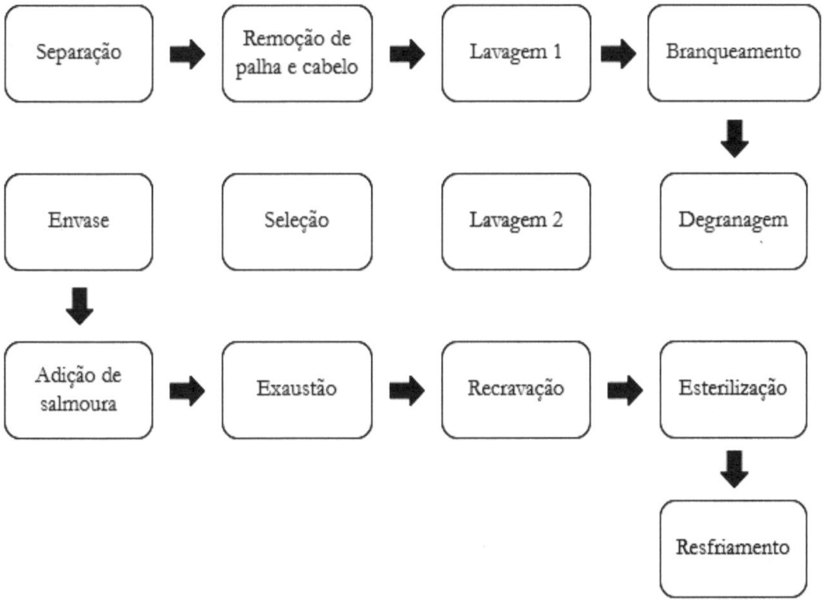

Figura 12.2 Fluxograma do processamento do milho doce em conserva

- Separação: Nesta etapa ocorre a subdivisão dos sabugos por tamanho e largura, sendo importante que sejam os mais homogêneos possíveis. Geralmente esse processo é feito por máquinas com diâmetros ajustados, facilitando a medição.
- Remoção da palha e do cabelo do milho (estigmas): O processo de remoção de palha ocorre de forma mecânica. Dentre vários modelos existentes de máquinas descascadoras de espigas, todas possuem um sistema padrão de rolos giratórios. Esses rolos podem ser de borracha ou aço, os quais seguram a espiga, puxam e removem a palha. Os estigmas assim como a palha

também são removidos por máquinas, porém, são providas de escovas e rolos giratórios que removem praticamente todos os estigmas das espigas.

- Lavagem 1: Objetiva retirar sujidades, insetos, resquícios de palha e cabelo do milho que ainda possam estar presentes nas espigas. Essa lavagem pode ser feita por um lavador de escovas ou por lavador de tambor rotatório, sendo o segundo o mais eficiente. Nesse sistema de tambor rotatório as espigas são esfregadas umas contra as outras facilitando a remoção de sujidades que são retiradas por jatos de água.
- Branqueamento: O branqueamento por imersão tem como propósito além da inativação enzimática, a gelatinização do amido, facilitando a separação dos grãos da espiga na etapa de degranagem.
- Degranagem ou debulha: Etapa de separação dos grãos da espiga. Esse processo foi sendo aperfeiçoado até que surgiram cilindros de facas, pelos quais as espigas vão passando e os grãos são cortados e removidos. Após essa etapa, as espigas que não são usadas no processo de conserva são trituradas e usadas para alimentação animal, enquanto os grãos seguem para as etapas seguintes.
- Lavagem 2: A segunda lavagem serve para melhorar e facilitar a etapa seguinte de seleção. Na lavagem 2 os grãos passam por um separador por flutuação, onde os grãos mergulham e o refugo (o que não é considerado grão sadio) flutua sendo removido automaticamente. Posterior, os grãos de milho são colocador em peneiras vibratórias para retirar todo e qualquer resto de refugo.
- Seleção: Nessa etapa é onde ocorre uma inspeção minuciosa dos grãos. Eles passam lentamente em esteira sanitária, onde retira-se qualquer grão que esteja fora do padrão, principalmente no requisito cor e defeitos. E assim, passamos para etapa de envase.
- Envase: No envase ocorre o preenchimento das latas com grãos de milho. Latas que normalmente são produzidas de folhas de flandres, as mais indicadas para indústria de conservadas, já que passam por etapa de esterilização onde empregam altas temperaturas. As latas de folha de flandres são muito resistentes à corrosão, por isso são as mais adequadas. A quantidade de grãos que será colocado nas latas deve ser sempre constante, já que o enchimento excessivo causará problemas de troca de calor na etapa de tratamento térmico, além de aumentar a probabilidade de explosão de latas, já que a pressão dentro da lata aumenta com altas temperaturas.

- Adição de salmoura: A salmoura ou líquido de cobertura, serve para preencher os espaços entre os grãos melhorando a troca de calor na etapa de esterilização e diminui a presença de oxigênio prejudicial ao produto no interior das latas. Além disso, salmoura também tem o propósito de aumentar a vida útil da conserva, uma vez que pelo uso do sal (NaCl) e em alguns casos açúcar, há uma redução da atividade de água do meio, que evita a proliferação de microrganismos. A salmoura pode ainda sofrer acidificação até pH próximo a 4,5, para aumento da estabilidade.
- Exaustão: A exaustão tem por objetivo remover o ar e outros gases presentes no interior das latas, pois o oxigênio acelera a corrosão da folha de flandres, podendo ainda oxidar o produto e ocasionar dilatação das latas danificando a recravação.
- Recravação: Nessa etapa é feito o fechamento das latas por meio do dobramento das bordas, tornando o fechamento hermético que protege o alimento no momento da esterilização e do resfriamento.
- Esterilização: Tratamento que objetiva submeter os recipientes a alta temperatura por um determinado tempo para eliminar a atividade microbiana e enzimática. Como o milho doce em conserva apresenta um pH em torno de 4,5, ele necessita de um tratamento térmico eficiente, visto que, esse pH é o limite para o desenvolvimento de *Clostridium botulinum*. Após esse processo, passa para um rápido resfriamento.
- Resfriamento: A etapa de resfriamento é necessária logo após o término da esterilização, pois a mesma evita o cozimento continuado do produto. Assim, temos o fim das principais etapas de processamento do milho doce em conserva, posteriormente os produtos são rotulados, estocados e distribuídos.

Com a busca por uma alimentação balanceada, cada vez mais os grãos são escolhidos para compor o prato da população. Ricos em fibras, carboidratos, minerais e vitaminas, os grãos auxiliam no funcionamento do corpo. O Departamento de Agricultura dos Estados Unidos (USDA) recomendou a ingestão de 6 a 11 porções de produtos de grãos diariamente como forma de conscientização populacional sobre os benefícios presentes nesses alimentos.

Estudo elaborado referente aos efeitos do processamento térmico sobre a atividade antioxidante total do milho doce, avaliou diversos fatores, entre eles a vitamina C, e comprovou que apesar de o conteúdo da vitamina diminuir com o aumento de tempo de exposição a 115 °C (Figura 12.3), a atividade antioxidante total (Figura 12.4) do milho doce aumenta.

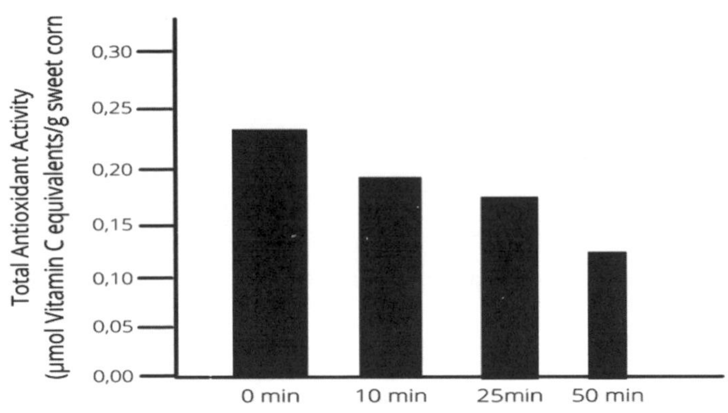

Figura 12.3 Efeito do processamento térmico a 115 °C por 0, 10, 25 e 50 minutos no teor de vitamina C no milho doce

Fonte: Adaptado de Dewanto *et al.* (2002).

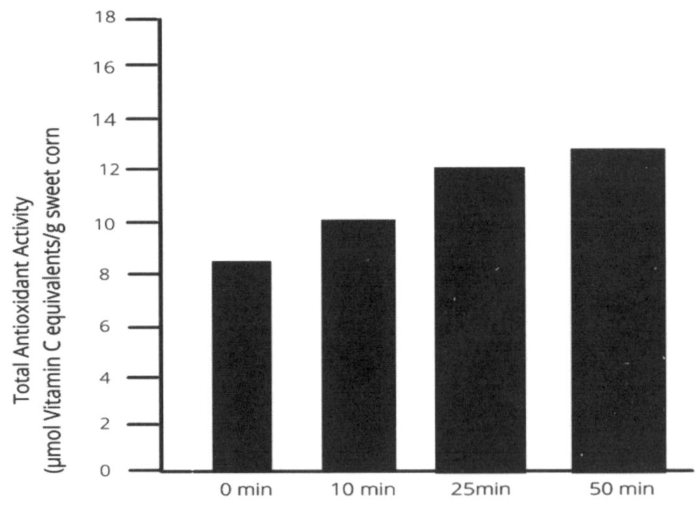

Figura 12.4 Efeito do processamento térmico a 115 °C por 0, 10, 25 e 50 minutos na atividade antioxidante total em extratos fitoquímicos livres de milho doce

Fonte: Adaptado de Dewanto *et al.* (2002).

O processamento térmico avaliado (Figuras 12.3 e 12.4) aumenta a atividade antioxidante do milho doce, além disso mostra os potenciais benefícios à saúde pelo consumo de grãos, entre estes a atividade antioxidante. O milho doce pode complementar ou ser parte de uma dieta para o consumo de bioativos. Uma vez que para uma dieta saudável recomenda-se que os compostos biativos sejam obtidos de fontes variadas (frutas, vegetais e grãos) para obtenção de ótimos benefícios à saúde. Os grãos possuem fitoquímicos exclusivos que são complementares aos fitoquímicos presentes nas frutas e legumes (DEWANTO *et al.*, 2002).

12.4.2 MINIMILHO OU "*BABY CORN*"

Minimilho ou "*baby corn*", como é conhecido em inglês, é o nome dado a inflorescência feminina do milho antes da polinização, ou seja, em desenvolvimento. Ao contrário do que alguns pensam, o minimilho não é proveniente de uma planta pequena, e sim de uma planta comum, porém, com o tempo da semeadura à colheita reduzido. O minimilho é colhido dois ou três dias após o aparecimento dos estigmas.

Para a obtenção deste produto deve ser observada, ainda, a densidade de semeadura. Para o milho comum são utilizadas aproximadamente 60 mil sementes por hectare, enquanto, para produção de minimilho são utilizadas 125 mil sementes por hectare. Segundo Empresa Brasileira de Pesquisa Agropecuária (EMBRAPA, 2001), os melhores rendimentos da cultura têm sido obtidos com densidade de 180 mil plantas por hectare.

Com o aumento da aceitação pelo produto, e a possibilidade de lucrar de quatro a cinco vezes mais do que com o milho para grãos, indústrias, e consequentemente supermercados, têm investido bastante no minimilho. Para a indústria, o principal ponto é matéria-prima de qualidade que resulte em um produto atraente para o consumidor, principalmente em termos de cor. Já os supermercados atraem o consumidor colocando esse produto em evidência, visto que a aparência dos pequenos sabugos chama atenção.

Von Pinho *et al.* (2003) determinaram a composição nutricional centesimal de oito cultivares de minimilho e reportaram grau de umidade de 90,22% a 94,47%, minerais de 0,16% a 0,29%, proteína bruta de 0,86% a 1,53%, lipídeos de 0,09% a 0,19%; fibra bruta de 0,28% a 0,54% e carboidrato (por diferença percentual) de 4,12% a 7,23%. Também foram determinados, em 100g de minimilho, em média: 86 mg de fósforo; 0,1 mg de ferro; 64 UA de vitamina A; 0,05 mg de tiamina; 0,8 mg de riboflavina; 11 mg de ácido ascórbico; 0,3 mg de niacina.

Estudos indicam que o "*baby corn*" é altamente nutritivo, com qualidade igual ou superior a alguns vegetais, como tomate, repolho, alface, cenoura, pepino, entre outros. Além de proteínas, vitaminas e ferro, é uma das fontes mais ricas em fósforo (RS, 2001). O minimilho pode ser comercializado na forma de conserva ou *in natura*, sendo a primeira a forma mais rentável para a indústria alimentícia.

12.4.3 MILHO DOCE CONGELADO

O congelamento é um dos melhores métodos de conservação de alimentos. O método consiste em reduzir a temperatura do alimento fazendo com que cristalize parte da água e alguns solutos. Assim, inibe a deterioração microbiológica, reduz atividade enzimática e a oxidação de gorduras, além de manter os constituintes nutricionais do alimento.

Com a vida corrida e o pouco tempo para o preparo de refeições, os alimentos congelados são uma ótima alternativa para manter uma alimentação balanceada. Cada vez mais os consumidores buscam por produtos de fácil preparo e preço acessível, por isso, o milho doce congelado, seja em espigas ou em grãos, se torna um alimento muito consumido.

Quando se trata de grãos congelados, a degranagem é a etapa primordial para a obtenção, nesta etapa os grãos são retirados da espiga por meio de lâminas afiadas. Porém, estudos mostram que processo não é muito eficiente, uma vez que aproximadamente 20% dos grãos, ainda permanecem nos sabugos após a degranagem, por isso métodos mais eficazes ainda precisam ser desenvolvidos.

Szymanek (2009) sugeriu congelar as espigas de milho doce com uma pulverização de nitrogênio líquido, por diferentes tempos (2, 4, 6, 8 e 10 minutos), posteriormente submetendo a mesma a um impacto de debulha. Segundo ele, o tempo de congelamento de 2, 4 e 6 minutos aumenta a dureza e a taxa de separação e a diminuição dos danos e da perda do núcleo, enquanto tempos de 8 e 10 minutos não são necessários. A observação visual dos grãos mostrou que, durante o tempo de congelamento de 2 e 4 minutos, 86,3% dos grãos intactos possuem tecido aderente. Por sua vez, após 6, 8 e 10 minutos de tempo de congelamento, apenas 8,9% dos grãos intactos continham tecido aderente. A vantagem no experimento foi a redução de desperdício e o aumento da produção de milho (SZYMANEK, 2009).

Nota-se que estudos na área de alimentos são de suma importância para a otimização de processos, mostrando novas saídas para gerar menos desperdício e maior rentabilidade.

12.4.4 MILHO DOCE DESIDRATADO

Alimentos desidratados são aqueles que passam por um processo de remoção de água. Processo esse que ocorre por meio da aplicação de calor sob condições controladas, retirando por evaporação ou sublimação grande parte da água presente no alimento, proporcionando o aumento da vida útil do produto.

Sabe-se que o principal constituinte do milho doce é a água, portanto, esse produto se torna facilmente perecível, tendo que receber a aplicação de um método que promova o aumento de sua validade, e a desidratação é uma forma bem acessível que a indústria encontra.

A desidratação pode ser feita com ar quente e utilizando superfícies aquecidas (secadores de tambor ou rolo). A secagem com ar quente faz a remoção da água do produto através da passagem de ar quente e seco pelo alimento, ou seja, evaporação da água. Ocorre sob pressão atmosférica. Na secagem utilizando superfícies aquecidas o calor é conduzido dessa superfície quente através do alimento, fazendo com que a umidade evapore da superfície exposta.

12.5 ARMAZENAMENTO DE MILHO DOCE

Para uma boa conservação do produto *in natura*, recomenda-se que o milho seja mantido a temperaturas próximas a 0ºC, visto que o aumento da temperatura diminui a vida de prateleira do produto e torna-o mais suscetível à degradação por microrganismos. Já para o produto enlatado ou desidratado, essa temperatura de armazenamento pode ser maior, visto que os grãos passaram por processos de estabilização. Grãos enlatados passam por exaustão e posterior esterilização, e grãos desidratados fazem a remoção da água presente no alimento por evaporação ou sublimação.

A temperatura de armazenamento também afeta a velocidade de degradação da sacarose. O milho doce perde aproximadamente 20% do teor inicial de sacarose quando armazenado a 0ºC por um período de quatro dias. A velocidade de degradação aumenta com a elevação de temperatura, sendo que espigas de milho doce armazenadas a 10ºC e 20ºC perdem 60 e 80% do teor de sacarose inicial, respectivamente (EMBRAPA, 2006).

12.6 CONSIDERAÇÕES FINAIS

Como mencionado neste capítulo, o milho doce é composto por proteínas, carboidratos, minerais, fibras e compostos antioxidantes que o torna versátil no ramo alimentício. Consumido principalmente na forma de conservas, *in natura*, congelado, desidratado e como minimilho, o milho doce faz parte da preferência dos consumidores por suas qualidades nutricionais e preço acessível.

REFERÊNCIAS

ARAGÃO, Carlos Alberto. *Avaliação de híbridos simples braquíticos de milho super doce (*Zea mays L.*) portadores do gene shrunken-2 (sh2sh2) utilizando o esquema dialélico parcial*. Orientador: Norberto da Silva. 2002. 102 f. Tese (Doutorado em Agronomia) – Faculdade de Ciências Agronômicas, Universidade Estadual Paulista, Botucatu, SP, 2002. Disponível em: http://hdl.handle.net/11449/100059.

BÜLL, L. T.; T.; CANTARELLA, H. *Cultura do milho*: fatores que afetam a produtividade. Piracicaba: Potafos, 1993. 301 p.

CONAB (Companhia Nacional de Abastecimento). 2020. Disponível em: https://www.conab.gov.br/ultimas-noticias/3371-levantamento-de-graos-confirma-producao-acima-de-250-milhoes-de-toneladas-na-safra-2019-2020. Acesso em: 4 jun. 2020.

CRUZ, J. C.; PEREIRA FILHO, I. A. Manejo e tratos culturais para o cultivo do milho verde. *Embrapa Milho e Sorgo-Circular Técnica (INFOTECA-E)*, 2002.

DEWANTO, Veronica; WU, Xianzhong; LIU, Rui Hai. Processed sweet corn has higher antioxidant activity. *Journal of Agricultural and Food Chemistry*, v. 50, n. 17, p. 4959-4964, 2002.

EMBRAPA (Empresa Brasileira de Pesquisa Agropecuária). Centro Nacional de Pesquisa de Milho e Sorgo. *Cultivo do milho*. 2. ed. Sete Lagoas: Embrapa Milho e Sorgo, 2006. (Sistema de produção, 1).

FELLOWS, P. J. *Tecnologia do processamento de alimentos*: princípios e prática. 2. ed. Porto Alegre: Artmed, 2006. p. 602.

FRANCO, Guilherme. Tabela de composição química dos alimentos. *In*: *Tabela de composição química dos alimentos*. São Paulo: Atheneu, 2005. 307 p.

GASCÓN, Maria Rita Polo *et al*. Prevalence of depression and anxiety disorders in hospitalized patients at the dermatology clinical ward of a university hospital. *Anais Brasileiros de Dermatologia*, v. 87, p. 403-407, 2012.

HOODA, Santosh; KAWATRA, Asha. Nutritional evaluation of baby corn (*Zea mays*). *Nutrition & Food Science*, v. 43, n. 1, p. 68-73, 2013.

KWIATKOWSKI, Angela; CLEMENTE, Edmar. Características do milho doce (*Zea mays L.*) para industrialização. *Revista Brasileira de Tecnologia Agroindustrial*, v. 1, n. 2, p. 93-103, 2007.

MACHADO, Joaquim Aparecido. *Melhoramento genético do milho doce (Zea mays L.)*. Orientador: João Rubens Zinsly. 1980. 87 f. Dissertação (Mestrado em Genética e Melhoramento de Plantas) – Escola Superior de Agricultura Luiz de Queiroz, Universidade de São Paulo, Piracicaba, SP, 1980. DOI: https://doi.org/10.11606/D.11.1980.tde-20220207-205305.

MAGGIO, Marcos Aurélio. *Acúmulo de massa seca e extração de nutrientes por plantas de milho doce híbrido "Tropical"*. Orientador: Pedro Roberto Furlani. 2006. 55 f. Dissertação (Mestrado em Agricultura Tropical e Subtropical) – Instituto Agronômico (IAC), Campinas, SP, 2006.

OLIVEIRA JR. Luiz Fernando Ganassali *et al.* Seleção de genótipos de milho mais promissores para o consumo in natura. *Food Science and Technology*, v. 26, p. 159-165, 2006.

PAIVA, E. *et al.* Seleção de progênies de milho doce de alto valor nutritivo com auxílio de técnicas eletroforéticas. *Pesquisa Agropecuária Brasileira*, Brasília, v. 27, n. 8, p. 1213-1218, ago. 1992.

PEREIRA FILHO, Israel Alexandre. O cultivo do milho-verde. *Embrapa Milho e Sorgo-Livro técnico (INFOTECA-E)*, 2002.

RS, Paroda. Bade kuposhan ka jawab nahni makka. *Kheti*, v. 2, n. 6, p. 33-34, 2001.

SCAPIM, C. A.; CRUZ, C. D.; ARAÚJO, J. M. Cruzamentos dialélicos entre sete cultivares de milho-doce. *Horticultura Brasileira*, v. 13, n. 1, p. 19-21, 1995.

SIYUAN, Sheng; TONG, Li; LIU, Rui Hai. Corn phytochemicals and their health benefits. *Food Science and Human Wellness*, v. 7, n. 3, p. 185-195, 2018.

STORCK, Lindolfo; LOVATO, Cláudio. Milho doce. *Ciência Rural*, v. 21, n. 2, p. 283-292, 1991.

SYNGENTA SEEDS. 2004. Disponível em: https://www.syngenta.com.br. Acesso em: 18 dez. 2021.

SZYMANEK, Mariusz. Studies on shelling of frozen sweet corn. *Journal of Food Process Engineering*, v. 34, n. 3, p. 716-727, 2011.

SZYMANEK, Mariusz. Influence of sweet corn harvest date on kernels quality. *Research in Agricultural Engineering*, v. 55, n. 1, p. 10-17, 2009.

TEIXEIRA, Flavia França *et al.* Avaliação da capacidade de combinação entre linhagens de milho doce. *Embrapa Milho e Sorgo*, 2001.

VON PINHO, Renzo Garcia *et al.* Características físicas e químicas de cultivares de milho para produção de minimilho. *Ciência e Agrotecnologia*, v. 27, p. 1419-1425, 2003.

CAPÍTULO 13
MILHO PIPOCA

Chirle de Oliveira Raphaelli
Elisa dos Santos Pereira
Juliana Rocha Vinholes
Taiana Mota Camargo
Leonardo Nora

RESUMO

A pipoca (*Zea mays L. var. everta*) é um tipo de milho com capacidade de expandir a cariopse (estourar) sob a ação do calor, formando flocos brancos e leves, com significativo aumento de volume. Os grãos de milho pipoca são fonte de carboidratos complexos, amido resistente, fibras alimentares, proteínas, aminoácidos essenciais, ácidos graxos essenciais, minerais, vitaminas e fitoquímicos (ácidos fenólicos, antocianinas, carotenoides, fitoesteróis e fitoestanóis). A pipoca possui elevada capacidade antioxidante, mesmo após expansão, devido a presença de ácidos fenólicos e antocianinas. A qualidade da pipoca em grão e sua aceitação no mercado dependem de atributos genéticos da planta, das condições de cultivo e dos processos de colheita e de pós-colheita (beneficiamento, limpeza, secagem e armazenamento). Nestes processos, principalmente na etapa de secagem, cuidados são necessários para preservar a integridade física do grão. O índice de expansão e o número de grãos não expandidos após a cocção, ambos dependentes da integridade do grão, são importantes características na comercialização do milho pipoca. Além de ser um alimento aprazível, pela sua composição química, o consumo de pipoca tem sido relacionado com diferentes benefícios à saúde, especialmente na prevenção de doenças crônicas como diabetes e obesidade.

13.1 INTRODUÇÃO

O milho é um cereal cultivado em todo o mundo e um alimento básico das populações da América Latina, Índia e África (SWETHA *et al.*, 2017). Os grãos de milho, assim como de pipoca, podem variar quanto a sua coloração (branco, amarelo, vermelho, azul e preto). As colorações, branca e amarela, estão associadas à menor ou maior concentração de caroteno no endosperma, respectivamente. Já as demais colorações estão associadas ao acúmulo de diferentes antocianinas no pericarpo e na camada de aleurona (MORENO *et al.*, 2005). O milho pipoca (*Zea mays* everta) é um alimento bastante apreciado no Brasil.

Grande parte do milho pipoca encontrado no mercado ainda é importado. A demanda interna é suprida pelo Estados Unidos, especialmente com grãos para preparo rápido em micro-ondas (MATTA; VIANA, 2001). Os Estados Unidos têm a maior produção (420 mil toneladas), seguida pela Argentina (230 mil toneladas), França e Hungria (40 mil toneladas), que são os principais produtores mundiais (GRANDJEAN *et al.*, 2008; MORALES-MOO *et al.*, 2020).

A pipoca se diferencia dos outros milhos por possuir o pericarpo muito mais duro e não poroso (COCO; VINSON, 2019). O grão possui três partes fundamentais: farelo ou pericarpo, endosperma e germe. O pericarpo é a camada externa do grão onde se concentram ácidos graxos essenciais, vitaminas e minerais. O endosperma, a maior parte do grão, é formado principalmente por amido. O gérmen contém principalmente proteínas e lipídios, além de vitamina E, folato, tiamina, fósforo e magnésio (SARWAR, 2013). Mais detalhes no Capítulo 1.

Na Figura 13.1 é apresentada a pipoca amarela em grão e expandida. A expansão acontece quando o grão é aquecido à temperatura em torno de 180ºC. O endosperma denso restringe a difusão do vapor de água que faz com que a pressão se acumule dentro do núcleo até que ele exploda quando os grânulos de amido expandem e se gelatinizam esticando a matriz proteica (PARSONS *et al.*, 2020). Assim, a água do endosperma se transforma em vapor rapidamente e explode causando o efeito do estouro (MEJIA, 2005). O grau de umidade apropriado permite que o núcleo se expanda em flocos leves (PARSONS *et al.*, 2020), originando a pipoca expandida (CAÑIZARES *et al.*, 2020). Esta matriz quando fria, se torna rígida e branca (ECKHOFF *et al.*, 2003) e é consumida como lanche em diversas partes do mundo (SWETHA *et al.*, 2017).

Figura 13.1 Milho pipoca em grão e expandida

O milho pipoca contém quantidades substanciais de carboidratos, fibras, vitaminas do complexo B, minerais e aminoácidos essenciais. É também excelente fonte de compostos fitoquímicos que variam conforme a coloração do pericarpo e podem trazer diversos benefícios para saúde quando consumidos frequentemente (PARK *et al.*, 2000; SWETHA *et al.*, 2017).

Grãos de milho pipoca apresentam elevada capacidade antioxidante, especialmente após a expansão. Autores relacionam esta capacidade ao conteúdo fenólico presente na casca, especialmente ácidos fenólicos, presente em grãos claros (amarelo e branco), e antocianinas nos vermelhos, roxos e pretos. A partir da sua composição, notadamente de bioativos e fibras, o consumo de milho pipoca tem sido relacionado à regulação de peso corpóreo, melhora da saciedade e da resposta glicêmica (FARDET, 2010). Além de demonstrar benefícios na redução dos níveis sanguíneos dos lipídios (DREHER, 2018; FARDET, 2010).

Milho pipoca é comercializado em grão, com ou sem sabor, e como grãos expandidos, prontos para consumo. A qualidade do grão é demonstrada principalmente pela capacidade de expansão e pelo número de grãos não expandidos após a cocção. Cabe destacar que o milho pipoca é comprado por peso e vendido por volume, por isso a capacidade de expansão é um critério fundamental na determinação do seu valor comercial (MORALES-MOO *et al.*, 2020; OLIVEIRA *et al.*, 2020). Esta capacidade de expansão depende de diferentes fatores, como: genótipo, práticas de cultivo e de colheita, propriedades físicas do grão (forma e tamanho, resistência do pericarpo, teor de amido, proteína e gordura), grau de umidade, método de processamento e temperatura utilizada (GÖKMEN, 2004; SOYLU; TEKKANAT, 2007; SWELEY *et al.*, 2012a).

Nesse contexto, este capítulo reúne informações sobre as características físico-químicas e nutricionais do milho pipoca, benefícios à saúde do consumidor, diferentes usos e tecnologias disponíveis para melhor aproveitamento do grão.

13.2 COMPOSIÇÃO DO MILHO PIPOCA

13.2.1 COMPOSIÇÃO QUÍMICA E CARACTERÍSTICAS FÍSICAS E NUTRICIONAIS

Um grão de milho típico se constitui de amido (70% a 75%), proteína (8% a 10%) e óleo (4% a 5%) (PRASANTHI *et al., 2017)*. O milho pipoca é fonte de fibras alimentares, proteínas e micronutrientes essenciais. A composição química do milho pipoca pode variar conforme a expansão do grão, do seu genótipo e método de cocção (Tabela 13.1). Principalmente pelo seu elevado teor de carboidratos, tem elevado valor energético (373,32 kcal $\cdot$ 100 g^{-1}), o qual aumenta para 393,81 kcal $\cdot$ 100 g^{-1} após a expansão. Segundo Park *et al.* (2000), a pipoca é considerada mais calórica quando comparada a outros cereais, como milho doce e sorgo.

Durante o processo de preparo por aquecimento, a água na forma líquida, inicialmente contida nos grãos, passa ao estado de vapor gerando elevada pressão interna no grão, resultando na expansão do mesmo acompanhada de substancial perda de água. Grãos *in natura* com umidade de 10,46% apresentam umidade de 4,90% quando expandidos. A umidade é importante para que a pipoca tenha um bom rendimento em relação à capacidade de expansão. O teor de umidade ótimo para expansão varia conforme o genótipo e método de expansão. Estudo realizado por Cañizares *et al.* (2020) mostrou que o grau de umidade ótimo para expansão é de 11,39% para o método de expansão sem óleo e de 10,21% para o método com óleo. Genótipos avaliados por Dofing, Thomas-Compton e Buck (1990) demonstraram melhor desempenho no estouro convencional comparado ao estouro no micro-ondas, com melhor volume de expansão e tamanho de floco e porcentagem de grãos não estourados.

Os carboidratos, principal componente do grão, tem sua concentração aumentada de 68,32% para 75,10% após a expansão do grão (Tabela 13.1). Com diferenças significativas no percentual de carboidratos conforme o método de expansão. O amido é o polissacarídeo presente em maior quantidade no milho pipoca, em forma de amilose (27,00% a 28,50%) e de amilopectina (71,40% a 73,00%), sendo que açúcares redutores (0,07% a 0,23%) também estão presentes (PARK *et al.*, 2000).

O milho pipoca *in natura* apresenta quantidade de proteína bruta de 9,76% e de 7,94% após a expansão (PARAGINSKI *et al.*, 2016). A concentração de proteínas, lipídios e fibras tende a reduzir após a expansão (PRASANTHI *et al., 2017).* Por exemplo, em estudo de Prasanthi *et al.* (2017) os grãos apresentaram 9,42% de proteína na matéria-prima e 8,14% em pipocas expandidas sem óleo. O teor de proteína bruta varia conforme a cor do pericarpo: 9,76% (amarelo), 11,82% (branco) e 13,40% (vermelho) (PARAGINSKI *et al.*, 2016). Dentre os aminoácidos presentes no grão, são encontrados metionina, cistina, lisina, arginina e triptofano (NAJI *et al.*, 2013).

O teor de lipídeos (9,71%) na pipoca expandida com óleo foi superior à pipoca expandida sem adição de óleo (2,47%) (PRASANTHI *et al.*, 2017*).* O teor de lipídios nos grãos de pipoca é de 4,64% antes da expansão e 4,69% após a mesma. Grãos de pipoca híbridos possuem aproximadamente 58,40 % de ácidos linoleico, 25,50% oleico, 12,60% palmítico, 2,00% esteárico e 1,50% linolênico (PARK *et al.*, 2000).

O milho pipoca apresenta teor elevado de fibras (3,73%) o qual aumenta para 4,12% após a expansão (Tabela 13.1). Nos grãos de pericarpo vermelho, maiores teores de fibra bruta (4,12%) foram observadas após expansão em micro-ondas e sem óleo e menores teores (3,34%) após expansão em pipoqueira elétrica e sem óleo (PARAGINSKI *et al.*, 2016).

Tabela 13.1 Composição química do milho pipoca (pericarpo branco)

	Pipoca *in natura*	Pipoca expandida
Valor energético (kcal · 100 g-1)	368,43 ± 0,67	394,26 ± 0,72
Umidade (%)	10,62 ± 0,37	3,45 ± 0,82
Cinzas (%)	1,02 ± 0,12	1,30 ± 0,12
Carboidrato (%)	68,32 ± 0,31	75,10 ± 0,17
Proteína bruta (%)	11,82 ± 0,42	11,73 ± 0,30
Lipídios (%)	4,49 ± 0,41	4,30 ± 0,15
Fibras (%)	3,73 ± 0,17	4,12 ± 0,11

Fonte: Paraginski *et al. (2016).*

A fibra alimentar se encontra em maior quantidade no pericarpo, e é de grande interesse devido à relação com a prevenção de certas enfermidades como diverticulite, câncer de cólon, obesidade, problemas cardiovasculares e diabetes (ANDERSON *et al.*, 2000; MEYER *et al.*, 2000).

O milho pipoca, quando comparado a outros derivados como canjica e farinha de milho, se destaca pela quantidade elevada de fibra alimentar, sendo a maioria do tipo insolúvel (96%) (CALLEGARO *et al.*, 2005). A baixa densidade aparente, descrita como "mais leve e fofa", é desejável para os consumidores e o resultado do grão expandido depende de diversos fatores como tamanho do floco, densidade do floco e os espaços vazios entre os grãos (SWELEY *et al.*, 2014).

Também são encontrados genótipos de milho pipoca de diferentes colorações, variando assim a composição. Em grãos não expandidos, o valor energético nas pipocas de pericarpo branco é menor (368,43 29 kcal · 100 g-1), quando comparadas às amarelas (373,32 kcal · 100 g-1) e vermelhas (372,29 kcal · 100 g-1), assim como o teor de lipídios, também menor nas pipocas com pericarpo branco (4,49 kcal · 100g-1), seguida da amarela (4,64 kcal · 100g-1) e vermelha (5,53 kcal · 100g-1). Em relação ao método de preparo, milho pipoca de pericarpo amarelo apresentou o maior valor energético quando processado na panela com óleo (426,84 Kcal · 100 g.-1), e os menores valores quando processada no micro-ondas sem óleo (393,81 Kcal · 100 g.-1) (PARAGINSKI *et al.*, 2016).

Já a quantidade de carboidratos é menor na pipoca vermelha (65,52%), seguida da branca (68,32%) e amarela (72,00%) e inversamente quanto ao teor de proteína bruta, com 13,40%, 11,82% e 9,76%, nas pipocas vermelhas, brancas e amarelas, respectivamente. Para os grãos de pericarpo vermelho e branco, os teores de carboidratos foram mais elevados (71,95% e 75,10%, respectivamente) quando processado em micro-ondas e sem óleo. Para o grão de pericarpo amarelo, o maior teor de carboidratos (79,22%) foi observado quando processado em pipoqueira elétrica sem óleo (PARAGINSKI *et al.*, 2016).

Na Tabela 13.2 são apresentadas as concentrações de vitaminas e minerais em milho pipoca.

Tabela 13.2. Composição nutricional do milho pipoca in natura

Nutrientes	Concentração (MG · 100 g-1)
Vitaminas	
Tiamina	0,20 – 0,25
Riboflavina	0,60 – 0,80
Niacina	0,60 – 1,75
Piridoxina	0,55 – 0,70
Ácido fólico	20,50 – 23,00
Minerais	
Fósforo	199,71 – 248,60
Potássio	230,30 – 253.67
Cálcio	11,71 – 30,60
Ferro	0,56 – 1,92
Manganês	0,64 – 31,30
Magnésio	81,30 – 95,37
Zinco	0,43 – 1,95
Cobre	0,26 – 0,27
Sódio	2,39 – 456.04

Fonte: Naji et al. (2013) e Prasanthi et al. (2017).

No milho pipoca se destacam as vitaminas do complexo B, como tiamina (B1), riboflavina (B2), niacina (B3), piridoxina (B6) e ácido fólico (B9). Dentre os minerais se destacam o fósforo, o potássio, o manganês (NAJI *et al.*, 2013), o ferro, o zinco, o cobre, o sódio e o magnésio (PRASANTHI *et al.*, 2017).

Em estudo com derivados do milho prontos para o consumo foram observadas diferenças na composição mineral; a pipoca expandida sem óleo apresentou maior teor de ferro (1,81 mg · 100 g-1), zinco (1,89 mg · 100 g-1), cobre (0,27 mg · 100 g-1), manganês (0,72 mg · 100 g-1), magnésio (103,57 mg · 100 g-1) e fósforo (179,22 mg · 100 g-1) em comparação a outros produtos de milho e com a pipoca expandida com óleo (PRASANTHI *et al.*, 2017).

13.2.2 COMPOSIÇÃO FÍTOQUÍMICA

13.2.2.1 Compostos fenólicos

Semelhante às frutas e hortaliças, o milho pipoca também acumula polifenóis em seu pericarpo, em maior concentração do que em outros milhos, por ter um pericarpo mais denso (COCO; VINSON, 2019).

Os principais compostos fenólicos encontrados no milho pipoca são os ácidos fenólicos, com destaque para o ácido ferúlico, que representa 83% de sua composição em ácidos fenólicos antioxidantes (HORVAT *et al.*, 2020). Outros ácidos fenólicos individuais também são encontrados conforme estudo de Pandey *et al.* (2013). Na Tabela 13.3 constam os ácidos fenólicos reportados na literatura em diferentes genótipos de milho pipoca.

Coco e Vinson (2019) analisaram milhos pipoca obtidos comercialmente e detectaram que eles não possuíam antioxidantes livres (não ligados), não observando, também, polifenóis detectáveis, reforçando, assim, que a maior parte dos compostos fenólicos contidos no milho pipoca sejam conjugados, formando as fibras insolúveis. O ácido ferúlico, ácido fenólico mais abundante em milhos e cereais, possui em sua estrutura ligações cruzadas com arabinoxilanos e pectinas. Assim, para serem absorvidos pelo organismo, precisam ser hidrolisados no trato gastrointestinal. Os autores encontraram uma concentração de compostos fenólicos totais variando de (4,66 a 7,47) mg de catequina · g-1 nos milhos analisados.

Tabela 13.3 Faixa de concentração de ácidos fenólicos encontrados em milho pipoca reportados na literatura

Ácido Fenólico	Faixa de Concentração (µg · g-1)
Ácido ferúlico	2126 – 3059
Ácido *p*-cumárico	228 – 318
Ácido *o*-cumárico	75 – 104
Ácido *p*-hidroxibenzoico	51 – 90
Ácido siríngico	31 – 47
Ácido vanílico	29 – 34
Ácido cafeico	23 – 39
Ácido tânico	0 – 03

Fonte: Adaptado de Horvat et al. (2020) e Pandey et al. (2013).

Paraginski *et al.* (2016) avaliou milho pipoca com pericarpo de coloração vermelha, branca e amarela, determinando a concentração de compostos fenólicos totais durante o preparo da pipoca (em uma panela com óleo, em micro-ondas com óleo e sem óleo e em uma pipoqueira elétrica com óleo e sem óleo), encontrando teores de compostos fenólicos totais variando de 0,95 a 1,97 mg de equivalentes de ácido tânico · kg-1. A maior concentração foi detectada em grãos vermelhos (1,45 mg · kg-1), seguida das concentrações em grãos brancos (1,33 mg · kg-1) e em grãos amarelos (1,02 mg · kg-1).

As antocianinas são outra classe de compostos fenólicos importantes encontradas no milho pipoca. A concentração de antocianinas é dependente da coloração do endosperma. Os milhos de coloração vermelha possuem maior concentração, seguidos de milhos amarelos e por último, os brancos. O processo de expansão, no preparo, ocasiona perda de parte destes compostos bioativos, já que as antocianinas são compostos instáveis a altas temperaturas. São reportados na literatura concentrações de antocianinas totais de 0,98, 1,18 e 8,94 mg de equivalentes de cianidina-3-glicosídeo · kg-1, em milhos com endocarpo branco, amarelo e vermelho, respectivamente (LAGO *et al.*, 2013; PARAGINSKI *et al.*, 2016).

Lago *et al.* (2013), demonstraram que a antocianina mais abundante no milho pipoca é a cianidina, seguida da pelargonidina. Também demonstraram que há decréscimo nestas concentrações após o processo de expansão da mesma (Figura 13.2).

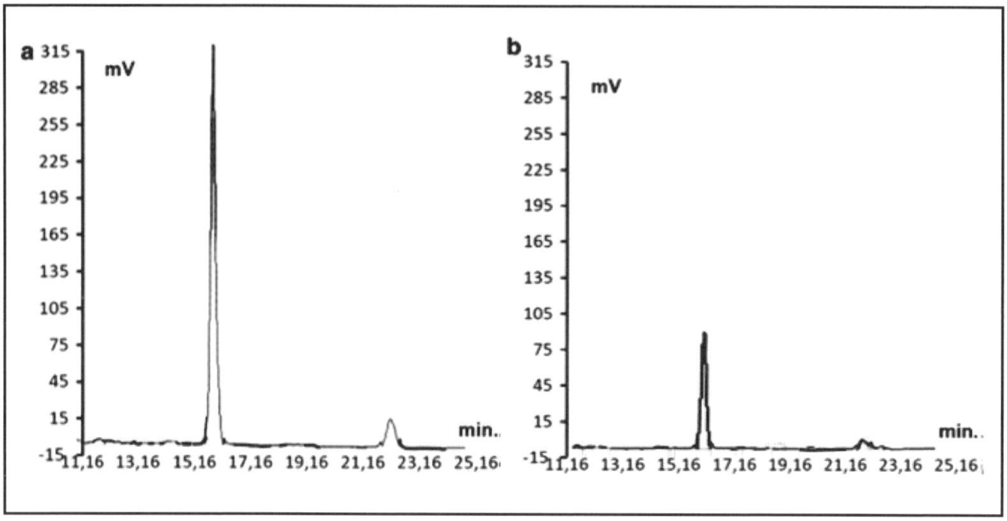

Figura 13.2 Cromatogramas mostrando efeitos do processo de expansão do grão de pipoca na concentração das antocianinas cianidina e pelargonidina antes (a) e após (b) o processo de expansão Em ambas as imagens, o pico maior corresponde à cianidina e o menor à pelargonidina

Fonte: Lago *et al. (2013).*

13.2.2.2 Carotenoides

Já é conhecida a importância do consumo de carotenoides na dieta humana, uma vez que eles possuem atividade antioxidante. Além disso, β-caroteno, o carotenoide mais abundante na maioria dos alimentos, possui capacidade de converter-se em vitamina A (atividade pró-vitamina A), resultando em diversos benefícios à saúde (EGGERSDORFER; WYSS, 2018).

É relatado que grãos de milho pipoca possuem carotenoides nas concentrações de 1,06, 14,14 e 15,01 mg de β-caroteno equivalentes · g-1 em milhos de endocarpo nas colorações branca, amarela e vermelha, respectivamente (PARAGINSKI *et al.*, 2016). Estes compostos, por serem instáveis sob altas temperaturas, têm sua concentração reduzida após o processo de expansão (PARAGINSKI *et al.*, 2016; POHNDORF *et al.*, 2019).

A Tabela 13.4 mostra alguns carotenoides individuais encontrados na pipoca expandida. A expansão do milho pipoca sem óleo parece preservar os carotenoides contidos no grão (PRASANTHI *et al.*, 2017).

Tabela 13.4 Concentração individual de carotenoides em milho pipoca após expansão

Compostos	Método de cocção	Concentração (µg · g-1)
Luteína	Expandido com óleo	109,30
	Expandido sem óleo	225,01
Zeaxantina	Expandido com óleo	367,61
	Expandido sem óleo	383,75
Alpha-criptoxantina	Expandido com óleo	16,60
	Expandido sem óleo	104,40
Beta-criptoxantina	Expandido com óleo	50,34
	Expandido sem óleo	169,67

Fonte: Adaptado de Prasanthi *et al.* (2017).

13.2.2.3 Fitoesteróis e fitoestanóis

Os fitoesteróis e fitoestanóis possuem estrutura química semelhante ao colesterol, podendo ser encontrados em cereais e produtos à base de cereais. Estes compostos e seus conjugados (ésteres de ácidos graxos, ésteres de ácido fenólico, glicosídeos e glicosídeos acilados) são lipídeos de cadeias curtas conhecidos por reduzir o colesterol (ESCHE *et al.*, 2013; UDDIN *et al.*, 2018). Esche *et al.* (2013) determinaram as concentrações de esteróis e estanóis em quatro amostras de milho pipoca distintas. As variações de concentrações são apresentadas na Tabela 13.5.

Tabela 13.5 Faixa de concentração, em percentual, de fitoesteróis e fitoestanóis em milho pipoca relatados na literatura

Classe de compostos	Compostos individuais	Faixa de concentração (%)
Fitoesterol	Sitosterol	62,4 – 64,9
	Campesterol	18,3 – 19,7
	Estigmasterol	6,2 – 6,6
Fitoestanol	Sitostanol	5,7 – 6,4
	Campestanol	1,5 – 1,7

Fonte: Adaptado Esche et al. (2013).

13.2.2.4 Compostos voláteis

Os compostos voláteis possuem grande importância no milho pipoca já que seu aroma é um dos aspectos mais característicos relatados por consumidores (WALRADT *et al.*, 1970).

Schieberle (1995), em seus estudos, demonstrou que os compostos que mais contribuem para a manutenção do odor característico do milho pipoca são o 2-acetil-1-pirrolina, (*E*,*E*) -2,4-decadienal, 2-furfuriltiol e o 4-vinil-2-ometoxifenol (4-vinilguaiacol), juntamente com o 2-acetiltetra-hidropiridina e a 2-propionil-1-pirrolina (SCHIEBERLE, 1995).

Park e Maga (2006) quantificaram os compostos voláteis presentes em diferentes híbridos de milho pipoca, após expansão, encontrando concentrações como mostrado na Tabela 13.6.

Tabela 13.6 Faixa de concentração de compostos voláteis individuais identificados no milho pipoca após o processo de expansão

Classe de compostos	Composto individual	Faixa de Concentração (µg · kg-1)
Álcoois alifáticos	1-Pentanol	36,3 – 49,6
	3-metil-2-butanol	19,0 – 30,5
Aldeídos e cetonas alifáticas	3-metilbutanal	83,6 – 122,1
	2-metilbutanal	239,2 – 403,3
	Pentanal	22,8 – 50,1
	Hexanal	139,4 – 182,8
	2-Hexanona	26,3 – 38,6
	4-Heptanona	21,9 – 66,0
	Octanal	20,0 – 38,8
	2,4-Decadienal	6,9 – 16,3
	(*E*,*E*)-2,4-Decadienal	22,3 – 53,2
Compostos Nitrogenados	Pirrole	16,2 – 43,8
	2-Metilpirazina	32,3 – 68,2
	2-Etilpirrol	10,0 – 22,2
	2,5-Dimetilpirazina	73,4 – 144,5
	2,3-Dimetilpirazina	16,7 – 27,9
	Etilpirazina	20,9 – 38,9
	1-Metil-1H-pirrol-2-carbox-aldeído	6,1 – 57,4
	2-Etil-6-metilpirazina	13,6 – 29,1
	2-Etil-5-metilpirazina	88,5 – 166,1
	N-Acetil-4H-piridina	53,8 – 194,6
	2-Metil-6-vinilpirazina	6,5 – 43,6

Classe de compostos	Composto individual	Faixa de Concentração (µg · kg-1)
Compostos Nitrogenados	2-Metil – 5-vinilpirazina	41,7 -350,3
	2-Acetilpiridina	13,2 – 29,3
	Propionil-1-pirrolina	22,5 – 34,6
	2-Acetil-1,4,5,6-tetra-hidropiridina	27,3 – 69,7
	2-Acetilpirrol	18,9 – 49,3
	3-Etil-2,5-dimetilpirazina	74,7 – 139,0
	2-Etil-3,5-dimetilpirazina	10,9 – 25,5
	2-Acetil-6-metilpirazina	4,3 – 7,7
	2-Acetil-3,4,5,6-tetra-hidropiridina	13,4 – 70,0
	3,5-Dietil-2-metilpirazina	6,2 – 41,6
	1-(2-Furanilmetil)-1H-pirrol	26,2 – 155,3
Furanos, piranos e compostos aromáticos	2-Metilfurano	19,7 – 30,4
	2-Furaldeído (furfural)	155,9 – 378,6
	2-Furanmetanol	49,6 – 82,1
	3-Furaldeído"	12,6 – 22,4
	Benzaldeído	40,9 – 103,4
	5-Metil-2-furancarboxaldeído	25,3 – 57,7
	2-Pentilfurano	143,2 – 546,9
	2,5-Dimetil-4-hidroxi-3 (2H) – furanona	4,0 – 35,0
	2-Metoxifenol (guaiacol)	8,5 – 26,6
	2,3-Di-hidro-3,5-di-hidroxi-6-metil-4H-piran-4-ona	3,4 – 68,7
	5-Hidroximetilfurfural	3,4 – 13,9
	4-Vinil-2-metoxifenol	445,3 – 768,7
	Vanilina	4,7 – 52,5
Ácidos e lactonas	Ácido heptanóico	4,7 – 16,2
	Ácido 3-(2-hidroxifenil)-(*E*)-2 propenoico	76,8 – 204,7
Outros	3-Butanotiol	11,3 – 187,3
	Acetato de alilo	32,6 – 49,7
	Sulfureto de dietila	12,3 – 36,6
	Dimetildissulfureto	8,3 – 16,0
	3-(Metiltio) propanal (metional)	9,1 – 46,1
	Geranilacetona	5,9 – 22,1

Fonte: Adaptado de Park; Maga (2006).

13.3 PROCESSAMENTO E INDUSTRIALIZAÇÃO DO MILHO PIPOCA

O fluxograma de beneficiamento do milho pipoca é apresentado na Figura 13.3. Existem diferentes variedades e híbridos de milho pipoca e os seus grãos podem ser de diferentes colorações, como: vermelho, roxo, azul, preto, branco e amarelo (BARBOSA *et al.*, 2014; PARAGINSKI *et al.*, 2016; ZIEGLER *et al.*, 2020). A escolha do genótipo a ser cultivado está relacionada à produtividade de lavoura e com as características de qualidade de consumo do milho pipoca, dentre estas a capacidade de expansão do grão e o número de grãos não expandidos (ARENDT; ZANNINI, 2013; RUFFATO *et al.*, 2000).

A cinética de secagem do grão de pipoca parece influenciar na qualidade final da pipoca expandida de pericarpo vermelho. A secagem em temperatura de 40°C a 50°C e velocidade do ar de 0,5 a 1,2 m · s^{-1} fornecem grãos de pipoca com rendimento acima de 7%, capacidade de expansão de 9 mL · mL-1 e um tempo de expansão abaixo de 130 s (POHNDORF *et al.*, 2019).

O índice de capacidade de expansão é calculado pela relação entre o volume de pipoca expandida e massa de grãos *in natura* correspondente (VIEIRA *et al.*, 2009). Índices de capacidade de expansão entre 21 e 26 mL · g-1 são considerados bons e acima de 26 mL · g-1 são considerados excelentes (GALVÃO *et al.*, 2000). A capacidade de expansão dos grãos depende de diferentes fatores, como as práticas de cultivo e de colheita, o genótipo, as propriedades físicas do grão (formato e tamanho, resistência do pericarpo, teor de água, amido, proteína e lipídios), e do método de secagem de grãos, especialmente quanto à temperatura utilizada (GÖKMEN, 2004; SOYLU; TEKKANAT, 2007; SWELEY *et al.*, 2012a).

Karababa (2006) observou que nas operações de pós-colheita (secagem, limpeza, seleção, classificação e transporte) até certo limite, a integridade física dos grãos de milho pipoca melhora com o aumento da umidade dos grãos. Freire *et al.* (2020) observaram que grãos contendo maiores quantidades de amilose, endosperma mais compactado e pericarpo mais espesso apresentam maior capacidade de expansão.

O milho pipoca deve ser cultivado em regiões ou épocas onde a temperatura média seja próxima de 30°C e a precipitação total durante o cultivo em torno de 600 mm (GAMA *et al.*, 1990). A irrigação também é indicada para o bom desempenho na produção de milho pipoca (ÁVILA *et al.*, 2011; VIEIRA *et al.*, 2009).

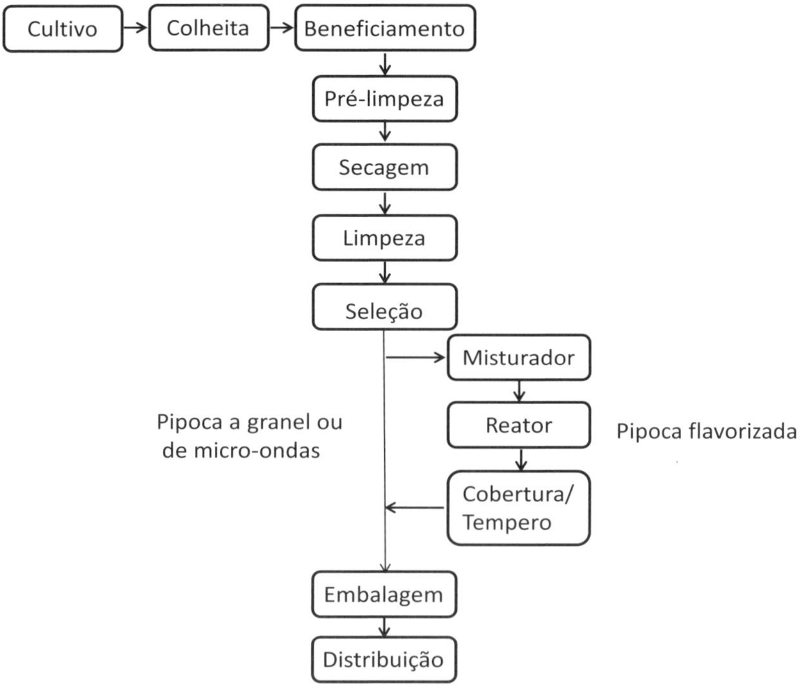

Figura 13.3 Fluxograma de produção de milho pipoca

A profundidade de semeadura depende do tipo de solo, sendo indicado 5 cm para solos arenosos e 3 cm para solos argilosos. A semeadura é feita com 6 a 7 sementes por metro linear na fileira e espaçamento de 0,80 m entre fileiras, podendo-se obter uma densidade de plantio de (60 mil a 70 mil) plantas por hectare. Entretanto, estudos mais recentes utilizam 5 a 6 sementes por metro linear na fileira e espaçamento de 0,90 m entre fileiras, com densidade de plantio próximo de 55 mil plantas por hectare (ÁVILA *et al.*, 2011; VIEIRA *et al.*, 2009). Recentemente, o milho pipoca em consórcio com feijão, independentemente do arranjo espacial do feijão, apresentou índice de equivalência de área 50% a 91% mais eficiente do que os monocultivos (NETO *et al.*, 2012).

A maturação fisiológica é atingida entre 100 a 110 dias após a semeadura e a colheita é realizada quando a umidade do grão atinge 16% a 18% (GONELI *et al.*, 2007). A época e a condição climática da colheita de milho pipoca interferem na qualidade do grão, por exemplo, chuva após a maturação fisiológica pode hidratar novamente o grão e possibilitar mais trincas, reduzindo seu potencial de expansão (PEREIRA FILHO *et al.*, 2020) as perdas no pós-colheita, as principais pragas dos grãos, a consequência causada nos grãos após o ataque dos insetos, as medidas preventivas para a não ocorrência de ataque, a influência da cultivar na qualidade dos grãos, o efeito da temperatura e umidade sobre os insetos, a importância do monitoramento no manejo da infestação, as ações para prevenir e/ou controlar as pragas e as formas de armazenamento e recomendações para a redução de perdas.

A colheita manual de milho pipoca em regra reduz a ocorrência de trincas no pericarpo, as quais ocorrem com mais frequência como consequência da colheita mecânica. Os grãos de milho pipoca estão sujeitos a impactos mecânicos durante todo o beneficiamento, o que pode causar perdas. Assim, a intensidade e o número de impactos sofridos pelo grão, e consequente trincamento do mesmo, são inversamente proporcionais à capacidade de expansão do grão (GONELI *et al.*, 2007).

Para atingir o máximo de grãos expandidos o processo de secagem dos grãos deve ser realizado de forma lenta, sob baixa temperatura de grão, até alcançar 11,0% a 15,5% de umidade (GÖKMEN, 2004). Para Gökmen, que estudou a influência da umidade em diferentes genótipos de milho pipoca, o valor de umidade ótimo para uma maior capacidade de expansão foi de 14%. Resultados semelhantes foram observados por outros autores (ERTAŞ *et al.*, 2009). No entanto, um estudo mais recente avaliou o efeito da umidade 8%, 10 %, 12 %, 14 %, e 16% e do método de expansão (com óleo e sem óleo) nas propriedades tecnológicas e sensoriais de grãos de milho pipoca branco (CAÑIZARES *et al.*, 2020). Para valores de umidade próximos de 16% foram obtidos os valores mais baixos de rendimento de expansão, para os dois métodos utilizados, bem como a maior formação de resíduo. Os autores sugerem que a umidade dos grãos deve estar entre 11,39% e 12,91% para grãos expandidos sem óleo e entre 10,21% e 11,73% para grãos expandidos com óleo.

É fundamental que os grãos tenham boa aparência e alta capacidade de expansão, para ter boa aceitação no mercado. A qualidade visual é dada pela limpeza e brilho dos grãos, ausência de grãos danificados mecanicamente, por insetos e/ou fungos. A presença de impurezas e/ou matérias estranhas também compromete a qualidade de consumo. A uniformidade de tamanho e formato contribuem para que a expansão seja uniforme (CRUZ *et al.*, 2011).

As operações de pré-limpeza, limpeza e seleção objetivam a eliminação de impurezas e seleção dos grãos de acordo com a uniformidade de formato, tamanho, aparência, ausência de danos causados por pragas e doenças e para obtenção de um produto final de qualidade (SILVA *et al.*, 2019). O milho pipoca pode ser beneficiado para venda a granel ou pipoca de micro-ondas ou ainda como pipoca flavorizada (Figura 13.3).

13.4 INFLUÊNCIA DOS MÉTODOS DE EXPANSÃO DO MILHO PIPOCA NA SUA QUALIDADE E ACEITAÇÃO

Gökmen (2004) estudou efeitos de diferentes métodos de expansão (ar quente, panela sem óleo e sal, panela com óleo e sal e micro-ondas) para cinco genótipos de milho pipoca. O método de expansão do grão por meio da utilização de panela sem óleo e sal resultou num bom volume de expansão e menor número de grãos não expandidos. Os menores valores de expansão e tamanho de grãos expandidos foram obtidos com o método panela com óleo e sal e maiores quantidades de grãos não expandidas foram obtidos com o micro-ondas. No entanto, grãos expandidos maiores foram obtidos com a utilização do micro-ondas.

Paraginski *et al.* (2016) avaliaram efeitos de diferentes métodos de cocção (panela com óleo, micro-ondas com óleo, micro-ondas sem óleo, pipoqueira elétrica com óleo e pipoqueira elétrica sem óleo) na qualidade sensorial e nutricional de milhos pipoca amarelo, branco e vermelho. A qualidade sensorial, avaliada por um painel treinado de cinquenta jurados, foi dependente da cor do grão e do método de cocção utilizado. A intenção de compra foi maior para os milhos de cor branca e amarela obtidos por meio da cocção em panela com óleo e pipoqueira elétrica com óleo. Apesar de esses métodos de cocção apresentarem os maiores valores de ácidos graxos e como consequência maiores valores energéticos, a composição nutricional e os compostos bioativos (antocianinas, carotenoides e compostos fenólicos), relacionados com a atividade antioxidante das amostras, não foram comprometidos. No entanto, em outro estudo foi observado que independentemente da cor do grão (preto ou amarelo) a cocção em pipoqueira elétrica reduz os conteúdos de compostos bioativos (antocianinas e compostos fenólicos) com consequente redução da atividade antioxidante (BARBOSA *et al.*, 2014).

Cañizares *et al.* (2020) avaliaram o efeito da umidade e do método de expansão nas propriedades tecnológicas e sensoriais de grãos de milho pipoca brancos. Rendimentos máximos de expansão foram observados para grãos com umidade de 11,39% e 10,21%, pelos métodos de expansão sem óleo e com óleo, respectivamente. A avaliação sensorial, feita por um painel treinado de vinte jurados, mostrou que o milho pipoca branco, com umidade entre 10% e 12% apresentou maior aceitação global e maior intenção de compra (CAÑIZARES *et al.*, 2020).

A aceitabilidade de pipocas flavorizadas com diferentes quantidades de manteiga e sal e expandidas em micro-ondas foi avaliada por Ranathunga *et al.* (2016). Maiores escores para aparência, sabor e aceitabilidade geral foram observados para a adição de 35% de manteiga, e a quantidade de sal não afetou as características de aceitação. O aroma da pipoca é outra característica de qualidade. Um painel de 68 jurados avaliou, por um teste classificação, diferentes híbridos de milho pipoca. A relação entre os compostos voláteis presentes nas amostras e a avaliação sensorial permitiu identificar o composto 2-acetil piridina como o maior contribuinte favorável para o aroma da pipoca. No entanto, outros compostos também podem contribuir, como, o 2-furfuriltiol, pirrole, metional, 3-furaldeído, 4-vinilguaiacol, 2-pentilfurano, furfuril álcool, hexanal, 1-pentanol e 2-metil-5-vinilpirazina (PARK; MAGA, 2006).

Sweley *et al.* (2012b) avaliaram fatores que influenciam a formação de diferentes formatos de pipocas expandidas. Os pesquisadores utilizaram diferentes intensidades de micro-ondas e também quantidades diferentes de óleo e obtiveram pipocas de morfologia multilateral em maiores percentagens, seguida de bilateral e unilateral. Os autores relacionaram as características físico-químicas do grão com a obtenção de diferentes formatos de pipoca. A esfericidade do grão foi negativamente correlacionada com o formato unilateral, o ácido oleico e as fibras foram positivamente correlacionados com formatos unilateral e bilateral, respectivamente e a formação de pipocas com formato unilateral ocorreu de forma menos frequente e foram associadas negativamente com o volume de expansão.

Ertaş *et al.* (2009) observaram que o método de expansão tradicional de preparo do milho pipoca resultou em melhores características de qualidade para todos as cultivares em estudo quando comparado com a pipoca preparada em micro-ondas. Os autores salientam que os parâmetros de esfericidade e cor são importantes para predizer a qualidade da pipoca expandida. Lago *et al.* (2013) estudaram grãos de milho pipoca roxo e observaram que após a cocção por micro-ondas a quantidade de pigmentos é reduzida para metade, porém ainda apresenta bons níveis de atividade antioxidante. O milho roxo quando comparado com o milho amarelo obteve aceitabilidade similar.

13.5 EFEITOS BENÉFICOS PARA SAÚDE

13.5.1 ESTUDOS *IN VITRO*

O acúmulo de radicais livres no organismo parece estar relacionado a diversas morbidades crônicas, como câncer, doenças cardiovasculares, neurodegeneração e envelhecimento. Logo, os antioxidantes dietéticos, são substâncias que podem mitigar os efeitos prejudiciais dos radicais livres no organismo, bem como prevenir doenças e proteger a saúde (HUANG, 2018).

Os grãos de milho pipoca contêm diferentes compostos fenólicos, reconhecidos como antioxidantes, especialmente ácidos fenólicos, nos grãos claros, e antocianinas nos coloridos. Estes antioxidantes conferem à pipoca a capacidade de doar elétrons quando em contato com radicais livres, ou seja, conferem capacidade antiradicalar e/ou antioxidante. Estes fenólicos parecem estar mais concentrados no pericarpo do núcleo completamente ligado à matriz da fibra de oligossacarídeos e ficam biodisponíveis após a expansão e digestão (COCO; VINSON, 2019). A pipoca, quando comparada a grãos de milho e trigo, possui maior capacidade de eliminação do radical DPPH, apresentando boa atividade antioxidante (HORVAT *et al.*, 2020).

Autores sugerem a inserção de milho e produtos derivados do milho, incluindo a pipoca, na alimentação humana. Eles relatam que os ácidos fenólicos presentes no grão possuem propriedades antifúngica, antibacteriana, imunoestimulante e antioxidante trazendo diversos benefícios à saúde (PANDEY *et al.*, 2013).

Apenas 3% dos compostos fenólicos estão na forma livre, sendo que na forma ligada parecem estar em maior concentração no pericarpo do que no endosperma e germe (DAS; SINGH, 2016; WANG *et al.*, 2020). Estes compostos fenólicos do pericarpo estão diretamente relacionados à capacidade de eliminação de radicais livres (DAS; SINGH, 2016). O ácido ferúlico é abundante nos grãos em geral e no milho pipoca responde por mais de 80% dos fenólicos do grão (HORVAT *et al.*, 2020). Pela sua elevada atividade antioxidante, o ácido ferúlico pode atuar beneficamente prevenindo doenças neurodegenerativas, câncer e doenças cardiovasculares (ABOTALEB *et al.*, 2020).

O pericarpo contém, em média, 97,8% da capacidade antioxidante de todo o grão (COCO; VINSON, 2019). Neste estudo foi avaliada a atividade antioxidante de grãos *in natura* e expandidos de pipoca amarela, em simulação de digestão *in vitro*. Grãos *in natura* apresentaram 11,2 mg de catequina equivalentes · g-1. Após digestão, a capacidade antioxidante média foi de 0,76 mg de catequina equivalentes · g-1 para grãos *in natura* e 1,25 mg de catequina equivalentes · g-1 para grãos expandidos (COCO; VINSON, 2019). Isto demonstra que o processo de expansão da pipoca não reduz sua capacidade antioxidante.

Variedades amarela e branca de milho pipoca apresentaram maior capacidade antioxidante após a torrefação. Antes da torrefação, a variedade amarela crua apresentou menor capacidade de reduzir íon férrico do que o branco cru, porém após a torrefação apresentou maiores capacidades que o branco. No ensaio utilizando o radical estável DPPH foi necessária uma concentração de 12,5 mg · mL-1 de extratos de milho pipoca para apresentar capacidade de captação do radical. O milho branco cru teve o maior potencial de captura do radical DPPH e o milho branco torrado teve o menor valor. As duas variedades de milhos após torrefação tiveram uma diminuição significativa da capacidade de eliminação do radical DPPH (OBOH *et al.*, 2010).

Paraginski *et al.* (2016) avaliaram grãos de milho pipoca das variedades branca, amarela e vermelha quanto à capacidade antioxidante antes e depois da expansão, com ou sem óleo, em panela ou micro-ondas. Os grãos vermelhos após expansão apresentaram maiores valores de atividade antioxidante quando comparados aos mesmos grãos não expandidos (13,99 mM de trolox equivalentes/kg) e aos grãos brancos (13,99 mM de trolox equivalentes/kg) e amarelos (5,86 mM de trolox equivalentes/kg). Os grãos vermelhos e brancos apresentaram os maiores valores de atividade antioxidante, 17,30 e 11,19 mM de trolox equivalentes/kg-1, respectivamente, quando expandidos em panela com óleo. Nos grãos amarelos, os maiores valores de atividade antioxidante foram observados após serem expandidos em micro-ondas e sem óleo (6,52 mM de trolox equivalentes/kg) (PARAGINSKI *et al.*, 2016).

Os grãos de pipoca com pericarpo colorido geralmente acumulam antocianinas. As roxas apresentam elevado teor de cianidina e pelargonidina, sendo que aproximadamente a metade desse teor de antocianinas é preservada após a expansão. O conteúdo de 66,44 mg de antocianinas para cada100 g-1 de grãos de pipoca colorida, é reduzido para 46% do teor inicial após a expansão em micro-ondas (LAGO *et al.*, 2013). Grãos coloridos de pipoca provindos da Sérvia, com coloração azul clara, continham o maior conteúdo total de ácido ferúlico (4.521,26 µg · g-1). Além disso, os grãos azuis e vermelhos continham antocianinas totais em uma ampla faixa de variação (2,50 a 696,07) mg de equivalentes de cianidina 3-glicosídeo equivalentes kg-1 de matéria seca, sendo a cianidina 3-glucosídeo a mais comum. Estes grãos demonstram elevada capacidade antioxidante (ŽILIĆ *et al.*, 2012).

Em estudo *in vivo* para testar cianidina-3-*O*-β-glucosídeo como inibidor do início da obesidade, observou-se redução no acúmulo de gordura nos tecidos adiposo, hepático e visceral, bem como reduções nos níveis plasmáticos de triglicerídeos (WEI *et al.*, 2011). As antocianinas, também presentes em extratos de milho roxo, com alta capacidade antioxidante, foram capazes de reduzir a peroxidação lipídica e aumentar as atividades de enzimas antioxidantes em camundongos (RAMOS-ESCUDERO *et al.*, 2012). A peroxidação lipídica, a qual é reduzida pelos antioxidantes, é a degradação oxidativa dos lipídeos, processo no qual os radicais livres capturam elétrons dos lipídeos nas membranas celulares ocasionando uma série de doenças crônicas da atualidade.

13.5.2 ESTUDOS POPULACIONAIS

Os grãos integrais fornecem carboidratos complexos, amido resistente, fibras alimentares, minerais, vitaminas e fitoquímicos. Grãos integrais ricos em fibras solúveis diminuem as concentrações séricas de colesterol total e LDL-colesterol, enquanto o farelo de trigo parece ter um efeito específico de redução do triacilglicerol (SEAL; BROWNLEE, 2015). Além disso, alimentos integrais e com baixo índice glicêmico aumentam a sensibilidade à insulina, reduzindo assim os efeitos cardiovasculares adversos advindos da resistência à insulina (ANDERSON; HANNA, 1999; REBELLO *et al.*, 2014).

Estudos que avaliam efeitos do consumo de pipoca demonstram diversos benefícios para saúde. O consumo de pipoca no Brasil tem aumentado, sendo os moradores da região sudeste os maiores consumidores, seguidos dos das regiões sul, nordeste, centro-oeste e, por último, norte do país (GOMES, 2019).

A ingestão de pipoca está associada a maior ingestão de carboidratos, fibras e magnésio (MCRAE, 2017). Quando seu consumo é comparado ao consumo de batata frita, o milho pipoca exerce efeito mais forte na saciedade a curto prazo com menor carga de energia frente ao consumo de batata frita (NGUYEN *et al.*, 2012). As fibras contidas no grão possibilitam aumento da saciedade, tempo de trânsito gástrico reduzido e melhora da resposta glicêmica. A quantidade de magnésio dos grãos melhora a homeostase glicêmica por meio da secreção de insulina. Com isso, o consumo de pipoca, além de outros grãos integrais, está relacionado à proteção contra obesidade, diabetes, doenças cardiovasculares e câncer (FARDET, 2010).

O milho pipoca por ter uma casca rígida, contém fibras, especialmente oligossacarídeos, que estão relacionadas a diversos benefícios para saúde. O consumo de fibras amplia a lentidão do processo alimentar e a saciedade pós-prandial, reduz o consumo de energia metabolizável dos alimentos para melhor regulação do peso corporal, além de favorecer a microbiota. Além do mais as fibras contribuem para atenuar os níveis de lipídios no sangue e para aumentar a sensibilidade à insulina (DREHER, 2018; FARDET, 2010).

O consumo de pipoca foi associado ao aumento da ingestão de grãos integrais, fibras alimentares e alguns outros nutrientes. Indivíduos que consumem pipoca também consomem outros grãos integrais e ingerem mais fibra (GRANDJEAN *et al.*, 2008). A ingestão de grãos integrais como o milho pipoca é associada a um menor risco de diabetes tipo 2. Indivíduos participantes de uma coorte que consumiam até uma porção por dia de pipoca tiveram proteção contra diabetes (HU *et al.*, 2020).

O consumo de grãos integrais, ricos em fibras e micronutrientes, tem sido associado a menor incidência de doenças crônicas, como as cardiovasculares (MCRAE, 2017). Uma meta-análise de estudos de coorte prospectivos que investigaram ingestão de grãos integrais e eventos cardiovasculares clínicos demonstrou que o consumo de 2,5 porções ao dia de farelo (de milho, milho pipoca, cevada, trigo sarraceno, aveia, quinoa, arroz integral, centeio e sorgo) reduziu em 21% o risco de doença cardiovascular (MELLEN *et al.*, 2008).

O ganho de peso foi inversamente associado à ingestão de alimentos integrais e ricos em fibras em mulheres acompanhadas ao longo de doze anos. As mulheres que consumiam mais alimentos integrais tiveram em média 1,52 kg a menos do que as mulheres que consumiam menos alimentos integrais (LIU *et al.*, 2003). Isso também foi demonstrado em adultos mais velhos onde a maior ingestão de grãos integrais, esteve associada a menor porcentagem total de gordura corporal (MCKEOWN *et al.*, 2009). Um estudo com crianças entre 2 e 11 anos de idade verificou que o consumo de pipoca está relacionado com menor índices de sobrepeso/obesidade (BRAUCHLA *et al.*, 2012).

Junto à estrutura das fibras dos grãos de milho pipoca se conjugam quantidades significativas de polifenóis, formando uma fibra insolúvel. O principal ácido fenólico do milho pipoca é o ferúlico que conta com ligações cruzadas com arabinoxilanos e pectinas e para serem absorvidos precisam ser hidrolisados no trato gastrointestinal (COCO; VINSON, 2019). As propriedades antioxidantes dos polifenóis na sinalização celular e na regulação de genes, além de compostos de enxofre, lignina e ácido fítico devem ser consideradas na proteção antioxidante e também no seu envolvimento nos mecanismos anticarcinogênicos (FARDET, 2010).

A exclusão da pipoca da dieta tem sido aconselhada para indivíduos com doença diverticular justamente pelo seu teor de fibras, supondo-se que esta fibra pode abrasar a mucosa ou alojar-se em pequenos divertículos. Entretanto, em estudo de coorte que acompanhou indivíduos por dezoito anos, o consumo de milho pipoca não foi fator de risco para sangramento diverticular ou diverticulose não complicada (STRATE *et al.*, 2008).

13.6 CONSIDERAÇÕES FINAIS

A industrialização do milho pipoca no país ainda tem potencial de crescimento, pois este grão é produzido em baixa escala e a demanda nacional suprida com importação. O milho pipoca fornece boas quantidades de carboidratos, fibras, proteínas e aminoácidos essenciais, ácidos graxos essenciais, vitaminas e minerais. Os grãos possuem elevada capacidade antioxidante, mesmo após expansão, devido ao seu conteúdo de ácidos fenólicos e de antocianinas.

Os parâmetros de qualidade do milho pipoca, estão relacionados com práticas de cultivo, colheita, pós-colheita, armazenamento, beneficiamento, genótipo, propriedades físicas do grão, umidade e método de preparo para consumo.

Diferentes estudos indicam que o consumo de milho pipoca pode trazer benefícios à saúde humana, principalmente na prevenção de doenças cardiovasculares e metabólicas, como diabetes e obesidade.

REFERÊNCIAS

ABOTALEB, Mariam *et al.* Therapeutic potential of plant phenolic acids in the treatment of cancer. *Biomolecules*, v. 10, n. 2, p. 221, 3 fev. 2020.

ANDERSON, James W.; HANNA, Tammy J. Whole grains and protection against coronary heart disease: what are the active components and mechanisms? *American Journal of Clinical Nutrition*, v. 70, n. 3, p. 307-308, 1999.

ANDERSON, James W *et al*. Whole grain foods and heart disease risk. *Journal of the American College of Nutrition*, v. 19, n. sup3, p. 291S-299S, 1 jun 2000.

ARENDT, Elke K.; ZANNINI, Emanuele. Cereal grains for the food and beverage industries. *Cereal Grains for the Food and Beverage Industries*, n. 2013, p. 1-485, 2013.

ÁVILA, Marizangela Rizzatti *et al*. Híbridos de milho pipoca cultivados sob diferentes lâminas de irrigação. *Scientia Agraria*, v. 12, n. 4, p. 199-209, 2011.

BARBOSA, Natália Alves *et al*. *Compostos bioativos nos grãos de milho pipoca antes e após o processamento*. Bento Gonçalves, RS: Associação Brasileira de Milho e Sorgo, 2014. p. 1845-1848.

BRAUCHLA, Mary *et al*. Sources of dietary fiber and the association of fiber intake with childhood obesity risk (in 2-18 year-olds) and diabetes risk of adolescents 12-18 year olds: NHANES 2003-2006. *Journal of Nutrition and Metabolism*, v. 2012, n. 736258, p. 1-7, 2012.

CALLEGARO, Maria da Graça Kolinski *et al*. Determinação da fibra alimentar insolúvel, solúvel e total de produtos derivados do milho. *Ciência e Tecnologia de Alimentos*, v. 25, n. 2, p. 271-274, 2005.

CAÑIZARES, Lázaro da Costa Corrêa *et al*. Effects of moisture content and expansion method on the technological and sensory properties of white popcorn. *International Journal of Gastronomy and Food Science*, v. 22, n. 100282, p. 1-6, 2020.

COCO, Michael G.; VINSON, Joe A. Analysis of popcorn (*Zea mays* L. var. everta) for antioxidant capacity and total phenolic content. *Antioxidants*, v. 8, n. 1, 2019.

CRUZ, José Carlos *et al*. Milho: o produtor pergunta, a Embrapa responde. *Embrapa Informação Tecnológica*, v. 1, p. 11, 2011.

DAS, Amit K.; SINGH, Vasudeva. Antioxidative free and bound phenolic constituents in botanical fractions of Indian specialty maize (*Zea mays* L.) genotypes. *Food Chemistry*, v. 201, p. 298-306, 2016.

DOFING, S. M.; THOMAS-COMPTON, M. A.; BUCK, J. S. Genotype × popping method interaction for expansion volume in popcorn. *Crop Science*, v. 30, n. 1, p. 62, 1990.

DREHER, Mark L. Overview of the health benefits of adequate fiber intake. *Dietary Fiber in Health and Disease*, p. 19-40, 2018.

ECKHOFF, S. R.; PAULSEN, M. R.; YANG, S. C. Maize. *In*: CABALLERO, B.; TRUGO, L. C.; FINGLAS, P. M. (Orgs.). *Encyclopedia of food sciences and nutrition*. 2. ed. Oxford: Academic Press, 2003. p. 3647-3653.

EGGERSDORFER, Manfred; WYSS, Adrian. Carotenoids in human nutrition and health. *Archives of Biochemistry and Biophysics*, v. 652, p. 18-26, 2018.

ERTAŞ, Nilgün; SOYLU, Süleyman; BILGIÇLI, Nermin. Effects of kernel properties and popping methods on popcorn quality of different corn cultivars. *Journal of Food Process Engineering*, v. 32, n. 4, p. 478-496, 1º ago. 2009.

ESCHE, Rebecca; SCHOLZ, Birgit; ENGEL, Karl Heinz. Online LC-GC analysis of free sterols/stanols and intact steryl/stanyl esters in cereals. *Journal of Agricultural and Food Chemistry*, v. 61, n. 46, p. 10932-10939, 2013.

FARDET, Anthony. New hypotheses for the health-protective mechanisms of whole-grain cereals: what is beyond fibre? *Nutrition Research Reviews*, v. 23, n. 1, p. 65-134, 2010.

FREIRE, Ana Izabella *et al.* Amylose content and micromorphology of popcorn progenies with different popping expansion volumes. *Ciência Rural*, v. 50, n. 2, p. 1-8, 2020.

GALVÃO, João Carlos Cardoso; SAWAZAKI, Eduardo; MIRANDA, Glauco Vieira. Comportamento de híbridos de milho-pipoca em Coimbra, Minas Gerais. *Revista Ceres*, v. 47, n. 270, p. 201-218, 2000.

GAMA, Elto Eugenio Gomes *et al.* Milho pipoca. *Informe Agropecuário*, v. 14, n. 165, p. 8-12, 1990.

GÖKMEN, Sabri. Effects of moisture content and popping method on popping characteristics of popcorn. *Journal of Food Engineering*, v. 65, n. 3, p. 357-362, 2004.

GOMES, T. S. *Pesquisa inédita revela potencial do mercado de pipoca no Brasil.* SEGS Portal Nacional, 2 jul. 2019. Disponível em: https://www.segs.com.br/demais/178927-pesquisa-inedita-revela-potencial-do-mercado-de-pipoca-no-brasil.

GONELI, A. L.D. *et al.* Electrical conductivity for quality evaluation of popcorn kernels subjected to mechanical damage. *Biosystems Engineering*, v. 96, n. 3, p. 361-367, 2007.

GRANDJEAN, Ann C. *et al.* Popcorn consumption and dietary and physiological parameters of US children and adults: analysis of the National Health and Nutrition Examination Survey (NHANES) 1999-2002 dietary survey data. *Journal of the American Dietetic Association*, v. 108, n. 5, p. 853-856, 2008.

HORVAT, Daniela *et al.* Phenolic acid profiles and antioxidant activity of major cereal crops. *Antioxidants*, v. 9, n. 6, p. 1-12, 2020.

HU, Yang *et al.* Intake of whole grain foods and risk of type 2 diabetes: results from three prospective cohort studies. *BMJ* (Clinical Research ed.), v. 370, p. m2206-m2206, 8 jul. 2020.

HUANG, Dejian. Dietary antioxidants and health promotion. *Antioxidants*, v. 7, n. 1, p. 7-9, 2018.

KARABABA, Erşan. Physical properties of popcorn kernels. *Journal of Food Engineering*, v. 72, n. 1, p. 100-107, 2006.

LAGO, Chiara *et al.* Study and characterization of a novel functional food: purple popcorn. *Molecular Breeding*, v. 31, n. 3, p. 575-585, 2013.

LIU, Simin *et al.* Relation between changes in intakes of dietary fiber and grain products and changes in weight and development of obesity among middle-aged women. *American Journal of Clinical Nutrition*, v. 78, n. 5, p. 920-927, 2003.

MATTA, Frederico de Pina; VIANA, José Marcelo Soriano. Popping expansion tests in popcorn breeding programs. *Scientia Agricola*, v. 58, n. 4, p. 845-851, 2001.

MCKEOWN, Nicola M. *et al.* Whole-grain intake and cereal fiber are associated with lower abdominal adiposity in older adults. *The Journal of Nutrition*, v. 139, n. 10, p. 1950-1955, 2009.

MCRAE, Marc P. Dietary fiber is beneficial for the prevention of cardiovascular disease: an umbrella review of meta-analyses. *Journal of Chiropractic Medicine*, v. 16, n. 4, p. 289-299, 2017.

MEJIA, D. Maize: postharvest operations. *In*: MEJIA, D.; PARRUCCI, E. (Eds.). *Post-harvest compendium*. Roma: Food and Agriculture Organization of the United Nations (FAO), 2005. 100 p.

MELLEN, Philip B.; WALSH, Thomas F.; HERRINGTON, David M. Whole grain intake and cardiovascular disease: a meta-analysis. *Nutrition, Metabolism and Cardiovascular Diseases*, v. 18, n. 4, p. 283-290, 2008.

MEYER, Katie A. *et al.* Carbohydrates, dietary fiber, and incident type 2 diabetes in older women. *American Journal of Clinical Nutrition*, v. 71, n. 4, p. 921-930, 2000.

MORALES-MOO, T. *et al.* Human health risk associated with the consumption of aflatoxins in popcorn. *Risk Management and Healthcare Policy*, v.13, p. 2583-2591, 2020.

NAJI, Ethar Z.; IQDIAM, Basheer M.; ALI, Amir M. A study of the chemical composition, some essential amino acids content, minerals, and vitamins for popcorn carried out by conventional methods and sold in local markets. *Journal of College of Education for Women*, v. 24, n. 3, p. 713-726, 2013.

NETO, Antonio Luiz Viegas *et al.* Milho pipoca consorciado com feijão em diferentes arranjos de plantas. *Pesquisa Agropecuária Tropical*, v. 42, n. 1, p. 28-33, 2012.

NGUYEN, Von *et al.* Popcorn is more satiating than potato chips in normal-weight adults. *Nutrition Journal*, v. 11, n. 1, p. 1, 2012.

OBOH, Ganiyu; ADEMILUYI, Adedayo O.; AKINDAHUNSI, Afolabi A. The effect of roasting on the nutritional and antioxidant properties of yellow and white maize varieties. *International Journal of Food Science and Technology*, v. 45, n. 6, p. 1236-1242, 2010.

OLIVEIRA, Gustavo Hugo Ferreira de *et al.* Estimation and classification of popping expansion capacity in popcorn breeding programs using NIR spectroscopy. *Journal of Cereal Science*, v. 91, 2020.

PANDEY, R. *et al.* Phenolic acids in different preparations of maize (*Zea mays*) and their role in human health. *International Journal of Current Microbiology and Applied Sciences*, v. 2, n. 6, p. 84-92, 2013.

PARAGINSKI, Ricardo Tadeu *et al.* Sensory and nutritional evaluation of popcorn kernels with yellow, white and red pericarps expanded in different ways. *Journal of Cereal Science*, v. 69, p. 383-391, 2016.

PARK, Donkeun *et al.* Chemical composition and physical characteristics of unpopped popcorn hybrids. *Journal of Food Composition and Analysis*, v. 13, n. 6, p. 921-934, 2000.

PARK, Donkeun; MAGA, Joseph A. Identification of key volatiles responsible for odour quality differences in popped popcorn of selected hybrids. *Food Chemistry*, v. 99, n. 3, p. 538-545, 2006.

PARSONS, Leandra *et al.* Production and selection of quality protein popcorn hybrids using a novel ranking system and combining ability estimates. *Frontiers in Plant Science*, v. 11, p. 1-20, 2020.

PEREIRA FILHO, Israel Alexandre *et al.* Milho pipoca. Disponível em: https://www.agencia.cnptia.embrapa.br/gestor/agroenergia/arvore/CONT000fbl23vn102wx5eo0sawqe3djg2152.html.

PRASANTHI, P.S. *et al.* Compositional variability of nutrients and phytochemicals in corn after processing. *Journal of Food Science and Technology*, v. 54, n. 5, p. 1080-1090, 2017.

POHNDORF, Ricardo S. *et al.* Kinetic evaluation and optimization of red popcorn grain drying: Influence of the temperature and air velocity on the expansion properties and β-carotene content. *Journal of Food Process Engineering*, v. 42, n. 6, p. e13204, 2019.

RAMOS-ESCUDERO, Fernando *et al.* Purple corn (*Zea mays* L.) phenolic compounds profile and its assessment as an agent against oxidative stress in isolated mouse organs. *Journal of Medicinal Food*, v. 15, n. 2, p. 206-215, 2012.

RANATHUNGA, R. A. A.; GUNASEKARA, G. T. N.; WIJEWARDANA, D. C. M. S. I. Quality performance, proximate composition and sensory evaluation of developed flavoured instant popcorn. *Procedia Food Science*, v. 6, p. 143-146, 2016.

REBELLO, Candida J.; GREENWAY, Frank L.; FINLEY, John W. Whole grains and pulses: a comparison of the nutritional and health benefits. *Journal of Agricultural and Food Chemistry*, v. 62, n. 29, p. 7029-7049, 2014.

RUFFATO, Solenir *et al.* Efeito das condições de colheita, pré-processamento e armazenamento na qualidade do milho-pipoca. *Pesquisa Agropecuária Brasileira*, v.35, n. 3, p. 591-597, 2000.

MORENO, Y. S. *et al.* Characterization of anthocyanin extracts from maize kernels. *Journal of Chromatographic Science*, v. 43, n. 9, p. 483-487, 2005.

SARWAR, Haroon. The importance of cereals (Poaceae: Gramineae) nutrition in human health: a review. *Journal of Cereals and Oilseeds*, v. 4, n. 3, p. 32-35, 2013.

SCHIEBERLE, Peter. Quantitation of important roast-smelling odorants in popcorn by stable isotope dilution assays and model studies on flavor formation during popping. *Journal of Agricultural and Food Chemistry*, v. 43, n. 9, p. 2442-2448, 1995.

SEAL, Chris J.; BROWNLEE, Iain A. Whole-grain foods and chronic disease: evidence from epidemiological and intervention studies. *The Proceedings of the Nutrition Society*, v. 74, n. 3, p. 313-319, 2015.

SILVA, M. V. A. *et al.* Kinetics of the ozone gas reaction in popcorn kernels. *Journal of Stored Products Research*, v. 83, p. 168-175, 2019.

SOYLU, Süleyman; TEKKANAT, Alper. Interactions amongst kernel properties and expansion volume in various popcorn genotypes. *Journal of Food Engineering*, v. 80, n. 1, p. 336-341, 2007.

STRATE, Lisa L. *et al.* Nut, corn, and popcorn consumption and the incidence of diverticular disease. *JAMA - Journal of the American Medical Association*, v. 300, n. 8, p. 907-914, 2008.

SWELEY, Jess C. *et al.* Effects of hybrid, environment, oil addition, and microwave wattage on popped popcorn morphology. *Journal of Cereal Science*, v. 56, n. 2, p. 276-281, 2012a.

SWELEY, Jess C.; ROSE, Devin J.; JACKSON, David S. Hybrid and environment effects on popcorn kernel physiochemical properties and their relationship to microwave popping performance. *Journal of Cereal Science*, v. 55, n. 2, p. 188-194, 2012b.

SWELEY, Jess C. *et al.* Effect of flake shape on packing characteristics of popped popcorn. *Journal of Food Engineering*, v. 127, p. 75-79, 2014.

SWETHA, Pamu *et al.* Growth and quality parameters of popcorn (*Zea mays* var. everta) as influenced by application of potassium and sulphur levels. *International Journal of Current Microbiology and Applied Sciences*, v. 6, n. 8, p. 639-645, 2017.

UDDIN, MS *et al.* Techniques for the extraction of phytosterols and their benefits in human health: a review. *Separation Science and Technology* (Philadelphia), v. 53, n. 14, p. 2206-2223, 2018.

VIEIRA, Rafael Augusto *et al.* Agronomic performance of new popcorn hybrids in northwestern Paraná State. *Acta Scientiarum – Agronomy*, v. 31, n. 1, p. 29-36, 2009.

WALRADT, John P.; LINDSAY, Robert C.; LIBBE'Y, Leonard M. Popcorn flavor: identification of volatile compounds. *Journal of Agricultural and Food Chemistry*, v. 18, n. 5, p. 926-928, 1970.

WANG, Zhenyu *et al.* Review of distribution, extraction methods, and health benefits of bound phenolics in food plants. *Journal of Agricultural and Food Chemistry*, v. 68, n. 11, p. 3330-3343, 2020.

WEI, Xiaoyi *et al.* Cyanidin-3-O-β-glucoside improves obesity and triglyceride metabolism in KK-Ay mice by regulating lipoprotein lipase activity. *Journal of the Science of Food and Agriculture*, v. 91, n. 6, p. 1006-1013, 2011.

ZIEGLER, Valmor *et al.* Effects of drying temperature of red popcorn grains on the morphology, technological, and digestibility properties of starch. *International Journal of Biological Macromolecules*, v. 145, p. 568-574, 2020.

ŽILIĆ, Slaana *et al.* Phenolic compounds, carotenoids, anthocyanins, and antioxidant capacity of colored maize (*Zea mays* L.) kernels. *Journal of Agricultural and Food Chemistry*, v. 60, n. 5, p. 1224-1231, 2012.

CAPÍTULO 14
BEBIDAS FERMENTADAS

Lázaro da Costa Corrêa Cañizares
Cristiano Dietrich Ferreira
Gustavo Heinrich Lang
Maurício de Oliveira

RESUMO

O grão de milho possui diversas aplicações na indústria alimentícia e a sua utilização em bebidas fermentadas vem da antiguidade. O milho é amplamente utilizado nas indústrias cervejeiras como grão não maltado ou em algumas receitas de cerveja como malte de milho, por ser uma grande fonte de açúcares fermentáveis, visto seu elevado teor de amido, e por se tratar de uma matéria-prima de menor custo que o malte de cevada. Além da cerveja, outras bebidas de elevado consumo, como o uísque e a vodca, possuem em sua composição grãos de milho, os quais são fermentados e posteriormente destilados. Sua utilização na elaboração de bebidas fermentáveis não é restrita a bebidas tradicionais e conhecidas nos dias atuais. O grão de milho também é o principal ingrediente de bebidas antigas produzidas por índios, como o Cauim, Chicha e Aluá. Neste capítulo iremos abordar algumas bebidas fermentadas que possuem entre seus ingredientes o grão de milho ou derivados de milho, desde bebidas antigas nas quais o grão milho é o ingrediente base até bebidas em que o grão de milho é usado como adjunto.

14.1 INTRODUÇÃO

O milho (*Zea mays*) é constituído de aproximadamente 72% de amido em base seca. O amido (Figura 14.1) é um polissacarídeo constituído por cadeias de amilose e/ou amilopectina, no qual a amilose é formada por unidades de glicose unidas por ligações glicosídicas α-1,4, e a amilopetina é formada por unidades de glicose unidas por ligações glicosídicas α-1,4 e α-1,6. A ampla utilização dos grãos de milho em bebidas fermentadas ocorre devido ao seu alto teor de amido, o qual será degradado em açúcares fermentescíveis em um processo anterior a fermentação.

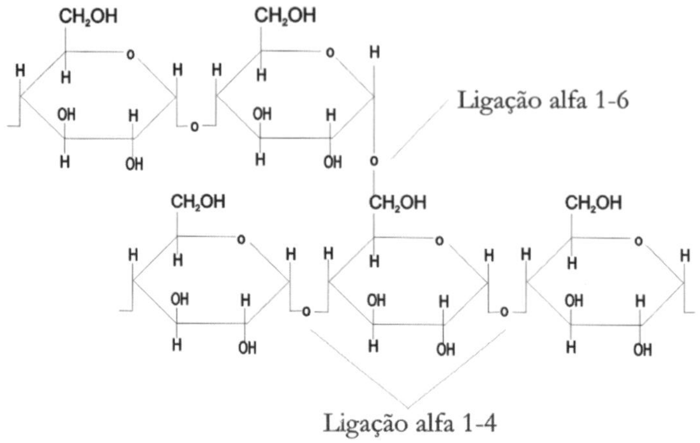

Figura 14.1 Estrutura molecular do amido

Para que ocorra a degradação do amido em açúcares fermentescíveis, o grão de milho deve ser quebrado em partículas menores para que o amido seja exposto à ação de enzimas alfa-amilase e beta-amilase. A enzima beta-amilase atua em uma faixa de temperatura ótima de 62ºC a 65ºC, e tem a função de degradar o amido de forma sistemática em açúcares de baixo peso molecular (maltoses), sendo facilmente fermentado na etapa de fermentação. Enquanto que, a enzima alfa-amilase, a qual atua em uma faixa de temperatura ótima de 67ºC a 72ºC, degrada o amido de forma aleatória, gerando açúcares de tamanhos diferentes (dextrinas), os quais não são facilmente fermentáveis.

Em bebidas como o uísque e a vodca, que após a fermentação são submetidas ao processo de destilação, se prioriza obter apenas açúcares de baixo peso molecular (maltoses), visto que o objetivo é fermentar todos os açúcares presentes no mosto. Já na indústria cervejeira, o amido é degradado em açúcares de difícil fermentação, pois estes têm a função de ajudar a formar o corpo da cerveja, deixando-a mais consistente. A maltose (Figura 14.2) é formada pela junção de duas moléculas de glicose ligadas por uma ligação glicosídica α-1,4.

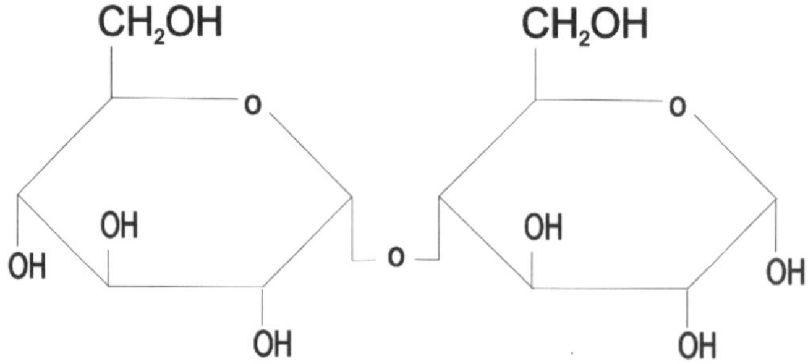

Figura 14.2 Estrutura molecular da maltose

Após a etapa de degradação do amido em açúcares fermentescíveis, o líquido açucarado (mosto) é fermentado. Nessa etapa ocorre a adição de leveduras, sendo **a** *Sacharomyces cerevisiae* a mais utilizada para a produção de bebidas fermentadas.

Durante o processo de fermentação alcoólica (Figura 14.3), cada molécula de glicose que compõe a maltose é reduzida a duas moléculas de ácido pirúvico, processo conhecido como glicólise. A glicólise ocorre no citosol das células, inicialmente ocorre a fosforilação da glicose por meio de duas moléculas de ATP, tornando a molécula de glicose instável.

Na segunda etapa da glicólise, a molécula instável de glicose é oxidada pelo NAD+, formando duas moléculas de ácido pirúvico. O ácido pirúvico é descarboxilado, gerando acetaldeído por meio da enzima piruvato descarboxilase, ocorrendo a liberação de dióxido de carbono (CO_2). Em seguida o acetaldeído é reduzido a etanol pelo NADH.

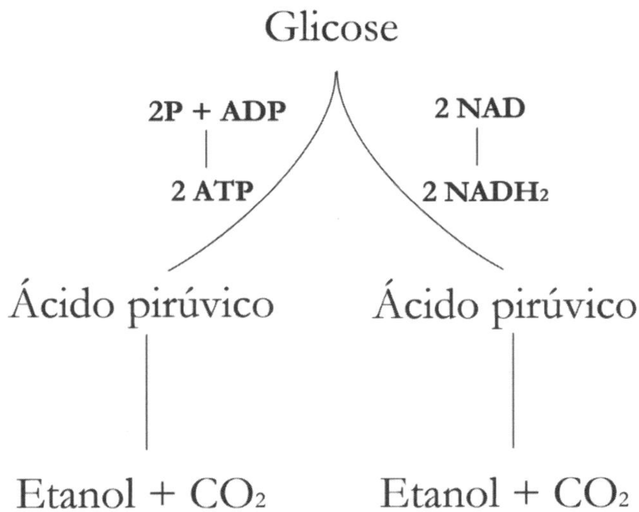

Figura 14.3 Processo de fermentação alcoólica

Na produção de cerveja, após a fermentação ocorre a maturação e o envase, porém em bebidas como o uísque e a vodca, antes da maturação e envase ocorre a destilação do álcool proveniente da fermentação. Já em bebidas indígenas existem processos diferentes. Os processos para a obtenção das principais bebidas fermentadas de milho serão descritos detalhadamente nesse capítulo.

14.2 MILHO COMO ADJUNTO EM BEBIDAS

14.2.1 CERVEJA

O ingrediente principal na produção da cerveja é o malte, produzido a partir do processo de germinação controlada da cevada. O malte possui altas concentrações de enzimas, dentre estas destacam-se a alfa-amilase e a beta-amilase, as quais têm a função principal de degradar o amido presente no malte.

Junto com o malte, a levedura, a água e o lúpulo são os ingredientes fundamentais para a produção de cerveja. A levedura tem a função de fermentar o mosto da cerveja, processo que transforma os açúcares fermentáveis proveniente do amido dos grãos em álcool e CO_2. Quando se trata de cerveja, existem duas famílias de levedura, as Ale e as Lager. As leveduras Ale atuam em um faixa de temperatura ideal de 18ºC a 22ºC, enquanto as Lager atuam em uma faixa de temperatura ideal de 8ºC a 12ºC. A água está presente em todos os processos de produção de cerveja e é o maior componente de uma cerveja. O lúpulo (*Humulus lupulus*) são inflorescências que possuem diferentes teores de óleos essenciais e alfa-ácidos responsáveis por promover o aroma e o amargor para a cerveja.

Além desses ingredientes, a maioria das cervejarias utiliza o que chamam de adjuntos cervejeiros, os quais poderão substituir parte do malte no processo de produção de cerveja, que podem ser outros grãos, frutas, especiarias, dentro outros. O milho é um dos adjuntos mais utilizados, pois é uma das formas de reduzir o custo de produção da cerveja, além de possuir uma grande quantidade de amido, que será degradado juntamente com o amido do malte em açúcares que posteriormente serão fermentados. O uso do milho não acrescenta aromas e sabores à cerveja, porém confete leveza as cervejas. Este cereal é usado tanto em Light Lagers comuns quanto para bebidas mais robustas, como algumas Ales belgas, neste caso em quantidades menores objetivando não as deixar tão pesadas.

A Lei da Pureza Alemã, criada em 23 de abril de 1516 pelo duque Guilherme IV da Baviera, instituiu que a cerveja poderia ser fabricada apenas com a utilização de quatro ingredientes: água, malte de cevada e lúpulo. Nessa época ainda não se conhecia a levedura, onde a cerveja era fermentada com leveduras espontâneas presente no ar. Além de instituir os ingredientes para a produção de cerveja, essa lei fixava o valor máximo de venda de cerveja por unidade. Essa lei que é muito conhecida no meio cervejeiro e seguida por muitos mestres cervejeiros, e segundo ela apenas a levedura é acrescentada no processo. Em escala industrial a produção de cerveja de acordo com a lei da pureza alemã possui um maior custo de produção, por isso as cervejarias adicionam os adjuntos cervejeiros.

O decreto brasileiro nº 6.871, de 4 de junho de 2009, estipulava um limite de adjuntos cervejeiro de 45% em relação ao extrato primitivo. No entanto, o mesmo foi revogado pelo decreto nº 9.902, de 8 de julho de 2019, que não estipula limites para o uso de adjuntos cervejeiro, apenas menciona que parte da cevada maltada ou do extrato de malte poderá ser substituída parcialmente por adjuntos cervejeiros.

Além de baratear o custo de produção e fornecer mais açúcares fermentáveis à produção de cerveja, a utilização de grãos de milho não maltados deixa a cerveja mais leve, com sabor mais suave e com uma maior estabilidade física, características muito desejável em países que possuem um clima muito quente, como é o caso do Brasil. Essa leveza na cerveja proveniente dos grãos de milho ocorre devido ao baixo teor proteico do milho degerminado (9%) em relação os grãos de cevada.

Nos Estados Unidos, um dos principais países produtores de cerveja do mundo, 46% dos adjuntos cervejeiros é proveniente do grão de milho. Dentre as formas de utilização dos grãos de milho durante as etapas de produção de cerveja, uma das principais é o xarope de maltose de milho, adicionado diretamente nos fermentadores. Quando o milho é utilizado em grãos, o mesmo é degerminado antes de ser adicionado **à** mistura de ingredientes na etapa de mosturação. Além da utilização do grão de milho não maltado, algumas receitas de cervejas artesanais utilizam grãos de milho maltados. Para melhor descrever a utilização dos grãos de milho ou derivados, todo o processo de fabricação de cerveja está descrito resumidamente na Figura 14.4.

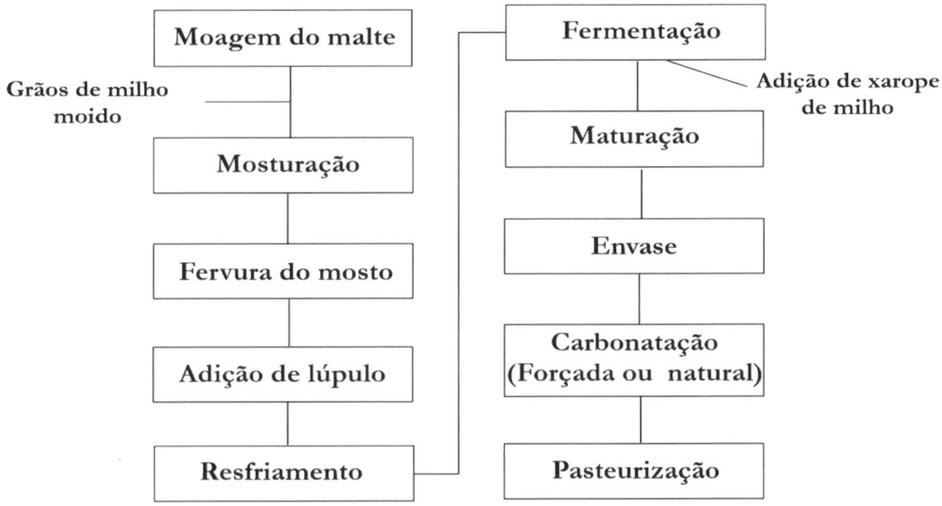

Figura 14.4 Etapas de produção de cerveja

Os processos de malteação dos grãos de cevada e de milho são semelhantes, sendo compostos por cinco etapas (Figura 14.5). Após a limpeza e seleção dos grãos, eles são submetidos ao processo de maceração, etapa que tem a função de quebrar a dormência dos grãos por meio da submersão em água por um período de 12 a 14 horas, em que ocorre o surgimento das radículas dos grãos.

A etapa seguinte é a germinação ou "pré-germinação", na qual os grãos com umidade de 44% a 48% são submetidos a temperatura de 18°C a 22°C por um determinado tempo, até o tamanho da radícula dos grãos atingem três quartos do tamanho total do grão (Figura 14.6). Nesta etapa ocorre a síntese das enzimas alfa e beta-amilase, que são essenciais na etapa de mosturação da cerveja. Outra função importante da pré-germinação dos grãos é a modificação da estrutura do amido, o qual se torna menos rígido, possibilitando uma melhor atividade das enzimas.

Figura 14.5 Etapas de malteação

Depois da etapa de pré-germinação, os grãos são submetidos à secagem, para que ocorra a diminuição da atividade enzimática e interrupção do processo de germinação. Por último, é realizada a etapa de crivagem, que consiste na remoção da radícula por abrasão.

Figura 14.6 Grãos de milho pré-germinados
Fonte: Neto *et al.* (2017).

Após a etapa de malteação, o malte deve passar pelo processo de moagem, o qual irá expor o amido para que o mesmo possa ser degradado mais facilmente pelas enzimas. O ideal é obter o menor tamanho passível das partículas dos grãos, porém com o mínimo de farinha e com o máximo das cascas inteiras. Evitar a obtenção de farinha na etapa de moagem dos grãos irá facilitar a filtragem da cerveja, onde a própria casca do grão será utilizada como material filtrante.

Quando os grãos de milho são utilizados na forma de grãos não maltados, eles são primeiramente degerminados, visto que apenas o endosperma, o qual possui altas concentrações de amido, é desejável para a produção de cerveja. O grão degerminado é moído da mesma forma que o malte.

Na etapa de mosturação, os grãos moídos são submersos em água na proporção de 2,5 a 3,0 litros de água para cada quilo de grão e submetidos a diferentes rampas de temperaturas, dependendo do estilo de cerveja que será produzida. A principal função dessa etapa é a degradação do amido presente no malte e nos grãos não maltados em açúcares fermentáveis. Por esse motivo, os grãos de milho são amplamente utilizados pelas indústrias cervejeiras, visto a sua alta concentração de amido e seu baixo custo.

Existem duas rampas principais de temperaturas: de 62°C a 65°C, onde a enzima beta-amilase irá degradar os grânulos de amido em açúcares de baixo peso molecular (maltose); e de 67°C a 72°C, onde a enzima alfa-amilase irá degradar os grânulos de amido em açúcares de diferentes pesos moleculares, sendo alguns não fermentáveis. A primeira rampa visa à obtenção de açúcares facilmente fermentáveis que geram uma cerveja com maior teor alcoólico, mais leve e menos doce, mas com pouco corpo, enquanto que a segunda visa obter uma cerveja com menor teor alcoólico, mais doce e encorpada.

O líquido (mosto) proveniente da etapa de mosturação é removido do caldeirão onde se encontra os grãos e é então submetido à fervura. Nessa etapa se adiciona o restante da água necessária para obter a quantidade de cerveja prevista na receita. Essa etapa é importante para a esterilização do mosto, além de ajudar a formar a cor da cerveja por meio das reações de caramelização e de Maillard. Os lúpulos de amargor são adicionados no início da fervura, pois necessitam de determinado tempo de fervura para transmitir o amargor ao mosto, enquanto o lúpulo de aroma é adicionado somente no final da fervura. Por fim, ocorre o resfriamento do mosto até a temperatura ideal de fermentação (8°C a 12°C para Lager e 18°C a 22°C para Ale).

O mosto resfriado é levado para os fermentadores, etapa em que se adiciona o xarope de maltose de milho, visto que o mesmo já está na forma de açúcares fermentáveis, não precisando passar pela etapa de mosturação. Nessa etapa as leveduras iram consumir os açúcares e produzir o álcool da cerveja. Após a fermentação, a cerveja é transferida para os barris de maturação, onde permanecem por determinado período em temperaturas baixas (0°C a 5°C) para que ocorra a sedimentação de todas as partículas presentes (resto de levedura, lúpulos e grãos), e principalmente "arredondar" os sabores e aromas da cerveja.

Após a maturação, a cerveja é ensavada e carbonatada. Em cervejarias de porte médio e grande é utilizada a carbonatação forçada, onde é inserido CO_2 nas garrafas. Por outro lado, cervejeiros artesanais adicionam uma pequena quantidade de açúcar nas garrafas junto com a cerveja durante o envase, para que a própria levedura consuma o açúcar e produza CO_2. Com a cerveja envasada e carbonatada, as mesmas são submersas em água com temperatura de 60°C, para que ocorra a degradação das leveduras e possíveis microrganismos presentes (pasteurização da cerveja), estando assim pronta para o consumo.

14.2.2 VODCA

A vodca é uma bebida incolor com um teor alcoólico entre 35% e 50%, sendo preparada a partir da fermentação e destilação de tubérculos, grãos, melaço, entre outras matérias-primas. Dentre os grãos utilizados na produção de vodca, destacam-se trigo, centeio, milho e cevada. A utilização de milho na produção da vodca propicia um perfil aromático amanteigado e de espiga de milho a bebida.

Nas etapas de produção da vodca, apresentadas na Figura 14.7, inicialmente ocorre a maltagem dos grãos, para que eles possuam uma grande quantidade de enzimas alfa e beta-amilase que irão degradar o amido. Quando utilizado batatas, elas são descascadas, picadas e cozidas a vapor, ocorrendo a gelatinização do amido. Após a cocção, ocorre o esmagamento das batatas, para obter uma maior área superficial para a ação das enzimas. Normalmente se adiciona enzimas além das presentes nos grãos, visto que para ocorrer a degradação de todo amido presente na mistura dos ingredientes é necessário um volume grande de alfa e beta-amilase.

Após a mistura dos ingredientes, eles são levados para o fermentador, onde é adicionada a levedura. O tempo de fermentação é variável, dependendo dos ingredientes bases utilizados, podendo levar de um dia a duas semanas, produzindo um líquido com teor alcoólico de 7% a 15%. O líquido proveniente da fermentação é destilado, o qual consiste em um processo simples, em que ocorre o aquecimento do líquido fermentado em temperatura ideal para a evaporação apenas do álcool (45 °Ca 80 °C), sendo esta diferente da temperatura ideal para a evaporação da água (95 °C a 100 °C). O processo de destilação pode ser repetido mais vezes, até se obter a pureza desejável.

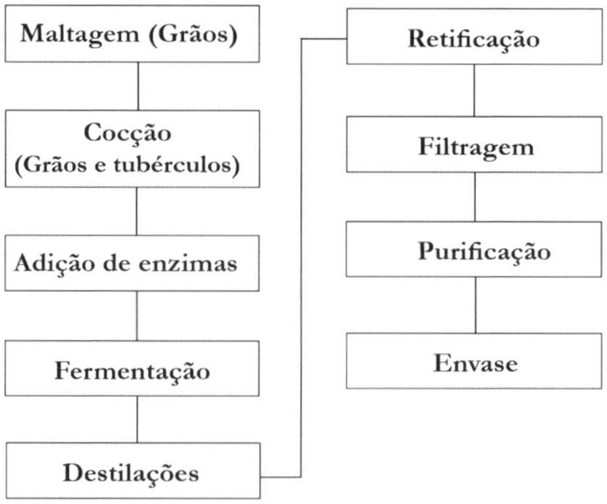

Figura 14.7 Etapas de produção da vodca

Depois da destilação, é realizada a etapa de retificação, filtragem e purificação, três etapas importante para a "limpeza" da vodca. Na etapa de retificação, ocorre a remoção de odores indesejáveis provenientes da fermentação por meio de colunas de purificação ou "retificação". Normalmente ocorrem três filtragens, uma em filtro de carvão e outra de filtro de filtragem fina (remoção de partículas finas), e por último em filtro de cartucho, a qual remove as impurezas que não ficaram retidas nos outros filtros. Após as etapas de filtragem e purificação, a bebida é envasada e destinada para o consumidor.

14.3 MILHO COMO BASE PARA BEBIDAS FERMENTADAS

14.3.1 BOURBON

O bourbon é um tipo de uísque norte-americano originário do condado de Bourbon, no estado de Kentucky. Sua produção iniciou no século XVII, e logo se espalhou para os diversos estados dos Estados Unidos, onde o processo de destilação era proibido. Para o processo de produção são utilizados diversos grãos, sendo que para ser produzido o autêntico bourbon, deve-se ter no mínimo 51% de grãos de milho, sendo normalmente utilizado em torno de 70%. Além dos grãos de milho, são utilizados grãos de trigo, centeio, malte de cevada, entre outros. A quantidade de cada grão depende muito da região e da destilaria encarregada pela produção, sendo denominado "*mash*" a mistura dos grãos. Outros requisitos obrigatórios para a produção do bourbon é a destilação de no máximo 80% de álcool em seu volume e ser armazenado em barris de carvalho. A comercialização do uísque tipo bourbon só pode ser realizada se o mesmo foi produzido nos Estados Unidos.

O processo de produção inicia com a moagem do *mash*, utilizando geralmente moinho de martelo. Os grãos moídos são misturados com água e aquecidos, permitindo que as enzimas alfa e beta-amilase presente nos grãos degradem o amido em açúcares fermentáveis. Nessa etapa é importante a utilização de malte de cevada como componente do *mash*, visto que possui uma grande quantidade dessas enzimas.

Após o processo de cocção do *mash*, essa mistura, composta pelo mosto (líquido açucarado proveniente da cocção) e os sólidos (grãos moídos) são levados para os tanques fermentadores. Nos tanques fermentadores se adiciona a levedura e outros ingredientes essenciais, como os resíduos da destilação anterior (*set-back*). A acidez deste resíduo é importante para o controle do crescimento das bactérias na fermentação, provendo a diminuição do pH. Após a fermentação, ocorre a destilação dessa mistura, que normalmente é realizada por duas destilações em destiladores de coluna metálica e de cobre (Figura 14.8) para a obtenção de um líquido com teor alcoólico elevado (63% a 70%). A próxima etapa, e considerada uma das características mais marcantes do autêntico bourbon, é o envelhecimento em barril de carvalho por pelo menos dois anos. Depois do envelhecimento o bourbon é filtrado e envasado.

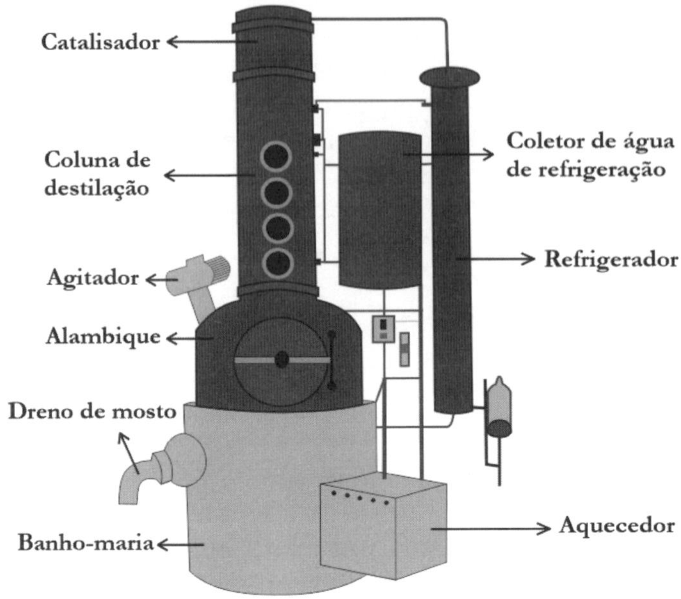

Figura 14.8 Destilador de coluna de cobre

14.3.2 CAUIM

Cauim é a primeira bebida fermentada brasileira documentada. Essa bebida antiga produzida pelos índios Guarani e Tupinambá foi citada na carta de Pero Vaz de Caminha enviada ao rei D. Manuel sobre a descoberta do Brasil. Essa bebida é produzida a partir da fermentação do milho ou da mandioca, podendo ser utilizados diversos outros vegetais no preparo. Culturalmente, todas as etapas de produção do cauim, demonstradas no fluxograma da Figura 14.9, são realizadas pelas mulheres indígenas.

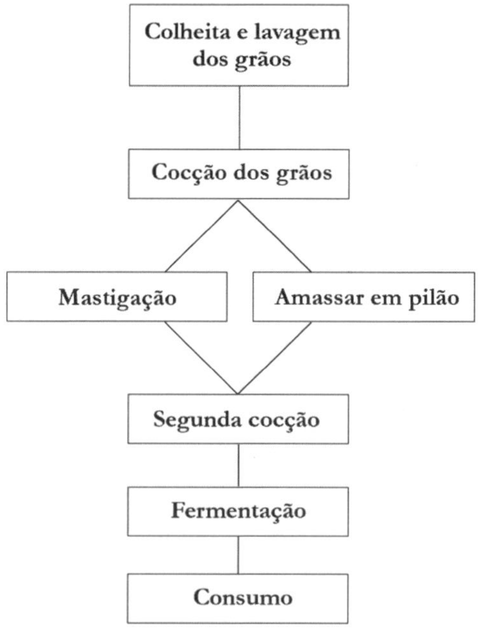

Figura 14.9 Etapas de produção do cauim

Inicialmente os grãos colhidos são lavados e submetidos à cocção em vasilhas de até 250 litros diretamente sobre o fogo. Essas vasilhas produzidas pelas mulheres indígenas são chamadas de *yapepó* pelos índios Guarani e *nhaempepo* pelos índios Tupinambá. Após a cocção, parte da matéria-prima era mastigada pelas mulheres e cuspida em outra vasilha e outra parte era amassada com as mãos ou em pilão. Com as duas partes juntas, ocorria uma nova cocção e posteriormente a fermentação, o período de fermentação varia muito em função das matérias-primas utilizadas, podendo durar de 2 a 10 dias.

As enzimas presente nas salivas das mulheres são responsáveis pela degradação do amido em açúcares fermentáveis, e a fermentação ocorre por leveduras espontâneas do ambiente. A característica principal dessa bebida é a leveza e o baixo teor alcoólico, semelhante ao encontrado na cerveja, podendo variar muito em relação à matéria-prima utilizada e o processo de fabricação.

O cauim ainda é produzido e consumido em festas e rituais indígenas, denominados de "cauinagem", onde as mulheres são responsáveis por todo o processo de fabricação e por servir a bebida. A bebida é colocada em potes de barro sobre as fogueiras, e quando a cauim atingia a temperatura e consistência adequada, aguarda-se a decantação dos resíduos da matéria-prima e o consumo é realizado morno.

14.3.3 CHICHA

A chicha, ou também chamada de chicha de jora (Figura 14.10), nome derivado da palavra "chichab", que na língua aborígene do Panamá significa "milho", é uma bebida fermentada produzida preferencialmente com grãos de milho maltados. Originária dos povos indígenas da Cordilheira dos Andes, desde a época do império inca, essa bebida ainda é produzida nos dias atuais, e consumida em diversos países da América Latina.

Figura 14.10 Chicha de jora
Fonte: La Hora (2019).

Além do milho, a chicha também é produzida a partir de quinoa, amendoim, mandioca, batata, entre outros alimentos. A chicha tradicional, produzida a partir de grãos de milhos maltados, pode ser produzida de diversas maneiras, com milho roxo ou amarelo e com adição de outros grãos ou frutas. As diferenças entre as receitas da chicha dependem da região onde é produzida.

Igual ao caium, a chicha também era preferencialmente produzida e servida pelas mulheres. O teor alcoólico da chicha varia entre 1% a 12%. Existem dois métodos de produção, um com o malte de milho e outro com o milho não maltado.

O método utilizando grãos de milho maltados (Figura 14.11) é mais complexo e demorado. Inicialmente os grãos de milho são submersos em água por um período de 12 a 18 horas, após os grãos são espalhados em camadas finas (5 a 7 cm) em um local escuro e úmido até ocorrer a geminação (cerca de três dias). Os grãos germinados são espalhados ao sol para secar por 2 a 5 dias, e são moídos.

O método com o milho não maltado é muito semelhante ao processo para produção do cauim, no qual geralmente os grãos de milho são moídos à mão, a farinha umedecida com água é enrolada em formato de bola e colocada na boca, onde é trabalhado com a língua, para que a saliva se misture na farinha. A farinha retirada da boca das mulheres é seca ao sol.

Independentemente do método utilizado, após os processos citados a cima a farinha (grão moído) passa por diversos processos de cocção com água. A cocção dos grãos em água ocorre em temperatura baixa, podendo levar dias, sendo constantemente agregado água após a sua evaporação. A próxima etapa é o peneiramento e remoção dos sólidos, na qual os resíduos são usados como ração para animais, e o líquido é filtrado várias vezes até a viscosidade desejada. Após a remoção dos sólidos ocorre a adição de especiarias, como açúcar, canela, laranja, entre outros. O líquido é transferido para outro frasco onde será fermentado. A fermentação é espontânea, visto as leveduras já estão nos frascos, pois esses não são lavados entre produções diferentes. A fermentação dura de 3 a 4 dias normalmente. Deve-se ter cuidado no armazenamento, após a fermentação a chicha pode azedar em menos de sete dias, sendo indicado o seu consumo após o término da fermentação.

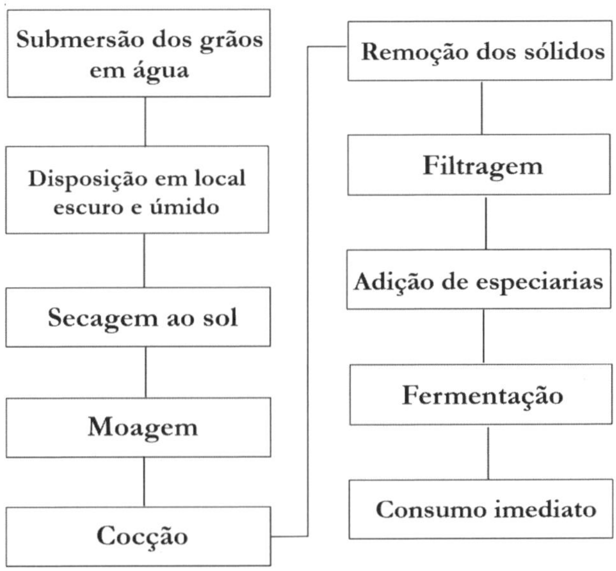

Figura 14.11 Etapas de produção da chicha

Essa iguaria possui uma variação sem álcool, chamada de chicha morada, um refresco tipicamente peruano, produzido a partir do milho roxo. Basicamente o processo é ferver o milho roxo com especiarias e frutas e depois adocica-lo.

14.3.4 ALUÁ

Aluá é uma bebida fermentada, de origem afro-indígena, produzida a partir da fermentação de grãos de milho, podendo ser preparada também a partir da casca do abacaxi. O aluá era muito produzido no Brasil Colônia, sendo popular em meados dos anos 1800 entre pobres e ricos. Essa bebida era apreciada em festas religiosas e demais ocasiões, consumida tanto por adultos como por crianças, por possuir um teor alcoólico geralmente baixo.

O processo de fabricação do aluá é bem simples e as etapas para produção podem variar de acordo com a região. Em determinadas regiões, os grãos de milhos são colocados em água por alguns dias, ocorrendo a fermentação. O líquido proveniente da fermentação é coado e se adiciona normalmente rapadura para adoçar. Em outras regiões o processo é mais complexo (Figura 14.13), em que inicialmente ocorre a germinação do milho e produção da farinha do milho germinado em pilão. A farinha é colocada de molho na água para que ocorra o processo de fermentação. Essa mistura é diluída em água, obtendo uma bebida agradável e refrescante.

Por ser uma bebida caseira, seu aroma, consistência, gosto e teor alcoólico podem variar dependendo dos ingredientes utilizados, do modo de preparo e da região onde é preparada.

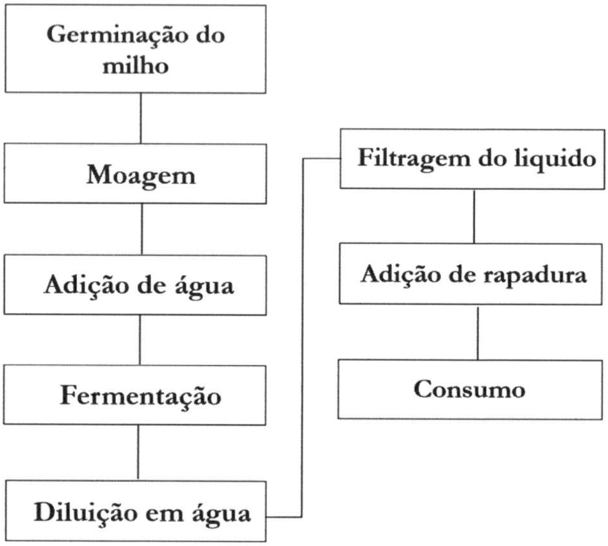

Figura 14.13 Etapas de produção do aluá

Ainda nos dias atuais o aluá é consumido. Em Minas Gerais, mais precisamente no povoado de Morro Vermelho, distrito de Caeté, seu consumo ocorre anualmente em festas e comemorações.

REFERÊNCIAS

ANCHIETA, J. *Cartas, informações, fragmentos históricos e sermões*. Rio de Janeiro: Civilização Brasileira, 1933. 567 p.

AQUARONE, E.; BORZANI, W.; SCHMIDELL, W.; LIMA, U. A. *Biotecnologia na produção de alimentos*. São Paulo: Blucher, 2001. (Série Biotecnologia Industrial, v. 4).

CUTLER, H. C.; MARTIN, C. Chicha: a native south american beer. *Botanical Museum Leaflets*, Harvard University, v. 13, n. 3, p. 33- 60, 1947.

DIFFORD, S. Como é feito o Bourbon?. *Difford's guide for discerning drinkers*. Disponível em: https://www.diffordsguide.com/pt-br/encyclopedia/166/bws/bourbon-how-is-bourbon-made. Acesso em: 23 jun. 2020.

DIFFORD, S. Como a vodka é feita?. *Difford's guide for discerning drinkers*. Disponível em: https://www.diffordsguide.com/pt-br/encyclopedia/116/bws/vodka-how-is-vodka-made. Acesso em: 23 jun. 2022.

GARDIMAN, G. G.; RODRIGUES, I. M. M.; CASCON, L. M.; ISNARDIS, A. VEREDA III e a preparação do cauim. *Arquivos do Museu de História Natural e Jardim Botânico*, v. 23, n. 2, 2014.

JENNINGS, J. La chichera y el patrón: chicha and the energetics of feasting in the prehistoric Andes. *Archeological Papers of the American Anthropological Association*, v. 14, n. 1, p. 241-259, 2008.

LA HORA. Chicha de jora: historia y tradición del "néctar de los incas". 30 abr. 2019. Disponível em: https://lahora.pe/vida-y-estilo/2019/04/30/chica-de-jora-historia-y-tradicion-del-nectar-de-los-incas-rv/. Acesso em: 23 jun. 2020.

MONTELEONE, J. Cauim, a bebida ritual dos índios. *Brasil de fato*. 2019. Disponível em: https://www.brasildefato.com.br/2019/09/06/cauim-a-bebida-ritual-dos-indios. Acesso em: 21 de jun. 2020.

NOELLI, F. S.; BROCHADO, J. P. O cauim e as beberagens dos guarani e tupinambá: equipamentos, técnicas de preparação e consumo. *Revista do Museu de Arqueologia e Etnologia*, São Paulo, v. 8, p. 117-128, 1998.

OLIVEIRA, A. F.; STORTO, L. J. *Tópicos em ciências e tecnologia de alimentos*: resultados de pesquisas acadêmicas. São Paulo: Blucher Open Access, 2017. v. 3, 418.

PAES, M. C. D. Aspectos físicos, químicos e tecnológicos do grão de milho. *75º Circular Técnico*, Embrapa, 2006.

PRIEST, F. G.; STEWART, G. G. *Handbook of brewing*. New York: Taylor & Francis Group, 2006. 829 p.

REINOLD, M. R. *Manual prático de cervejaria*. São Paulo: Aden Editora, 1997. 103 p.

SANTOS, I. J. *Cinética de fermentações e estudo de metabólitos e enzimas intracelulares envolvidas na fermentação alcoólica cervejeira conduzidas com leveduras de alta e baixa fermentação em diferentes composições de mosto*. 2005. 312 p. Tese (Doutorado em Ciência e Tecnologia de Alimentos) – Universidade Federal de Viçosa, Viçosa, MG, 2005. Disponível em: https://locus.ufv.br//handle/123456789/9138.

SLEIMAN, M.; VENTURINI FILHO, W.G.; DU-CATTI, C.; NOJIMOTO, T. Determinação do percentual de malte e adjuntos em cervejas comerciais brasileiras através de análise isotópica. *Ciência e Agrotecnologia*, v. 34, n. 1, p. 163-172, 2010.

CAPÍTULO 15
MILHO GERMINADO

Franciene Almeida Villanova
Cristiano Dietrich Ferriera
Maurício de Oliveira

RESUMO

Na última década, a crescente busca por alimentos mais saudáveis e o aumento da segmentação de mercado (vegano, vegetariano, produtos livres de glúten, entre outros) ocasionaram um acréscimo no consumo de grãos germinados, os quais se destacam por apresentar maiores teores de compostos bioativos e melhor qualidade nutricional. Do ponto de vista tecnológico, a germinação tem sido caracterizada como uma forma de processamento econômica e eficiente, capaz de promover a quebra de macromoléculas e melhorar a digestibilidade e valor o nutricional dos grãos. Durante o processo germinativo, moléculas simples como açúcares, aminoácidos e ácidos graxos são obtidos a partir da ativação de enzimas hidrolíticas, além da redução de substâncias antinutricionais e síntese de compostos de alta capacidade bioativa, como vitaminas, polifenóis e ácido γ-aminobutírico (GABA). Desta forma, por ser um cereal de baixa alergenicidade, não conter glúten e apresentar maior valor nutricional quando comparado ao milho não germinado, os grãos germinados podem ser aplicados na produção de bebidas fermentadas e produtos de panificação sem glúten, bem como para a fortificação natural de farinhas e produtos alimentícios, com destaque para os produtos extrusados à base de milho.

15.1 INTRODUÇÃO

A prática de germinar grãos e sementes para posterior aplicação em alimentos e bebidas teve seu início há milhares de anos atrás, apresentando os primeiros registros nas épocas em que o suprimento de água potável era escasso e, desse modo, os grãos germinados tornaram-se matéria-prima para o processo de produção de bebidas seguras via fermentação (FENG *et al.*, 2019).

Para a obtenção do milho germinado, os grãos passam pelo processo de germinação, o qual desencadeia uma série de reações metabólicas que resultam em alterações na estrutura e composição química dos grãos, bem como no teor de compostos bioativos (GONG *et al.*, 2018). Como vantagens, a germinação pode ocasionar redução no conteúdo de compostos antinutricionais dos grãos, como fitatos e açúcares causadores de flatulências, além de melhorar a digestibilidade proteica e amilácea (OMARY *et al.*, 2012; SOKRAB *et al.*, 2012). Além disso, por meio da germinação é possível aumentar o teor de compostos bioativos nos grãos de milho, como vitaminas e ácido gama-aminobutírico (GABA), assim como compostos antioxidantes e carotenoides (LUO *et al.*, 2020; PAUCAR-MENACHO *et al.*, 2017).

O uso de milho germinado tem se tornado popular nos últimos anos devido à sua ampla aplicação em produtos de panificação e bebidas fermentadas, com destaque para a produção de cervejas (WU; XU, 2019; FUMI *et al.*, 2011). Além disso, por ser um cereal de baixa alergenicidade, não conter glúten em sua composição e apresentar maior valor nutricional quando comparado ao milho não germinado, os grãos germinados podem ser utilizados como ingredientes em dietas livres de glúten e para a fortificação natural de farinhas e produtos alimentícios (OMARY *et al.*, 2012).

Nos próximos tópicos deste capítulo serão abordadas as alterações ocasionadas nos grãos de milho decorrentes do processo de germinação, bem como as possíveis formas de processamento e aplicações industriais para o milho germinado.

15.2 PROCESSO DE GERMINAÇÃO E CARACTERÍSTICAS DO MILHO GERMINADO

15.2.1 GERMINAÇÃO

Do ponto de vista tecnológico, a germinação tem sido caracterizada como uma forma de processamento econômica e eficiente, capaz de promover a quebra de macromoléculas e melhorar a digestibilidade e valor o nutricional dos grãos (OMARY *et al.*, 2012). Quanto à visão fisiológica, a germinação pode ser definida como o fenômeno mais importante no ciclo de vida das plantas, o qual compreende uma série de reações fisiológicas e bioquímicas que levam à retomada do crescimento do embrião e produção de uma nova planta (RIAZ *et al.*, 2019).

A germinação pode ser classificada em germinação a campo, maltagem e germinação controlada (MEREDITH; POMERANZ, 1985). Quando os grãos de milho ainda durante o cultivo germinam na espiga, denomina-se germinação a campo. Por sua vez, quando o processo é induzido pela embebição dos cereais secos em água sob condições controladas de tempo e temperatura, usam-se as terminologias de maltagem e germinação controlada, que se diferenciam basicamente com relação ao crescimento do embrião. Durante a maltagem, busca-se minimizar o crescimento embrionário de modo a evitar a perda de açúcares em função do processo respiratório (CHAVAN; KADAN, 1989).

Para que ocorra o processo de germinação, os grãos de milho (Figura 15.1) devem apresentar um teor de umidade apropriado e necessitam ser expostos às condições adequadas de temperatura, além da ausência de inibidores de germinação e disponibilidade de oxigênio. Nesse sentido, um teor mínimo de 30% de umidade é requerido, bem como presença de ar atmosférico e condições térmicas entre 10°C (temperatura mínima) e 40°C (temperatura máxima) para possibilitar a germinação dos grãos de milho (PESKE *et al.*, 2006).

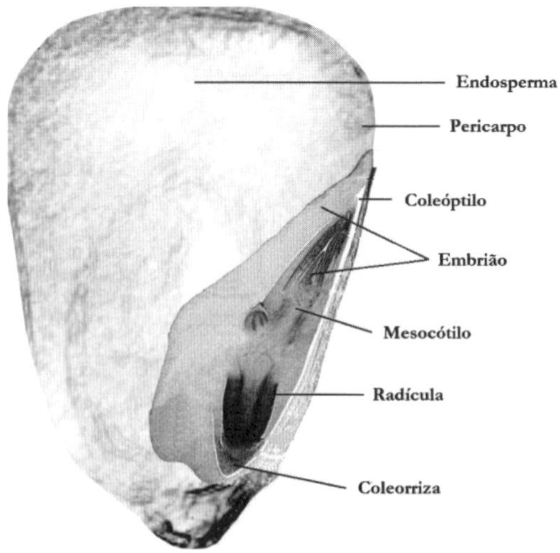

Figura 15.1 Seção longitudinal (principais componentes) do grão de milho não germinado
Fonte: Adaptado de Peske *et al.* (2006).

Primeiramente, os grãos secos devem ser embebidos em água para atingir o teor de umidade adequado e assim dar início ao processo de germinação, o qual se sucede por meio do crescimento do embrião e da expansão do endosperma, encerrando-se com a emissão da radícula (Figura 16.2). Por meio da embebição ocorre a penetração da água pelos poros dos grãos e seu consequente armazenamento por meio de interações que se dão prevalentemente com proteínas e fibras, ocasionando o rompimento do pericarpo na região do embrião ou gérmen (Figura 16.2) (TUAN *et al.*, 2019; MEI; SONG, 2008).

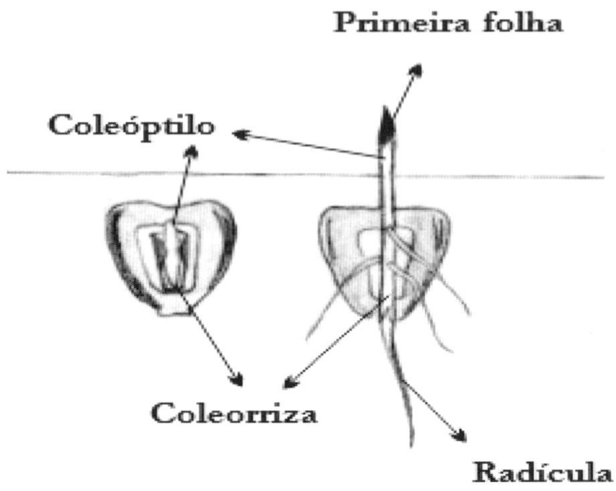

Figura 15.2 Germinação e emergência de semente de milho
Fonte: Adaptado de Peske *et al.* (2006).

Na fase inicial da germinação, a água é o fator limitante para manter a multiplicação e a expansão do embrião. Neste período a demanda por oxigênio é baixa, pois a glicose presente nos grãos é degradada de modo quase totalmente anaeróbico (PESKE *et al.*, 2006). Após a absorção de água, a respiração celular é retomada rapidamente e alguns fito hormônios envolvidos na regulação da indução, manutenção e quebra de dormência, como o ácido giberélico e o ácido abscísico, começam a atuar como sinalizadores para sintetize e/ou ativação enzimas hidrolíticas (TUAN *et al.*, 2019).

Na sequência, enzimas como amilases, proteases e lipases são liberadas para realizar a hidrólise de constituíntes de reserva como amido, polissacarídeos não amiláceos, proteínas e lipídeos, resultando assim na obtenção de compostos menores como açúcares simples, aminoácidos, peptídeos e ácidos orgânicos (GAN *et al.*, 2017).

Posteriormente, os compostos gerados a partir das reações de hidrólise servirão como substratos para a respiração aeróbica, por meio da qual serão gerados ATP e NADPH. Esses produtos da respiração serão, em etapas seguintes, utilizados para síntese de DNA, RNA, proteínas e outros componentes fundamentais para a produção de novas células e tecidos, objetivando a formação de uma nova plântula. Neste contexto, os aminoácidos obtidos pela hidrólise das proteínas de reserva servirão para compor novas proteínas (PESKE *et al.*, 2006).

Além das alterações promovidas nas macromoléculas, as reações que se sucedem durante a germinação resultam em modificações estruturais e na síntese de compostos menores com alta capacidade bioativa, como vitaminas, polifenóis e ácido γ-aminobutírico (GABA), propiciando também aumento nas concentrações de compostos antioxidantes e carotenoides (GAN *et al.*, 2017; LUO *et al.*, 2019).

Dentre os compostos bioativos presentes em grãos germinados, o GABA tem estado em destaque por apresentar relevantes benefícios à saúde humana (DING *et al.*, 2019). Esse composto caracteriza-se como um neurotransmissor inibitório que atua diretamente sobre as sinapses, regulando o equilíbrio inibitório-excitatório do sistema nervoso central e células glandulares, capaz de atuar na regulação da pressão arterial e da frequência cardíaca, além de auxiliar no alívio da dor e da ansiedade, bem como no controle do estresse e prevenção da diabetes (DIEZ-GUTIÉRREZ *et al.*, 2020; DONKOR *et al.*, 2012).

Em relação aos fitoquímicos, os carotenoides, que naturalmente são encontrados em grãos de milho não germinado, apresentam-se em maior acúmulo após o processo de germinação. Neste sentido, a germinação controlada tem sido também aplicada para elevar os teores de carotenóides como a luteína e a zeaxantina, os quais apresentam ação anticancerígena e capacidade de prevenir doenças cardiovasculares e catarata (HE *et al.*, 2019).

De modo geral, o processo germinativo permite a obtenção de grãos diferenciados que podem ser caracterizados como alimento funcional.

15.2.2 CARACTERÍSTICAS DO MILHO GERMINADO

Como consequência das reações bioquímicas desencadeadas durante a germinação, o milho germinado apresenta maior digestibilidade amilácea e proteica devido ao rompimento das interações entre amido e proteína, facilitando assim a sua digestão. Além disso, a formação de novos tecidos com altos teores de proteínas, fibras e compostos bioativos confere uma melhoraria considerável do valor nutricional dos grãos (GONG *et al.*, 2018).

De acordo com as condições utilizadas no processo de germinação (tempo e temperatura), é possível obter grãos com diferentes características e propriedades. Hiran *et al.* (2016) investigaram as diferenças entre a composição química de grãos de milho não germinados e germinados por 24 horas a 25°C. Nessas condições, os autores observaram que os grãos germinados apresentaram maior teor de proteína bruta e uma leve redução para os demais constituintes como lipídeos, minerais, fibras e carboidratos (Tabela 15.1).

Tabela 15.1 Composição química (%) de grãos de milho não germinados e germinados por 24 horas a 25 ºC

Tratamentos	Amido	Proteína	Lipídeos	Minerais	Fibras
Milho não germinado*	80,3±0,1	12,1±0,2	4,2±0,4	1,4±0,1	2,1±0,1
Milho germinado*	77,7±0,1	15,7±0,6	3,6±1,0	1,0±0,0	1,9±0,0

* Valores expressos em base seca. Os resultados são a média de três repetições ± desvio padrão.

Fonte: Adaptado de Hiran *et al.* (2016).

Estudos prévios demonstram que é possível aumentar significativamente a concentração de compostos como proteína bruta (aumento de 5% em grãos germinados por 72 horas a 30 °C), aminoácidos essenciais como lisina, metionina, fenilalanina e triptofano (grãos germinados por 72 horas a 25°C) e vitaminas como niacina e riboflavina (grãos germinados por 18 horas a 30°C) em milho por meio do processo de germinação (GONG *et al.*, 2018; LAY; FIELDS, 1981; MOUEIUM *et al.*, 1996). Quanto às características do amido, Ma *et al.* (2020) observaram reduções significativas em até 52,5%, 46,5% e 54,2% nos teores de amido total, amilose e amilopectina, respectivamente, em grãos germinados a 25°C por até cinco dias (Tabela 15.2). Além disso, a germinação implicou a redução da cristalinidade relativa (Tabela 15.2) e o aumento da fração de amido rapidamente digerível, reduzindo consequentemente os percentuais de amido lentamente digerível e amido resistente.

Tabela 15.2 Alterações nos teores (g/100g) de amido total, amilose e amilopectina e na cristalinidade relativa (%) durante a germinação de milho (0-5 dias)

Germinação (dias)	Amido total	Amilose	Amilopectina	Cristalinidade relativa
0	69,2±0,2a	15,5±0,1a	53,7±0,2a	23,5±0,1a
1	64,8±0.2b	14,4±0,5b	50,4±0,7b	21,9±0,2b
2	57,3±0,1c	12,5±0,5c	44,8±0,5c	21,4±0,2b
3	47,4±0,2d	9,9±0,5d	37,5±0,6d	21,1±0,1c
4	41,9±0,2e	8,5±0,4e	33,3±0,5e	20,5±0,0d
5	36,3±0,1f	7,2±0,4f	21,1±0,4f	15,2±0,1e

Média ± desvio padrão seguido por letras minúsculas diferentes na mesma coluna diferem entre si ($p < 0,05$).

Fonte: Adaptado de Ma *et al.* (2020).

Ao avaliarem os teores de amido total, sacarose e açúcares redutores em milho germinado a 28°C por até cinco dias, Tsai *et al.* (1975) observaram um comportamento oposto entre o conteúdo de amido e os percentuais de açucares nos grãos com o aumento do tempo de germinação (Tabela 15.3).

Tabela 15.3 Efeitos da germinação a 28 ºC sobre o teor de amido e de açúcares em milho

Germinação (dias)	Amido (%)	Sacarose (%)	Açúcares redutores (%)
0	61,0	1,87	0,14
1	60,9	1,00	0,35
2	58,1	1,42	1,95
3	51,7	2,65	4,20
4	41,0	4,50	7,25

Germinação (dias)	Amido (%)	Sacarose (%)	Açúcares redutores (%)
5	30,0	5,10	9,00

Fonte: Adaptado de Tsai *et al.* (1975).

No que se refere à presença de fatores antinutricionais em grãos de milho, como fitatos e polifenóis podem ser considerados, em alguns casos, substâncias antinutricionais devido à sua capacidade de complexar com constituintes alimentares, como os minerais, tornando-os assim indisponíveis para absorção pelo organismo humano. Neste sentido, Sokrab *et al.* (2012) ao estudarem os efeitos da germinação em variedades de milho de auto e baixo fitato sobre o conteúdo de ácido fítico e polifenóis, observaram reduções em até 84% no conteúdo de ácido fítico e incrementos nos teores de polifenóis em virtude das reações bioquímicas do processo germinativo (Tabela 15.4).

De acordo com Sokrab *et al.* (2012), o aumento da atividade de enzimas como a fitase durante a germinação possibilita a quebra de moléculas de ácido fítico e consequente redução desse composto nos grãos. Além disso, durante a etapa de embebição pode haver a solubilização em água de taninos condensados e migração dos polifenóis para as camadas mais externas do grão, promovendo assim o aumento da concentração destes.

Tabela 15.4 Efeitos da germinação sobre o teor de compostos antinutricionais (mg/100g) em genótipos de milho de alto e baixo fitato

Germinação (dias)	Milho de alto fitato		Milho de baixo fitato	
	Ácido fítico	Polifenóis	Ácido fítico	Polifenóis
0	1047,00	460,50	87,16	363,70
2	380,60	479,60	24,86	387,80
4	310,60	578,70	14,03	686,40
6	189,20	612,50	14,10	866,60

Fonte: Adaptado de Sokrab *et al.* (2012).

Dentre os diferentes tipos de milho, os grãos com pericarpo roxo destacam-se por serem ricos em compostos antioxidantes, especialmente em antocianinas. Ao estudar os efeitos de diferentes tempos (12, 21, 42, 63 e 72 horas) e temperaturas de germinação (12 ºC, 14 ºC, 20 ºC, 26 ºC e 28 ºC) sobre compostos antioxidantes e o teor de GABA em grãos de pericarpo roxo. Paucar-Menacho *et al.* (2017) observaram que a germinação por 63 horas a 26ºC permitiu o aumento máximo de 3,5 vezes no conteúdo de GABA em comparação aos grãos não germinados. Entretanto, essa mesma condição resultou em redução de aproximadamente 15% na atividade antioxidante do milho roxo, o que pode ser advindo da lixiviação de compostos antioxidantes solúveis durante a etapa de embebição.

Visto que o processo de germinação proporciona alterações desejadas nas propriedades químicas e funcionais dos grãos, a aplicação de grãos germinados em produtos alimentícios têm se elevado nos últimos anos (FENG *et al.*, 2019). Neste contexto, em virtude da melhor qualidade nutricional, o milho germinado pode ser usado como um novo ingrediente para aplicação em diversos produtos alimentícios, podendo também ser utilizado em seguimentos não alimentares.

15.3 PROCESSAMENTO INDUSTRIAL E APLICAÇÕES DO MILHO GERMINADO

As operações de processamento possibilitam o armazenamento adequado dos grãos germinados, além de permitir a obtenção de produtos como farinha, grãos triturados e grãos integrais, os quais podem ser utilizados como ingredientes alimentícios ou para o consumo direto (FENG *et al.*, 2019).

Devido ao alto teor de água (35%-60%), o uso dos grãos germinados como alimento fresco é limitado em função do curto prazo de validade desses produtos. Desta forma, para serem aplicados industrialmente, esses grãos além de sofrerem o processo de secagem podem ser submetidos a formas adicionais de processamento como extrusão, fermentação e tratamento com alta pressão hidrostática (DZIKI; GAWLIK-DZIKI, 2019).

Por ser uma operação de baixo custo e fácil execução, a secagem com ar aquecido é o método mais utilizado para reduzir a umidade dos grãos germinados a níveis seguros (12% a 14%) para o armazenamento e/ou industrialização. No entanto, fatores como temperatura do ar e o tempo de exposição devem ser ajustados conforme o teor de umidade do material e a finalidade do produto, visando à manutenção da qualidade dos grãos. Além disso, a operação de secagem finaliza os processos biofísicos e bioquímicos iniciados na germinação e contribui para a melhoria do sabor e do aroma dos produtos germinados (DING; FENG, 2019).

Após a secagem, os grãos germinados são normalmente submetidos ao processo de moagem para posterior aplicação como ingrediente em produtos alimentícios, ainda que possam também ser destinados à venda na forma íntegra (DZIKI; GAWLIK-DZIKI, 2019). A moagem é uma das operações mais importantes no processamento do milho germinado, pois a redução das partículas e o tamanho final das mesmas adéquam e definem sua aplicação industrial (conforme visto previamente nos Capítulos 7 e 8 sobre moagem e obtenção de farinhas). Nesta operação o uso de moinhos de rolos é mais frequente, embora moinhos de martelo também possam ser utilizados (ELKHALIFA; BERNHARDT, 2013).

Quanto à industrialização dos grãos germinados, diferentes formas de processamento podem ser aplicadas objetivando a melhoria de características como textura, palatabilidade e valor nutritivo do alimento, promovendo fenômenos como gelatinização do amido e desnaturação proteica, além de reduzir o conteúdo de compostos antinutricionais e aumentar da disponibilidade de nutrientes (DZIKI; GAWLIK-DZIKI, 2019).

Por ser versátil e permitir a obtenção de uma ampla gama de produtos, o processamento por extrusão que consiste na cocção, mistura e formação de alimentos expandidos, é comumente utilizado na fabricação de produtos alimentícios à base de milho (conforme relatado no Capítulo 11) como salgadinhos, alimentos infantis, cereais matinais e massas, os quais apresentam boa aceitabilidade de mercado e são amplamente consumidos ao redor do mundo (JOZINOVIĆ *et al.*, 2016).

Além da versatilidade, a extrusão de farinhas germinadas permite melhorar a digestibilidade proteica e amilácea, além de aumentar a solubilidade das fibras e inativar enzimas indesejáveis que possam inibir a digestão proteica. Neste sentido, o uso do milho germinado como ingrediente básico tornou-se uma forma viável para enriquecer os alimentos extrusados, melhorando assim o valor nutricional dos produtos já estabelecidos no mercado, sem alterar os hábitos alimentares dos consumidores (GONG *et al.*, 2018).

Caracterizado como uma matéria-prima rica em açúcares simples que facilitam a ação de micro-organismos fermentativos, o milho germinado tem sido também processado via fermentação visando principalmente à obtenção de bebidas funcionais, cervejas e pães sem glúten (*gluten-free*) (CHAVAN *et al.*, 2018; WU; XU, 2019). O processo de fermentação dos cereais germinados envolve a atividade de enzimas endógenas e de micro-organismos como bactérias, leveduras e bolores, que podem atuar de forma individual ou combinada, de modo a promover alterações desejadas no alimento e modificar significativamente o seu sabor e textura (HIRAN *et al.*, 2016).

Ao submeter grãos de milho germinados ao processo fermentativo por 12, 24, 48 e 72 horas, Hiran *et al.* (2016) observaram aumentos nos teores de proteína bruta, vitamina B1 e compostos fenólicos totais, independente do tempo de fermentação, destacando assim os efeitos benéficos dos processos de germinação e fermentação combinados sobre os nutrientes e compostos bioativos do alimento.

Além dos processos de extrusão e fermentação comumente aplicados aos grãos germinados para a obtenção de diferentes produtos, a tecnologia de alta pressão hidrostática (entre 10 e 1000 MPa) tem estado em evidência no processamento de alimentos como uma alternativa ao tratamento térmico normalmente aplicado pelas indústrias, servindo também para extração de compostos bioativos e melhoria das características funcionais dos alimentos (KIM *et al.*, 2015).

Quando efetuado em grãos germinados, a alta pressão hidrostática pode elevar os teores de GABA, ácidos fenólicos e vitaminas do complexo B e E. Além disso, conforme a pressão aplicada no processo pode haver a inibição (pressões > 100 MPa) ou estimulação (pressões < 100 MPa) da atividade enzimática (KIM *et al.*, 2015; XIA; LI, 2018). Assim, a tecnologia de alta pressão hidrostática é capaz de induzir reações metabólicas e alterações estruturais que podem resultar em melhorias na funcionalidade e qualidade dos grãos germinados (XIA *et al.*, 2018).

De modo geral, o beneficiamento do milho germinado se assemelha aos grãos não germinados em relação à secagem e métodos de processamento (extrusão e fermentação), no entanto é importante considerar as alterações que ocorrem durante a germinação a fim de aplicar adequadamente as técnicas de processamento.

Além disso, por apresentar maior teor de compostos bioativos, o milho germinado deve ser processado sob condições mais brandas de temperatura de modo a manter a alta qualidade nutricional desses grãos.

15.4 CONSIDERAÇÕES FINAIS

A germinação e a maltagem podem ser usadas como ferramentas para melhorar o valor nutricional e sensorial dos grãos de milho por meio de processos biológicos complexos que envolvem inúmeras reações bioquímicas e fisiológicas, levando a mudanças significativas na composição de nutrientes e nas propriedades físico-químicas dos grãos, como o aumento de compostos antioxidantes e a redução de fatores antinutricionais. No entanto, é importante adaptar as condições do processo de germinação de acordo com a aplicação e características desejadas para produto o final. Quanto as aplicações e consumo, os grãos de milho germinado podem ser consumidos frescos, cozidos ou usados como ingrediente na fabricação de produtos de panificação, massas, salgadinhos extrusados, barras de cereais, cereais matinais, bebidas não alcoólicas (fermentadas), bebidas alcoólicas (cervejas) e outros produtos alimentícios de valor agregado. De forma geral, os grãos germinados podem ser considerados alimentos funcionais promissores para auxiliar na prevenção de doenças crônicas, além de apresentarem um sabor e aroma únicos. No entanto, estudos adicionais fazem-se necessários para avaliar: (1) a otimização do processo de germinação em função do genótipo, visando modular/aumentar os conteúdos fitoquímicos; (2) as tecnologias de processamento pós-colheita para reduzir os riscos microbiológicos e otimizar o perfil nutracêutico dos grãos germinados; e (3) o uso destes grãos no desenvolvimento de novos produtos/segmentos de mercado.

REFERÊNCIAS

CHAVAN, Mayuri *et al.* Development of non-dairy fermented probiotic drink based on germinated and ungerminated cereals and legume. *LWT*, v. 91, p. 339-344, 2018.

CHAVAN, J. K.; KADAM, S. S. Nutritional improvement of cereals by sprouting. *Critical Reviews in Food Science and Technology*, v. 28, n. 5, p. 401-437, 1989.

DIEZ-GUTIÉRREZ, Lucía *et al.* Gamma-aminobutyric acid and probiotics: Multiple health benefits and their future in the global functional food and nutraceuticals market. *Journal of Functional Foods*, v. 64, p. 103669, 2020.

DING, Junzhou *et al.* Enhancement of γ-aminobutyric acid, avenanthramides, and other health-promoting metabolites in germinating oats (*Avena sativa* L.) treated with and without power ultrasound. *Food Chemistry*, v. 283, p. 239-247, 2019.

DING, Junzhou; FENG, Hao. Controlled germination for enhancing the nutritional value of sprouted grains. *In: Sprouted grains.* AACC International Press, 2019. p. 91-112.

DONKOR, O. N. *et al.* Germinated grains–Sources of bioactive compounds. *Food Chemistry*, v. 135, n. 3, p. 950-959, 2012.

DZIKI, Dariusz; GAWLIK-DZIKI, Urszula. Processing of germinated grains. *In*: *Sprouted grains*. AACC International Press, 2019. p. 69-90.

ELKHALIFA, Abd Elmoneim O.; BERNHARDT, Rita. Some physicochemical properties of flour from germinated sorghum grain. *Journal of Food Science and Technology*, v. 50, n. 1, p. 186-190, 2013.

FENG, Hao; NEMZER, Boris; DEVRIES, Jonathan W. (Ed.). *Sprouted grains*: nutritional value, production, and applications. Elsevier, 2018.

FENG, Lei *et al.* Hyperspectral imaging for seed quality and safety inspection: A review. *Plant methods*, v. 15, n. 1, p. 1-25, 2019.

FUMI, Maria Daria *et al.* Effect of full-scale brewing process on polyphenols in Italian all-malt and maize adjunct lager beers. *Journal of Food Composition and Analysis*, v. 24, n. 4-5, p. 568-573, 2011.

GAN, Ren-You *et al.* Bioactive compounds and bioactivities of germinated edible seeds and sprouts: an updated review. *Trends in Food Science & Technology*, v. 59, p. 1-14, 2017.

GONG, Kuijie *et al.* Effects of germination combined with extrusion on the nutritional composition, functional properties and polyphenol profile and related in vitro hypoglycemic effect of whole grain corn. *Journal of Cereal Science*, v. 83, p. 1-8, 2018.

HE, Weiwei *et al.* Effect of UV-B radiation and a supplement of CaCl2 on carotenoid biosynthesis in germinated corn kernels. *Food Chemistry*, v. 278, p. 509-514, 2019.

HIRAN, Pasjanant; KERDCHOECHUEN, Orapin; LAOHAKUNJIT, Natta. Combined effects of fermentation and germination on nutritional compositions, functional properties and volatiles of maize seeds. *Journal of Cereal Science*, v. 71, p. 207-216, 2016.

JOZINOVIĆ, Antun *et al.* Influence of spelt flour addition on properties of extruded products based on corn grits. *Journal of Food Engineering*, v. 172, p. 31-37, 2016.

KIM, Min Young *et al.* Effects of high hydrostatic pressure treatment on the enhancement of functional components of germinated rough rice (*Oryza sativa* L.). *Food Chemistry*, v. 166, p. 86-92, 2015.

LAY, Maggie May-Gi; FIELDS, M. L. Nutritive value of germinated corn and corn fermented after germination. *Journal of Food Science*, v. 46, n. 4, p. 1069-1073, 1981.

LUO, Chuanhong *et al.* Natural medicines for the treatment of fatigue: Bioactive components, pharmacology, and mechanisms. *Pharmacological Research*, v. 148, p. 104409, 2019.

LUO, Hao *et al.* Effect of methyl jasmonate on carotenoids biosynthesis in germinated maize kernels. *Food Chemistry*, v. 307, p. 125525, 2020.

MA, Xianhong *et al.* Changes in starch structures and in vitro digestion characteristics during maize (*Zea mays* L.) germination. *Food Science & Nutrition*, v. 8, n. 3, p. 1700-1708, 2020.

MEI, Yu-qin; SONG, Song-Quan. Early morphological and physiological events occurring during germination of maize seeds. *Agricultural Sciences in China*, v. 7, n. 8, p. 950-957, 2008.

MEREDITH, P.; POMERANZ, Y. Sprouted grain. *In*: POMERANZ, Y. (Ed.). *Advances in cereal science and technology*. Saint Paul: A.A.C.C, 1985. p. 239-240.

MOUEIUM, Ziad S. Abdel; EL TINAY, Abdullahi H.; ABDALLA, Abdel Wahab H. Effect of germination on protein fractions of corn cultivars. *Food Chemistry*, v. 57, n. 3, p. 381-384, 1996.

OMARY, María Botero *et al.* Effects of germination on the nutritional profile of gluten-free cereals and pseudocereals: a review. *Cereal Chemistry*, v. 89, n. 1, p. 1-14, 2012.

PAUCAR-MENACHO, Luz María *et al.* Optimization of germination time and temperature to maximize the content of bioactive compounds and the antioxidant activity of purple corn (*Zea mays* L.) by response surface methodology. *LWT-Food Science and Technology*, v. 76, p. 236-244, 2017.

PESKE, S.T.; LUCCA FILHO, O.A.; BARROS, A.C.S.A. *Sementes*: fundamentos científicos e tecnológicos. 2. ed. Pelotas: Ed. Universitária/UFPel, 2006, 470p.

PESKE, Silmar Teichert; VILLELA, F. A.; MENEGHELLO, G. E. *Sementes*: fundamentos científicos e tecnológicos. 3. ed. Pelotas: Ed. Universitária/UFPel, 2012.

POMERANZ, Yeshajahu. *Advances in cereal science and technology*. American Association of Cereal Chemists, 1980.

RIAZ, Muhammad *et al.* A comprehensive review on rice responses and tolerance to salt stress. *Advances in Rice Research for Abiotic Stress Tolerance*, p. 133-158, 2019.

SOKRAB, Awad M.; AHMED, Isam A. Mohamed; BABIKER, Elfadil E. Effect of germination on antinutritional factors, total, and extractable minerals of high and low phytate corn (*Zea mays* L.) genotypes. *Journal of the Saudi Society of Agricultural Sciences*, v. 11, n. 2, p. 123-128, 2012.

TSAI, Chia-Yin; DALBY, A.; JONES, R. A. Lysine and tryptophan increases during germination of maize seed. *Cereal Chemistry*, 1975.

TUAN, Pham Anh *et al.* Molecular mechanisms of seed germination. *In*: *Sprouted grains*. AACC International Press, 2019. p. 1-24.

WU, Fengfeng; XU, Xueming. Sprouted grains-based fermented products. *In*: *Sprouted grains*. AACC International Press, 2019. p. 143-173.

CAPÍTULO 16
ETANOL

Ricardo Scherer Pohndorf
Marina Peter Schwab
Newiton da Silva Timm

RESUMO

O etanol combustível (álcool) produzido a partir de cana-de-açúcar e milho é o biocombustível mais importante mundialmente. O etanol pode ser produzido a partir dos grãos de milho, por meio da separação do amido proveniente do grão e a partir de biorresíduos do milho, como a palha. A tecnologia empregada na produção de etanol vai desde uma conversão simples de açúcares por fermentação até a conversão de biomassa lignocelulósica em etanol. Na preparação da matéria-prima podem ser utilizados três tipos de pré-tratamento: físico, químico e biológico. A utilização de grãos milho como matéria-prima torna o processo oneroso, por isso é importante a obtenção de máxima hidrólise de amido para potencializar a produção de etanol. Em escala industrial, o milho é a principal matéria-prima para produção de etanol no mundo. Existem avanços que ainda devem ser feitos na produção de etanol, entre os mais importantes encontram-se a criação de híbridos de milho altamente fermentáveis, na conversão de fibras da biomassa e desenvolvimento de novos coprodutos de etanol com alto valor agregado.

16.1 INTRODUÇÃO

A mitigação das mudanças climáticas aliada à geração de energia limpa, sem competir com a produção de alimentos, é um dos principais desafios que o mundo enfrenta atualmente. Para alcançar estes objetivos, pesquisas vêm sendo realizadas na elaboração de produtos mais sustentáveis ambientalmente e na geração de energia a partir de fontes renováveis, como os biocombustíveis. O etanol, combustível (álcool) produzido a partir de cana-de-açúcar e do milho, é o biocombustível mais importante mundialmente, seguido pelo biodiesel de canola e soja.

A matriz energética mundial e brasileira é dependente do uso dos combustíveis fósseis. Segundo a Agência Nacional do Petróleo, Gás Natural e Biocombustíveis (ANP), por meio do refino do petróleo e processamento do gás natural se obtém, por exemplo, o GLP (gás de cozinha), a gasolina e o diesel. Entretanto, relevante parcela do aquecimento global observado especialmente nos últimos sessenta anos, se deve ao aumento nas concentrações de gases que causam o efeito estufa, originados pela queima de combustíveis fósseis, como o carvão e derivados de petróleo. Neste sentido, a ANP estabeleceu metas de redução de emissão de gases causadores do efeito estufa, conforme estabelecido no artigo 4º da Resolução ANP nº 791, de 12 de junho de 2019.

O processo de produção de etanol depende da matéria-prima utilizada, podendo ser feito a partir de culturas agrícolas açucareiras, amiláceas e biomassa lignocelulósica. A tecnologia empregada vai desde uma conversão simples de açúcares por fermentação até a conversão de biomassa lignocelulósica em etanol por múltiplos estágios. A grande diversidade de alternativas tecnológicas requer a análise do processo global junto com dimensionamento de cada uma das operações envolvidas (SÁNCHEZ; CARDONA, 2008).

O Brasil e os Estados Unidos são os líderes mundiais na produção de etanol (HETTINGA *et al.*, 2009), considerado um ótimo biocombustível por ser biodegradável e renovável, e por ser produzido a partir de distintas biomassas (OMIDO *et al.*, 2015).

Apesar de no Brasil a cana-de-açúcar ser responsável pela maior produção de etanol, o milho é uma matéria-prima potencial, sendo a segunda maior cultura agrícola do Brasil, com produção de mais de 100 milhões de toneladas na safra 2018/2019, ficando atrás apenas da soja (CONAB, 2020). A indústria de etanol de milho é consolidada nos Estados Unidos da América, que destinam quase 40% da produção do grão para elaboração do biocombustível, que é adicionado à gasolina. Porém, assim como ocorre com o etanol da cana-de-açúcar no Brasil, a competitividade do etanol combustível depende do preço do petróleo.

Neste capítulo serão abordados aspectos científicos, tecnológicos e ambientais da produção de etanol de milho.

16.2 PRÉ-TRATAMENTO DA MATÉRIA-PRIMA

O milho é amplamente produzido mundialmente e pela sua composição química (Capítulo 1) se caracteriza como uma boa matéria-prima para produção de etanol. O etanol também pode ser produzido a partir de biorresíduos de milho, como a palha de milho.

A primeira operação da produção de etanol a partir de palha de milho é o pré-tratamento da matéria-prima. Essa etapa é realizada para desenrolar a biomassa lignocelulósica (celulose, hemicelulose e lignina) na qual a celulose está aderida, e dessa forma, facilitar a hidrólise enzimática da mesma (GEDDES *et al.*, 2010; TONG *et al.*, 2012).

O processo de pré-tratamento tem por objetivos a formação de açúcares direto ou subsequente por hidrólise, evitar a degradação dos açúcares formados, limitar a formação de produtos inibidores, reduzir a demanda de energia e com isso minimizar os custos de produção (GUPTA; VERMA, 2015).

Existem três tipos de pré-tratamentos, sendo eles o tratamento físico, o químico e o biológico. Os mais utilizados são os pré-tratamentos físicos de moagem seca (67%), moagem úmida, moagem vibratória e moagem por compressão (GUPTA; VERMA, 2015).

O processo físico consiste em diminuir o tamanho das partículas, aumentando a superfície de contato que sofrerá o ataque enzimático (KUMAR *et al.*, 2008). Dentro desse processo se encontram também a explosão de vapor, alta energia de radiação e fragmentação mecânica (ZHENG *et al.*, 2009). Esse tipo de pré-tratamento não é utilizado em grande escala, pois além de ter alta demanda energética, o tratamento com o vapor não catalisado gera um composto inibidor que dificulta a hidrólise enzimática da celulose (GUPTA; VERMA,2015).

Na moagem úmida, o grão de milho é separado em seus componentes e o amido é separado e convertido em etanol (Figura 16.1). Primeiramente é realizada a separação do gérmen do grão de milho, parte que é destinada à extração de óleo e posterior produção de ração. Na etapa posterior da moagem úmida é realizada a separação de fibras, principalmente por meio de peneiramento, devido ao amido e a proteína apresentarem granulometria menor em relação às fibras. Posteriormente, o amido é isolado da fração proteica por meio de centrifugação, uma vez que o amido apresenta maior massa em relação às proteínas. Na sequência do fluxograma ocorrem as etapas de liquefação, sacarificação, fermentação, destilação e desidratação.

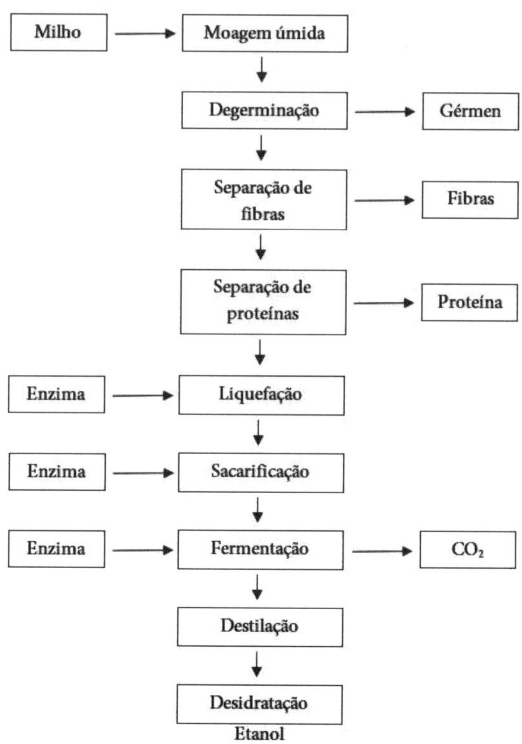

Figura 16.1 Processo de moagem úmida de produção de etanol

Fonte: Adaptado de Bothast; Schilicher (2005).

Na moagem a seco, sendo este o método mais utilizado atualmente, o grão de milho não é fracionado conforme o método de moagem úmida. Na moagem a seco o grão é concentrado em um coproduto de destilação, que no final formará uma massa de milho moído e água que passará pela fermentação (SÁNCHEZ; CORDONA, 2008).

No processo de moagem a seco o milho passa por cinco etapas básicas: moagem, cozimento, liquefação, sacarificação e fermentação, resultando em etanol e grãos de destilaria (DGD), produto utilizado para ração animal de alta qualidade (Figura 16.2) (BOTHAST; SCHILICHER, 2005). As etapas de sacarificação e fermentação foram implementadas com sucesso no processo de moagem a seco (CARDONA; SÁNCHEZ, 2007) e ocorrem simultaneamente, sendo conhecido como a operação SSF (*simultaneous saccharification and fermentation*).

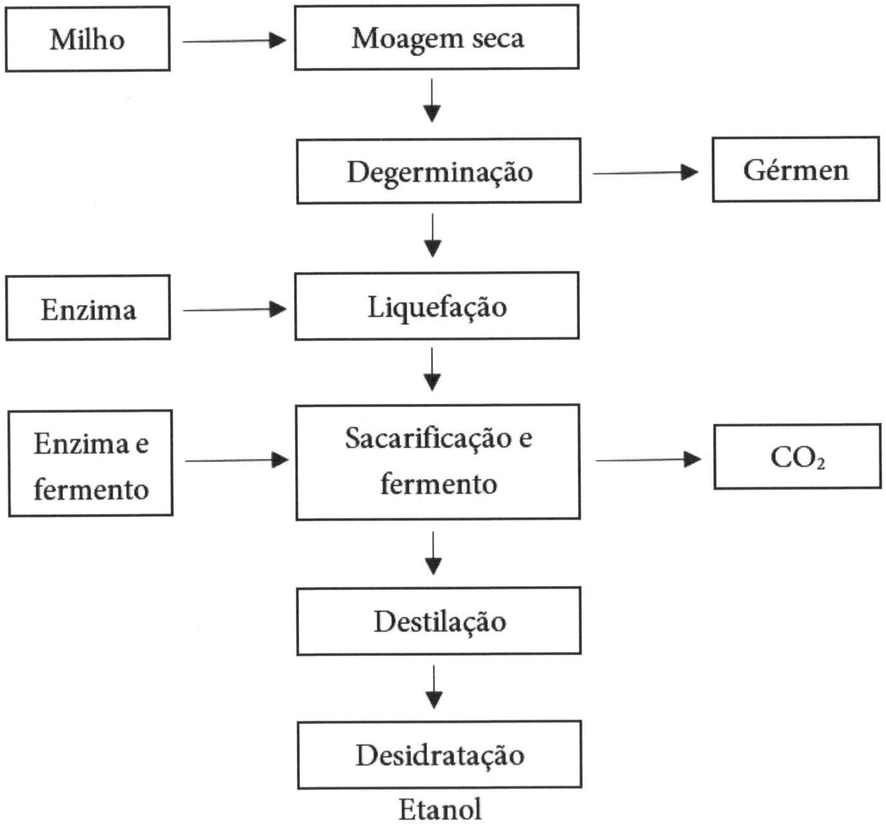

Figura 16.2 Processo de moagem a seco de produção de etanol
Fonte: Adaptado de Bothast; Schilicher (2005).

O pré-tratamento químico geralmente utiliza hidróxido de sódio, ácido perclórico, ácido peracético, ácido sulfúrico e fórmico, explosão de congelamento de amônia e alguns solventes orgânicos, como, n- propilamina, etilenodiamina, n-butilamina (WEIL *et al.*,1994; MARTÍNEZ *et al.*, 2005; ÖHGREN *et al.*, 2006).

Em geral, o método de pré-tratamento químico é utilizado quando a matéria-prima é, por exemplo, a palha do milho, visando aproveitar ao máximo a planta. Em vários estudos foi realizado o pré-tratamento da matéria-prima com vapor e ácido sulfúrico ou SO_2 para pré-hidrolisar a palha de milho, o que resulta na solubilização de açúcares hemicelulose e facilita a hidrólise enzimática da celulose (PAREKH *et al.*, 1988; SCHELL *et al.*, 2003; TUCKER *et al.*, 2003; ÖHGREN *et al.*, 2006).

Em estudo sobre a produção de etanol a partir de palha de milho pré-tratada a vapor usando SSF (sacarificação e fermentação simultânea) a matéria-prima foi moída, peneirada na fração de 2 a 10 mm e umedecida. Então, esse material foi armazenado em sacos plásticos com SO_2, resultando na absorção de 2% de SO_2. Após essa absorção de SO_2, a matéria-prima foi pré-tratada com vapor de água por meio de um reator e o vapor do pré-tratamento foi testado pela hidrólise enzimática (ÖHGREN *et al.*, 2005; ÖHGREN *et al.*, 2006). Öhgren *et al.* (2005) obteviveram rendimentos de 89% de glicose após o pré-tratamento com vapor de SO_2 a 200°C por 10 minutos e com teor de matéria seca de 20%. Já Öhgren *et al.* (2006) relataram que nas mesmas condições de vapor, a hidrólise enzimática foi de 89%, porém, a matéria seca após o pré-tratamento com vapor foi de 6%. Assim, o teor de matéria seca após o pré-tratamento deve ser superior a 6% para obtenção de altas concentrações de etanol.

Esse processo foi otimizado por Martensson (2004), utilizando palha de milho com 38% de matéria seca e 2% de SO_2. O autor relatou que a utilização das temperaturas de 200°C e 210°C por 5 minutos são as melhores condições de pré-tratamento para a obtenção de alto rendimento de glicose, chegando a valores de 91% e 92%, respectivamente.

No pré-tratamento biológico da matéria-prima são utilizados diversos microrganismos, como, podridões parda, branca e mole que liberam a celulose por meio da degradação de complexos lignocelulósicos (SARKAR *et al.*, 2012). Embora esse processo reduza o gasto energético, não precise de suporte mecânico e não utilize produtos químicos, ainda não pode ser implementado devido a sua baixa taxa de hidrólise (SARKAR *et al.*, 2012; BALAT *et al.*, 2008).

16.3 EXTRAÇÃO DO AMIDO E HIDRÓLISE ENZIMÁTICA

A utilização de grãos milho como matéria-prima torna o processo oneroso, por isso é importante a obtenção de máxima hidrólise de amido para potencializar a produção de etanol (SHARMA *et al.*, 2010). O amido é constituído por cadeias de glicose com ligações em α-1,4 (amilose) e com algumas ramificações em α-1,6 (amilopectina). É importante salientar que o amido não pode ser metabolizado diretamente pelos microrganismos fermentadores, assim, primeiro deve ser reduzido a açúcares simples (6C) (BOTHAST; SCHILICHER, 2005).

Quando realizado o processo de moagem a seco, durante a hidrólise enzimática nem todo o amido é convertido em açúcares (glicose). O amido não convertido é chamado de amido residual e é recuperado por meio de destiladores, resultando no que se chama de grão de milho seco por destilação (DDG). A quantidade de amido residual no DDG depende do tipo de amido presente no milho e de parâmetros do processo de hidrólise, como, temperatura, pH, enzimas e duração da hidrólise (SHARMA *et al.*, 2010). Parte desse amido ainda fica indisponível para hidrólise enzimática por possuírem características de fibra bruta, essa parcela do amido bruto é conhecida por amido resistente.

No processo de moagem a seco a hidrólise enzimática do amido forma açúcares simples fermentáveis e pode ser realizada por meio de duas etapas, sendo a primeira a liquefação, e a segunda, a sacarificação (MOJOVIĆ *et al.*, 2006). A liquefação consiste no cozimento do grão por meio de altas temperaturas, tornando o granulo de amido macio e esponjoso para que então seja conduzido à digestão enzimática (MOHANTY; SWAIN, 2019). Em escala industrial a liquefação é realizada em condições de 165°C de 3 a 5 minutos ou de 90°C a 150°C de 1 a 3 horas (ROBERTSON *et al.*, 2006).

Posteriormente é realizada a etapa da sacarificação, em que ocorre a digestão enzimática. Inicialmente, ocorre em temperaturas de 55°C a 60°C, para incubação com alfa-amilase, processo que resulta na formação de dextrinas (MOHANTY; SWAIN, 2019). As dextrinas são submetidas a uma incubação a uma temperatura menor (32 °C) juntamente com a enzima glucoamilase, convertendo a dextrina em glicose (LAMSAL *et al.*, 2011; MOJOVIĆ *et al.*, 2006). O produto resultante é chamado de hidrolisado de milho, que então é submetido às etapas de fermentação e produção de etanol.

Quando a matéria-prima utilizada for a palha de milho, ocorrerá a hidrólise enzimática da celulose e não do amido. A hidrólise da celulose ocorre naturalmente por meio de microrganismos celulolíticos, como *Clostridium*, *Penicilium*, *Fusarium*, *Bacillus*, *Cellulomonas*, *Thermonospora*, *Bacteriodes*, *Erwinia*, *Acetovibrio*, *Phanerochaete*, *Humicola*, *Ruminococcus* e *Schizophillum* sp. Esses microrganismos convertem a celulose em açúcares simples (glicose e monômeros de galactose) (GUPTA; VERMA, 2015). As melhores condições para hidrólise enzimática da celulose são de 40°C a 50°C e pH de 4,5 (NEVES *et al.*, 2007).

Para a degradação da celulose são necessários três tipos de enzimas. Uma dessas são as endoglucanases, que criam ligações internas e aleatórias em regiões amorfas das fibras de celulose, resultando em novas extremidades não redutoras. Outras enzimas são as exoglucanases, responsáveis por catalisar (acelerar) a hidrólise sucessiva dos resíduos das endoglucanases e liberam moléculas de celobiose. Necessitam-se ainda das β-glucosidases, responsáveis por hidrolisar a celobiose e dextrinas para produção de glicoses, que posteriormente são submetidas ao processo de fermentação para produção de etanol (QUIROZ-CASTAÑEDA; FOLCH-MALLOL, 2013).

16.4 TECNOLOGIAS DE FERMENTAÇÃO PARA A PRODUÇÃO DE ETANOL

Após a liquefação e hidrólise enzimática a temperatura do hidrolisado de milho é reduzida a 32°C e transferido aos fermentadores, onde os microrganismos responsáveis pela fermentação são adicionados (BOTHAST; SCHILICHER. 2005). Muitos microrganismos e leveduras são capazes de transformar açúcares em etanol. Um dos mais utilizados para produção de etanol a partir do amido é o *Saccharomyces cerevisiae*, vulgarmente conhecido como levedura de padeiro ou da cerveja (BEHERA *et al.*, 2010).

Essa levedura é utilizada por possuir tolerância extremamente alta ao etanol, bom desenvolvimento em condições anaeróbicas extremas e é menos afetada na presença de oxigênio (AZHAR *et al.*, 2017; VISSER *et al.*, 1995; LAGUNAS, 1979). Gulati *et al.* (1996) relataram que as cepas mais utilizadas industrialmente são de *Saccharomyces cerevisiae* e podem converter aproximadamente 95% de açúcares simples em etanol.

Em um estudo realizado por Öhgren *et al.* (2006), foi utilizado 2 g/L de *Saccharomyces cerevisiae*, e obteve-se 74% de rendimento total de etanol após 72 horas, com base na glicose presente na matéria-prima. Um tempo fermentação maior provavelmente resultaria no aumento do rendimento de etanol.

A *Zymomonas mobilis* é outra cepa naturalmente produtora de etanol, capaz de gerar um rendimento e produtividade de etanol de até 97% (BAI *et al.*, 2008). Por sua vez, o *Saccharomyces cerevisiae* pode atingir um rendimento máximo de 95% (MOHANTY *et al.*, 2009). No entanto, o *Saccharomyces cerevisiae* ainda é o biocatalisador mais utilizado na produção de etanol de milho por possuir capacidade de fermentação de um amplo espectro de substratos de açúcar e devido à biomassa formada pelo *Zymomonas mobilis* ser indesejável para ração animal (BAI *et al.*, 2008).

A fermentação em estado sólido está entre as novas técnicas de fermentação (MOHANTY *et al.*, 2009), sendo caracterizada por economizar de água, ser ecologicamente correta e produzir alta concentração de produto. Entretanto, há um grande acúmulo de gás no substrato, o que leva a alta pressão de oxigênio e pode inibir a fermentação (SUN *et al.*, 2020). Devido a esse aspecto biológico da levedura esse processo de fermentação encontra dificuldade de aceitação na indústria de produção de etanol de milho (BAI *et al.*, 2008).

Além disso, vem sendo implementado o uso de recombinação gênica, ou seja, desenvolvimento de microrganismos com maior capacidade de converter amido ou biomassa em etanol, o que permitirá a implementação desse bioprocessamento industrialmente (CARDONA; SANCHEZ, 2007).

A fermentação requer de 48 a 72 horas e com concentração final de etanol geralmente em torno de 10% a 12% (grão de milho). Durante a fermentação ocorre a redução do pH devido ao dióxido de carbono formado pelo processo e essa redução do pH resulta no aumento da atividade da glucoamilase e inibe o crescimento de microrganismos contaminantes (BOTHAST; SCHILICHER. 2005).

Após a fermentação é realizada a destilação, no qual o etanol é separado dos sólidos e da água do hidrolisado fermentado. O álcool atinge o estado gasoso a 78ºC, enquanto a água só vaporiza a 100ºC, resultando em um etanol 95% puro. Esses 5% de água que ficam retidos junto ao etanol só podem ser removidos por outros métodos, como é o caso da destilação molecular que produz etanol 100% (BOTHAST; SCHILICHER, 2005).

16.5 CARACTERÍSTICAS DO ETANOL DE MILHO E RENDIMENTO ENERGÉTICO

Ao analisar os custos para produzir milho nos Estados Unidos (fertilizantes, pesticidas e herbicidas, maquinário, combustível, irrigação, secagem e transporte), o etanol de milho rende 3,65 vezes mais do que a energia gasta para ser obtido (PIMENTEL; PATZEK, 2005). Em análise do valor energético líquido do etanol de milho em função da energia equivalente (BTU), o etanol de milho é energeticamente eficiente, pois para cada 1 BTU gasto, há um ganho de energia de 34% (SHAPOURI *et al.*, 2002).

A produção de etanol utiliza energias como carvão e gás natural e somente 17% da energia necessária provém de combustíveis como etanol e óleo diesel, sendo que para cada 1 BTU de combustível líquido há um ganho de 6,34 BTU. Um dos fatores que influenciam diretamente esse rendimento é o aumento do rendimento do milho (SHAPOURI *et al.*, 2002).

Outros fatores que afetam o produto final são a secagem e o armazenamento dos grãos. A secagem realizada com altas temperaturas pode comprometer a qualidade final do etanol. Temperaturas acima de 60°C produzem amido de baixa viscosidade e reduz o rendimento de extração de amido por moagem úmida (28% a 30%) (BEMILLE; WHISTLER, 2009). Já o armazenamento de grãos em condições inadequadas aumenta a oxidação de lipídios e o conteúdo de ácidos graxos livres. Essas alterações resultam em complexos com a amilose e reduz o comprimento das cadeias longas da amilopectina, alterando as características físicas, químicas e nutricionais dos grãos e, consequentemente, do etanol (HASJIM *et al.*, 2010).

Nesse sentido, Coradi *et al.* (2016) estudaram os efeitos da temperatura do ar de secagem (80°C, 100°C e 120 °C) de milho sobre a produção de etanol. Esses autores relataram que o rendimento de extração do amido de milho está diretamente relacionado com o rendimento na produção de etanol desses grãos. O rendimento de extração do amido de milho foi 68,22%, 66,20% e 64,12% e o rendimento de etanol foi de 389,83, 378,29 e 366,40 $L.t^{-1}$ de grãos nas temperaturas de secagem de 80°C, 100°C e 120°C, respectivamente. Além disso, segundo Coradi *et al.* (2016) as condições de armazenamento dos grãos também interferem no rendimento de etanol produzido. O armazenamento de milho é necessário para que as operações industriais de etanol ocorram durante todo o ano. Esses autores armazenaram os grãos de milho por seis meses em condições ambientais (temperatura de 23°C e umidade relativa do ar de 60%) e sob ambiente refrigerado (temperatura de 10°C e umidade relativa do ar de 40%). O rendimento de etanol reduziu de 389,83 para 355,49 L.t-1, de 378.29 para 344,57 L.t-1 e de 366,40 para 332,80 L.t-1 referente aos grãos secos a 80°C, 100°C e 120 °C, respectivamente, e armazenados por seis meses a 23°C. A redução do rendimento de etanol após seis meses de armazenamento a 10°C foi menor, quase insignificante. Nessa condição de armazenamento o rendimento de etanol reduziu de 389,83 para 388,63 L.t-1, de 378,29 para 377,60 L.t-1 e de 366,40 para 365,77 L.t-1 referente aos grãos secos a 80°C, 100 °C e 120°C, respectivamente (CORADI *et al.*, 2016). Essas reduções estão associadas às alterações das propriedades de pasta, de cristalinidade e térmicas do amido extraído de grãos armazenados.

No estudo realizado por Plumier *et al.* (2015) foram analisadas as alterações no teor de amido não digerido de grãos de milho com endosperma dentado, coloração do pericarpo amarelo e colhido em dois anos de safra. Os grãos foram armazenados imediatamente após a colheita em três variações, ao ar livre (–10°C a 35°C), em laboratório (14°C a 24°C) e refrigerado (1°C). Nos grãos colhidos no primeiro ano do estudo, esses autores relataram que os grãos de milho apresentaram percentual de amido não digerido de 2,17% a 14,1%, apresentando valores maiores nos grãos armazenados ao ar livre por 48 semanas e valores menores quando submetidos à refrigeração. Nas dez primeiras semanas houve uma redução no amido redigido de 0,31% por semana, passadas as dez semanas houve um aumento semanal a uma taxa média de 0,16%. No segundo ano de safra, o percentual de amido digerido foi maior, apresentando uma média de 13% nas primeiras vinte semanas, independente da temperatura de armazenamento. Dessa forma, ficou evidente também a influência da variação sazonal na produção de etanol por moagem seca.

16.6 ASPECTOS AMBIENTAIS DA PRODUÇÃO

O etanol é um combustível renovável muito importante na redução de impactos ambientais negativos gerados pela utilização de combustíveis fósseis (CARDONA; SANCHEZ, 2007). Para a produção de etanol a base de grãos de milho, deve-se levar em consideração o aumento de carbono orgânico e as dinâmicas de óxido nitroso (N_2O) no solo que são afetadas pela rotação de culturas e plantio direto. A emissão de gases do efeito estufa associados ao combustível E85 (85% de etanol) são bem menores do que a emissão promovida pela gasolina (KIM; DALE, 2005).

As taxas de sequestro de carbono vão de 377 a 681 kgC.ha-1.ano-1 e a taxa de emissão de N_2O do solo vão de 0,5 a 2,8 kgN.ha-1.ano-1 em condições de plantio direto. A emissão de CO2 atribuída a 1 kg de etanol é de 260 a 922 g, entretanto, quando utilizado o etanol E85 em um veículo de passeio de porte médio há uma redução na emissão de gases de 41% a 61%.km-1, quando comparado a um veículo de passeio de porte médio que utiliza gasolina (KIM; DALE, 2005).

Quando utilizada a palha do milho para produção de etanol a maior preocupação encontrada é a sustentabilidade do solo em sistemas de plantio direto. Sheehan *et al.* (2004) demonstraram que é possível em alguns cenários a coleta da palha de milho sem afetar a retenção ou aumento do carbono no solo, dependendo da gestão utilizada na propriedade para outros fatores, como aumento de pragas, doenças e uso de fertilizantes.

Dessa maneira a sustentabilidade e os impactos ambientais da produção de etanol a base de milho só podem ser contabilizados levando em consideração os aspectos regionais e a cultivar utilizada. Uma técnica que vem sendo desenvolvida é o melhoramento genético do milho para aumentar a produção de etanol e evitar o aumento das áreas de cultivo mantendo a mesma produção final.

Em escala industrial, o milho é a principal matéria-prima para produção de etanol no mundo, principalmente devido ao seu alto teor de amido, fornecendo substratos adequados e tornando o processo de produção mais fácil (MOHANTY; SWAIN, 2019). Existem avanços que ainda devem ser feitos na produção de etanol, entre os quais os mais importantes são criar de híbridos de milho altamente fermentáveis, melhorar a conversão de fibras da biomassa e desenvolver novos coprodutos de etanol com alto valor agregado.

REFERÊNCIAS

AZHAR, S. H. M. *et al.* Yeasts in sustainable bioethanol production: a review. *Biochem Biophys Rep*, v. 10, p. 52-61, 2017.

BAI, F. W.; ANDERSON, W. A.; MOO-YOUNG, M. Ethanol fermentation technologies from sugar and starch feedstocks. *Biotechnology advances*, v. 26, n. 1, p. 89-105, 2008.

BAI, F. W. et al. Continuous ethanol production and evaluation of yeast cell lysis and viability loss under very high gravity medium conditions. *Journal of Biotechnology*, v. 110, n. 3, p. 287-293, 2004.

BALAT, Mustafa; BALAT, Havva; ÖZ, Cahide. Progress in bioethanol processing. *Progress in energy and combustion science*, v. 34, n. 5, p. 551-573, 2008.

BEHERA, Shuvashish *et al.* Comparative study of bio-ethanol production from mahula (*Madhuca latifolia* L.) flowers by *Saccharomyces cerevisiae* cells immobilized in agar agar and Ca-alginate matrices. *Applied Energy*, v. 87, n. 1, p. 96-100, 2010.

BEMILLER, James N.; WHISTLER, Roy L. (Ed.). *Starch*: chemistry and technology. Academic Press, 2009.

BOTHAST, R. J.; SCHLICHER, M. A. Biotechnological processes for conversion of corn into ethanol. *Applied Microbiology and Biotechnology*, v. 67, n. 1, p. 19-25, 2005.

BRASIL. Ministério de Minas e Energia. Agência Nacional de Petróleo, Gás Natural e Biocombustíveis. Resolução ANP nº 791, de 12 de junho de 2019.[Dispõe sobre a individualização das metas compulsórias anuais de redução de emissões de gases causadores do efeito estufa para a comercialização de combustíveis, no âmbito da Política Nacional de Biocombustíveis (RenovaBio)]. *Diário Oficial da União*, Brasília, DF, 14 jun. 2019.

CARDONA, Carlos A.; SÁNCHEZ, Óscar J. Fuel ethanol production: process design trends and integration opportunities. *Bioresource technology*, v. 98, n. 12, p. 2415-2457, 2007.

CONAB (Companhia Nacional de Abastecimento). *Safra brasileira de grãos*. Disponível em: https://www.conab.gov.br/info-agro/safras/graos. Acesso em: 20 out. 2020.

CORADI, Paulo Carteri *et al.* Drying and storage of corn grains for ethanol production in Brazil. *Bioscience Journal*, v. 32, n. 5, p. 1175-1190, 2016.

DAS NEVES, Marcos A. *et al.* State of the art and future trends of bioethanol production. *Dynamic Biochemistry, Process Biotechnology and Molecular Biology*, v. 1, n. 1, p. 1-14, 2007.

GEDDES, C. C. *et al.* Optimizing the saccharification of sugar cane bagasse using dilute phosphoric acid followed by fungal cellulases. *Bioresource Technology*, v. 101, n. 6, p. 1851-1857, 2010.

GULATI, Manish *et al.* Assessment of ethanol production options for corn products. Bioresource Technology, v. 58, n. 3, p. 253-264, 1996.

GUPTA, A.; VERMA, J. P. Sustainable agro-residues: bio-ethanol production from a review. Renew. Sustain. Energy Rev, v. 41, p. 550-567, 2015.postprandial plasma-glucose and insulin responses. Cereal Chemistry, v. 87, n. 4, p. 257-262, 2010.

HETTINGA, W. G. *et al.* Understanding the reductions in US corn ethanol production costs: an experience curve approach. *Energy Policy*, v. 37, n. 1, p. 190-203, 2009.

KIM, Seungdo; DALE, Bruce E. Environmental aspects of ethanol derived from no-tilled corn grain: nonrenewable energy consumption and greenhouse gas emissions. *Biomass and Bioenergy*, v. 28, n. 5, p. 475-489, 2005.

KUMAR, Raj; SINGH, Sompal; SINGH, Om V. Bioconversion of lignocellulosic biomass: biochemical and molecular perspectives. *Journal of Industrial Microbiology and Biotechnology*, v. 35, n. 5, p. 377-391, 2008.

LAGUNAS, R. Energetic irrelevance of aerobiosis for *S. cerevisiae* growing on sugars. *Molecular and Cellular Biochemistry*, v. 27, n. 3, p. 139-146, 1979.

LAMSAL, B. P.; WANG, H.; JOHNSON, L. A. Effect of corn preparation methods on dry-grind ethanol production by granular starch hydrolysis and partitioning of spent beer solids. *Bioresource Technology*, v. 102, n. 12, p. 6680-6686, 2011.

MARTENSSON, C. G. *Evaluation of SO2 catalyzed steam pretreatment of corn*. Sweden: Lund University, 2004.

MARTÍNEZ, Ángel T. *et al.* Biodegradation of lignocellulosics: microbial, chemical, and enzymatic aspects of the fungal attack of lignin. *International Microbiology*, v. 8, p. 195-204, 2005.

MOHANTY, Sujit Kumar *et al.* Bioethanol production from mahula (Madhuca latifolia L.) flowers by solid-state fermentation. *Applied Energy*, v. 86, n. 5, p. 640-644, 2009.

MOHANTY, Sujit K.; SWAIN, Manas R. Bioethanol production from corn and wheat: food, fuel, and future. *In*: *Bioethanol production from food crops*. Academic Press, 2019. p. 45-59.

MOJOVIĆ, Ljiljana *et al.* Production of bioethanol from corn meal hydrolyzates. *Fuel*, v. 85, n. 12-13, p. 1750-1755, 2006.

ÖHGREN, Karin *et al.* Fuel ethanol production from steam-pretreated corn stover using SSF at higher dry matter content. *Biomass and Bioenergy*, v. 30, n. 10, p. 863-869, 2006.

ÖHGREN, Karin; GALBE, Mats; ZACCHI, Guido. Optimization of steam pretreatment of SO2-impregnated corn stover for fuel ethanol production. *Applied Biochemistry and Biotechnology*, v. 124, n. 1, p. 1055-1067, 2005.

OMIDO, Cleidson R. *et al.* Water content in hydrated ethanol fuel measured by a photothermal chamber with a transparent transducer. *Fuel*, v. 157, p. 122-125, 2015.

PAREKH, S. R.; PAREKH, R. S.; WAYMAN, M. Fermentation of xylose and cellobiose by *Pichia stipitis* and *Brettanomyces clausenii*. *Applied Biochemistry and Biotechnology*, v. 18, n. 1, p. 325-338, 1988.

PIMENTEL, D.; PATZEK, T. W. T. Ethanol production using corn, switchgrass and Wood; Biodiesel production using soybean and sunflower. *Natural Resources Research*, v. 14, n. 1, p. 65-76, 2005.

PLUMIER, Benjamin M. *et al.* Changes in unreacted starch content in corn during storage. *Journal of Stored Products Research*, v. 61, p. 85-89, 2015.

QUIROZ-CASTAÑEDA, Rosa Estela; FOLCH-MALLOL, Jorge Luis. Hydrolysis of biomass mediated by cellulases for the production of sugars. *In*: CHANDEL, Anuj K.; SILVA, Silvio Silvério da. (Orgs.). *Sustainable degradation of lignocellulosic biomass techniques, applications and commercialization*. London: InTechOpen, 2013. p. 119-155. DOI: https://doi.org/10.5772/53719.

ROBERTSON, George H. *et al.* Native or raw starch digestion: a key step in energy efficient biorefining of grain. *Journal of Agricultural and Food Chemistry*, v. 54, n. 2, p. 353-365, 2006.

SÁNCHEZ, Oscar J.; CARDONA, Carlos A. Trends in biotechnological production of fuel ethanol from different feedstocks. *Bioresource Technology*, v. 99, n. 13, p. 5270-5295, 2008.

SARKAR, Nibedita *et al.* Bioethanol production from agricultural wastes: an overview. *Renewable Energy*, v. 37, n. 1, p. 19-27, 2012.

SCHELL, Daniel J. *et al.* Dilute-sulfuric acid pretreatment of corn stover in pilot-scale reactor. *Applied Biochemistry and Biotechnology*, v. 105, n. 1, p. 69-85, 2003.

SHAPOURI, Hosein; DUFFIELD, James A.; WANG, Michael Q. The energy balance of corn ethanol: an update. *Agricultural Economic Reports 34075*, United States Department of Agriculture, Economic Research Service, 2002. DOI: 10.22004/ag.econ.34075.

SHARMA, Vivek *et al.* Effect of resistant starch on hydrolysis and fermentation of corn starch for ethanol. *Applied Biochemistry and Biotechnology*, v. 160, n. 3, p. 800-811, 2010.

SHEEHAN, Moira J.; FARMER, Phyllis R.; BRUTNELL, Thomas P. Structure and expression of maize phytochrome family homeologs. Genetics, v. 167, n. 3, p. 1395-1405, 2004.

SHEEHAN, John *et al.* Energy and environmental aspects of using corn stover for fuel ethanol. *Journal of Industrial Ecology*, v. 7, n. 3-4, p. 117-146, 2003.

SUN, Lele; WANG, Lan; CHEN, Hongzhang. High productivity ethanol from solid-state fermentation of steam-exploded corn Stover using *Zymomonas mobilis* by N2 periodic pulsation process intensification. *Applied Biochemistry and Biotechnology*, v. 192, n. 2, p. 466-481, 2020.

TONG, Zhaohui; PULLAMMANAPPALLIL, Pratap; TEIXEIRA, Arthur A. How ethanol is made from cellulosic biomass. *EDIS*, v. 2012, n. 12, 2012.

TUCKER, Melvin P. *et al.* Effects of temperature and moisture on dilute-acid steam explosion pretreatment of corn stover and cellulase enzyme digestibility. *In*: DAVISON, B. H.; FINKELSTEIN, M.(Eds.). *Biotechnology for fuels and chemicals*: the twenty-fourth symposium. Totowa, NJ: Humana Press, 2003. p. 165-177.

VISSER, Wiebe *et al.* Effects of growth conditions on mitochondrial morphology in *Saccharomyces cerevisiae. Antonie Van Leeuwenhoek*, v. 67, n. 3, p. 243-253, 1995.

WANG, W.; WANG, P.; HU, R. A Novel screening method of cellulase-producing bacteria based on *Phytophthora parasitica* var. nicotianae. *Applied Biochemistry and Microbiology*, v. 47, n. 1, p. 49-52, 2011.

WEIL, Joseph *et al.* Cellulose pretreaments of lignocellulosic substrates. *Enzyme and Microbial Technology*, v. 16, n. 11, p. 1002-1004, 1994.

XIE, Xueju Sherry; LIU, Qiang; CUI, Steve W. Studies on the granular structure of resistant starches (type 4) from normal, high amylose and waxy corn starch citrates. *Food Research International*, v. 39, n. 3, p. 332-341, 2006.

ZHENG, Yi; PAN, Zhongli; ZHANG, Ruihong. Overview of biomass pretreatment for cellulosic ethanol production. *International Journal of Agricultural and Biological Engineering*, v. 2, n. 3, p. 51-68, 2009.

CAPÍTULO 17
EMBALAGENS BIODEGRADÁVEIS À BASE DE MILHO

Vânia Zanella Pinto
Rubia Batista Viana
David Fernando dos Santos
Gabriela Caroline Lenham
Vinícius Gonçalves Deon

RESUMO

As embalagens biodegradáveis podem ser produzidas a partir de matérias-primas derivadas do milho, sendo os principais os materiais, os polímeros extraídos diretamente da biomassa vegetal, polímeros biodegradáveis e/ou renováveis sintetizados a partir de monômeros derivados de biomassa e polímeros produzidos por microrganismos naturais ou geneticamente modificados utilizando biomassa de milho como substrato. Os métodos para produção de embalagens podem ser via processamento úmido ou seco dos polímeros termoplásticos. Os processos úmidos consistem em filmes moldados via *casting*, aplicação direta de coberturas e revestimos, e filmes produzidos por *tape-casting*. Os processos secos consistem em técnicas de processamento termomecânico, como extrusão de filmes, moldagem por sopro de garrafas, tampas, espumas expandidas e outros componentes para embalagens. Além disso, a combinação de materiais com diferentes características resulta em sistemas compósitos com propriedades melhoradas ou ainda, sistemas ativos e inteligentes que podem prolongar a vida útil dos alimentos. No entanto, o fator limitante da aplicação de embalagens biodegradáveis à base de milho não consiste na disponibilidade dos seus principais polímeros, amido e zeína, mas sim nas limitações e dificuldades para o aumento de escala dos processos produtivos e nos aspectos comerciais para embalagens biodegradáveis para alimentos.

17.1 INTRODUÇÃO

O milho e seus derivados e coprodutos podem ser utilizados como matérias-primas na fabricação de diversas embalagens biodegradáveis. Dentre os materiais biodegradáveis com potencial para aplicação em embalagens, três famílias são geralmente consideradas: os polímeros extraídos diretamente da biomassa vegetal, os materiais que utilizam monômeros derivados de biomassa, mas empregam rotas químicas clássicas para obter os polímeros biodegradáveis e/ou renováveis, e os polímeros produzidos por microrganismos naturais ou geneticamente modificados. Estes polímeros biodegradáveis renováveis e os materiais produzidos utilizando-os são componentes essenciais para o desenvolvimento sustentável da cadeia agroindustrial, e em acordo com os conceitos de economia circular.

Os materiais que usualmente são isolados da biomassa de milho são carboidratos (amido e celulose), proteínas (zeína), e outros materiais lignocelulósicos (lignina, hemicelulose). Os derivados de milho são utilizados como parte das matérias-primas em processos de síntese química ou biológica de polímeros, os quais envolvem processos fermentativos com produção direta dos polímeros como poli-hidroxialcanoatos (PHA) e polipeptídeos, ou com produção de monômeros, como o ácido lático, seguido de síntese química convencional dos polímeros, como o ácido polilático (PLA).

Na produção de embalagens biodegradáveis empregando os polímeros derivados do milho como matéria-prima, o desenvolvimento de filmes de amido e de filmes compósitos são os que têm mais destaque (Figura 17.1). Este destaque se deve pela facilidade de produção em escala laboratorial, possibilidades de aumento de escala, de uso de equipamentos e processos comerciais, além de aplicações de forma sustentável e eficiente (JEEVAHAN *et al.*, 2020). Nas referências consultadas, evidencia-se a relevância da caracterização das propriedades, mecânicas e de barreira, destes filmes que estão diretamente relacionados aos materiais e tipos de processos empregados (Figura 17.1). Também, nota-se o grande interesse pela combinação de amido e celulose no desenvolvimento de materiais compósitos biodegradáveis e o uso de nanomateriais (nanopartículas, nanofibras, quitosana) para a produção de nanobiocompósitos.

A produção de embalagens pode ser via processamento úmido ou seco dos polímeros. Os métodos úmidos consistem na produção de coberturas ou revestimentos e filmes (*casting*) e os métodos secos consistem em técnicas de processamento termomecânico. Os processos de transformação resultam em embalagens com características e propriedades únicas, que também estão associadas aos materiais utilizados. Estes métodos e as suas características serão descritos neste capítulo, bem como as matérias-primas à base de milho, os principais materiais resultantes e as suas aplicações como embalagens biodegradáveis.

Figura 17.1 Principais palavras presentes nos títulos das referências consultadas para a elaboração do capítulo

Fonte: Elaborado pelos autores.

17.2 MATERIAIS BIODEGRADÁVEIS DERIVADOS DE MILHO

Os materiais biodegradáveis apresentam componentes orgânicos, fazendo com que os agentes naturais tenham facilidade na sua degradação. Segundo a American Society for Testing and Materials (ASTM D5338-15) (ASTM, 2015) os materiais biodegradáveis sofrem degradação pela ação de microrganismos, como algas, bactérias e fungos de ocorrência natural (CHINAGLIA *et al.*, 2018; FOLINO *et al.*, 2020).

A biodegradação de polímeros é um processo natural, assinalado por microrganismos e suas enzimas específicas, que consomem a matéria orgânica como fonte de nutrientes, em condições essenciais de pressão, temperatura e umidade (CHINAGLIA *et al.*, 2018; OMAR; ROHANI, 2017; SALEHPOUR *et al.*, 2018).

O processo de biodegradação por microrganismos pode ocorrer em via aeróbia (Equação 17.1) ou em via anaeróbia (Equação 17.2) e depende das condições do meio, do tipo de microrganismo e da estrutura do polímero (CHINAGLIA *et al.*, 2018).

Condição aeróbia: $C_{\text{polímero}} + O_2 \rightarrow CO_2 + H_2O + C$ resíduo (Equação 17.1)

Condição anaeróbia: $C_{\text{polímero}} \rightarrow CO_2 + CH_4 + H_20 + C$ resíduo (Equação 17.2)

A produção e a utilização de materiais biodegradáveis oferecem alto custo quando comparada à produção dos materiais derivados de petróleo. Ainda assim, nos últimos anos a conscientização ambiental e a busca por materiais ecologicamente corretos vêm ganhando destaque (AGARWAL, 2020).

Estes materiais biodegradáveis com potencial para a produção de embalagens podem ser de origem animal ou vegetal. Os de origem animal são a quitina, quitosana, colágeno e outras proteínas e lipídeos. Os de origem vegetal, em especial do milho são o amido, celulose, proteínas, ácidos graxos e ceras (SHUKLA; CHERYAN, 2001; ZEEMAN *et al.*, 2010), ou ainda, originados pela síntese química como o PLA (AURAS *et al.*, 2010) e os sintetizados por bactérias como os poli-hidroxialcanoatos (PHA) e polipeptídeos (LAGARON, 2019; SILVA *et al.*, 2007; TSANG *et al.*, 2019).

17.2.1 AMIDO

O amido possui grande potencial tecnológico para o desenvolvimento de embalagens biodegradáveis. O uso do amido matéria-prima para a produção de filmes tem sido registrado na literatura desde a década de 1920 (NEALE, 1924). Com baixo custo e de material renovável, as embalagens biodegradáveis à base de amido são de elevado interesse (CARVALHO *et al.*, 2018a; KAEWTATIP *et al.*, 2018).

O amido é o principal carboidrato de reserva das plantas superiores, armazenado na forma de grânulos insolúveis nos amiloplastos, que em grãos de milho correspondem à sua maior fração (em massa) dentre os componentes principais (ZEEMAN *et al.*, 2010). Os grânulos de amido são constituídos por amilose e amilopectina (SMITH, 2001) e a estrutura molecular e a razão destas frações desempenha um papel determinante nas propriedades físicas do amido em estado seco ou em meio aquoso (YOU; LIM, 2000). Os grânulos têm diferentes tamanhos, formas e estruturas, e teores de amilose que dependem de sua origem botânica (FAN; PICCHIONI, 2020).

O amido de milho normal possui grânulos de amido poliédrico e principalmente esférico ou ovoide que variam de 5 a 16 μm de diâmetro, e tem de 20% a 30% de amilose. Enquanto, o amido de milho ceroso possui grânulos de formato mais irregular, com uma faixa de tamanhos que variam de 4 a 17 μm de diâmetro e teor de amilose de 8%, e o amido de milho com alto teor de amilose possui teor de amilose de 70% a 80% que é disposta na forma de grânulos muito irregulares, sendo alguns alongados, outros com várias saliências grandes em suas superfícies, ou ainda em formato de esferas regulares (IMAM *et al.*, 2012; PÉREZ; BERTOFT, 2010; ZEEMAN *et al.*, 2010). A organização molecular e as propriedades reológicas, térmicas e demais características do amido de milho estão amplamente discutidas nos Capítulos 2 e 10.

Dentre os biopolímeros que podem ser utilizados como materiais alternativos para os plásticos derivados de petróleo, o amido é classificado como a solução mais adequada (ALTAYAN *et al.*, 2020b) devido à sua abundância, baixo custo, biodegradabilidade e facilidade de manuseio (BEMILLER, 2018; GIURI *et al.*, 2018; MOLINA-BOISSEAU *et al.*, 2006; NAFCHI *et al.*, 2013). O potencial tecnológico do amido ainda possui limitações, que estão relacionadas ao seu caráter hidrofílico e a sua elevada afinidade com a água (KHAN *et al.*, 2017; NAFCHI *et al.*, 2013).

O conteúdo de amilose é importante para a estabilidade estrutural do amido e a formação de filmes com cadeias lineares e uma rede estabilizada por ligações de hidrogênio (WANG *et al.*, 2015). O seu conteúdo influencia na resistência à tração e alongamento (KOCH *et al.*, 2010; LI *et al.*, 2015). Por sua vez, as cadeias poliméricas da amilopectina podem ser altamente emaranhadas, devido à suas ramificações de menor comprimento, levando também à formação de ligações de hidrogênio inter-cadeias (WANG *et al.*, 2016). Por isso, a razão amilose:amilopectina no amido possui grande relevância no desenvolvimento de filmes biodegradáveis (ALTAYAN *et al.*, 2020a; ALTAYAN *et al.*, 2020b; BASIAK *et al.*, 2017; GARCÍA *et al.*, 2000; LI *et al.*, 2011a).

17.2.2 PROTEÍNA

Como descrito no Capítulo 3, as proteínas presentes no milho são polímeros derivados da combinação de diferentes cadeias peptídicas unidas por ligações dissulfeto, sendo a zeína a principal proteína de armazenamento no endosperma dos grãos de milho, com estrutura ligeiramente assimétrica (SHUKLA; CHERYAN, 2001). A zeína possui uma estrutura globular em soluções não aquosas que se altera quando dissolvida em diferentes solventes a depender da concentração da proteína na solução, da temperatura e do pH do solvente (LI *et al.*, 2011b; MOOMAND; LIM, 2014).

A proteína pode ser classificada em duas frações, a α- e β-zeína. A β-zeína é responsável por aproximadamente 10% do conteúdo total de zeína no milho, sendo relativamente instável, precipita e coagula com frequência e, portanto, não tem sido um constituinte de preparações comerciais de zeína. A α-zeína contém menos histidina, arginina, prolina e metionina do que a fração a β-zeína. Uma das características que definem a zeína é a sua insolubilidade na água. Essa hidrofobicidade é atribuída à presença de uma alta proporção de resíduos de aminoácidos não polares (PARAMAN; LAMSAL, 2011; SHUKLA; CHERYAN, 2001).

A baixa solubilidade em água e o perfil de aminoácidos desequilibrado tornam a zeína uma proteína de baixo interesse nutricional para consumo humano. Originalmente, a produção primária de zeína era oriunda dos subprodutos do amido e da extração de óleo durante o processo de moagem úmida, sendo geralmente incorporada à ração animal. A zeína era considerada uma proteína residual e não recebia muita atenção até os últimos anos, quando novas aplicações surgiram, tirando proveito de suas propriedades físico-químicas e biológicas (ASSAD *et al.*, 2020; LUO; WANG, 2016; VERBEEK; VAN DEN BERG, 2010).

A zeína possui capacidade reconhecida de formar filmes e revestimentos resistentes, lustrosos e hidrofóbicos (SHUKLA; CHERYAN, 2001; WANG; PADUA, 2003a; WANG *et al.*, 2003b). Os filmes à base de proteínas possuem propriedades notáveis de barreira a gases (oxigênio e dióxido de carbono), em comparação com os filmes comestíveis preparados a partir de outros biopolímeros (lipídios e polissacarídeos) que permitem a conservação do aroma e textura dos alimentos armazenados (ASSAD *et al.*, 2020; BOURTOOM, 2009).

17.2.3 FIBRAS DE CELULOSE

A celulose é um dos polissacarídeos mais abundantes na natureza, presente na parede de células vegetais e encontrada em materiais lignocelulósicos. Ocorre na forma de fibras com estruturas alongadas de secção transversal arredondada e vazada, amplamente distribuídas na natureza, proveniente de fontes de madeira e estruturas não-madeira (MARINELLI *et al.*, 2008).

No Brasil, a silvicultura é responsável por mais de 98% do volume de celulose produzido (SOUZA *et al.*, 2015), sendo o eucalipto a principal matéria-prima (SALLES *et al.*, 2011; SOARES *et al.*, 2010). A exploração de materiais lignocelulósicos não convencionais, como os resíduos agroindustriais de palhada de milho, soja, trigo e outros cereais, apresenta grande potencial tecnológico e viabilidade econômica (LENHANI *et al.*, 2020; VALDEBENITO *et al.*, 2017).

O polímero de celulose é constituído unicamente por moléculas de glicose e apresenta alta massa molecular, sendo estritamente linear com pelo menos 3000 unidades de β-D-glicopiranosil, unidas por ligações glicosídicas do tipo β-(1→4) (JOHN; THOMAS, 2008). As ligações intramoleculares ocorrem entre grupos hidroxila das moléculas, o que é responsável pela rigidez da cadeia, enquanto as interações intermoleculares ocorrem entre grupos hidroxila de cadeias adjacentes, a que se atribui a formação das fibras vegetais (SUHAS *et al.*, 2016). A presença destas hidroxilas aumenta a afinidade da celulose com a água, o que a torna hidrofílica e insolúvel em água e na maioria dos solventes orgânicos (MEDRONHO; LINDMAN, 2015). Além disso, a celulose apresenta elevada cristalinidade e é responsável por conferir estabilidade e resistência às estruturas das paredes celulares das plantas e dos materiais para embalagens em que são adicionadas (JOHN; THOMAS, 2008; MEDRONHO; LINDMAN, 2015; SILVA *et al.*, 2009; SUHAS *et al.*, 2016).

As matrizes lignocelulósicas são constituídas de complexos de celulose, hemicelulose e lignina, sendo que as concentrações destes componentes são dependentes da origem da espécie e parte anatômica da planta. O isolamento da celulose a partir destas matrizes abrange os processos de polpação, o qual resulta no desmembramento do complexo celulose-hemicelulose-lignina e de deslignificação, que corresponde à remoção da lignina do restante da polpa de celulose (BRASILEIRO *et al.*, 2001). As técnicas de polpação e deslignificação para o isolamento de celulose podem ser biológicas, físicas, químicas ou por combinação dessas, variando com o grau de separação solicitado e do destino final do produto (AKHTAR *et al.*, 2016).

Os processos de polpação mais empregados no isolamento da celulose são os químicos, com o emprego de reagentes ácidos ou alcalinos, como o hidróxido de sódio, o hidróxido de amônia, o hidróxido de cálcio, o ácido fosfórico, o ácido acético e o ácido sulfúrico (JOHAR *et al.*, 2012; ZULUAGA *et al.*, 2009). A utilização do hidróxido de sódio em alta temperatura e agitação promove a hidrólise das moléculas de lignina e hemicelulose, o que as fragmenta e solubiliza em meio aquoso alcalino. O uso destes reagentes resulta em polpa com teor de celulose dependente do tipo e da quantidade de reagente e também das condições de temperatura durante a polpação (FARUK *et al.*, 2012; JOHAR *et al.*, 2012; KHALIL *et al.*, 2012; OKE, 2010; ZULUAGA *et al.*, 2009).

Outro procedimento comum de polpação é o processo *kraft*, atualmente, o mais utilizado para o isolamento da celulose. Caracteriza-se pela combinação de hidróxido de sódio e sulfeto de sódio, para a polpação e deslignificação da matriz e liberação das fibras. As fibras liberadas compreendem a celulose marrom, que deve passar pelo processo de branqueamento da polpa (CARVALHO, 2015; MARINHO *et al.*, 2017).

Os processos convencionais de branqueamento de polpas celulósicas envolvem a utilização de reagentes químicos à base de cloro (cloro gasoso, cloro livre, clorito de sódio, dióxido de cloro, hipoclorito), comumente em uma série de etapas, para que a lignina remanescente seja removida o máximo possível, melhorando a alvura da celulose. Os processos de branqueamento utilizando clorito de sódio estão baseados na reação entre lignina e $ClO_{2,}$ ClO-, produtos estes formados em reações redox de ClO_2- em meio ácido, sendo que as reações entre lignina e ClO_2 são exclusivamente oxidativas (MANFREDI *et al.*, 2014; REYES *et al.*, 1998).

As características das fibras de celulose isoladas criam possibilidades de aplicação de resíduos lignocelulósicos com valor agregado. A destinação mais comuns dos resíduos da colheita de milho ou do processamento de milho verde consiste na formação de coberturas e fonte de matéria orgânica para o solo e para a alimentação de animais na agropecuária (SCHMER *et al.*, 2017). Algumas novas aplicações surgem com a produção de biodiesel (KATSIMPOURAS *et al.*, 2017; SOUZA *et al.*, 2019) e no isolamento da celulose seguida da produção de nanocelulose, produto este de elevado valor agregado (LIU *et al.*, 2016; REHMAN *et al.*, 2014; SANTOS, 2020; SHARIF HOSSAIN *et al.*, 2018; SOUZA *et al.*, 2019; YANG *et al.*, 2017).

Com propriedades superiores, se comparadas às fibras convencionais de celulose, a nanocelulose possui pelo menos uma das dimensões em tamanho nanométrico e, com isso, elevada área superficial. Este nanomaterial pode ser classificado em três tipos, nanofibras de celulose, nanocristais de celulose e nanocelulose de origem bacteriana, tendo diferentes propriedades e vantagens (KIM *et al.*, 2015; RIBEIRO *et al.*, 2019; SALIMI *et al.*, 2019). Essas diferentes classificações estão relacionadas ao método de produção e morfologia, os nanocristais e nanofibras são os mais comuns e além de diferentes dimensões apresentam diferente cristalinidade. Os nanocristais apresentam cristalinidade relativa próxima a 73% e 86%, enquanto as nanofibras, 45% e 71% (JIANG; HSIEH, 2015; JONOOBI *et al.*, 2015; MARTELLI-TOSI *et al.*, 2016; NURUDDIN *et al.*, 2016).

Para o ano de 2020 foi estimada e atingida uma produção global próxima a 5 mil toneladas de nanocelulose (RIBEIRO *et al.*, 2019). A produção é baseada em duas etapas, o pré-tratamento, ou isolamento das fibras de celulose e a fibrilação destas fibras. A etapa de isolamento das fibras emprega-se processos de polpação, deslignificação e branqueamento da celulose normal. Na etapa de fibrilação as estruturas celulósicas são individualizadas e reduzidas a uma escala nanométrica por meio de processos enzimáticos, químicos ou físicos. O tratamento químico com ácidos fortes concentrados é o método mais comum para a fibrilação da celulose (REBOUILLAT; PLA, 2013; RIBEIRO *et al.*, 2019; SOUZA *et al.*, 2017).

Os resíduos da colheita e processamento de milho são alvo de muitos estudos para a produção de nanocelulose (BALEA *et al.*, 2016; LIU *et al.*, 2016; PRESTES *et al.*, 2016; SANTOS, 2020; SHARIF HOSSAIN *et al.*, 2018; SILVÉRIO *et al.*, 2013; VALDEBENITO *et al.*, 2017; YANG *et al.*, 2017). Tanto o colmo, a palha e o sabugo de milho possuem teores de celulose e características morfológicas com potencial para a valorização dos resíduos para o isolamento das fibras e posterior produção de nanocelulose (SANTOS, 2020). Para garantir a viabilidade dos processos, é importante o desenvolvimento de métodos focados em resíduos gerados na região produtora, reduzindo assim os custos de transporte da matéria-prima (KOPANIA *et al.*, 2012), e equilibrando o alto custo de produção, o qual ainda é o principal problema para a comercialização da nanocelulose (SOUZA *et al.*, 2019).

A aplicação de fibras de celulose e nanocelulose derivadas do milho em embalagens, geralmente é com o objetivo de melhorar as propriedades mecânicas e em alguns casos de barreira, pelo desenvolvimento de materiais compósitos, mantendo a biodegradabilidade das embalagens, como será discutido na seção 17.4.3.

17.2.4 POLÍMEROS BIOTECNOLÓGICOS

Os polímeros biotecnológicos são produtos derivados de processos fermentativos, com produção de monômeros seguidos de síntese química convencional ou pela formação dos polímeros como produto da fermentação de microrganismos específicos (LAGARON, 2019; SILVA *et al.*, 2007; TSANG *et al.*, 2019; WEBER *et al.*, 2002).

O PLA, ácido poli lático ou poli (ácido lático) é um dos principais polímeros biodegradáveis obtidos por processos biotecnológicos (AURAS *et al.*, 2010), sendo geralmente produzido via polimerização por condensação diretamente de seu ácido lático básico, derivado da fermentação de açúcares de diferentes fontes de carboidratos, como milho, cana de açúcar ou tapioca. A maioria das rotas comerciais usa a conversão mais eficiente de lactídeo – o dímero cíclico do ácido lático – em PLA via polimerização por abertura de anel (ROP) com um catalisador à base de Sn (II) em vez de policondensação (GUPTA; KUMAR, 2007; VOUYIOUKA *et al.*, 2013). Ambos os conceitos de polimerização se baseiam em ácido lático de grau polimérico altamente concentrado de excelente qualidade para a produção de polímeros de alto peso molecular com alto rendimento (AURAS *et al.*, 2010).

Os poli-hidroxialcanoatos (PHA) e os poli-hidroxibutiratos (PHB) são polímeros de poliésteres alifáticos produzidos por microrganismos naturais ou geneticamente modificados, por meio de fermentação de diferentes substratos. A biomassa de milho, como os seus carboidratos e lipídios, são substratos com grande potencial para a produção desses polímeros biodegradáveis (LAGARON, 2019; SILVA *et al.*, 2007; TSANG *et al.*, 2019).

Os PHA e seus copolímeros são totalmente biodegradáveis e exibem propriedades termoplásticas e elastoméricas. A síntese ocorre por uma ampla variedade de bactérias Gram-positivas e Gram-negativas cultivadas em matérias-primas agrícolas. Estes polímeros são divididos em dois grupos; PHA de cadeia curta e PHA de cadeia média, com base no número de átomos de carbono na cadeia ramificada dos polímeros e no tipo de homopolímeros ou heteropolímeros produzidos por unidades monoméricas (NETRAVALI, 2018). O peso molecular pode variar de cerca de 50 mil a mais de 1 milhão Da (BUGNICOURT *et al.*, 2014). As cepas de bactérias, as condições de crescimento e o método de extração dos PHA resultam em polimentos com características variadas. Os PHA de cadeia curta tendem a ser rígidos, quebradiços e altamente cristalinos (cerca de 60% a 80%), enquanto os PHA de cadeia média têm flexibilidade significativa, elasticidade com baixa cristalinidade (cerca de 25%), resistência à tração, módulo de elasticidade, elevado alongamento e baixa temperaturas de fusão e transição vítrea (ANJUM *et al.*, 2016).

O PHB é um poliéster linear de ácido D (-)-3-hidroxibutírico, sendo o membro mais amplamente utilizado da família dos PHA (NETRAVALI, 2018). A densidade do PHB está na faixa de 1,18 a 1,26 g cm-3, dependendo da sua morfologia, resulta no P(3HB) e P(4HB). As propriedades desses polímeros podem ser manipuladas pela mistura ou combinação com outros polímeros ou plastificantes, como glicerol, éster salicílico, óleo de soja, entre outros (ANJUM *et al.*, 2016). Outra estratégia para manipular as propriedades funcionais de PHB é formar copolímeros incorporando diferentes monômeros, como o 3-hidroxivalerato, 3-hidroxihexanoato, 3-hidroxipropionato e 4-hidroxibutirato na cadeia do polímero sendo eles o P(3HB-co-4HV), P(3HB-co-4HB), P(3HB-co-4HA), com diferentes estruturas e propriedades. (NETRAVALI, 2018).

Os PHA são alternativas aos polímeros derivados do petróleo, como polipropileno (PP) e polietileno (PE), no entanto, o elevado custo de obtenção ainda é um entrave para aplicações em alimentos de primeira necessidade e até mesmo produtos gourmet e que atendam nichos de mercado. As principais aplicações destes polímeros são as áreas médicas e de engenharia de tecidos (CHEN *et al.*, 2020).

17.2.5 OUTROS POLÍMEROS DERIVADOS DO MILHO

A lignina é o segundo polímero mais abundante na natureza e está presente na parede celular de plantas superiores. Estruturalmente, a lignina é uma macromolécula tridimensional fenólica amorfa complexa, associada à celulose e à hemicelulose na composição de materiais lignocelulósicos (SATHAWONG *et al.*, 2018). A lignina é um material hidrofóbico, altamente ramificada, sendo formada pela polimerização dos álcoois cumarílico, coniferílico e sinapílico, e a proporção destes três compostos resulta em diferentes tipos de lignina. Os grupos éteres dominam a união entre as unidades da lignina, que apresenta grande número de interligações (JOHN; THOMAS, 2008).

A lignina age como um cimento entre as fibrilas de celulose e como um reforço no interior das fibras (SATHAWONG *et al.*, 2018). A força de adesão deste material é ampliada pela existência de ligações covalentes entre as cadeias de lignina e os constituintes da celulose e da hemicelulose e, tende a ser mais forte quando os vegetais estão na fase adulta. A lignina confere às plantas suporte estrutural, impermeabilidade, transporte de nutrientes e resistência contra ataques microbianos e estresse oxidativo (JOHN; THOMAS, 2008; PÉREZ *et al.*, 2002; SATHAWONG *et al.*, 2018).

Dentre os materiais que compõem os carboidratos do milho, a maior porção das fibras vegetais é composta pela holocelulose (celulose + hemicelulose), com menor quantidade de outros açúcares, como as pentoses (TAHERZADEH; KARIMI, 2007). As hemiceluloses são um dos biopolímeros mais abundantes na natureza e podem ser isoladas de vários resíduos lignocelulósicos agrícolas e florestais, dentre eles, colmos, palhas e sabugos de milho (VAN DONGEN *et al.*, 2011).

A hemicelulose é um polissacarídeo complexo de peso molecular inferior ao da celulose, sendo facilmente hidrolisada e solubilizada em meio alcalino (BAHCEGUL *et al.*, 2013; EBRINGEROVÁ; THOMAS, 2005). As cadeias podem ser lineares ou ramificadas, constituídas por diferentes açúcares, são estruturas amorfas e possuem massa molecular relativamente baixa. Podem ser chamadas de arabinanas, mananas, xilanas, entre outras, conforme a composição e predominância dos monossacarídeos (BAHCEGUL *et al.*, 2013; EBRINGEROVÁ; THOMAS, 2005).

As xilanas são o tipo mais comum de hemicelulose e as prevalentes no milho (BAHCEGUL *et al.*, 2013; EBRINGEROVÁ; THOMAS, 2005; GISELA; ALESSANDRO, 2010). As cadeias são depositadas de forma intercalada nas microfibrílas de celulose em um estágio anterior à lignificação, dando elasticidade e flexibilidade ao agregado e impedindo que as microfibrilas de celulose se aproximem (MEDRONHO; LINDMAN, 2015; SILVA *et al.*, 2009).

17.3 PROCESSOS PARA OBTENÇÃO DE EMBALAGENS BIODEGRADÁVEIS

Os polímeros termoplásticos são aqueles que possuem apenas ligações secundárias entre suas cadeias moleculares, o que lhes confere a capacidade de amolecer e fluir quando sujeitos a aumentos de temperatura e pressão. Quando estes fatores são retirados, solidificam-se em produtos com formatos definidos, sendo esta, uma transformação física, reversível. Novas aplicações de temperatura e pressão produzem o mesmo efeito de amolecimento e fluxo (CALLISTER JR; RETHWISCH, 2018). Assim, é importante estudar as propriedades reológicas e o efeito dos aditivos na conversão dos materiais biodegradáveis à base de milho em termoplásticos e para a escolha das melhores condições de processamento. Eles podem sofrer processamento úmido ou seco.

17.3.1 *CASTING* E COBERTURAS

Os filmes obtidos por *casting* e as coberturas comestíveis são processos úmidos e totalmente diferentes. Os filmes, comestíveis ou não, usados como material de embalagem de embrulho, enquanto as coberturas comestíveis podem ser aplicadas diretamente na superfície de frutas, vegetais e outros produtos alimentícios (AGUIRRE-JOYA *et al.*, 2018; CAZÓN *et al.*, 2017; SUHAG *et al.*, 2020).

A técnica de *casting* ou fundição por evaporação de solvente é uma das técnicas mais reportadas para a produção embalagens biodegradáveis à base de milho, sendo amplamente utilizada em escala laboratorial e piloto (JEEVAHAN *et al.*, 2020; SUHAG *et al.*, 2020). O processo compreende etapas que demandam energia, incluindo; 1) dissolução de um polímero em um solvente; 2) vazamento em molde e evaporação do solvente por convecção; 3) secagem do filme no molde (Figura 17.2). A etapa de evaporação do solvente e secagem dos filmes requer longos tempos em estufas ou fornos com temperaturas variando de 30ºC a 60ºC (BODIRLAU *et al.*, 2013; DOMENE-LÓPEZ *et al.*, 2019; SUHAG *et al.*, 2020). Além disso, o procedimento de secagem, em geral exige circulação de ar, sendo uma etapa muito importante para melhorar a relação intramolecular entre as cadeias dos polímeros e obter uma microestrutura e espessura adequada do filme (OTONI *et al.*, 2017).

As coberturas são aplicadas por pulverização direta na superfície do produto (por exemplo, em produtos de panificação, frutas, vegetais, *in natura* ou minimamente processados) e por imersão dos produtos diretamente na solução formadora da cobertura (Figura 17.2) (AGUIRRE-JOYA *et al.*, 2018; ASSIS; BRITTO, 2014; CAZÓN *et al.*, 2017; GALUS; KADZIŃSKA, 2015; SUHAG *et al.*, 2020).

A formação de revestimentos com aplicação direta, a partir de soluções formadoras de filme, consiste na maneira mais simples de obter produtos revestidos. O material irá absorver uma quantidade apropriada de solução necessária para formar uma película, que quando seca, forma uma camada protetora na superfície do alimento (GALUS; KADZIŃSKA, 2015). Neste sentido, as propriedades da superfície do produto a ser revestido desempenham um papel fundamental na aplicação do revestimento (ASSIS; BRITTO, 2014; CAZÓN *et al.*, 2017; ESPITIA *et al.*, 2014).

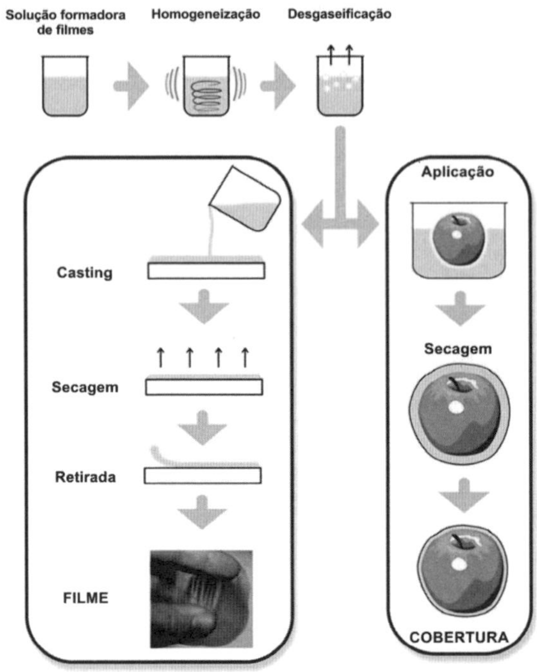

Figura 17.2 Processo úmido de *casting* de soluções poliméricas para produção de filmes e processo de imersão para aplicação direta de coberturas na superfície do produto

Fonte: Adaptado de Otoni *et al.* (2017).

Para obter sucesso nas operações de revestimento, parâmetros específicos que tratam do produto base a ser revestido, como, composição química, textura, forma, densidade, além do equipamento de processamento, como sistemas contínuos ou descontínuos, temperatura, estático ou dinâmico, e a formulação de revestimento, como, material polimérico, solvente e viscosidade, devem ser levados em consideração (FALGUERA *et al.*, 2011; GALUS; KADZIŃSKA, 2015). Com este tipo de embalagem garante-se a formação de uma cobertura protetora que pode ampliar a vida útil de alimentos perecíveis (AGUIRRE-JOYA *et al.*, 2018; FALGUERA *et al.*, 2011; OTONI *et al.*, 2017; SUHAG *et al.*, 2020).

A aplicação de coberturas ainda pode ocorrer por processos eletro-hidrodinâmicos, como *electrospinning* e *electrospraying* (FABRA *et al.*, 2013; YILMAZ *et al.*, 2016). Estas são tecnologias simples e econômicas que empregam forças elétricas e hidrodinâmicas para converter soluções poliméricos em jatos finos. O processo denominado de *electrospinning* ou eletrofiação consiste na produção de fibras poliméricas contínuas com diâmetros de micro a nanométricos por meio da ação de um campo elétrico externo de alta tensão em uma solução polimérica (FABRA *et al.*, 2013; YILMAZ *et al.*, 2016). Enquanto a atomização eletrohidrodinâmica ou *electrospraying* produz estruturas não contínuas (gotículas) que resultam em capsulas ou formação de material particulados (KHAN *et al.*, 2013). A morfologia e o tamanho das estruturas produzidas pelos processos eletro-hidrodinâmicos são determinadas pelas propriedades da solução, como viscosidade, tensão superficial e condutividade e pelos parâmetros do processo, como a voltagem, vazão da solução e distância do ponto coletor (ANUKIRUTHIKA *et al.*, 2020).

As soluções formadoras de filmes e coberturas à base de amido tem como componentes a água, plastificantes, como glicerol, sorbitol, manitol, além de ácidos graxos, extratos vegetais e óleos essenciais (THAKUR *et al.*, 2019). Além disso, outros polímeros como pectina, gomas e xilanas, podem ser adicionados para melhorar as propriedades mecânicas e de barreira. Estes componentes são reconhecidos como GRAS (*Generally Recognized As Safe*) e em geral, são apontados como comestíveis.

As soluções formadoras de filme à base de zeína incluem água, metanol, etanol e acetona, isopropanol (CHEN *et al.*, 2019; PARRIS; COFFIN, 1997). A solução de etanol hidratado (GRAS) é normalmente escolhida como o preparo destas soluções quando as aplicação são em alimentos, mesmo que as propriedades dos filmes indiquem que o uso de acetona resulta em resistência à tração melhorada e menos flexíveis do que aqueles preparados em etanol (PARRIS; COFFIN, 1997).

17.3.2 *TAPE-CASTING* DE SOLUÇÕES

O processo de *tape-casting* ou fundição de uma solução é uma técnica de processamento adequada para fabricar filmes a partir de emulsões poliméricas e soluções aquosas de polímeros (processo úmido). Esta técnica é bem estabelecida para a produção de laminados cerâmicos de camada única ou múltipla (HOTZA; GREIL, 1995; MISTLER; TWINAME, 2000), e também foi usada para preparar filmes de biopolímeros (CHEN *et al.*, 2019; JEEVAHAN *et al.*, 2020; MORAES *et al.*, 2013; MORAES; LAURINDO, 2018; MORAES *et al.*, 2014; THAKUR *et al.*, 2019; VOGELSANG *et al.*, 2014).

O processo de *tape-casting* está representado na Figura 17.3. A solução polimérica armazenada num recipiente com gradiente de pressão, que em combinação com o movimento da correia transportadora, produz um fluxo de solução através de um espaço micrométrico da lâmina niveladora, chamada de *doctor-blade*. O ajuste da abertura da lâmina niveladora controla a espessura do filme úmido e as características da superfície. Uma fita/correia transportadora move o filme úmido continuamente através de um túnel de secagem, no qual o solvente é removido e é produzido um filme seco com espessura uniforme. A velocidade de espalhamento irá promover alterações na espessura e a estrutura superficial do filme e deve ser determinada baseada nas características da suspensão e da configuração da lâmina niveladora, como altura do espalhador e volume do reservatório (MORAES *et al.*, 2013; MORAES *et al.*, 2014; VOGELSANG *et al.*, 2014)

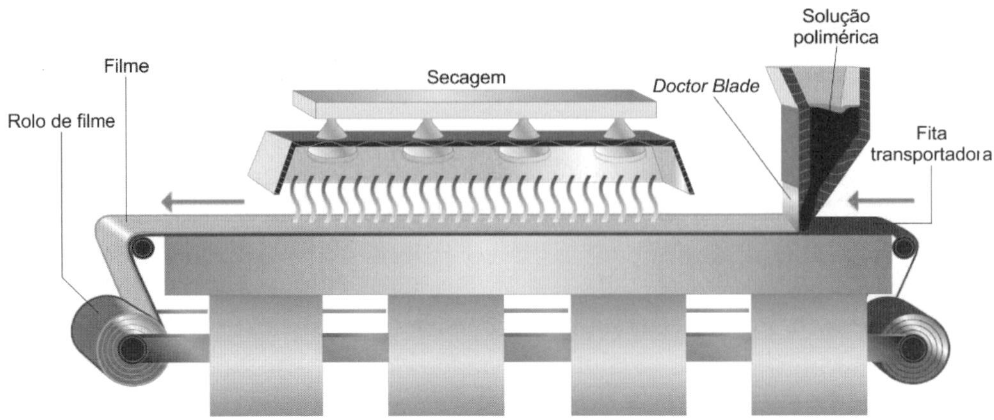

Figura 17.3 Diagrama do processo úmido de *tape-casting* de soluções poliméricas para a produção de filmes biodegradáveis

Fonte: Lubrizol Life Science (2019).

Comparado com o processo de extrusão de filmes, o *tape-casting* requer custos mais altos devido à necessidade de evaporação e recuperação de solvente, mas é uma excelente alternativa de processamento para polímeros sensíveis à temperatura (MORAES *et al.*, 2013; VOGELSANG *et al.*, 2014). Desta forma, é considerado um processo promissor para o aumento de escala na produção de filmes biodegradáveis, além de possibilitar o uso de estruturas industriais para a produção de papel e cerâmica (MORAES *et al.*, 2013; MORAES *et al.*, 2014). Além disso, o *tape-casting* produz filmes com espessura homogênea e uniforme e não precisa de aditivos de processamento para estabilização térmica durante o processamento (VOGELSANG *et al.*, 2014).

Dentre os sistemas de embalagens produzidos por *tape-casting*, o polímero mais estudado é o amido de mandioca (MORAES *et al.*, 2013). No entanto, o processo é aplicável para todos os polímeros, em especial, aqueles sensíveis à temperaturas elevadas.

17.3.3 EXTRUSÃO TERMOPLÁSTICA

O processamento seco de polímeros inclui a extrusão. De forma genérica, o material a ser extrusado é forçado através de um orifício em uma matriz aberta por uma força de compressão (Figura 17.4). Esta força é aplicada por um êmbolo ou rosca, e o material extrudado que emerge assume a forma do da matriz. Para materiais termoplásticos, uma rosca sem fim transporta o material através de uma câmara, sendo sucessivamente compactado, fundido e conformado como uma carga contínua de um fluido viscoso. A extrusão ocorre conforme essa massa fundida é forçada através de um orifício na matriz. A solidificação do segmento extrudado é acelerada por sopradores de ar, por borrifos de água, ou por banho de água (CALLISTER JR. RETHWISCH, 2018).

A extrusão permite a formação de filmes e materiais expandidos, além de ser etapa prévia à moldagem por sopro de garrafas, tampas e outros componentes para embalagens.

Como vantagens, a ausência de solventes, fácil manuseio de polímeros de alta viscosidade, ampla gama de condições de processamento, emprego de roscas rotativas que produzem pressão, cisalhamento e temperatura para romper o grânulos de polímero e homogeneizar ingredientes massa fundida (JIMÉNEZ *et al.*, 2012; LIU *et al.*, 2009).

Os amidos e as proteínas possuem temperaturas de degradação inferior à temperatura de fusão, o que impede a sua aplicação direta como um material termoplástico (AMARAL *et al.*, 2016; CORRADINI *et al.*, 2005; SELLING, 2010; SEMASAKA *et al.*, 2010). Estes polímeros são frágeis e hidrofílicos por natureza, tornando-os inadequados para várias aplicações, como a fabricação de sacolas plásticas, embalagens de contato direto com alimentos e outras. Além disso, possuem baixa capacidade de processamento térmico, devido ao seu alto ponto de fusão e menor temperatura de decomposição térmica (ASSAD *et al.*, 2020; KHAN *et al.*, 2017; NAFCHI *et al.*, 2013; VERBEEK; VAN DEN BERG, 2010). Logo, a adição de um plastificante é necessária para que esses polímeros sejam passíveis de processamento térmico (LIU *et al.*, 2009).

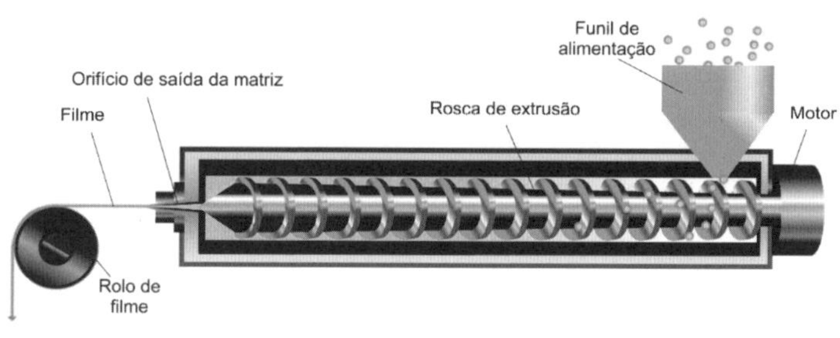

Figura 17.4 Diagrama do processo seco de extrusão de polímeros para a produção de filmes
Fonte: Lubrizol Life Science (2019).

A transformação de amido (TPS) e zeína (TPZ) em materiais termoplásticos ocorre por meio de tratamento termomecânico, com aquecimento e cisalhamento, na presença de plastificantes adequados, como água, glicerol, sorbitol, lecitina e outros plastificantes (ALTAYAN *et al.*, 2020b; FORATO *et al.*, 2013; KHAN *et al.*, 2017; NAFCHI *et al.*, 2013; SELLING, 2010; VERBEEK; VAN DEN BERG, 2010).

Durante a extrusão termoplástica do amido, ocorre desestruturação do grânulo por ação de energia termomecânica e adição de plastificante. No processo, o amido nativo é aquecido de 90°C a 180°C na presença de um plastificante. Sob efeito de forças de cisalhamento, ele funde-se e se torna um material amorfo com características termoplásticas (CORRADINI *et al.*, 2005).

A maioria dos estudos de desenvolvimento de embalagens biodegradáveis à base de amido foca em melhorar as propriedades mecânicas e de barreira dos filmes (MÜLLER *et al.*, 2009). O TPS demonstra comportamento flexível resultante da adição de plastificante, que leva à dissociação das ligações inter e intramoleculares de hidrogênio ao longo das cadeias poliméricas, aumentando o espaçamento intermolecular e, por sua vez, melhorando a mobilidade molecular das cadeias de amido (LIU *et al.*, 2009).

Apesar disso, a sensibilidade do amido e do TPS à umidade relativa tem sido uma desvantagem de seu uso comercial, pois seu comportamento mecânico é dependente do teor de umidade (BEMILLER, 2018; GIURI *et al.*, 2018; KHAN *et al.*, 2017; NAFCHI *et al.*, 2013). O uso de TPS com outros polímeros biodegradáveis ou ainda derivados de petróleo é bastante comum para a redução de custos e melhoria de biodegradabilidade das embalagens (AVÉROUS, 2004).

A transformação da zeína em materiais termoplásticos, tal como TPS, ocorre pela plastificação das zeína por ácidos graxos ou polióis, como sorbitol, glicerol, manitol e outros (CHEN *et al.*, 2019). A zeína possui aminoácidos apolares, prolina e glutamina, que conferem a este material algumas propriedades específicas de interesse em termos de resistência à água, viscosidade ou resistência térmica (FABRA *et al.*, 2013). Estes monômeros são altamente propensos a se associar para obter excelentes propriedades de formação de filme, sendo as subunidades de zeína sujeitas à formação de espécies intermoleculares reticuladas capazes de formar uma matriz polimérica íntegra com resistência à tração elevada (ARGÜELLO-GARCÍA *et al.*, 2014).

As variações dos equipamentos utilizados no processamento dos TPS, TPZ e dos filmes afetam as propriedades das embalagens. A resistência à tração de filmes de zeína de milho plastificado com ácido oleico foi maior em filmes obtidos por extrusão com dupla rosca do que com equipamento de rosca simples. Uma estrutura mais compacta, lisa e uniforme também foi observada nos filmes produzidos por extrusão com dupla rosca, enquanto na extrusão em rosca simples, os filmes apresentaram grande número de orifícios (WANG; PADUA, 2003a).

17.4 TIPOS DE EMBALAGENS BIODEGRADÁVEIS À BASE DE MILHO

17.4.1 COBERTURAS COMESTÍVEIS

A aplicação de revestimentos fornece proteção física às frutas e vegetais frescos, como retenção na cor, ácidos, açúcares e componentes de sabor. Além disso, os filmes e revestimentos comestíveis oferecem uma barreira parcial ao movimento de soluto, oxigênio, umidade e dióxido de carbono e dessa maneira, diminui a perda de água, a taxa de respiração e as taxas de reação de oxidação. A aplicação de coberturas pode ser uma forma eficiente de reduzir o desenvolvimento de microrganismos, tanto deteriorantes quanto patogênicos (HASSAN *et al.*, 2018; SAPPER; CHIRALT, 2018).

Um estudo com revestimentos à base de amido de milho e gelatina (1:1) plastificados com sorbitol (10% em relação ao amido) mostrou-se eficaz como tratamento pós-colheita para estender a vida útil das uvas refrigeradas por 21 dias e manter a qualidade dos frutos, reduzindo a perda de peso total, sem afetar a aceitabilidade sensorial dos consumidores (FAKHOURI *et al.*, 2015). Os revestimentos à base de amido geralmente se destacam no que se refere às propriedades de barreira, em comparação a outros polissacarídeos ou proteínas (KRAMER, 2009).

O amido de milho (80%) e plastificantes (20%, dos quais 79,7% eram glicerol e 20,3% sorbitol) foram utilizados como revestimento de tomates. O material de cobertura foi obtido pela combinação do processo de extrusão e posterior aquecimento (80°C/10 minutos) para obter uma solução gelatinizada, que após resfriada, foi aplicada a superfície dos frutos. Após 28 dias mantidos sob refrigeração (12 ± 1°C, UR: 90 ± 5%) os frutos com coberturas de amido de milho apresentaram taxa de respiração e produção de etileno reduzidas comparados aos sem revestimento e com revestimento comercial à base de cera de carnaúba (FITCH-VARGAS *et al.*, 2019).

A aplicação de coberturas de amido de milho modificado plastificado com glicerol (20,2%) e adição ácido ascórbico (0,8%-2,2%) e tomate em pó (4%-11%) em massa congelada de pão promoveu aumento na vida útil das massas, reduziu a firmeza e o escurecimento dos pães quando comparados aos não revestidos. Os minerais presentes no tomate em pó estavam presentes no revestimento e no pão, confirmados por microscopia eletrônica de varredura acoplada à espectroscopia por energia dispersiva, comprovando assim a mobilidade do revestimento na massa, melhorando a qualidade dos pães (GALVÃO *et al.*, 2018).

O emprego de amido de milho (2%) como cobertura de tomates, plastificado com glicerol (15% em relação ao amido) e aloe vera (1:3 em relação ao amido), resultou em alterações na aparência dos frutos e retardou a perda de massa. A redução na perda de massa ocorreu quando os tomates foram armazenados a 10°C e 85% RH durante sete dias, e subsequente estocagem a 25°C e 85% RH por sete dias. Depois de catorze dias de estocagem, os tomates sem cobertura apresentaram perda de massa 84 vezes maior que os frutos com cobertura (ORTEGA-TORO *et al.*, 2017).

Outro sistema de cobertura à base de amido de milho (2%) e goma arábica (2%), plastificado com glicerol (10%) e sorbitol (10%) foi desenvolvido para avaliar a perda de massa, firmeza e cor de banana verde. Os frutos com cobertura apresentaram perda de massa cerca de 30% menor, quando comparadas aos sem cobertura. A aplicação das coberturas foi efetiva para manter a firmeza das bananas e reduzir o a velocidade do processo de amadurecimento (SAPPER; CHIRALT, 2018)antimicrobials.

Coberturas à base de zeína foram desenvolvidas e aplicadas na superfície de queijos tipo minas padrão armazenados por 56 dias. As coberturas foram preparadas com zeína (20%) em etanol 95%, contendo glicerol (2 g), ácido oleico (14 g) e emulsificante (1 g), e em uma delas foi também adicionado goma xantana (0,05 g). Os revestimentos biodegradáveis preveniram a contaminação microbiológica e diminuíram a perda de umidade quando comparadas às amostras sem embalagem. Porém, quando comparadas a queijos embalados com polietileno, em apenas 28 dias as amostras com as coberturas biodegradáveis perderam mais umidade e por consequência ficaram mais duros, com 30% menos proteólise e com alteração de cor (PENA-SERNA *et al.*, 2016).

A cobertura de superfícies de maças com nanofibras de zeína (30%, etanol 85%) funcionalizadas com curcumina (2-5%, em relação a massa da zeína) foi empregada para prevenir a colonização de fungos (*Penicillium expansum* e *Botrytis cinerea*) na superfície das frutas. O revestimento limitou a deterioração pós-colheita causada pelos patógenos fúngicos, sugerindo que coberturas à base de nanofibras de zeína com propriedades antimicrobianas podem ser ferramentas promissoras para competir com os fungicidas sintéticos homólogos da curcumina (YILMAZ *et al.*, 2016).

17.4.2 FILMES BIODEGRADÁVEIS

Os filmes biodegradáveis têm sido amplamente estudados a fim de substituir os polímeros de origem petroquímica usados na indústria de embalagem. Para isso é necessário o estudo aprofundado de vários parâmetros importantes, como propriedades mecânicas, de barreira e térmicas, solubilidade em água, entre outras (FAKHOURI *et al.*, 2015), além da viabilidade de processamento em equipamentos atualmente disponíveis nas indústrias de polímeros e alimentos (GUTIÉRREZ; ALVAREZ, 2018).

A utilização do amido e zeína de milho para produção de filmes biodegradáveis é amplamente investigada, devido a sua capacidade de serem processados em equipamentos convencionais de processamento de plásticos (Figura 17.5) (ALI *et al.*, 2018; DANG; YOKSAN, 2015; OLIVIERO *et al.*, 2010). Na Tabela 17.1 estão sumarizados os materiais, o processo produtivo e os principais efeitos em filmes biodegradáveis produzidos com amido e proteína de milho.

Figura 17.5 Processo de extrusão tubular de amido termoplástico (a) e zeína termoplástica (b)
Fontes: Dang; Yoksan (2015); Oliviero *et al.* (2010).

Os filmes obtidos por extrusão de amido com alto teor de amilose, geralmente exibem melhores propriedades mecânicas. Porém a extrusão é mais difícil do que amidos com teor de amilose normal, pois exige maior temperatura, mais umidade, maior tempo de equilíbrio e pressão mais alta do molde, devido a maior viscosidade e fluxo instável do material (LI *et al.*, 2011a).

Os parâmetros operacionais também são influenciados pela mistura prévia dos componentes dos filmes extrusados (Tabela 17.1). Ao utilizar pré-misturas, menor torque e pressão da matriz são requeridos para produzir os filmes (LI *et al.*, 2011a). O tempo de maturação entre a pré-mistura de amido com plastificantes e a etapa de preparação do TPS também influencia nas propriedades do material (ALTAYAN *et al.*, 2020a). A extrusão em equipamento dotado de dupla rosca proporciona maior resistência a tração e uma estrutura mais compacta, lisa e uniforme. Os filmes extrusados também exibem maior elongação, quando comparados aos processos não extrusados, como *casting* (NORDIN *et al.*, 2020; WANG; PADUA, 2003a).

O amido de milho normal (25% de amilose) e amido de milho com alta amilose (65%), plastificados com glicerol e sorbitol foram usados para produzir filmes por *casting* com gelatinização à frio com NaOH (1%). O amido com alto teor de amilose resultou em menor permeabilidade a gases. O uso do sorbitol promoveu uma superfície lisa e homogênea, menor permeabilidade a gases, bem como barreira seletiva ($CO_2 > O_2$) e redução da permeabilidade com o aumento da cristalinização dos filmes, em função do teor de amilose, durante o armazenamento (GARCÍA *et al.*, 2000).

Em outro estudo, filmes de amido de milho (33% amilose) foram elaborados com plastificates glicerol e/ou timol. Os filmes adicionados de glicerol e timol apresentaram maior resistência a tração, comparada aos filmes que continham apenas timol. A combinação dos dois plastificantes também melhorou a estabilidade térmica dos filmes, aumentando a temperatura máxima de degradação (NORDIN *et al.*, 2020).

Normalmente, os filmes à base de zeína têm uma barreira moderada à umidade, barreira ao oxigênio e propriedades mecânicas melhoradas, principalmente o alongamento, como resultado do efeito plastificante da TPZ. A zeína também tem efeito positivo na resistência à tração de materiais mistos (zeína e amido) e comparado a outras proteínas (ARGÜELLO-GARCÍA *et al.*, 2014; CHEN *et al.*, 2019; PANCHAPAKESAN *et al.*, 2012; WANG *et al.*, 2003b).

Tabela 17.1 Filmes produzidos com amido e proteína de milho

Composição do filme	Processo de produção	Efeitos do processo de produção	Referência
Amido ceroso (4,3% de amilose), regular de (29% de amilose), alto com teor de amilose Gelose 50 (61,5% de amilose) e Gelose 80 (77,4% amilose).	Extrusão (alimentação de amido e água, separadamente ou pré-misturados, a uma taxa de 1,2-2,4 kg h-1 através de um extrator de fio com velocidade de rosca de 30-120 rpm e diferentes zonas de temperatura).	A composição pré-misturada requer menor torque e pressão da matriz para produzir os filmes, que são macios e produzem filmes homogêneos que os filmes alimentados separadamente. Os filmes produzidos com amido com teor de amilose superior apresentaram melhores propriedades mecânicas e térmicas em comparação com as de amilose inferior.	LI *et al.* (2011a)

Amido de milho plastificado com glicerol.	Extrusão (extrusora de dupla rosca, com seis zonas de aquecimento, 160, 160, 160, 150, 150, 150 °C, com matriz de 100 mm, de largura, seguido de estiramento para reduzir a espessura dos filmes).	Os filmes contendo 50% de plastificante apresentaram resistência à tração e alongamento, além de estabilidade térmica superiores.	GIURI *et al.* (2018)
Amido de milho (22% de amilose) e amido de trigo (31% de amilose), glicerol.	Extrusão (extrusora de dupla rosca com velocidade diferencial de 3: 2, com volume de câmara de 50 cm^3 a uma velocidade de rotação de 60 rpm com aquecimento simultâneo até 160 °C.	O tempo de maturação entre a pré-mistura de amido com plastificantes e a etapa de preparação do TPS também influencia nas propriedades do material. Grânulos de amido com razão de amilose mais alta necessitam de mais energia e tempo para ser quebrado, plastificado e convertidos em fase fundida.	ALTAYAN *et al.* (2020b)
Amido de milho (22% de amilose) e amido de trigo (31% de amilose), glicerol.	Extrusão (suspensão de uma pré-mistura de amido - glicerol – água (50% amido – 30% glicerol – 20% água), extrusados com intervalos de 1, 4, 8, 10 e 12 dias.	O tempo de maturação entre a pré-mistura de amido com plastificantes e a etapa de preparação do TPS influencia as propriedades do material, bem como as condições do processo de termoplasticização, conforme o estudo de torque aqui comprovado.	ALTAYAN *et al.* (2020a)
Amido de milho (27% de amilose), amido de batata (20% de amilose) trigo, (25% amilose) plastificados com glicerol.	Casting de 5g de amido e 30% de glicerol (com base no amido), secagem a 25 ºC, 30% UR, 48h.	O teor de amilose influencia a hidratação e propriedades mecânicas. Os filmes de amido de batata foram mais translúcidos e com menor PVA que os filmes de amido de milho.	BASIAK *et al.* (2017)
Amido de milho normal (25% de amilose) e amido de milho com alta amilose (65%), plastificados com glicerol e sorbitol.	Casting de 20 g de amido com gelatinização a frio com NaOH (1%), secagem a 60 °C, 8h.	Superfície lisa e homogênea, menor permeabilidade a gases nos filmes de alta amilose e com sorbitol e barreira seletiva (CO2 > O2), redução da permeabilidade com o aumento da cristalinização dos filmes no armazenamento.	GARCÍA *et al.* (2000)

Amido de milho (33% amilose) plastificados com glicerol e timol.	Casting (4g de amido/100ml água destilada + 25% glicerol e/ou 5% timol em relação ao amido, sob agitação por 30 min até gelatinização completa a 85 °C).	Maior resistência à tração dos filmes com glicerol e timol comparada a amostras que continham apenas timol. Inclusão de glicerol e timol melhorou a estabilidade térmica dos filmes.	NORDIN et al. (2020)
Zeína e ácido oleico como plastificante.	Extrusão (Pré mistura ácido oleico: 70g/100g de zeína + DMG-130: 5g/100g zeína + em 75% de etanol) rosca simples, dupla rosca e extrusão sopro/ tubular.	A extrusão dupla rosca proporcionou uma maior resistência à tração e uma estrutura mais compacta, lisa e uniforme. Os filmes extrusados também exibiram maior elongação, quando comparados aos não extrusados de estudos anteriores.	WANG; PADUA (2003a)
Zeína e PEG-400 como plastificante.	Pré-mistura (75% zeína e 25% PEG), extrusão dupla rosca (alimentação: 20ºC, mistura/plastificação: 60 °C, duas zonas finais: 80 °C/80rpm) e sopro.	O processo de extrusão e sopro foi otimizado e os melhores filmes foram produzidos com zeína termoplástica com grande conteúdo de α-hélices em relação às β.	OLIVIERO *et al.* (2010)

TPS: amido termoplástico; σmáx: tração máxima, E: Módulo Young; εmáx: alongamento máximo; PVA: permeabilidade ao vapor de água; DMG: destilled mono-glyceride; PEG: polietileno glicol.

A zeína plastificada com ácido oleico foi utilizada para a produção de filmes por extrusão planar e de sopro com alimentação com massa úmida em extrusoras de rosca simples e dupla. Os filmes apresentaram evidências de comportamento plástico, maior alongamento na ruptura, menor resistência à tração e menor módulo de Young do que as amostras não extrudadas. Os filmes soprados, em extrusora de rosca simples ou dupla, mostraram propriedades de tração semelhantes às de amostras extrudadas com matriz planar (WANG; PADUA, 2003a).

A produção de filmes de zeína (10 g) via *casting*, empregou o plastificante glicerol (0%-30%, em relação à zeína) e os solventes etanol e isopropanol. Na fase inicial do ensaio de tração, a resistência à tração dos filmes aumentou com o aumento da concentração das soluções de etanol e isopropanol. Além disso, os filmes preparados por etanol foram mais hidrofílicos do que aqueles preparados com isopropanol. A capacidade térmica e a estrutura secundária dos filmes de zeína foram afetadas pela presença de etanol e isopropanol, respectivamente (CHEN *et al.*, 2019).

17.4.3 MATERIAIS COMPÓSITOS À BASE DE MILHO

Um compósito é definido como um material combinado, sendo composto por duas ou mais fases quimicamente distintas, sendo uma matriz compatível (fase contínua) e um agente de reforço (fase descontínua), afastadas por uma interface. A fase descontínua é responsável por fornecer resistência ao esforço mecânico e a fase contínua, corresponde ao meio de transferência desse esforço. O intuito da combinação de diferentes materiais é adquirir ou promover propriedades específicas, as quais não são obtidas pelos componentes separadamente. Desta maneira, os compósitos são produzidos a fim de obter combinações de propriedades, principalmente, de resistência à temperatura e mecânica (ALMEIDA *et al.*, 2015; MATHEW *et al.*, 2005). Os materiais biocompósitos possuem grande potencial para substituir, pelo menos em parte, os polímeros derivados do petróleo (VIEIRA *et al.*, 2011; YU *et al.*, 2006).

A incorporação de fibras de celulose aumenta a resistência à tração e módulo Young dos filmes e diminui a sua capacidade de alongamento (ALI *et al.*, 2018; ALVES *et al.*, 2015; DEBIAGI *et al.*, 2010; LOMELÍ-RAMÍREZ *et al.*, 2014; MÜLLER *et al.*, 2009; TEACA *et al.*, 2013). Além disso, na grande maioria dos materiais, há melhoria das propriedades de barreira ao vapor de água dos compósitos à base de amido e celulose (CAMPOS *et al.*, 2017; FAZELI *et al.*, 2018; MÜLLER *et al.*, 2009; PELISSARI *et al.*, 2017; SUN *et al.*, 2016). Na Tabela 17.2 estão descritos exemplos de materiais biocompósitos à base de milho.

A dispersão dos materiais de reforço dentro da matriz plastificada pode promover melhor resistência à umidade de filmes à base de amido. A 50% UR, filmes de amido contendo micropartículas de amido e celulose de bétula apresentaram resistência à tração superior e menor alongamento até a ruptura, quando comparados ao filme de amido sem reforço. Isso evidencia a presença de fortes interações entre as fibras de celulose e entre a celulose e o amido, por restringir o movimento das cadeias (TEACA *et al.*, 2013).

O emprego de celulose associada ao amido no desenvolvimento de filmes compósitos é possível, pois os polímeros possuem afinidade química, são oriundos de matérias-primas renováveis, e apresentam baixo custo de produção e obtenção (DEBIAGI *et al.*, 2010; LOMELÍ-RAMÍREZ *et al.*, 2014). O acréscimo de pequena porção de celulose em filmes de amido reduz a afinidade desses filmes com água (CARVALHO *et al.*, 2018b). A redução da sorção de água e o efeito de reforço na estrutura dos filmes à base de amido foram verificados com a adição de celulose em comparação com os materiais sem fibras (CURVELO *et al.*, 2001).

Tabela 17.2 Filmes compósitos à base de milho, matérias de reforço e as principais características

Processo de produção	Matriz e Reforço	Propriedades	Referências
Casting, secagem 35°C, 16h.	Amido de milho e celulose do colmo, palha e sabugo de milho.	Fibras celulósicas obtidas apresentaram diversos comprimentos e diâmetros e cristalinidade intermediária. Adição das fibras de celulose diminuiu a adsorção de umidade. A resistência à tração e módulo de Young aumentaram com a adição de fibra da palha (5 e 10%) e de colmo e sabugo (5%).	LENHANI *et al.* (2020)
Extrusão (dupla rosca) e termo-moldagem.	Amido de milho nativo, nano-MMT natural e modificadas e extrato de antocianinas de Flor da Jamaica (*Hibiscus sabdariffa*).	Propriedades térmicas e mecânicas foram melhoradas com a adição das nano-MTT e extrato de antocianinas, não foi possível avaliação como material ativo e inteligente, pois forças de cisalhamento da extrusora expuseram as antocianinas.	TORO-MÁRQUEZ *et al.* (2018)
Casting, secagem 40°C, 24h.	Amido de milho com alto teor de amilose (80%) e cristais de celulose e amido.	Aumento do módulo de Young e resistência à tração; diminuição do alongamento na ruptura; boa compatibilidade entre matriz e enchimentos; filme com cristais de celulose demonstraram melhor processabilidade e propriedades mecânicas superiores; filmes com cristais de amido demostraram maior proteção contra radiação UV.	ALI *et al.* (2018)
Casting, secagem 25°C, 50% UR.	Amido de milho, gelatina e NCC.	Aumento da concentração de gelatina e NCC levaram a aumentos na espessura do filme, na resistência tração e alongamento na ruptura; PVA foi menor nas concentrações intermediárias de gelatina; filmes exibiram estruturas homogêneas e coesas; baixos níveis de gelatina e NCC apresentaram a temperatura de degradação máxima.	ALVES *et al.* (2015)
Casting, secagem 60°C, 5h.	Amido fosfatado, NCSC e PEG.	A NCSC melhorou a resistência à tração e aumentou cristalinidade; PEG melhorou o alongamento na ruptura; filmes com NCSC e PEG apresentaram melhores propriedade de barreira; estabilidade térmica foi aumentada com adição de NCSC; foi obtida superfície lisa em todas os filmes e estrutura de rede uniforme com a adição de NCSC.	SUN *et al.* (2016)
Casting, secagem 40°C, 24h.	Amido de milho e fibra de casca de milho.	O aumento na concentração da fibra de casca de milho aumentou a resistência à tração dos filmes; superfícies mostraram-se homogêneas e coesas; houve incremento significativo na estabilidade térmica e cristalinidade; a incorporação da fibra promoveu o processo de biodegradação, devido à sua característica hidrofílica.	IBRAHIM *et al.* (2019)

Moldagem por injeção.	Amido de milho, glicerol, água e quitina.	Os filmes compósitos com adição de 30% de quitina exibiram alta resistência mecânica (σmáx: 6,1 MPa, E: 1500 MPa, εmáx: 3,5%).	ROSA; ANDRADE (2004)
Extrusão com equipamento dupla rosca.	Amido de milho ceroso, regular, de alta amilose (55%, 65%) amilose pura, amido de trigo e de batata, MMT natural e MMT modificada.	A resistência à tração foi maior com o aumento no teor de argila (15–92%) e PVA menor (22–67%). As propriedades de barreira e as mecânicas não variaram com os diferentes teores de amilose.	TANG *et al.* (2008)

UV: ultravioleta; MMT: montmorillonite; NCC: nanocristais de celulose; PVA: permeabilidade ao vapor de água: NSCS: celulose nanocristalina da palha de milho; PEG: polietileno glicol; $\sigma_{máx}$: tração máxima; E: módulo de Young; $\varepsilon_{máx}$: alongamento máximo.

A adição de fibras celulósicas de cevada em filmes à base de amido oxidado aumentou a sua estabilidade térmica (EL HALAL *et al.*, 2015). Ainda, houve melhora na permeabilidade ao oxigênio ao adicionar nanocristais de celulose ao filme à base de amido de milho (GONZÁLEZ *et al.*, 2015).

O emprego de amido e celulose de milho possibilita a utilização completa e total desta matéria-prima. No estudo de Lenhani *et al.* (2020) foram desenvolvidos filmes compósitos por *casting* à base de milho, utilizando amido e celulose isolada do colmo, palha e sabugo de milho. Os compósitos com fibras de palha apresentaram menor solubilidade quando comparados ao demais compósitos e não diferiram dos filmes sem adição de celulose (controle). A permeabilidade de vapor de água (PVA) foi superior ao controle até a concentração de 15 g 100 g-1. Os compósitos com fibras de colmo e sabugo apresentaram maior solubilidade em água e menor PVA quando comparados ao controle. A resistência à tração e módulo de Young oscilaram com a adição de fibras de palha, enquanto para as amostras com celulose de colmo e sabugo, a resistência à tração reduziu e o módulo Young reduziu a partir da concentração de 10 g 100 g-1. Os filmes compósitos adicionados de fibras de celulose apresentaram menor alongamento quando comparado aos filmes sem a adição de fibras. A umidade na monocamada, determinada pelo modelo de GAB, foi reduzida com a incorporação de fibras, com exceção a adição de 5 g 100 g-1 de celulose de palha de milho. Assim, as propriedades desejadas dos compósitos variaram conforme as características intrínsecas das fibras e a sua concentração. Os autores ainda concluíram que para a utilização como embalagem alimentícia é viável considerar, além das propriedades dos filmes compósitos, as propriedades físicas e químicas do alimento a ser armazenado.

As fibras da palha que cobre as espigas de milho (0% a 8%, em relação ao amido) foram utilizadas como reforço para a produção de filmes compósitos usando matriz de amido de milho e frutose como plastificante (25% em relação ao amido) utilizando a técnica de *casting*. A incorporação do resíduo particulado (fibras) melhorou, em geral, o desempenho dos filmes compósitos, com redução na densidade e no teor de umidade dos filmes e a avaliação de biodegradação em solo dos filmes apresentou menor resistência. A matriz (amido) e o reforço (fibras da palha) apresentaram excelente compatibilidade, contribuindo para a melhora da resistência à tração e do módulo Young, assim como no índice de cristalinidade. Os filmes compósitos também demonstraram melhor estabilidade térmica quando comparados com o filme sem material de reforço (IBRAHIM *et al.*, 2019).

As nanopartículas de celulose têm sido aplicadas como reforço de polímeros biodegradáveis. No desenvolvimento de filmes compostos por amido, gelatina e nanocristais de celulose (NCC), o aumento nas concentrações de gelatina e NCC resultaram no aumento da espessura do filme, resistência à tração e alongamento na ruptura. A permeabilidade ao vapor de água foi menor nas concentrações intermediárias de gelatina. Todas os filmes exibiram estruturas homogêneas e coesas, e aqueles com baixos níveis de gelatina e NCC apresentaram a temperatura de degradação máxima (ALVES *et al.*, 2015).

A celulose nanocristalina de palha de milho (NCSC) foi incorporada em filmes de amido fosfatado, plastificados por polietileno glicol (PEG). A adição de NCSC nos filmes melhorou a resistência à tração e apresentou maior cristalinidade e estabilidade térmica. Os filmes com adição de NCSC e PEG apresentaram melhores propriedades de barreira (SUN *et al.*, 2016).

O teor de argila montmorillonite natural e modificada (0% a 21% em peso MMT), fontes de amido (milho, trigo e batata) e teor de amilose (≈0%, 28%, 55%, 70%, 100%) foram avaliados na produção de filmes nanocompósitos. Com o aumento no teor de argila, a resistência à tração foi maior (15% a 92%) e a permeabilidade ao vapor de água menor (22% a 67%). As propriedades de barreira e mecânicas dos filmes nanocompósitos não variaram com as diferentes fontes de amido (TANG *et al.*, 2008).

17.4.4 ESPUMAS EXPANDIDAS

O processo de obtenção de materiais ou espumas expandidos requer a aplicação de pentano ou cloreto de metila por meio de aquecimento a vapor (SOYKEABKAEW *et al.*, 2015). O poliestireno expandido (EPS) comercialmente conhecido como Isopor® é material mais usado para a produção de sistemas expandidos, em especial, as embalagens de uso único. A expansão de materiais biodegradáveis, como o amido é possível, quando em condições específicas (CASTIGLIONI *et al.*, 2017).

O amido, em contato com a água apresenta a capacidade de se expandir, quando aquecido, e formar espumas, num processo de expansão térmica (STOFFEL *et al.*, 2019; STOFFEL *et al.*, 2015). O tipo de amido apresenta influência na estrutura da espuma devido à sua fonte botânica, dimensão dos grânulos e na proporção de amilose e amilopectina, tanto na aparência visual, quanto na expansão e densidade dos extrudados e espumas. Assim, para que a expansão ocorra, o amido deve apresentar baixo teor de amilose (< 20%), sendo o de mandioca o mais utilizado para este tipo de embalagens (MELLO *et al.*, 2013; SOYKEABKAEW *et al.*, 2015).

A formação de espumas elaboradas por termo expansão ou expansão térmica em molde fechado ocorre em três etapas. Na primeira etapa, ao se adicionar a massa no molde aquecido e fechado, a temperatura da mistura de amido com a água aumenta até atingir a temperatura de gelatinização do amido. Em seguida, com a elevação da temperatura, a água livre (que não foi utilizada para a gelatinização) evapora. Com a gelatinização do amido se inicia a formação de uma pasta viscosa que aprisiona o vapor permitindo a sua expansão e fazendo com que o molde seja preenchido. Por fim, com a saída do vapor através da exaustão ocorre o ressecamento da massa e seu endurecimento (MACHADO *et al.*, 2012; SKO; RUDOLF, 2010; STOFFEL *et al.*, 2019; STOFFEL *et al.*, 2015).

As espumas têm uma camada externa densa e um núcleo menos denso contendo principalmente células abertas (Figura 17.6). Embora a cristalinidade do amido seja destruída principalmente durante o cozimento, alguns grânulos inchados permanecem ligados a uma matriz de amido. Os recipientes de espuma expandida apresentam vários formatos, como pratos, xícaras, conchas ou acolchoamento de embalagem de transporte (SHOGREN *et al.*, 1998).

O processo de extrusão termoplástica também é amplamente utilizado para a produção de espumas expandidas, sendo que a produção de flocos anti-impacto para transporte são os principais produtos da expansão de amido (PUSHPADASS *et al.*, 2008; SOYKEABKAEW *et al.*, 2015)18 and 20% (dry basis.

O amido de milho (30% de amilose) resulta em espumas lisas, porém, apresenta rachaduras, além de necessitar de massas de amido e tempo de aquecimento maiores para a completa formação das embalagens. Os sistemas expandidos de amido com alto teor de amilose (50%) apresentaram formato irregular e ficaram pesadas pela elevada temperatura requerida para a fusão do amido, dificultando a gelatinização e a formação de uma massa elástica com capacidade de reter bolhas de vapor durante a expansão (SHOGREN *et al.*, 2002).

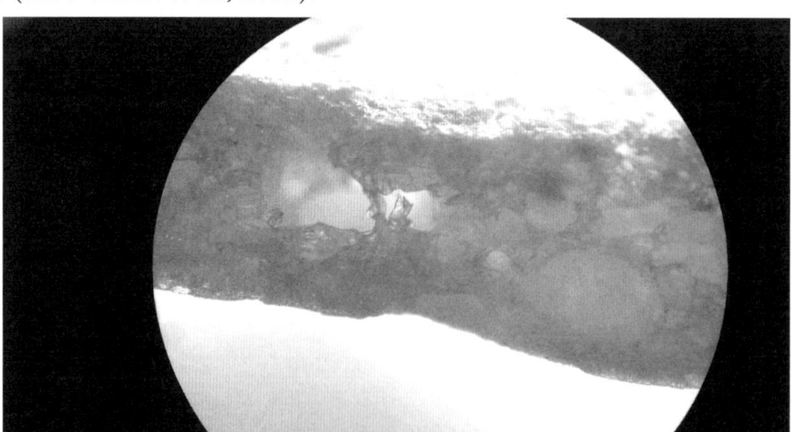

Figura 17.6 Estrutura interna de espuma expandida de amido produzida em molde fechado.
Foto: Juliana Cabral da Cruz.

A resistência das bandejas varia com a umidade relativa, sendo que uma relação não linear foi observada entre a resistência da bandeja e a umidade relativa, com resistência máxima em torno de 50% UR (LAWTON *et al.*, 2004).

As espumas expandidas de amido apresentam limitações relacionadas à baixa resistência à umidade e pouca flexibilidade, mas podem ter as suas propriedades melhoradas pela adição de materiais de reforço (ENGEL *et al.*, 2019; MELLO; MALI, 2014). Estes materiais têm a finalidade de melhorar as propriedades mecânicas das espumas de amido, como a tensão, resistência, densidade e flexibilidade (ESPINA *et al.*, 2016; KAEWTATIP *et al.*, 2018). Os materiais de reforço incorporados às espumas de amido são provenientes principalmente de atividades agroindustriais, que apresentam grande quantidade de fibras lignocelulósicas (DEBIAGI *et al.*, 2010, 2011; MACHADO *et al.*, 2017)

A adição de materiais de reforça às espumas expandidas atenua os efeitos da umidade na resistência das embalagens. A resistência das bandejas ainda diminui quando a UR diverge de 50%, mas o efeito diminui com a adição de fibra. Embalagens com um conteúdo de fibra de 15–30% apresentam o melhor desempenho frente à umidade (SHOGREN *et al.*, 2002).

17.4.5 EMBALAGENS ATIVAS E INTELIGENTES

As embalagens de polímeros biodegradáveis de milho, além de oferecer alternativas renováveis, podem operar como veículos para uma variedade de compostos funcionais, expandido também as suas funções básicas de conter, proteger, informar e de serviço, tornando-se embalagens ativas. O emprego de óleos essenciais, ácidos graxos e extratos (aquoso, alcóolico, metanólico, supercrítico, hexanólico entre outros) de diferentes plantas, flores, frutos e especiarias e mesmo de matérias-primas de origem animal são amplamente estudados para transformar as embalagens em sistemas ativos. Estes compostos, em geral, apresentam atividade antioxidante e antimicrobiana, de sequestro de umidade e gases (CO_2, O_2, etileno), os quais são incorporadas às embalagens, ampliando a vida útil dos alimentos, pela sua conservação (BRUNI *et al.*, 2020; GHASEMLOU *et al.*, 2013; GUTIÉRREZ; ALVAREZ, 2018; MENDES *et al.*, 2017; MOOMAND; LIM, 2015, 2014; TORO-MÁRQUEZ *et al.*, 2018).

O óleo essencial de *Zataria multiflora Boiss* (ZEO) e *Mentha pulegium* (MEO) foram incorporados (1%, 2% e 3%) em filmes de amido de milho produzidos por *casting* e demonstraram atividade antimicrobiana contra *Escherichia coli* e *Staphylococcus aureus*, sendo os filmes contendo ZEO, aqueles com maior atividade. Além disso, a permeabilidade ao vapor de água diminuiu de 7,79 para 3,37 ou 3,19 g.mm.m-2 d-1.kPa-1 com a adição de 3% de ZEO ou MEO, respectivamente, melhorando o caráter hidrofílico apresentado pelas filmes de amido de milho sem adição de óleos essenciais (GHASEMLOU *et al.*, 2013).

A zeína é bastante estudada como material para o desenvolvimento de sistemas ativos e inteligentes de embalagens, além de sistemas de encapsulamento de compostos bioativos (BRUNI *et al.*, 2020; MENDES *et al.*, 2017; MOOMAND; LIM, 2015,

2014). A eficiência de encapsulação de óleo de peixe contendo ácidos graxos ω-3 (30%) em fibras zeína eletrofiadas foi de 91% quando as soluções foram produzidas em etanol (70%) e 96% para o isopropanol, além de proporcionar maior proteção contra a degradação oxidativa em comparação com o óleo de peixe não encapsulado (MOOMAND; LIM, 2014).

A estabilidade térmica de extrato de erva-mate encapsulado em fibras de zeína foi superior do que o extrato livre. As fibras contendo 5% de extrato de erva mate, quando em contato com um meio simulador de alimentos hidrofílico, apresentaram liberação de aproximadamente 49% do extrato em 50 horas. Assim, fibras de zeína contendo extrato de erva-mate podem ser usadas como liberadores de antioxidantes para embalagens de alimentos (BRUNI *et al.*, 2020). Essas novas aplicações do zeína parecem promissoras, mas requerem o desenvolvimento de métodos de fabricação de baixo custo e alta produtividade.

Os extratos de antocianinas de flor da jamaica (*Hibiscus sabdariffa)* e mirtilo (*Vaccinium myrtillus* L.) encapsulados em nanoargila montmorilonita (natural e modificadas) demonstraram propriedades antioxidante e foram sensíveis a variações de pH. A incorporação destes sistemas em filme compósito de amido de milho nativo produzidos por extrusão não conferiu nenhuma dessas propriedades ao filme, possivelmente pela degradação dos pigmentos, pela quantidade restrita de pigmento nanoencapsulado e pelo mecanismo de transporte do componente atípico para a superfície do material termoplástico (GUTIÉRREZ; ALVAREZ, 2018; TORO-MÁRQUEZ *et al.*, 2018).

17.5 PERSPECTIVAS FUTURAS

O fator limitante da aplicação dos sistemas biodegradáveis à base de milho não consiste na disponibilidade das matérias-primas, o amido e a zeína, mas sim, nas dificuldades do processamento e aumento de escala, além das características hidrofílicas destes materiais e dos aspectos comerciais para embalagens de alimentos. A incorporação dos plastificantes na matriz polimérica, a produção de sistemas multicamadas, produção de filmes compósitos e nanocompósitos com propriedades significativamente melhoradas, são de grande importância para o desenvolvimento destes materiais. Além disso, a falta de evidências de efeitos toxicológicos e à saúde, *marketing* inadequado, falta de conscientização dos consumidores, questões culturais, podem afetar a segurança alimentar e a aceitação dos clientes. As pesquisas futuras devem abordar todos esses problemas do ponto de vista técnico da escala industrial, toxicológico e dos aspectos comerciais, a fim de tornar as embalagens biodegradáveis à base de milho industrialmente viáveis e comercialmente bem-sucedidas.

REFERÊNCIAS

AGARWAL, S. Biodegradable polymers: present opportunities and challenges in providing a microplastic-free environment. *Macromolecular Chemistry and Physics*, v. 221, n. 6, 2020.

AGUIRRE-JOYA, J. A. *et al.* Basic and applied concepts of edible packaging for foods. *In*: GRUMEZESCU, A. M.; HOLBAN, A. M. (Eds.). *Food packaging and preservation*. Berlin Heidelberg: Elsevier, 2018. (Handbook of Food Bioengineering, v. 9, p. 1-61).

AKHTAR, N. *et al.* Recent advances in pretreatment technologies for efficient hydrolysis of lignocellulosic biomass. *Environmental Progress & Sustainable Energy*, v. 35, n. 2, p. 489-511, 2016.

ALI, A. *et al.* Preparation and characterization of starch-based composite films reinfoced by polysaccharide-based crystals. *Composites Part B: Engineering*, v. 133, p. 122-128, 2018.

ALMEIDA, A. C. S. *et al.* Aplicação de nanitecnologia em embalagens de alimentos. *Polímeros*, v. 25, p. 89-97, 2015.

ALTAYAN, M. M. *et al.* The effect of increasing soaking time on the properties of premixing starch–glycerol–water suspension before melt-blending process: comparative study on the behavior of wheat and corn starches. *Polymer Bulletin*, v. 77, n. 4, p. 1695-1706, 2020a.

ALTAYAN, M. M.; AL DAROUICH, T.; KARABET, F. Thermoplastic starch from corn and wheat: a comparative study based on amylose content. *Polymer Bulletin*, n. 0123456789, 2020b.

ALVES, J. S. *et al.* Effect of cellulose nanocrystals and gelatin in corn starch plasticized films. *Carbohydrate Polymers*, v. 115, p. 215-222, 2015.

AMARAL, L. J. D. do *et al.* Obtenção de amidos termoplásticos para a extrusão de pós cerâmicos. *Polímeros*, v. 26, n. spe, p. 60-67, 2016.

ANJUM, A. *et al.* Microbial production of polyhydroxyalkanoates (PHAs) and its copolymers: a review of recent advancements. *International Journal of Biological Macromolecules*, v. 89, p. 161-174, 2016.

ANUKIRUTHIKA, T. *et al.* Multilayer packaging: advances in preparation techniques and emerging food applications. *Comprehensive Reviews in Food Science and Food Safety*, v. 19, n. 3, p. 1156-1186, 2020.

ARGÜELLO-GARCÍA, E. *et al.* Properties of edible films based on oxidized starch and zein. *International Journal of Polymer Science*, v. 2014, 2014. 9 p.

ASSAD, I. *et al.* Protein based packaging of plant origin: fabrication, properties, recent advances and future perspectives. *International Journal of Biological Macromolecules*, v. 164, p. 707-716, 2020.

ASSIS, O. B. G.; BRITTO, D. de. Revisão: coberturas comestíveis protetoras em frutas: fundamentos e aplicações. *Brazilian Journal of Food Technology*, v. 17, n. 2, p. 87-97, 2014.

ASTM. D5338-15 Standard test method for determining aerobic biodegradation of plastic materials under controlled composting conditions, incorporating thermophilic temperatures. *In*: *ASTM International*. West Conshohocken, PA: [s.n.], 2015.

AURAS, R. *et al.* *Poly (lactic acid)*: synthesis, structure, properties, processing, and application. New Jersey: John Wiley & Sons, 2010.

AVÉROUS, L. Biodegradable multiphase systems based on plasticized starch: a review. *Journal of Macromolecular Science – Polymer Reviews*, v. 44, n. 3, p. 231-274, 2004.

BAHCEGUL, E. *et al.* Extrusion of xylans extracted from corn cobs into biodegradable polymeric materials. *Bioresource Technology*, v. 149, p. 582-585, 2013.

BALEA, A. *et al.* Valorization of corn stalk by the production of cellulose nanofibers to improve recycled paper properties. *BioResources*, v. 11, n. 2, p. 3416-3431, 2016.

BASIAK, E.; LENART, A.; DEBEAUFORT, F. Effect of starch type on the physico-chemical properties of edible films. *International Journal of Biological Macromolecules*, v. 98, p. 348-356, 2017.

BEMILLER, J. N. *Carbohydrate chemistry for food scientists*. 3. ed. Indiana: Woodhead Publishing, 2018.

BODIRLAU, R.; TEACA, C. A.; SPIRIDON, I. Influence of natural fillers on the properties of starch-based biocomposite films. *Composites part B: engineering*, v. 44, n. 1, p. 575-583, 2013.

BOURTOOM, T. Edible protein films: properties enhancement. *International Food Research Journal*, v. 16, n. 1, p. 1-9, 2009.

BRASILEIRO, L. B.; COLODETTE, J. L.; PILÓ-VELOSO, D. A utilização de perácidos na deslignificação e no branqueamento de polpas celulósicas. *Química Nova*, v. 24, n. 6, p. 819-829, 2001.

BRUNI, G. P. *et al.* Electrospun protein fibers loaded with yerba mate extract for bioactive release in food packaging. *Journal of the Science of Food and Agriculture*, v. 100, n. 8, p. 3341-3350, 2020.

BUGNICOURT, E. *et al.* Polyhydroxyalkanoate (PHA): review of synthesis, characteristics, processing and potential applications in packaging. *Express Polymer Letters*, v. 8, n. 11, p. 791-808, 2014.

CALLISTER JR, W. D.; RETHWISCH, D. G. *Materials science and engineering*: an introduction. 10. ed. New Jersey: Wiley, 2018.

CAMPOS, A. DE *et al.* Bionanocomposites produced from cassava starch and oil palm mesocarp cellulose nanowhiskers. *Carbohydrate Polymers*, v. 175, p. 330-336, 2017.

CARVALHO, D. M. de; SILVA, M. R. da; COLODETTE, J. L. *Study Of The Relationship Between Pulping Conditions And The Physical-Mechanical Properties Of Paper*. Revista Árvore, v. 39, p. 575-584, 2015.

CARVALHO, F. A. de *et al.* Baked foams based on cassava starch coated with polyvinyl alcohol with a higher degree of hydrolysis. *Journal of Polymers and the Environment*, v. 26, n. 4, p. 1445-1452, 2018a.

CARVALHO, R. A. *et al.* Bio-nanocomposites for food packaging applications: effect of cellulose nanofibers on morphological, mechanical, optical and barrier properties. *Polymer International*, v. 67, n. 4, p. 386-392, 2018b.

CASTIGLIONI, A. *et al.* Relevant materials parameters in cushioning for EPS foams. *Colloids and Surfaces A: Physicochemical and Engineering Aspects*, v. 534, p. 71-77, 2017.

CAZÓN, P. *et al.* Polysaccharide-based films and coatings for food packaging: a review. *Food Hydrocolloids*, v. 68, p. 136-148, 2017.

CHEN, G.-Q. *et al.* Polyhydroxyalkanoates (PHA) toward cost competitiveness and functionality. *Advanced Industrial and Engineering Polymer Research*, v. 3, n. 1, p. 1-7, 2020.

CHEN, H. *et al.* Application of protein-based films and coatings for food packaging: a review. *Polymers*, v. 11, n. 12, p. 1-32, 2019.

CHINAGLIA, S.; TOSIN, M.; DEGLI-INNOCENTI, F. Biodegradation rate of biodegradable plastics at molecular level. *Polymer Degradation and Stability*, v. 147, p. 237-244, 2018.

CORRADINI, E. *et al.* Estudo comparativo de amidos termoplásticos derivados do milho com diferentes teores de amilose. *Polímeros: Ciência e Tecnologia*, v. 15, n. 4, p. 268-273, 2005.

CURVELO, A. A. S.; CARVALHO, A. J. F. DE; AGNELLI, J. A. M. Thermoplastic starch–cellulose fibers composites: preliminary results. *Carbohydrate Polymers*, v. 45, p. 183-188, 2001.

DANG, K. M.; YOKSAN, R. Development of thermoplastic starch blown film by incorporating plasticized chitosan. *Carbohydrate Polymers*, v. 115, p. 575-581, 2015.

DEBIAGI, F. *et al.* Efeito de fibras vegetais nas propriedades de compósitos biodegradáveis de amido de mandioca produzidos via extrusão. *Ciência Agrotec.*, v. 34, n. 6, p. 1522-1529, 2010.

DEBIAGI, F. *et al.* Biodegradable foams based on starch, polyvinyl alcohol, chitosan and sugarcane fibers obtained by extrusion. *Brazilian Archives of Biology and Technology*, v. 54, n. 5, p. 1043-1052, 2011.

DOMENE-LÓPEZ, D. *et al.* Influence of starch composition and molecular weight on physicochemical properties of biodegradable films. *Polymers*, v. 11, n. 7, p. 1-17, 2019.

EBRINGEROVÁ, A.; THOMAS, H. Hemicellulose. *In*: HEINZE T. (Ed.). *Polysaccharides I*: structure, characterisation and use. Berlin Heidelberg: Springer, 2005. (Advances in Polymer Science, v. 186, p. 1-67).

EL HALAL, S. L. M. *et al.* Films based on oxidized starch and cellulose from barley. *Carbohydrate Polymers*, v. 133, 2015.

ENGEL, J. B.; AMBROSI, A.; TESSARO, I. C. Development of biodegradable starch-based foams incorporated with grape stalks for food packaging. *Carbohydrate Polymers*, v. 225, p. 115234, 2019.

ESPINA, M.; CRUZ-TIRADO, J. P. P.; SICHE, R. R. Propiedades mecánicas de bandejas elaboradas con almidón de especies vegetales nativas y fibras de residuos agroindustriales. *Scientia Agropecuaria*, v. 7, n. 2, p. 133-143, 2016.

ESPITIA, P. J. P. *et al.* Edible films from pectin: Physical-mechanical and antimicrobial properties: a review. *Food Hydrocolloids*, v. 35, p. 287-296, 2014.

FABRA, M. J.; LOPEZ-RUBIO, A.; LAGARON, J. M. High barrier polyhydroxyalcanoate food packaging film by means of nanostructured electrospun interlayers of zein. *Food Hydrocolloids*, v. 32, n. 1, p. 106-114, 2013.

FAKHOURI, F. M. *et al.* Edible films and coatings based on starch/gelatin: Film properties and effect of coatings on quality of refrigerated Red Crimson grapes. *Postharvest Biology and Technology*, v. 109, p. 57-64, 2015.

FALGUERA, V. *et al.* Edible films and coatings: Structures, active functions and trends in their use. *Trends in Food Science and Technology*, v. 22, n. 6, p. 292-303, 2011.

FAN, Y.; PICCHIONI, F. Modification of starch: a review on the application of "green" solvents and controlled functionalization. *Carbohydrate Polymers*, v. 241, p. 116350, 2020.

FARUK, O. *et al.* Biocomposites reinforced with natural fibers: 2000-2010. *Progress in Polymer Science*, v. 37, n. 11, p. 1552-1596, 2012.

FAZELI, M.; KELEY, M.; BIAZAR, E. Preparation and characterization of starch-based composite films reinforced by cellulose nanofibers. *International Journal of Biological Macromolecules*, v. 116, n. 2017, p. 272-280, 2018.

FITCH-VARGAS, P. R. *et al.* Effect of a corn starch coating obtained by the combination of extrusion process and casting technique on the postharvest quality of tomato. *Revista Mexicana de Ingeniera Quimica*, v. 18, n. 3, p. 789-801, 2019.

FOLINO, A. *et al.* Biodegradation of wasted bioplastics in natural and industrial environments: a review. *Sustainability*, v. 12, n. 15, p. 6030, 2020.

FORATO, L. A. *et al.* Propriedades mecânicas e molhabilidade de filmes de zeínas extraídas de glúten de milho. *Polímeros*, v. 23, p. 42-48, 2013.

GALUS, S.; KADZIŃSKA, J. Food applications of emulsion-based edible films and coatings. *Trends in Food Science and Technology*, v. 45, n. 2, p. 273-283, 2015.

GALVÃO, A. M. M. *et al.* Coating development with modified starch and tomato powder for application in frozen dough. *Food Packaging and Shelf Life*, v. 16, p. 194-203, 2018.

GARCÍA, M. A.; MARTINO, M. N.; ZARITZKY, N. E. Microstructural characterization of plasticized starch-based films. *Starch-Staerke*, v. 52, n. 4, p. 118-124, 2000.

GHASEMLOU, M. *et al.* Physical, mechanical and barrier properties of corn starch films incorporated with plant essential oils. *Carbohydrate Polymers*, v. 98, n. 1, p. 1117-1126, 2013.

GISELA, A.; ALESSANDRO, C. Turning polysaccharides into hydrophobic materials : a critical review. Part 2. Hemicelluloses, chitin / chitosan, starch, pectin and alginates. *Cellulose*, v. 17, n. 6, p. 1045-1065, 2010.

GIURI, A. *et al.* Biodegradable extruded thermoplastic maize starch for outdoor applications. *Journal of Thermal Analysis and Calorimetry*, v. 134, n. 1, p. 549-558, 2018.

GONZÁLEZ, K. *et al.* Starch and cellulose nanocrystals together into thermoplastic starch bionanocomposites. *Carbohydrate Polymers*, v. 117, p. 83-90, 2015.

GUPTA, A. P.; KUMAR, V. New emerging trends in synthetic biodegradable polymers – Polylactide: a critique. *European Polymer Journal*, v. 43, n. 10, p. 4053-4074, 2007.

GUTIÉRREZ, T. J.; ALVAREZ, V. A. Bionanocomposite films developed from corn starch and natural and modified nano-clays with or without added blueberry extract. *Food Hydrocolloids*, v. 77, p. 407-420, 2018.

HASSAN, B. *et al.* Recent advances on polysaccharides, lipids and protein based edible films and coatings: a review. *International Journal of Biological Macromolecules*, v. 109, p. 1095-1107, 2018.

HOTZA, D.; GREIL, P. Review: aqueous tape casting of ceramic powders. *Materials Science and Engineering A*, v. 202, n. 1-2, p. 206-217, 1995.

IBRAHIM, M. I. J. *et al.* Potential of using multiscale corn husk fiber as reinforcing filler in cornstarch-based biocomposites. *International Journal of Biological Macromolecules*, v. 139, p. 596-604, 2019.

IMAM, S. H. *et al.* Starch chemistry, microstructure, processing, and enzymatic degradation. *In*: AHMED, J. *et al.* (Eds.). *Starch-based polymeric materials and nanocomposites*. Boca Raton: CRC Press, 2012. p. 5-25.

JEEVAHAN, J. J. *et al.* Scaling up difficulties and commercial aspects of edible films for food packaging: a review. *Trends in Food Science and Technology*, v. 100, p. 210-222, 2020.

JIANG, F.; HSIEH, Y. LO. Cellulose nanocrystal isolation from tomato peels and assembled nanofibers. *Carbohydrate Polymers*, v. 122, p. 60-68, 2015.

JIMÉNEZ, A. *et al.* Edible and biodegradable starch films: a review. *Food and Bioprocess Technology*, v. 5, n. 6, p. 2058-2076, 2012.

JOHAR, N.; AHMAD, I.; DUFRESNE, A. Extraction, preparation and characterization of cellulose fibres and nanocrystals from rice husk. *Industrial Crops and Products*, v. 37, n. 1, p. 93-99, 2012.

JOHN, M. J.; THOMAS, S. Biofibres and biocomposites. *Carbohydrate Polymers*, v. 71, n. 3, p. 343-364, 2008.

JONOOBI, M. *et al.* Different preparation methods and properties of nanostructured cellulose from various natural resources and residues: a review. *Cellulose*, v. 22, n. 2, p. 935-969, 2015.

KAEWTATIP, K.; CHIARATHANAKRIT, C.; RIYAJAN, S. The effects of egg shell and shrimp shell on the properties of baked starch foam. *Powder Technology*, v. 335, p. 354-359, 2018.

KATSIMPOURAS, C. *et al.* Sequential high gravity ethanol fermentation and anaerobic digestion of steam explosion and organosolv pretreated corn stover. *Bioresource Technology*, v. 244, p. 1129-1136, 2017.

KHALIL, H. P.; BHAT, A.; YUSRA, A. F. Green composites from sustainable cellulose nanofibrils: a review. *Scientia Forestalis/Forest Sciences*, v. 40, n. 103, p. 965-979, 2012.

KHAN, B. *et al.* Thermoplastic starch: a possible biodegradable food packaging material – a review. *Journal of Food Process Engineering*, v. 40, n. 3, p. e12447, 2017.

KHAN, M. K. I. *et al.* Electrospraying of water in oil emulsions for thin film coating. *Journal of Food Engineering*, v. 119, n. 4, p. 776-780, 2013.

KIM, J. H. *et al.* Review of nanocellulose for sustainable future materials. *International Journal of Precision Engineering and Manufacturing – Green Technology*, v. 2, n. 2, p. 197-213, 2015.

KOCH, K. *et al.* Mechanical and structural properties of solution-cast high-amylose maize starch films. *International Journal of Biological Macromolecules*, v. 46, n. 1, p. 13-19, 2010.

KOPANIA, E.; WIETECHA, J.; CIECHAŃSKA, D. Studies on isolation of cellulose fibres from waste plant biomass. *Fibres and Textiles in Eastern Europe*, v. 96, n. 6B, p. 167-172, 2012.

KRAMER, M. E. Structure and function of starch-based edible films and coatings. *In*: EMBRUSCADO, M. E.; HUBER, K. C. (Eds.). *Edible films and coatings for food aplications*. New York: Springer Science + Business Media, 2009. p. 113-134.

LAGARON, J.-M. *Multifunctional and nanoreinforced polymers for food packaging*. Cambridge: Woodhead Publishing, 2019. v. 1.

LAWTON, J. W.; SHOGREN, R. L.; TIEFENBACHER, K. F. Aspen fiber addition improves the mechanical properties of baked cornstarch foams. *Industrial Crops and Products*, v. 19, n. 1, p. 41-48, 2004.

LENHANI, G. C. *et al.* Application of corn cellulose from harvest residues in biocomposite films. *Under Review*, 2020.

LI, M. *et al.* Extrusion processing and characterization of edible starch films with different amylose contents. *Journal of Food Engineering*, v. 106, n. 1, p. 95-101, 2011a.

LI, X. *et al.* Mechanical, barrier and morphological properties of starch nanocrystals-reinforced pea starch films. *Carbohydrate Polymers*, v. 121, p. 155-162, 2015.

LI, Y. *et al.* Scaling behaviors of α-zein in acetic acid solutions. *Journal of Physical Chemistry B*, v. 115, n. 32, p. 9695-9702, 2011b.

LIU, C. *et al.* Properties of nanocellulose isolated from corncob residue using sulfuric acid, formic acid, oxidative and mechanical methods. *Carbohydrate Polymers*, v. 151, p. 716-724, 2016.

LIU, H. *et al.* Thermal processing of starch-based polymers. *Progress in Polymer Science Journal*, v. 34, p. 1348-1368, 2009.

LOMELÍ-RAMÍREZ, M. G. *et al.* Bio-composites of cassava starch-green coconut fiber. Part II: structure and properties. *Carbohydrate Polymers*, v. 102, n. 1, p. 576-583, 2014.

LUBRIZOL LIFE SCIENCE. *Dissolving films*. Cleveland: Health CDMO Division, The Lubrizol Corporation, 27 nov. 2019. Disponível em: https://lubrizolcdmo.com/technical-briefs/dissolving-films/.

LUO, Y.; WANG, T. *Pharmaceutical and cosmetic applications of protein by-products*. [s.l.]: Elsevier, 2016.

MACHADO, B. A. S.; NUNES, I. L.; DRUZIAN, J. I. Desenvolvimento e avaliação da eficácia de filmes biodegradáveis de amido de mandioca com nanocelulose como reforço e com extrato de erva-mate como aditivo antioxidante. *Ciência Rural*, v. 42, n. 11, p. 2085-2091, 2012.

MACHADO, C. M.; BENELLI, P.; TESSARO, I. C. Sesame cake incorporation on cassava starch foams for packaging use. *Industrial Crops & Products*, v. 102, p. 115-121, 2017.

MANFREDI, M. *et al.* Efeitos da sequência de branqueamento na ação de alvejantes óticos em celulose kraft de eucalipto. n. 2003, p. 223-230, 2014.

MARINELLI, A. L. *et al.* Desenvolvimento de compósitos poliméricos com fibras vegetais naturais da biodiversidade: uma contribuição para a sustentabilidade amazônica. *Polímeros*, v. 18, n. 2, p. 92-99, 2008.

MARINHO, N. P. *et al.* Características da polpa kraft extraída da espécie acácia-negra na produção de papel. *Floresta e Ambiente*, v. 8087, n. 24, p. 1-10, 2017.

MARTELLI-TOSI, M. *et al.* Using commercial enzymes to produce cellulose nanofibers from soybean straw. *Journal of Nanomaterials*, v. 2016, p. 1-10, 2016.

MATHEW, A. P.; OKSMAN, K.; SAIN, M. Mechanical properties of biodegradable composites from poly lactic acid (PLA) and microcrystalline cellulose (MCC). *Journal of Applied Polymer Science*, v. 97, n. 5, p. 2014-2025, 2005.

MEDRONHO, B.; LINDMAN, B. Brief overview on cellulose dissolution/regeneration interactions and mechanisms. *Advances in Colloid and Interface Science*, v. 222, p. 502-508, 2015.

MELLO, L. R. P. F.; MALI, S. Use of malt bagasse to produce biodegradable baked foams made from cassava starch. *Industrial Crops & Products*, v. 55, p. 187-193, 2014.

MELLO, L. R. P. F.; VERGÍLIO, R. M.; MALI, S. Caracterização química e funcional do resíduo fibroso da indústria cervejeira. *Biochemistry and Biotechnology Reports*, v. 2, n. 3, p. 191-194, 2013.

MENDES, A. C.; STEPHANSEN, K.; CHRONAKIS, I. S. Electrospinning of food proteins and polysaccharides. *Food Hydrocolloids*, v. 68, p. 53-68, 2017.

MISTLER, R. E.; TWINAME, E. R. *Tape casting*: theory and practice. Westerville: The American Ceramic Society, 2000.

MOLINA-BOISSEAU, S.; DOLE, P.; DUFRESNE, A. Thermoplastic starch: waxy maize starch nanocrystals nanocomposites. *Biomacromolecules*, v. 7, p. 531-539, 2006.

MOOMAND, K.; LIM, L. Properties of encapsulated fish oil in electrospun zein fibres under simulated in vitro conditions. *Food and Bioprocess Technology*, v. 8, p. 431-444, 2015.

MOOMAND, K.; LIM, L. T. Oxidative stability of encapsulated fish oil in electrospun zein fibres. *Food Research International*, v. 62, p. 523-532, 2014.

MORAES, J. O. DE *et al.* Scale-up of the production of cassava starch based films using tape-casting. *Journal of Food Engineering*, v. 119, n. 4, p. 800-808, 2013.

MORAES, J. O. DE; LAURINDO, J. B. Properties of starch–cellulose fiber films produced by tape casting coupled with infrared radiation. *Drying Technology*, v. 36, n. 7, p. 830-840, 2018.

MORAES, J. O. DE; RESZKA, A.; LAURINDO, E. J. B. Espalhamento e secagem de filme de amido-glicerol-fibra preparado por "tape-casting". *Pesquisa Agropecuária Brasileira*, v. 49, n. 2, p. 136-143, 2014.

MÜLLER, C. M. O.; LAURINDO, J. B.; YAMASHITA, F. Effect of cellulose fibers addition on the mechanical properties and water vapor barrier of starch-based films. *Food Hydrocolloids*, v. 23, n. 5, p. 1328-1333, 2009.

NAFCHI, A. M. *et al.* Thermoplastic starches: Properties, challenges, and prospects. *Starch-Staerke*, v. 65, n. 1-2, p. 61-72, 2013.

NEALE, S. M. The elasticity and tensile strength of starch. *Journal of the Textile Institute Transactions*, v. 15, n. 9, p. T443-T452, 1924.

NETRAVALI, A. N. *Advanced green composites*. Hoboken: John Wiley & Sons, 2018.

NORDIN, N. *et al.* Effects of glycerol and thymol on physical, mechanical, and thermal properties of corn starch films. *Food Hydrocolloids*, v. 106, p. 105884, 2020.

NURUDDIN, M. *et al.* A novel approach for extracting cellulose nanofibers from lignocellulosic biomass by ball milling combined with chemical treatment. *Journal of Applied Polymer Science*, v. 133, n. 9, 2016.

OKE, I. Nanoscience in nature: cellulose nanocrystals. *Studies by Undergraduate Researchers at Guelph*, v. 3, n. 2, p. 77-80, 2010.

OLIVIERO, M.; DI MAIO, E.; IANNACE, S. Effect of mollecular structure on film blowing ability of thermoplastic zein. *Journal of Applied Polymer Science*, v. 115, n. 5, p. 277-287, 2010.

OMAR, H.; ROHANI, S. The mathematical model of the conversion of a landfill operation from anaerobic to aerobic. *Applied Mathematical Modelling*, v. 50, p. 53-67, 2017.

ORTEGA-TORO, R. *et al.* Antifungal starch-based edible films containing Aloe vera. *Food Hydrocolloids*, v. 72, p. 1-10, 2017.

OTONI, C. G. *et al.* Recent advances on edible films based on fruits and vegetables: a review. *Comprehensive Reviews in Food Science and Food Safety*, v. 16, n. 5, p. 1151-1169, 2017.

PANCHAPAKESAN, C. *et al.* Effect of different fractions of zein on the mechanical and phase properties of zein films at nano-scale. *Journal of Cereal Science*, v. 55, n. 2, p. 174-182, 2012.

PARAMAN, I.; LAMSAL, B. P. Recovery and characterization of α-Zein from corn fermentation coproducts. *Journal of Agricultural and Food Chemistry*, v. 59, n. 7, p. 3071-3077, 2011.

PARRIS, N.; COFFIN, D. R. Composition factors affecting the water vapor permeability and tensile properties of hydrophilic zein films. *Journal of Agricultural and Food Chemistry*, v. 45, n. 5, p. 1596-1599, 1997.

PELISSARI, F. M. *et al.* Nanocomposites based on banana starch reinforced with cellulose nanofibers isolated from banana peels. *Journal of Colloid and Interface Science*, v. 505, p. 154-167, 2017.

PENA-SERNA, C.; PENNA, A. L. B.; LOPES FILHO, J. F. Zein-based blend coatings: impact on the quality of a model cheese of short ripening period. *Journal of Food Engineering*, v. 171, p. 208-213, 2016.

PÉREZ, J. *et al.* Biodegradation and biological treatments of cellulose, hemicellulose and lignin: an overview. *International Microbiology*, v. 5, n. 2, p. 53-63, 2002.

PÉREZ, S.; BERTOFT, E. The molecular structures of starch components and their contribution to the architecture of starch granules: a comprehensive review. *Starch-Stärke*, v. 62, p. 389-420, 2010.

PRESTES, E. *et al.* Nanocrystalline cellulose extracted from pine wood and corncob. *Carbohydrate Polymers*, v. 157, p. 1577-1585, 2016.

PUSHPADASS, H. A. *et al.* Extrusion of starch-based loose-fill packaging foams: effects of temperature, moisture and talc on physical properties. *Packaging Technology and Science*, v. 21, n. 3, p. 171-183, 2008.

REBOUILLAT, S.; PLA, F. State of the art manufacturing and engineering of nanocellulose: a review of available data and industrial applications. *Journal of Biomaterials and Nanobiotechnology*, v. 4, n. 2, p. 165-188, 2013.

REHMAN, N. *et al.* Cellulose and nanocellulose from maize straw: an insight on the crystal properties. *Journal of Polymers and the Environment*, v. 22, n. 2, p. 252-259, 2014.

REYES, J.; PERALTA-ZAMORA, P.; DURÁN, N. Hidrólise enzimática de casca de arroz utilizando-se celulases. Efeito de tratamentos químicos e fotoquímicos. *Química Nova*, v. 21, n. 2, p. 140-143, 1998.

RIBEIRO, R. S. A. *et al.* Production of nanocellulose by enzymatic hydrolysis: trends and challenges. *Engineering in Life Sciences*, v. 19, n. 4, p. 279-291, 2019.

ROSA, R. C. R. S.; ANDRADE, C. T. Effect of chitin addition on injection-molded thermoplastic corn starch. *Journal of Applied Polymer Science*, v. 92, n. 4, p. 2706-2713, 2004.

SALEHPOUR, S. *et al.* Biodegradation and ecotoxicological impact of cellulose nanocomposites in municipal solid waste composting. *International Journal of Biological Macromolecules*, v. 111, n. 2017, p. 264-270, 2018.

SALIMI, S. *et al.* Production of nanocellulose and its applications in drug delivery: a critical review. *ACS Sustainable Chemistry and Engineering*, v. 7, n. 19, p. 15800-15827, 2019.

SALLES, T. T. *et al.* Exportação brasileira de papel e celulose: sua dinâmica pela equação gravitacional. *Revista Árvore*, p. 573-580, 2011.

SANTOS, D. F. dos. *Valorização dos resíduos da colheita de milho através da produção de nanocelulose*. Orientadora: Vânia Zanella Pinto. 2020. 49 f. Trabalho de Conclusão de Curso (Graduação em Engenharia de Alimentos) – Laranjeiras do Sul – PR: Universidade Federal da Fronteira Sul, 2020.

SAPPER, M.; CHIRALT, A. Starch-based coatings for preservation of fruits and vegetables. *Coatings*, v. 8, n. 5, 2018.

SATHAWONG, S.; SRIDACH, W.; TECHATO, K. Lignin: Isolation and preparing the lignin based hydrogel. *Journal of Environmental Chemical Engineering*, 2018.

SCHMER, M. R. *et al.* Corn residue use by livestock in the United States. *AEL: Agricultural & Environmental Letters*, v. 2, n. 1, p. 160043, 2017.

SELLING, G. W. The effect of extrusion processing on zein. *Polymer Degradation and Stability*, v. 95, n. 12, p. 2241-2249, 2010.

SEMASAKA, C.; KONG, X.; HUA, Y. Optimization of extrusion on blend flour composed of corn, millet and soybean. *Pakistan Journal of Nutrition*, v. 9, n. 3, p. 291-297, 2010.

SHARIF HOSSAIN, A. B. M. *et al.* Nano-cellulose based nano-coating biomaterial dataset using corn leaf biomass: an innovative biodegradable plant biomaterial. *Data in Brief*, v. 17, p. 162-168, 2018.

SHOGREN, R. L. *et al.* Structure and morphology of baked starch foams. *Pol*, v. 39, n. 25, p. 6649-6655, 1998.

SHOGREN, R. L.; LAWTON, J. W.; TIEFENBACHER, K. F. Baked starch foams: starch modifications and additives improve process parameters, structure and properties. *Industrial Crops & Products*, v. 16, p. 69-79, 2002.

SHUKLA, R.; CHERYAN, M. Zein: the industrial protein from corn. *Industrial Crops and Products*, v. 13, p. 171-192, 2001.

SILVA, L. F. *et al.* Produção biotecnológica de poli-hidroxialcanoatos para a geração de polímeros biodegradáveis no Brasil. *Química Nova*, v. 30, n. 7, p. 1732-1743, 2007.

SILVA, R. *et al.* Aplicações de fibras lignocelulósicas na química de polímeros e em compósitos. *Química Nova*, v. 32, n. 3, p. 661-671, 2009.

SILVÉRIO, H. A. *et al.* Extraction and characterization of cellulose nanocrystals from corncob for application as reinforcing agent in nanocomposites. *Industrial Crops and Products*, v. 44, p. 427-436, 2013.

SKO, J.; RUDOLF, Ž. Starch foam expansion in a closed mold. *Food and Bioprocess Technology*, v. 3, p. 615-619, 2010.

SMITH, A. M. The Biosynthesis of starch granules. *Biomacromolecules*, v. 2, p. 335-341, 2001.

SOARES, N. S. *et al.* Competitividade da cadeia produtiva da madeira de eucalipto no Brasil. *Revista Árvore*, v. 34, n. 5, p. 917-928, 2010.

SOUZA, D. T.; ONOYAMA, M. M.; SANTOS, P. S. S. Celulose proveniente de fibras alternativas: uma solução viável? *Agroenergia em Revista*, p. 64-67, 2015.

SOUZA, A. G. de *et al.* Cellulose nanostructures obtained from waste paper industry: a comparison of acid and mechanical isolation methods. *Materials Research*, v. 20, n. 2, p. 1-6, 2017.

SOUZA, A. G. de; ROSA, D. dos S.; DE LIMA, G. F. *Cellulose nanostructures from lignocellulosic residues*. Beau-Bassin: LAP Lambert Academic Publishing, 2019.

SOYKEABKAEW, N.; THANOMSILP, C.; SUWANTONG, O. A review: starch-based composite foams. *Composites Part A: Applied Science and Manufacturing*, v. 78, p. 246-263, 2015.

STOFFEL, F. *et al.* Influence of plasticizers in enzymatic degradation and water resistance of starch foam trays obtained by thermal expansion. *Journal of Polymers and the Environment*, v. 27, n. 4, p. 739-746, 2019.

STOFFEL, F.; BARRETO, L. P.; ZENI, M. Preparation of cassava starch-based trays with glycerol, sorbitol and poly (vinyl alcohol): properties and influence for use as food packaging. *Research & Reviews: Journal of Food Science and Technology*, v. 4, n. 3, p. 45-52, 2015.

SUHAG, R. *et al.* Film formation and deposition methods of edible coating on food products: a review. *Food Research International*, v. 136, p. 109582, 2020.

SUHAS *et al.* Cellulose: a review as natural, modified and activated carbon adsorbent. *Bioresource Technology*, v. 216, p. 1066-1076, 2016.

SUN, H.; SHAO, X.; MA, Z. Effect of incorporation nanocrystalline corn straw cellulose and polyethylene glycol on properties of biodegradable films. *Journal of Food Science*, v. 81, n. 10, p. E2529-E2537, 2016.

TANG, X.; ALAVI, S.; HERALD, T. J. Barrier and mechanical properties of starch-clay nanocomposite films. *Cereal Chemistry*, v. 85, n. 3, p. 433-439, 2008.

TAHERZADEH, Mohammad J.; KARIMI, Keikhosro. Enzymatic-based hydrolysis processes for ethanol from lignocellulosic materials: a review. *BioResources*, v. 2, n. 4, p. 707-738, 2007.

TEACA, C. A.; BODÎRL⊠U, R.; SPIRIDON, I. Effect of cellulose reinforcement on the properties of organic acid modified starch microparticles/plasticized starch bio-composite films. *Carbohydrate Polymers*, v. 93, n. 1, p. 307-315, 2013.

THAKUR, R. *et al.* Starch-based films: major factors affecting their properties. *International Journal of Biological Macromolecules*, v. 132, p. 1079-1089, 2019.

TORO-MÁRQUEZ, L. A.; MERINO, D.; GUTIÉRREZ, T. J. Bionanocomposite films prepared from corn starch with and without nanopackaged Jamaica (*Hibiscus sabdariffa*) flower extract. *Food and Bioprocess Technology*, v. 11, n. 11, p. 1955-1973, 2018.

TSANG, Y. F. *et al.* Production of bioplastic through food waste valorization. *Environment International*, v. 127, p. 625-644, 2019.

VALDEBENITO, F. *et al.* On the nanofibrillation of corn husks and oat hulls fibres. *Industrial Crops and Products*, v. 95, p. 528-534, 2017.

VAN DONGEN, F. E. M.; VAN EYLEN, D.; KABEL, M. A. Characterization of substituents in xylans from corn cobs and stover. *Carbohydrate Polymers*, v. 86, n. 2, p. 722-731, 2011.

VERBEEK, C. J. R.; VAN DEN BERG, L. E. Extrusion processing and properties of protein-based thermoplastics. *Macromolecular Materials and Engineering*, v. 295, n. 1, p. 10-21, 2010.

VIEIRA, M. G. A. *et al.* Natural-based plasticizers and biopolymer films: a review. *European Polymer Journal*, v. 47, n. 3, p. 254-263, 2011.

VOGELSANG, D. F. *et al.* Preparation of biopolymer films by aqueous tape casting processing. *Journal of Plastic Film and Sheeting*, v. 30, n. 4, p. 435-448, 2014.

VOUYIOUKA, S. *et al.* Solid state polymerization of poly(lactic acid): Some fundamental parameters. *Polymer Degradation and Stability*, v. 98, n. 12, p. 2473-2481, 2013.

WANG, H. *et al.* Understanding the structure and digestibility of heat-moisture treated starch. *International Journal of Biological Macromolecules*, v. 88, p. 1-8, 2016.

WANG, S. *et al.* Starch retrogradation: a comprehensive review. *Comprehensive Reviews in Food Science and Food Safety*, v. 14, p. 568-585, 2015.

WANG, Y.; PADUA, G. W. Tensile properties of extruded zein sheets and extrusion blown films. *Macromolecular Materials and Engineering*, v. 288, n. 11, p. 886-893, 2003a.

WANG, Y.; RAKOTONIRAINY, A. M.; PADUA, G. W. Thermal behavior of zein-based biodegradable films. *Starch-Staerke*, v. 55, n. 1, p. 25-29, 2003b.

WEBER, C. J. *et al.* Production and applications of biobased packaging materials for the food industry Production and applications of biobased packaging. *Food Additives and Contaminants*, v. 19, n. S1, p. 37-41, 2002.

YANG, X. *et al.* Effects of preparation methods on the morphology and properties of nanocellulose (NC) extracted from corn husk. *Industrial Crops and Products*, v. 109, p. 241-247, 2017.

YILMAZ, A. *et al.* A novel antifungal surface-coating application to limit postharvest decay on coated apples: molecular, thermal and morphological properties of electrospun zein–nanofiber mats loaded with curcumin. *Innovative Food Science and Emerging Technologies*, v. 37, p. 74-83, 2016.

YOU, S. G.; LIM, S. T. Molecular characterization of corn starch using an aqueous HPSEC-MALLS- RI system under various dissolution and analytical conditions. *Cereal Chemistry*, v. 77, n. 3, p. 303-308, 2000.

YU, L.; DEAN, K.; LI, L. Polymer blends and composites from renewable resources. *Progress in Polymer Science*, Oxford, v. 31, n. 6, p. 576-602, 2006.

ZEEMAN, S. C.; KOSSMANN, J.; SMITH, A. M. Starch: its metabolism, evolution, and biotechnological modification in plants. *Annual Review of Plant Biology*, n. 61, p. 209-234, 2010.

ZULUAGA, R. *et al.* Cellulose microfibrils from banana rachis: effect of alkaline treatments on structural and morphological features. *Carbohydrate Polymers*, v. 76, n. 1, p. 51-59, 2009.

CAPÍTULO 18
NIXTAMALIZAÇÃO

Jaqueline Pozzada dos Santos
Daiane Pansera
Aline Felten Boldam
Jessica Fernanda Hoffmann

RESUMO

A nixtamalização é um processo de cozimento dos grãos de milho, originalmente termoalcalino e termomecânico, que provoca alterações físicas, químicas e reológicas nos grãos. Esse processo é utilizado para obter características tecnológicas específicas no milho, que por fim melhoram algumas propriedades nutricionais, aumentando o teor de cálcio e amido resistente, além de melhorar a biodisponibilidade dos aminoácidos. Afora o modelo de processamento convencional, existem tecnologias alternativas de tratamento que objetivam encurtar o processo, aumentar a taxa de produção ou reduzir os resíduos, como exemplo, extrusão, ultrassom, micro-ondas, aquecimento ôhmico e substituição de hidróxido de cálcio por outros sais. Nesse contexto, este capítulo irá detalhar o processo de nixtamalização convencional e alternativos à produção de milho nixtamalizado, alterações das propriedades físico-químicas e do valor nutricional, propriedades do amido e compostos tóxicos, e ao final serão apresentados os principais produtos produzidos a partir de milho nixtamalizado.

18.1 INTRODUÇÃO

O milho (*Zea mays* L.) é um cereal amplamente distribuído e consumido no mundo, além de ser o alimento básico para milhões de pessoas na América Latina. Os maiores produtores de milho no mundo são Estados Unidos, China e Brasil, produzindo aproximadamente 708 dos 1.113 milhões de toneladas produzidas anualmente (IGC, 2020). No Brasil, o milho é o quinto produto mais exportado, acumulando em 2019 exportações de 43,2 milhões de toneladas (COMEXVIS, 2020).

O milho pode ser consumido de várias formas e as características do processo, da tecnologia empregada e do grão afetam suas propriedades físico-químicas e seu conteúdo nutricional. Tradicionalmente nas Américas os grãos de milho são transformados por meio de um processo termoalcalino chamado nixtamalização.

A nixtamalização, em seu conceito convencional, é um processo térmico que consiste no cozimento de grãos de milho em um agente alcalino-água (SANTIAGO-RAMOS, 2018). O processo de nixtamalização (de Nahuatl, *Nextli*, lima de cinzas; e *Tamalli*, massa de milho cozida) foi desenvolvido pelos astecas antes dos tempos pré-colombianos, e ainda é realizado como nos tempos pré-hispânicos, embora com o tempo tenha sofrido algumas modificações no seu processo (ESCALANTE-ABURTO *et al.*, 2013).

A nixtamalização provoca alterações físicas, químicas e reológicas no grão de milho que afetam a qualidade da massa e dos produtos obtidos. O processo é uma maneira eficaz de melhorar o valor nutricional do milho para consumo humano, incluído o aumento da ingestão de cálcio e do conteúdo de amido resistente, além de aumentar a biodisponibilidade da maioria dos aminoácidos (EKPA *et al.*, 2019).

Algumas tecnologias alternativas ao processo convencional de nixtamalização foram propostas no intuito de reduzir ou eliminar algumas desvantagens do processo original, principalmente a substituição do hidróxido de cálcio. Esses trabalhos têm se concentrado em reduzir a quantidade de resíduos produzidos, a quantidade de água utilizada, o potencial poluidor dos resíduos gerados, o tempo gasto no processo, entre outros (RAMÍREZ-ARAUJO *et al.*, 2019).

Alimentos à base de milho nixtamalizado estão disponíveis em todo o mundo, com cada país tendo diferentes métodos de processamento, produtos alimentícios e formas de consumo. No México, mais de trezentos alimentos são produzidos por métodos de processamento que incluem nixtamalização, sendo o mais comum a tortilha (EKPA *et al.*, 2019).

Este capítulo tem por objetivo detalhar o processo de nixtamalização do milho e suas respectivas tecnologias alternativas, discutindo alterações nas propriedades do amido, no valor nutricional, e nos compostos tóxicos, além de relatar os principais produtos que podem ser obtidos a partir de milho nixtamalizado.

18.2 PROCESSO CONVENCIONAL DE NIXTAMALIZAÇÃO

A nixtamalização é baseada em processos artesanais desenvolvidos por civilizações antigas da América Central por meio de procedimentos simples. Com o tempo, o processo sofreu algumas modificações, no entanto, tradicionalmente a nixtamalização do milho consiste basicamente em dois estágios: termoalcalino e termomecânico.

No primeiro passo os grãos de milho são cozidos em solução alcalina para facilitar o rompimento do pericarpo. Após o intumescimento dos grãos, a água do cozimento conhecida como *nejayote*, é removida e o milho nixtamalizado ou nixtamal, passa por duas ou três lavagens com água. Na segunda etapa, o nixtamal é submetido à moagem úmida a fim de se obter uma massa lisa e coesa.

Após a moagem, a massa pode ser seca para a obtenção da farinha nixtamalizada, ou então, encaminhada diretamente para o processo de produção dos produtos, como a tortilha, *totopos*, *tejate*, entre outros. A Figura 18.1 apresenta o fluxograma das etapas do processo convencional de nixtamalização.

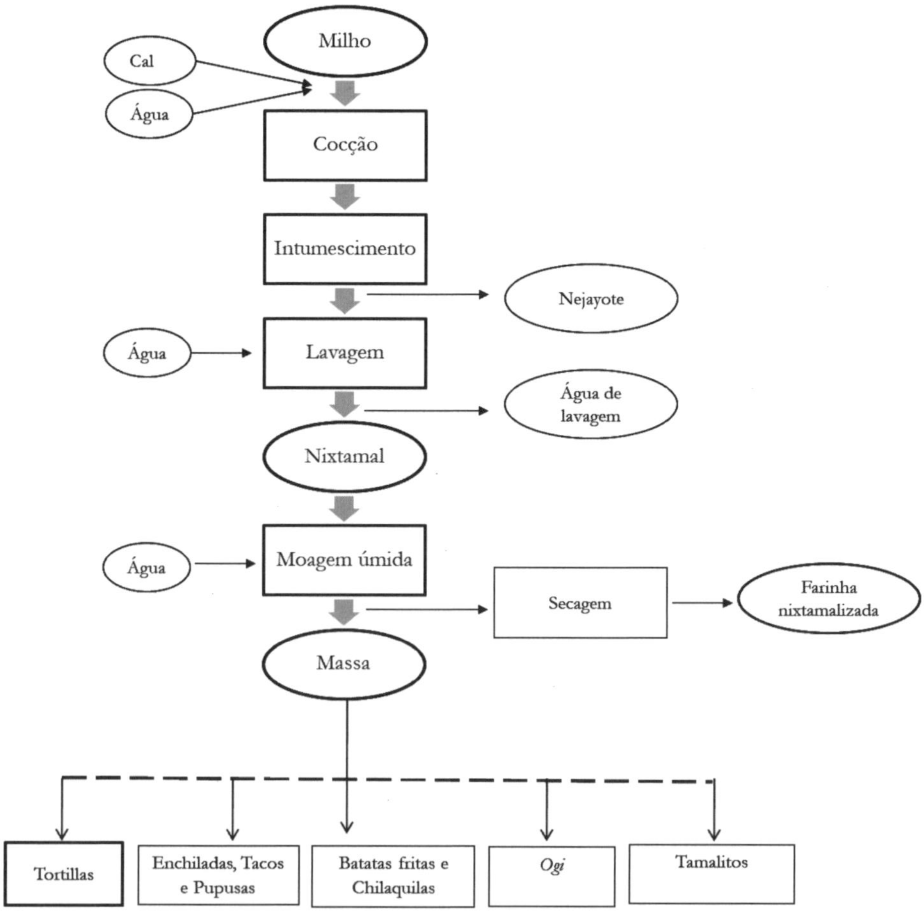

Figura 18.1 Fluxograma do processo tradicional de nixtamalização de milho
Fonte: Adaptado de Santiago-Ramos *et al.* (2018).

As principais etapas do processo de nixtamalização são descritas a seguir.

a) Cocção: os grãos de milho são cozidos em solução básica com temperaturas superiores a 70ºC e tempo de 5 a 180 min (SANTIAGO-RAMOS *et al.*, 2018). A temperatura e o tempo ideais são avaliados com medição de parâmetros de textura, como plasticidade, coesividade e mastigação. O cozimento do milho é responsável por hidratar o grão, amaciar o pericarpo, desnaturar proteínas e desenvolver a gelatinização parcial do amido (QUINTANAR-GUZMÁN, 2009). O uso de cinzas e madeiras para amolecer os grãos foi substituído por hidróxido de cálcio (de 0,5 a 2,0% p/p) que, além de amolecer o grão e tornar a massa de fácil manuseio, contribui para um sabor mais agradável (VILLADA *et al.*, 2017). Outros agentes alcalinos podem ser utilizados nessa etapa, como é o caso do hidróxido de sódio ou potássio, carbonato de cálcio, sulfato de cálcio ou cloreto de cálcio, ou ácidos fracos como o ácido propiônico ou acético.

b) Intumescimento: nesta etapa os grãos ficam em repouso na solução de cozimento de 1 a 24 horas. O período de repouso permite a difusão da água dentro do grão para a produção de grãos hidratados e homogêneos. Durante este período ocorre a gelatinização do amido localizado nas camadas mais externas do endosperma (ROJAS-MOLINA *et al.*, 2007). Devido aos diferentes processos térmicos, os grãos de milho passam por estágios de gelatinização variados que podem prejudicar o produto. Logo, torna-se importante identificar nesta etapa o aparecimento de grãos parcialmente gelatinizados (primeiro fenômeno da gelatinização). Ao final, a água do cozimento é removida (*nejayote*) e com ela se perdem partes do pericarpo e gérmen dissolvidos. O produto obtido é chamado de nixtamal.

c) Lavagem: o nixtamal é lavado com água de 2 a 3 vezes para remoção do excesso de hidróxido de cálcio. A lavagem deve ser a mais uniforme possível para reduzir a temperatura para aproximadamente 35°C com um uso mínimo de água. O nixtamal contém nessa etapa em torno de 45% de umidade. Após a lavagem, o excesso de cal é removido e os valores de pH são diminuídos, também ocorre perda de matéria seca devido a remoção do pericarpo (CARVAJAL-MILLAN *et al.*, 2007).

d) Moagem: a moagem do nixtamal geralmente ocorre entre dois discos de pedra, onde os grãos cozidos são desintegrados por forças de compressão e cisalhamento, atingindo temperaturas acima de 68°C, que é superior à temperatura de gelatinização do amido de milho. É recomendado que a massa atinja de 48% a 55% de umidade, por isso é denominada moagem úmida (LOPES *et al.*, 2009). Na moagem, a amilopectina é solubilizada como consequência da fragmentação mecânica do grão de milho, por isso o tamanho final das partículas na massa define sua aplicação. O tamanho das partículas na massa usada para fabricação de tortilha deve ser fina enquanto para lanches e salgadinhos de milho deve ser grossa (RAMÍRE-WONG *et al.*, 1994). Após a moagem, a massa obtida pode ser diretamente usada no preparo de produtos (seção 15.7), ou ser submetida ao processo de secagem para obtenção da farinha de milho nixtamalizada.

e) Formação de massa: a massa obtida após a moagem é uma mistura de grânulos de amido parcialmente gelatinizados e grânulos intactos constituídos por polímeros de amido (amilose e amilopectina) e misturados com partes do endosperma e lipídios (BERTOLINI, 2010). O tempo de mistura e a consistência da massa são críticos para uma boa maleabilidade na máquina formadora de discos de tortilha. A massa obtida pode ser diretamente usada no preparo de produtos, mas também pode ser seca para obtenção da farinha de milho nixtamalizada.

f) Secagem: o nixtamal moído pode ser submetido a desidratação antes da peneiração e moagem. A secagem desempenha um papel crítico na qualidade final da farinha. Essa operação geralmente é executada em grandes túneis ou torres de secagem, nas quais o ar quente flui de forma contrária ao nixtamal úmido. O primeiro passo de secagem é instantâneo e geralmente é realizado de 230°C a 310°C. Aqui, o nixtamal moído é desidratado à altas temperaturas por alguns segundos, objetivando a remoção da maior parte da água livre. Durante esse curto período, a umidade reduz de 36% para 20%. Em seguida, as partículas são desidratadas contínua e gradualmente sob temperaturas de 60ºC para evitar o excesso de gelatinização e reduzir o grau de umidade para aproximadamente 10% a 12% (SERNA-SALDIVAR; ROONEY, 2015). Após a secagem, o produto é moído e comercializado como farinha de milho nixtamalizado, e pode ser utilizado para o processamento de diferentes produtos.

18.3 TECNOLOGIAS ALTERNATIVAS AO PROCESSO CONVENCIONAL DE NIXTAMALIZAÇÃO

O desenvolvimento de processos alternativos à produção convencional de milho nixtamalizado tem como principais objetivos: encurtar o processo de cozimento ou intumescimento, aumentar as taxas de produção e eliminar ou reduzir o máximo possível os resíduos de *nejayote*. Os processos alternativos mais estudados focam no uso de novas tecnologias no processo de cozimento, como por exemplo, extrusão, ultrassom, micro-ondas e aquecimento ôhmico, ou na substituição de hidróxido de cálcio (Ca(OH)2) por outros sais de cálcio, buscando preservar as características sensoriais e nutricionais do produto nixtamalizado.

Na Tabela 18.1 estão apresentadas as vantagens e desvantagens dos métodos utilizados, seguido das etapas e processos.

Tabela 18.1 Vantagens e desvantagens dos processos alternativos em relação ao processo convencional de milho nixtamalizado

Processo	Vantagens	Desvantagens	Referência
Extrusão	Evita a geração de *nejayote*. Preserva os nutrientes contidos no pericarpo e na aleurona do milho. Permite a produção de alimentos integrais.	A grande força de cisalhamento no processo e altas temperaturas atingidas provocam a ruptura das cadeias de amido gelatinizado e, consequentemente, promovem a desxtrinização do amido.	CONTRERAS-JIMÉNEZ *et al.* (2014)
Fracionamento	Menor tempo de processamento proporciona menor custo de energia. Menor geração de efluentes. Preserva o teor de antocianinas em milhos de pericarpo colorido, mantendo as propriedades reológicas da massa.	Necessita de um separador pneumático para o fracionamento.	CORTES-GOMEZ *et al.* (2005)

Baixo cisalhamento	Melhora as propriedades funcionais do produto. Reduz o grau de dextrinização.	Não e tem informações sobre a qualidade nutricional dos produtos, nem a viabilidade comercial	ORTEGA-MOODY *et al.* (2011)
Ultrassom	Reduz o tempo de processo Melhora a qualidade do nixtamal	Alto custo de instalação e operação.	ROBLES-OZUNA *et al.* (2016)
Micro-ondas	Tempo de cozimento reduzido. Maior eficiência energética. Menor produção de *nejayote*. Baixos custos operacionais. Redução de micotoxinas.	Milhos excessivamente desidratado pois a parte interna do grão também é exposta à radiação, contribuindo para a gelatinização do amido, assim a massa obtida torna-se pegajosa e suas propriedades mecânicas inadequadas.	PÉREZ-FLORES *et al.* (2011)
Aquecimento ôhmico	Uniformidade no cozimento sem excesso de água. Menor produção de *nejayote* e não gera efluentes no processo. Menor perda de compostos por lixiviação.	Longo tempo de produção, o que afeta o seu uso em larga escala na indústria de alimentos.	MORALES-SÁNCHEZ *et al.* (2010); VARGHESE *et al.* (2014)
Substituição de hidróxido de cálcio por outros sais de cálcio, sódio ou ácidos fracos	A utilização de outros sais/ácidos proporcionou menor perda de matéria seca, pH, fibra alimentar total e fibra solúvel na composição de *nejayote*. Melhorou a qualidade nutricional do milho e dos produtos nixtamalizados.	Não há redução no volume de água e nem no tempo de processamento.	SANTIAGO-RAMOS *et al.* (2017); RAMÍREZ-ARAUJO *et al.* (2019)

18.3.1 NIXTAMALIZAÇÃO POR EXTRUSÃO

A extrusão é uma das tecnologias alternativas mais estudadas para nixtamalizar o milho. Nesse processo a matéria-prima é pressionada por um parafuso rotativo através de um barril estacionário, como ilustrado na Figura 18.2. O produto é cozido em alta temperatura que, comprimido, é forçado a passar através de um orifício de saída com uma dada forma geométrica (CHAIDEZ-LAGUNA *et al.*, 2016).

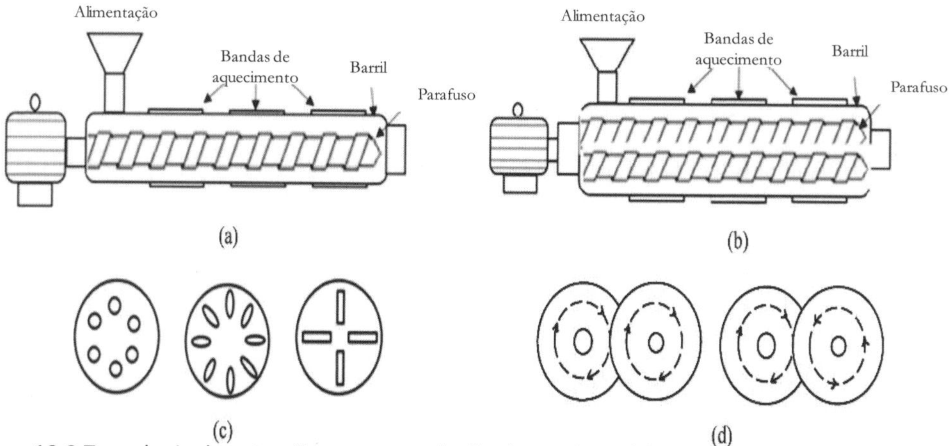

Figura 18.2 Tecnologia de extrusão para a produção de produtos à base de milho; (a) Extrusora de parafuso único; (b) Extrusora de parafuso duplo; (c) Tipos de aberturas de matriz (d) Parafuso de co-rotação e contra-rotação.

Fonte: Adaptado de Dalbhagat *et al.* (2019).

No processo de extrusão o milho inteiro é moído e adicionado em uma solução alcalina, a mistura é então introduzida na extrusora e transportada pelo parafuso em direção à zona de cozimento. O tempo necessário para se obter o milho nixtamalizado é mais curto devido às reações químicas que ocorrem mais rapidamente quando o milho moído é misturado com água e agentes alcalinos (BAZÚA *et al.*, 1979).

Características positivas da extrusão incluem evitar a geração de nejayote (água do cozimento), preservar os nutrientes contidos no pericarpo e na aleurona do milho e produzir alimentos integrais (CONTRERAS-JIMÉNEZ *et al.*, 2014). No entanto, há uma grande força de cisalhamento no processo e altas temperaturas são atingidas, provocando a ruptura das cadeias de amido gelatinizado e, consequentemente, a dextrinização do amido.

A extrusão pode ser utilizada como um método alternativo para a produção de milho nixtamalizado controlando algumas variáveis, como: granulometria da farinha de milho, o grau de umidade inicial, a temperatura e velocidade do parafuso da extrusora e o uso de equipamento de baixo cisalhamento (CONTRERAS-JIMÉNEZ *et al.*, 2014).

18.3.2 NIXTAMALIZAÇÃO POR FRACIONAMENTO

Na nixtamalização fracionária, os grãos de milho ligeiramente aquecidos são colocados em um dispositivo de decorticação com velocidade constante do parafuso de 800 rpm. Após, com base em suas diferentes densidades, o pericarpo, o gérmen e a ponta são separados do endosperma, utilizando geralmente um separador pneumático. O endosperma e as frações são nixtamalizadas separadamente em solução de hidróxidos de cálcio utilizando altas temperaturas (> 90°C). Após, as frações são secas e moídas.

A nixtamalização após o fracionamento evita as desvantagens do processo tradicional pois os tempos de processamento são reduzidos e os custos de energia e de geração de efluentes são menores. Além disso, esse processo preserva uma proporção maior de antocianinas na massa com propriedades reológicas semelhantes às produzidas pelo processo tradicional (CORTES-GOMEZ *et al.*, 2005).

18.3.3 NIXTAMALIZAÇÃO UTILIZANDO BAIXO CISALHAMENTO

Essa tecnologia utiliza as vantagens do processo de extrusão, porém reduz a força de cisalhamento aplicada. O cisalhamento em altas temperaturas produz dextrinização do amido, que causa baixa qualidade no produto nixtamalizado, uma vez que a massa obtida é mais adocicada e pegajosa (ORTEGA-MOODY *et al.*, 2011).

O termo baixo cisalhamento refere-se a não dar trabalho mecânico a massa enquanto ela estiver cozinhando. Para isso, o estágio de cozimento e de transporte, utilizado nos processos convencionais de cisalhamento, é separado nesse sistema, evitando a formação de turbulência e reduzindo a força de cisalhamento. Além disso, o estágio de resfriamento não envolve um orifício de saída, reduzindo ainda mais os danos mecânicos no material.

O sistema mecânico de baixo cisalhamento é capaz de melhorar a qualidade funcional do produto, pois reduz o grau de dextrinização. No entanto, é necessário determinar a qualidade nutricional dos produtos, bem como a viabilidade comercial, considerando o custo-benefício dessa tecnologia alternativa.

18.3.4 NIXTAMALIZAÇÃO POR ULTRASSOM

A nixtamalização por ultrassom é usada como auxiliar de processamento para reduzir o tempo de processo tradicional de nixtamalização e para melhorar a qualidade do nixtamal. O ultrassom consiste no uso de ondas sonoras de alta frequência (20 a 100 kHz), e é aplicado na etapa de cozimento. O ultrassom emprega fenômenos físicos, mas apresenta efeitos sobre os atributos químicos. Logo, seus efeitos estão associados aos fenômenos complexos da cavitação gasosa que explicam a geração e evolução de microbolhas em meio líquido (ROBLES-OZUNA *et al.*, 2016).

A principal vantagem do uso de ultrassom no processo de nixtamalização é a redução do tempo de processamento. Essa técnica rompe o pericarpo dos grãos melhorando a difusão da água e do cálcio no endosperma. No entanto, essa é uma tecnologia usada na prática médica e seu custo pode ser alto para uso industrial.

18.3.5 NIXTAMALIZAÇÃO POR MICRO-ONDAS

Na nixtamalização assistida por micro-ondas é utilizada a energia eletromagnética em um campo específico que varia de 915 a 2450 MHz. A radiação é usada para gerar energia térmica por meio da vibração molecular de moléculas excitadas, principalmente moléculas de água.

O processo utilizando micro-ondas oferece algumas vantagens, como: tempo de cozimento reduzido, eficiência energética, produção reduzida de *nejayote*, baixos custos operacionais, além de comprovada eficácia na redução de micotoxinas (PÉREZ-FLORES *et al.* 2011).

Por sua vez, na nixtamalização por micro-ondas o milho moído é excessivamente desidratado, pois a parte interna do grão também é exposta a radiação. Essa condição contribui para a gelatinização do amido, assim a massa obtida torna-se pegajosa e suas propriedades mecânicas inadequadas. São necessários mais estudos sobre essa tecnologia alternativa, a fim de se melhorar as propriedades físico-químicas, tecnológicas e funcionais dos produtos nixtamalizados por micro-ondas.

18.3.6 NIXTAMALIZAÇÃO POR AQUECIMENTO ÔHMICO

A técnica de aquecimento ôhmico é baseada na tecnologia eletrotérmica, a qual utiliza uma corrente elétrica que flui através dos alimentos causando um aquecimento interno oriundo da resistência elétrica do milho, cozinhando o produto (VARGHESE *et al.*, 2014). O design de um aquecedor ôhmico está ilustrado na Figura 18.3.

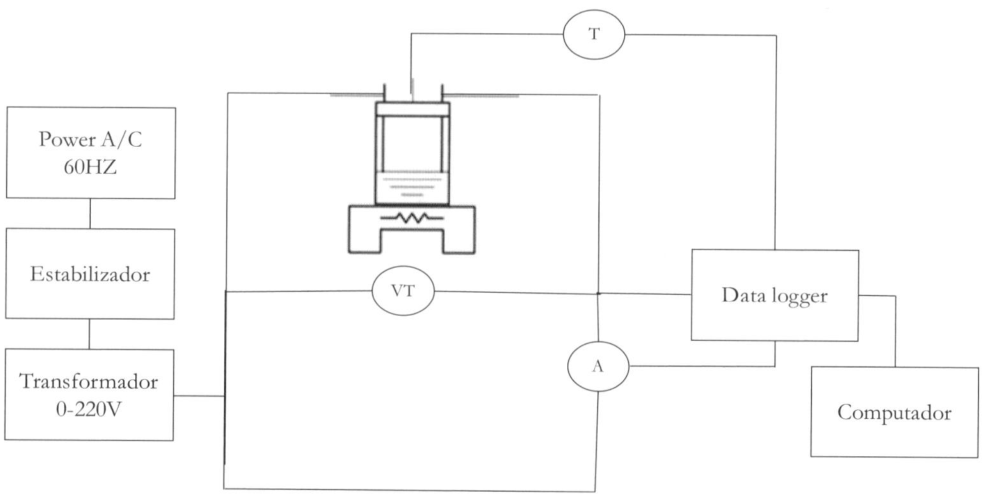

Figura 18.3 Diagrama esquemático do princípio do aquecimento ôhmico (T = sensor de temperatura; VT = transdutor de tensão; A = transdutor de corrente).

Fonte: Adaptado de Sarkis *et al.* (2013).

A nixtamalização por aquecimento ôhmico oferece uma uniformidade no cozimento sem excesso de água, assim minimiza a produção de nejayote e não gera efluentes no processo. Consequentemente, alguns compostos não são perdidos por lixiviação nas águas residuais, como nutrientes e compostos bioativos (RAMIREZ-JIMENEZ *et al.*, 2019).

Uma desvantagem na nixtamalização utilizando aquecimento ôhmico é o longo tempo de produção, que afeta o seu uso em larga escala na indústria de alimentos. Uma alternativa para tentar minimizar esse problema é a utilização de um sistema contínuo de produção. Assim, enquanto flui pela tubulação, a mistura de milho é cozida e seca (MORALES-SÁNCHEZ *et al.*, 2010).

O aquecimento ôhmico é uma tecnologia alternativa que oferece grandes vantagens à nixtamalização industrial, principalmente por ser uma tecnologia ecológica. No entanto, se faz necessária a troca do equipamento tradicional por lote para um processo contínuo.

18.3.7 SUBSTITUIÇÃO DO HIDRÓXIDO DE CÁLCIO

A substituição do hidróxido de cálcio por outros sais de cálcio foi motivada pelo grande volume de água gasto no processo de nixtamalização e pela alta concentração de sólidos solúveis descartados durante o cozimento e lavagem do nixtamal. O *nejayote* contém cerca de 2% a 6% de sólidos dissolvidos em suspensão que consiste principalmente de pericarpo (CAMPECHANO CARRERA *et al.*, 2012). O uso de outros sais ou ácidos como substitutos do hidróxido de cálcio preserva totalmente o pericarpo do grão. Como resultado desse processo, alguns nutrientes não são perdidos, incluindo vitaminas, gorduras, proteínas, fibras alimentares e alguns minerais (BRESSANI *et al.*, 1958).

A utilização de sulfato de cálcio, cloreto de cálcio, bicarbonato de cálcio, carbonato de cálcio, propionato de cálcio ou sais de sódio ou ácidos fracos, como ácido acético ou propiônico apresentou menor perda de matéria seca, pH, fibra alimentar total e fibra solúvel na composição de nejayote (RAMÍREZ-ARAUJO *et al.*, 2019). Além disso, melhorou a qualidade nutricional do milho e, portanto, dos produtos nixtamalizados.

O hidróxido de cálcio pode ser substituído para nixtamalizar o milho, pois a massa obtida possui características semelhantes às do processo tradicional de nixtamalização. No entanto, esse método utiliza o mesmo volume de água do método tradicional e semelhante tempo de processamento (SANTIAGO-RAMOS *et al.*, 2017).

18.4 FATORES QUE AFETAM A QUALIDADE DO PRODUTO NIXTAMALIZADO

A nixtamalização provoca uma série de mudanças físicas e químicas no grão do milho e a qualidade do produto nixtamalizado está relacionado com fatores intrínsecos e extrínsecos do processo. Nos parâmetros intrínsecos podemos relacionar as propriedades dos grãos de milho, por exemplo: natureza física do grão, característica do pericarpo, do endosperma e do gérmen, além de perfurações causadas por insetos. Os parâmetros extrínsecos estão relacionados à alcalinidade da solução, temperatura e tempo de intumescimento, tratamento prévio e alternativas ao processo tradicional de nixtamalização.

A primeira alteração durante a nixtamalização do milho é a hidrólise do pericarpo que, em parte, é desejável devido ao fato das arabinoxilanas atuarem como hidrocoloides provocando melhorias nas propriedades de textura e viscoelásticas da massa. No entanto, a hidrólise excessiva facilita a separação da massa durante a lavagem e aumenta as perdas de matéria seca (SANTIAGO-RAMOS *et al.*, 2018). A hidrólise do pericarpo é influenciada pelo longo tempo de cozimento e de intumescimento, além de alta temperatura e alcalinidade da solução no processo.

As variedades crioulas apresentam grãos com pericarpo pigmentado, como o milho amarelo, preto, roxo, azul, vermelho e laranja. Essas variedades possuem um valor agregado devido ao seu alto teor de compostos fenólicos, que são encontrados em sua maioria no pericarpo (MASUOKA *et al.*, 2012). Embora durante o processo de nixtamalização o pericarpo seja parcialmente eliminado na lavagem do nixtamal, algumas pesquisas demonstram que a perda de antocianinas está relacionada à variedade de milho usado (LÓPEZ-MARTÍNEZ *et al.*, 2011). Segundo Escalante-Aburto (2013) novos processos de nixtamalização podem otimizar o conteúdo de antocianinas e obter um benefício adicional ao produto nixtamalizado.

O principal tecido de armazenamento do grão de milho é o endosperma que compreende entre 68,3% e 87,4% do peso seco do grão. Praticamente todo o amido presente no grão de milho maduro está no endosperma (LOPES *et al.*, 2009). Durante a etapa de cozimento e intumescimento as moléculas de água se difundem por todo o espaço entre os grânulos de amido, que absorvem água e incham. Na moagem do nixtamal, uma parte dos grânulos de amido é gelatinizada, se dispersando entre os grânulos inchados e agindo como cola unindo as partículas formando uma massa coesa. No entanto, o cozimento excessivo ou a alta temperatura de moagem podem produzir muito amido gelatinizado, formando uma massa pegajosa de difícil manuseio (BERTOLINI, 2002).

As características físicas da variedade do grão de milho escolhido também impactam no processo de nixtamalização. Dois tipos de grãos amiláceo podem ser reconhecidos: farináceo (macio) ou vítreo (duro), que diferem no tamanho, na morfologia e no grau de compactação dos grânulos de amido e da matriz proteica que os cerca (NARVÁEZ-GONZÁLEZ *et al.*, 2006). A absorção de água ocorre em pouco tempo nos grãos macios (farináceos) favorecendo a rápida gelatinização do amido. Já em grãos muito duros (vítreos), a gelatinização parcial não ocorre porque o pericarpo mais espesso e o alto grau de compactação dos grânulos não permitem difusão suficiente de água nos grânulos de amido (SANTIAGO-RAMOS *et al.*, 2017).

A utilização de um meio alcalino na etapa de cozimento provoca perdas da matéria seca e de alguns nutrientes (vitaminas, gorduras, proteínas, fibras alimentares e alguns minerais) devido a excessiva lixiviação de compostos (CAMPECHANO CARRERA *et al.*, 2012). O amarelecimento do pericarpo é também uma característica indesejada no processo de nixtamalização que utiliza altas concentrações de agentes alcalinos, influenciando fortemente a cor do nixtamal, da massa e, consequentemente, dos alimentos à base de milho nixtamalizado.

A temperatura de cozimento e o tempo intumescimento estão relacionados à gelatinização do amido. O cozimento excessivo leva a completa gelatinização do amido, o que resulta em uma massa nixtamilizada pegajosa difícil de manusear. Já o milho pouco cozido produz massas que não têm coesão, e a textura dos produtos obtidos a partir delas se mostram inadequados (ROJAS-MOLINA *et al.*, 2007).

Uma gelatinização adicional do amido ocorre durante a moagem, entre outras transformações nos componentes dos grãos. O moinho de pedra é o mais indicado pois desempenha um papel importante no produto, partindo os grânulos do amido parcialmente gelatinizado e distribuindo o amido hidratado e a proteína ao redor das porções não gelatinizada do endosperma, formando uma massa coesa (SERNA-SALDIVAR, 2012).

18.5 ALTERAÇÕES NAS PROPRIEDADES DO AMIDO, NO VALOR NUTRICIONAL E NO TEOR DE MICOTOXINAS EM MILHO NIXTAMALIZADO

Durante o processo de nixtamalização ocorrem várias conversões moleculares nos componentes dos grãos que são responsáveis por alterar algumas propriedades nutricionais e tecnológicas do milho. Alguns efeitos podem ser desejados, mas outros desfavoráveis, o que afeta a saúde dos consumidores e a indústria de transformação. A remoção de pericarpo e de tecidos germinativos são os principais responsáveis pelas perdas importantes de nutrientes e compostos bioativos que ocorrem durante a nixtamalização (DE LA PARRA *et al.*, 2007).

As perdas na qualidade nutricional durante o processo estão relacionadas às características físicas dos grãos, como: danos mecânicos, dureza, baixa densidade, pericarpo mais fino, além das condições do processo de nixtamalização, como por exemplo, tempo e temperatura de cozimento, temperatura de intumescimento e concentração de hidróxido de cálcio (CAMPECHANO CARRERA, 2012).

As alternativas ao processo convencional de nixtamalização também podem afetar o teor de nutrientes do milho nixtamalizado. A tecnologia utilizada e as condições de processo têm efeito nas propriedades do amido, na qualidade e biodisponibilidade de vitaminas, proteínas, minerais e compostos bioativos, bem como, na presença de micotoxinas.

18.5.1 PROPRIEDADES DO AMIDO

O amido é um carboidrato complexo composto por 20% a 25% de amilose e 75% a 80% de amilopectina. Logo, sendo o principal componente do grão de milho, o alto teor de amilopectina define a maioria das propriedades químicas e físicas do amido de milho (BERTOLINI, 2010). A boa qualidade de produtos utilizando milho nixtamalizado depende de mudanças no amido do milho, uma vez que o milho cru passa por várias etapas no processo de nixtamalização.

A nixtamalização tem sido relatada como responsável pelo aumento do teor de amido resistente, que é um fator, hoje em dia, de especial interesse devido aos seus efeitos benéficos atribuídos à saúde humana, como a redução do índice glicêmico, respostas insulinêmicas a alimentos, efeito hipocolesterolêmico e proteção contra o câncer colorretal (MARISCAL-MORENO *et al.*, 2017).

Durante a nixtamalização pode ocorrer uma redução no teor de amilose do milho. Essa redução está relacionada à lixiviação de amilose durante o cozimento e a maceração, a retrogradação do amido após a trituração, ou a formação de complexo amilose-lipídeo durante o processamento da massa, diminuindo a quantidade de amilose detectada (AGUIRRE-CRUZ *et al.*, 2005).

As propriedades funcionais do amido estão associadas à efeitos moleculares, como a temperatura de gelatinização, de solubilização e de retrogradação. O comportamento dos grânulos é outro fator importante na funcionalidade do amido (inchaço, índice de solubilidade e reologia de grânulos inchados) (CASTRO *et al.*, 2017).

No processo de nixtamalização as propriedades reológicas da massa estão diretamente relacionadas a três fatores principais: 1) cozimento excessivo, 2) tipo de sais de cálcio adicionado e 3) concentração do sal utilizado. O cozimento excessivo do milho é responsável pelo aumento nas temperaturas de gelatinização do amido no nixtamal (na temperatura inicial, máxima e final) (MARISCAL-MORENO *et al.*, 2015). Uma forte mudança no perfil de colagem da massa ocorre devido ao aumento do grau de gelatinização do amido (RINCÓN-LONDOÑO *et al.*, 2016).

Sabe-se que o aumento da concentração de sais de cálcio adicionado no processo de nixtamalização diminui a temperatura de gelatinização, enquanto a viscosidade máxima, final e de retrogradação aumentam (ARGUN; DOĞAN, 2017). Isso ocorre devido a capacidade que os íons têm de penetrar mais facilmente nos grânulos de amido, acelerando o processo de gelatinização à medida que quebram as pontes de hidrogênio (MARISCAL-MORENO *et al.*, 2015). Também foi observado que, à medida que a concentração de sal aumenta, o tamanho das partículas do amido diminui.

Os grânulos de amido nativo têm um nível de cristalinidade variando de 15% a 45%, presentes em um estado semicristalino e mostrando padrões característicos de cereais tipo A (BULÉON *et al.*, 1998). No processo inicial de nixtamalização os grânulos absorvem água e incham, com isso a estrutura cristalina e organizada do amido é transformada em um estado amorfo e a cristalinidade é perdida.

A gelatinização do amido na nixtamalização não é simultânea em todos os grânulos, ou seja, podem existir diferentes graus de intumescimento e desorganização estrutural. Esse processo é denominado recozimento e ocorre durante a imersão. Nessa etapa, por um certo período de tempo e temperatura, o amido sofre reorganização em uma estrutura mais ordenada (FIGUEROA-CÁRDENAS *et al.*, 2013).

As propriedades estruturais da massa de milho nixtamalizada dependem do grau de gelatinização do amido, que são avaliadas usando métodos objetivos e subjetivos. A análise do perfil de textura da massa, incluindo parâmetros como dureza, elasticidade, coesão e goma, é um dos métodos objetivos mais utilizados. Já os métodos subjetivos avaliam a qualidade dos alimentos usando o toque e, por esse motivo, são difíceis de padronizar (CASTRO *et al.*, 2017).

18.5.2 VITAMINAS

As vitaminas são encontradas em todas as principais partes do grão de milho, incluindo no endosperma (carotenoides), no gérmen (vitamina E) e na camada de aleurona (vitaminas hidrossolúveis) (SURI; TANUMIHARDJO, 2016).

O teor de carotenoides (β-caroteno, α-caroteno e β-criptoxantina) no milho varia entre as linhagens, algumas variedades podem conter até 80 μg/g de peso seco, enquanto outras poucas ou nenhuma atividade, como por exemplo, o milho branco (PIXLEY *et al.*, 2013). No grão de milho amarelo mais de 90% dos carotenoides são encontrados no endosperma, no endosperma vítreo entre 74% e 81% e no farináceo em torno de 9% a 23%. O farelo contém apenas 1% de carotenoides e o gérmen de 2% a 4% (LOZANO-ALEJO *et al.*, 2007).

Alguns pesquisadores relatam que o processo de nixtamalização reduz os níveis de β-criptoxantina e β-caroteno do milho (DE LA PARRA *et al.*, 2007). Por sua vez, outros afirmam que o processo é capaz de liberar carotenoides dos grãos, produzindo níveis de β-caroteno 100 vezes maiores na massa resultante (GUTIERREZ-URIBE, 2014). O conteúdo pode aumentar devido à degerminação, já que os carotenoides são encontrados principalmente no endosperma. No entanto, em ambos os estudos, pode ser observado que o processo subsequente da massa em tortilhas reduz ou cessa os níveis de carotenoides (provitamina A).

As vitaminas do complexo B são encontradas no endosperma, no gérmen e em maior concentração na camada de aleurona do milho (NUSS; TANUMIHARDJO, 2010). Dentre elas, tiamina, riboflavina, niacina, ácido pantotênico, vitamina B6, folato e biotina. Dependendo das condições, o processamento do milho pode aumentar ou diminuir a quantidade e biodisponibilidade dessas vitaminas hidrossolúveis.

O cozimento termoalcalino utilizado na nixtamalização produz perdas de algumas vitaminas B, como tiamina, riboflavina e niacina (BRESSANI *et al.*, 1990). O processamento do milho pode reduzir a niacina total, mas também pode liberar a niacina ligada, tornando-a mais biodisponível. Fato esse importante para combater a pelagra, uma doença que causa deficiência resultante de dieta inadequada niacina e/ou triptofano (SURI; TANUMIHARDJO, 2016).

18.5.3 PROTEÍNAS

A quantidade de proteínas no milho é relativamente baixa. O endosperma concentra sua principal reserva com aproximadamente 9% a 12% de proteínas (NUSS; TANUMIHARDJO, 2011). A proteína do milho é, em geral, deficiente em lisina e triptofano, mas relativamente rica nos aminoácidos metionina e cistina que contém enxofre (BRESSANI *et al.*, 1958).

Devido à importância do milho na nutrição de países menos desenvolvidos, esforços significativos foram feitos para melhorar a qualidade proteica desse grão. Isso foi alcançado por meio do melhoramento genético, aumentando o conteúdo de lisina e triptofano na proteína do milho.

O milho nixtamalizado geralmente aumenta o teor total de proteínas. Esses aumentos estão relacionados a uma concentração dos componentes restantes, após a perda de pericarpo, amido e alguns lipídeos durante o cozimento e lavagem (FERNÁNDEZ-MUÑOZ *et al.*, 2004). Além disso, a nixtamalização pode melhorar a digestibilidade das proteínas e afetar positivamente a qualidade das proteínas do milho, ajustando parcialmente a desproporção de leucina para isoleucina (BRESSANI *et al.*, 1958).

O tratamento térmico que ocorre na nixtamalização induz a desnaturação de proteínas. Por sua vez, novas ligações cruzadas intermoleculares de dissulfeto são formadas, que afetam a solubilidade das proteínas (VIVAS *et al.*, 1987). O cozimento alcalino aumenta a solubilidade de espécies de baixo peso molecular, incluindo globulinas, albuminas ou prolaminas. No entanto, durante a moagem e mistura ocorre um aumento na porção de espécies de alto peso molecular, como polímeros de proteínas solúveis (CHAIDEZ- LAGUNA *et al.*, 2016).

18.5.4 MINERAIS

O teor de minerais encontrados no produto nixtamalizado é variável e depende de alguns fatores, como: tipo de processo utilizado para nixtamalizar, variedade do grão de milho e quantidade/tipo de álcalis adicionado durante o processo. O conteúdo mineral de cinzas e madeiras compreendem alguns oligoelementos (Ca, K, Mg, Fe e Zn) que alteram o conteúdo de minerais nos subprodutos (PAPPA *et al.*, 2010).

Durante o processo de nixtamalização tradicional, a absorção de água e hidróxido de cálcio ocorre simultaneamente no gérmen e no endosperma e promove a gelatinização do amido (FERNANDEZ-MUÑOZ *et al.*, 2011). O aumento do teor de cálcio e outros minerais é variável e pode depender da pureza do álcali utilizado. Segundo Bressani *et al.* (1990), o teor de magnésio, ferro e fósforo aumenta após a nixtamalização do milho, já o teor de sódio não é alterado e o de potássio diminui.

O ácido fítico é um antinutriente encontrado no milho que influencia negativamente a biodisponibilidade de minerais. Complexos insolúveis de metal-fitato são formados através de seus grupos reativos com cátions carregados positivamente, como Fe2+, Zn2+, Ca2+ e Mg2+ (OBOH *et al.*, 2010).

Algumas propriedades físicas do milho, como dureza e densidade, são responsáveis pelo conteúdo de cálcio após a nixtamalização. Tortilhas elaboradas a partir de milho nixtamalizado com grão mole, cozidas em temperaturas mais altas e tempos de intumescimento mais longos retém mais cálcio (ESCALANTE-ABURTO *et al.*, 2020).

18.5.5 COMPOSTOS BIOATIVOS

Algumas variedades de milho têm recebido uma atenção crescente do ponto de vista nutricional devido aos seus potenciais benefícios à saúde. Os fitoquímicos encontrados no milho, como e carotenoides, têm sido relacionados não apenas a altas atividades antioxidantes, mas também a várias outras propriedades biológicas, como atividades antimutagênicas ou estrogênicas, inibição de enzimas e indução de enzimas de desintoxicação (LÓPEZ-MARTÍNEZ *et al.*, 2009).

Os grãos de milho pigmentado têm mais antioxidantes que os brancos ou amarelos devido à presença de antocianinas, que são poderosos antioxidantes (MORA-ROCHIN *et al.*, 2010). Uma das cores mais comuns dos grãos de milho pigmentado é o azul/roxo que possui em torno de 3,67 mg equivalentes de cianidina 3-glucósido/kg de peso seco, enquanto que, variedades de milho branco possuem em torno de 0,18 mg equivalentes de cianidina 3-glucósido/kg de peso seco (HERNÁNDEZ-MARTÍNEZ *et al.*, 2016).

No entanto, o processo de nixtamalização causa um declínio na capacidade antioxidante do produto processado (MORALES; ZEPEDA, 2017). As perdas de antocianinas são causadas pelo pH alcalino e altas temperaturas que caracterizam o processo, condições sob as quais esses flavonoides são instáveis (BROUILLARD, 1982).

Os carotenoides são responsáveis pelas cores amarela, laranja e vermelha de várias frutas, vegetais e grãos. Os carotenoides mais abundantes em genótipos específicos de milho pigmentado são as xantofilas (luteína e zeaxantina), bem como os carotenos (α-caroteno e β-caroteno) (KEAN *et al.*, 2008).

O processo tradicional de nixtamalização por cozimento com hidróxido de cálcio diminui o teor de carotenoides total quando comparado aos grãos crus (CORRALES-BAÑUELOS *et al.*, 2016). A redução de importantes bioativos em produtos nixtamalizados está relacionada com a lixiviação destes compostos no nejayote, incluindo os contidos no gérmen (ROONEY; SERNA-SALDIVAR, 2015).

Alguns processos alternativos para reter antioxidantes em uma ampla variedade de produtos integrais estão sendo estudados, uma vez que as perdas de bioativos são maiores nos produtos processados. O principal foco desses processos é a nula geração de águas residuais (*nejayote*). Assim, os nutrientes associados ao pericarpo e tecidos de aleurona são retidos (CORRALES-BAÑUELOS *et al.*, 2016).

18.5.6 MICOTOXINAS

O milho é uma das culturas mais propensas à contaminação por diversas micotoxinas. Micotoxinas são metabólitos tóxicos produzidos por algumas espécies de fungos presentes em uma variedade de grãos. Muitos desses fungos estão entre os que causam o apodrecimento e desenvolvimento de mofos em grãos de milho, sendo os mais importantes aqueles pertencentes aos gêneros *Fusarium, Aspergillus* e *Penicilium* (HERMANNS *et al.*, 2006).

As aflatoxinas, comuns em milho e outras culturas, são produzidas principalmente por espécies de *Aspergillus* e *Penicillium* e são uma séria ameaça à saúde em muitas regiões do mundo, sendo a aflatoxina B1 (AFB1) a mais tóxica e carcinogênica (TANIWAKI *et al.*, 2018). As fumonisinas, conhecidas como toxinas de *Fusarium*, são outro grupo de toxinas frequentemente encontradas no milho, incluindo a zearalenona (ZEN) e tricotecenos, como o *deoxinivalenol* (DON) (METZLER, 2011). O consumo de alimentos contaminados resulta em diversos efeitos na saúde humana e animal. O câncer de esôfago é um dos mais preocupantes, e está associado ao consumo de fumonisinas (SAKATA *et al.*, 2011).

Uma redução nas concentrações de micotoxinas ocorre no processamento de alimentos, levando também a menor toxicidade. No entanto, as micotoxinas podem ser modificadas em sua estrutura química por processos biológicos ou químicos, ou ainda, podem ser conectadas a matriz do alimento, sendo fisicamente aprisionadas por ligação covalente (KOVAČ *et al.*, 2018).

O cozimento alcalino do milho no processo de nixtamalização pode causar várias alterações físico-químicas nos grãos de milho e é capaz de afetar as micotoxinas. O aumento da concentração de hidróxido de cálcio no processo favorece a redução do conteúdo de aflatoxina B1 (ABBAS *et al.*, 1988). No entanto, esse aumento também acarreta na produção de tortilhas com características organolépticas inadequadas para consumo humano.

A nixtamalização tradicional tem um alto potencial para diminuir as concentrações de aflatoxina. O *nejayote* que é descartado no processo pode mostrar um certo acúmulo de aflatoxinas em seu material sólido, reduzindo a toxicidade no milho nixtamalizado (SCHAARSCHMIDT; FAUHL-HASSEK, 2019). No entanto, a nixtamalização tradicional é um processo demorado, caracterizado por uma entrada relativamente alta de água e energia, além de problemas ecológicos causados pelo descarte do *nejayote* (PÉREZ-FLORES *et al.*, 2011).

Processos alternativos de nixtamalização do milho foram considerados com intuito de reduzir os insumos de água e energia e a quantidade de águas residuais, mas também em vista das reduções da aflatoxina. No processo de extrusão alcalina geralmente são encontradas quantidades relativamente baixas de aflatoxinas totais, no milho ou nos meios de cultura (VESONDER *et al.*, 1991). Já o uso de micro-ondas no processo de nixtamalização produziu tortilhas com níveis de aflatoxina reduzidos de 68% a 84% da quantidade inicial (PÉREZ-FLORES *et al.*, 2011).

As fumonisinas são micotoxinas solúveis em água, que podem lixiviar com a fração líquida durante os procedimentos de cozimento e maceração. Logo, a remoção do *nejayote* contribui para a redução de fumonisina no milho nixtamalizado (SYDENHAM *et al.*, 1995). Ainda, caso esse grupo de micotoxinas fosse um pouco menos reduzido no nixtamal, as reduções ocorreriam durante a produção de massa/tortilha, devido ao tratamento térmico acompanhado de altos valores de pH (DOMBRINK-KURTZMAN *et al.*, 2000).

Embora o cozimento alcalino tenha mostrado uma redução nos níveis de fumosina, o processo pode de alguma maneira facilitar a liberação de fumonisinas ligadas. No entanto, Gelderblom *et al.* (1993) concluíram que as fumonisinas associadas à matriz que foram liberadas são hidrolisadas e não adsorvidas no intestino.

Poucos dados sobre micotoxinas são encontradas durante a nixtamalização do milho. No entanto, é sabido que a nixtamalização e a produção de tortilhas podem afetar as micotoxinas encontradas, tanto química como fisicamente (SCHAARSCHMIDT; FAUHL-HASSEK, 2019).

18.6 PRODUTOS ELABORADOS COM MILHO NIXTAMALIZADO

A partir do milho nixtamalizado é preparado uma massa que é amplamente consumida. No México, mais de trezentos alimentos são produzidos por métodos de processamento que incluem o milho nixtamalizado (PALACIOS-ROJAS *et al.*, 2016). A massa obtida pode ser diretamente usada no preparo de produtos, mas também pode ser seca para se obter a farinha de milho nixtamalizada. A produção de farinha instantânea pré-cozida está aumentando constantemente no México, em alguns países da América Central e nos Estados Unidos (EKPA *et al.*, 2019). Essas farinhas são usadas na fabricação de tortilhas, tacos, batatas fritas, tamales e tamalitos, arepas e outras preparações alimentícias, incluindo bebidas ou mingaus finos (BRESSANI *et al.*, 1990).

O consumo de produtos de farinha de milho nixtamalizado está aumentando nos países desenvolvidos. Essa demanda estimulou a pesquisa, não apenas na otimização da tecnologia tradicional e desenvolvimento de processos alternativos de nixtamalização, mas também na identificação de melhores tipos de grãos, conforme abordado anteriormente neste capítulo. Assim, desenvolver critérios de qualidade para a farinha de milho nixtamalizada não são apenas úteis na fabricação de tortilhas, e sim na diversificação de seu uso em outros produtos alimentícios.

Na Tabela 18.2 estão apresentados os principais produtos obtidos a partir da massa de milho nixtamalizado e suas características de produção.

Tabela 18.2 Produtos a partir da massa de milho nixtamalizado

Produtos	Características de produção
Tortilhas	Produzidas a partir da massa de milho nixtamalizado. No método tradicional o milho nixtamalizado é moído em massa, enquanto o método comercial utiliza farinha de milho processada industrialmente feita de massa seca. As tortilhas podem ser grelhadas ou assadas e são utilizadas para *wraps* ou consumidas naturalmente. As "tortilhas mexicanas", como são conhecidas mundialmente, ainda podem servir como base para outros pratos, como burritos, tacos, fajitas e tostadas.
Enchiladas, tacos e pupusas	Utilizam a massa de milho nixtamalizado como suporte para o recheio (ex. queijo fresco) e depois são assados como tortilhas. Esse tipo de produto saboroso e crocante é tradicional no México.
Batatas fritas e chilaquilas	Produzidos a partir da massa de milho nixtamalizado frita e aromatizada.
Ogi	Obtida a partir da fermentação da massa de milho nixtamalizado. É comum na Nigéria.
Tamalitos	Produzidos a partir da massa de nixtamal embrulhados em cascas de milho e cozidas no vapor por 20 a 30 minutos, gelatinizando o amido e fornecendo uma estrutura diferente. Tamales é uma preparação mais complexa devido ao número de ingredientes adicionado, na maioria dos casos são feitos com frango ou porco.

Fonte: Adaptado de Serna-Saldivar (2010).

18.7 CONSIDERAÇÕES FINAIS

A nixtamalização é um processo utilizado há muitas décadas, no entanto, o processo convencional para a produção do nixtamal está sendo revisto devido à alta poluição de águas residuais e a perda de nutrientes no processo. Diferenças no grão de milho, nas condições e nos métodos de processamento afetam as características químicas e as propriedades físico-químicas do produto obtido. Alguns métodos alternativos analisados neste capítulo oferecem bons resultados para combater ou eliminar algumas desvantagens do processo tradicional de nixtamalização. Contudo, são necessários mais estudos para obter uma solução de reduzir a contaminação de efluentes, a perda de nutrientes, além do tempo gasto para nixtamalizar o milho, principalmente nos países onde o milho nixtamalizado é um dos alimentos básicos para a população.

REFERÊNCIAS

ABBAS, Hamed K. *et al.* Effect of tortilla-preparation process on aflatoxins B1 and B2 in corn. *Mycotoxin Research*, v. 4, n. 1, p. 33-36, 1988.

AGUIRRE-CRUZ, Andrés *et al.* Effect of carboxymethylcellulose and xanthan gum on the thermal, functional and rheological properties of dried nixtamalised maize masa. *Carbohydrate Polymers*, v. 62, n. 3, p. 222-231, 2005.

ARGUN, Mustafa Samıl; DOĞAN, Ismaıl Saıt. Effects of varying nixtamalization conditions on the calcium absorption and pasting properties of dent and flint corn flours. *Journal of Food Process Engineering*, v. 40, n. 3, p. e12436, 2017.

BAZUA, Carmen D.; GUERRA, Rosaura; STERNER, Hank. Extruded corn flour as an alternative to lime-heated corn flour for tortilla preparation. *Journal of Food Science*, v. 44, n. 3, p. 940-941, 1979.

BERTOLINI, Andrea (Ed.). *Starches*: characterization, properties, and applications. CRC Press, 2009.

BERTOLINI, Andréa C. *et al.* Rheological and functional properties of flours from banana pulp and peel. *Starch-Stärke*, v. 62, n. 6, p. 277-284, 2010.

BRESSANI, R. *et al.* Changes in selected nutrient contents and in protein quality of common and quality protein maize during rural tortilla preparation. *Cereal Chem*, v. 67, n. 6, p. 515-518, 1990.

BRESSANI, Ricardo; PAZ Y PAZ, Ramiro; SCRIMSHAW, Nevin S. Corn nutrient losses, chemical changes in corn during preparation of tortillas. *Journal of Agricultural and Food Chemistry*, v. 6, n. 10, p. 770-774, 1958.

BROUILLARD, Raymond. Chemical structure of anthocyanins. *Anthocyanins as Food Colors*, p. 1-40, 1982.

BULEON, Alain *et al.* Starch granules: structure and biosynthesis. International journal of biological macromolecules, v. 23, n. 2, p. 85-112, 1998.

CAMPECHANO CARRERA, Elsa María *et al.* New ecological nixtamalisation process for tortilla production and its impact on the chemical properties of whole corn flour and wastewater effluents. *International Journal of Food Science & Technology*, v. 47, n. 3, p. 564-571, 2012.

CARVAJAL-MILLAN, Elizabeth *et al.* Maize bran gum: extraction, characterization and functional properties. *Carbohydrate Polymers*, v. 69, n. 2, p. 280-285, 2007.

CASTRO, Carlos Martín Enríquez *et al.* Physicochemical and rheological changes of starch in nixtamalization processes: extrusion as an alternative to produce corn flour. *In*: *Extrusion of metals, polymers and food products*. IntechOpen, 2017.

CHAIDEZ-LAGUNA, Leslie Denise *et al.* Corn proteins solubility changes during extrusion and traditional nixtamalization for tortilla processing: a study using size exclusion chromatography. *Journal of Cereal Science*, v. 69, p. 351-357, 2016.

COMEXVIS. *Comex Vis*: Brasil Geral. Brasília, 2020. Disponível em: http://comexstat.mdic.gov.br/pt/comex-vis.

CONTRERAS-JIMÉNEZ, E. *et al.* Propiedades funcionales de harinas de maíz nixtamalizado obtenidas por extrusión a baja temperatura. *CyTA-Journal of Food*, v. 12, n. 3, p. 263-270, 2014.

CORRALES-BAÑUELOS, Ana Belinda *et al.* Carotenoid composition and antioxidant activity of tortillas elaborated from pigmented maize landrace by traditional nixtamalization or lime cooking extrusion process. *Journal of Cereal Science*, v. 69, p. 64-70, 2016.

CORTÉS-GÓMEZ, Alicia et al. Tortillas of blue maize (Zea mays L.) prepared by a fractionated process of nixtamalization: analysis using response surface methodology. Journal of Food Engineering, v. 66, n. 3, p. 273-281, 200

DALBHAGAT, Chandrakant Genu; MAHATO, Dipendra Kumar; MISHRA, Hari Niwas. Effect of extrusion processing on physicochemical, functional and nutritional characteristics of rice and rice-based products: a review. *Trends in Food Science & Technology*, v. 85, p. 226-240, 2019.

DE DIOS FIGUEROA, Juan *et al.* Effect of annealing from traditional nixtamalisation process on the microstructural, thermal, and rheological properties of starch and quality of pozole. *Journal of Cereal Science*, v. 58, n. 3, p. 457-464, 2013.

DE LA PARRA, Columba; SERNA SALDIVAR, Sergio O.; LIU, Rui Hai. Effect of processing on the phytochemical profiles and antioxidant activity of corn for production of masa, tortillas, and tortilla chips. *Journal of Agricultural and Food Chemistry*, v. 55, n. 10, p. 4177-4183, 2007.

DOMBRINK-KURTZMAN, Mary A. *et al.* Effect of nixtamalization (alkaline cooking) on fumonisin-contaminated corn for production of masa and tortillas. *Journal of Agricultural and Food Chemistry*, v. 48, n. 11, p. 5781-5786, 2000.

EKPA, Onu *et al.* Sub-Saharan African maize-based foods-processing practices, challenges and opportunities. *Food Reviews International*, v. 35, n. 7, p. 609-639, 2019.

ESCALANTE-ABURTO, Anayansi *et al.* The nixtamalization process and its effect on anthocyanin content of pigmented maize: a review. *Revista Fitotecnia Mexicana*, v. 36, n. 4, p. 429-437, 2013.

ESCALANTE-ABURTO, Anayansi *et al.* An update of different nixtamalization technologies, and its effects on chemical composition and nutritional value of corn tortillas. *Food Reviews International*, v. 36, n. 5, p. 456-498, 2020.

FERNANDEZ-MUÑOZ, J. L. *et al.* Effect of calcium content in the corn flour on RVA profiles. *Journal of Food Engineering*, v. 102, n. 1, p. 100-103, 2011.

FERNÁNDEZ-MUÑOZ, J. L. et al. Study of calcium ion diffusion in components of maize kernels during traditional nixtamalization process. Cereal Chemistry, v. 81, n. 1, p. 65-69, 2004.

FIGUEROA CÁRDENAS, J. D. de. et al. Propiedades físicas del grano y calidad de los grupos raciales de maíces nativos (criollos) de México. Revista fitotecnia mexicana, v. 36, p. 305-314, 2013.

GELDERBLOM, W. C. A. *et al.* Structure-activity relationships of fumonisins in short-term carcinogenesis and cytotoxicity assays. *Food and Chemical Toxicology*, v. 31, n. 6, p. 407-414, 1993.

GUTIÉRREZ-URIBE, J. A. et al. Effects of lime-cooking on carotenoids present in masa and tortillas produced from different types of maize. Cereal Chemistry, v. 91, n. 5, p. 508-512, 2014.

HERMANNS, Gislaine *et al.* Fungi and fumonisins at maize's pre-harvest period. *Food Science and Technology*, v. 26, n. 1, p. 7-10, 2006.

HERNÁNDEZ-MARTÍNEZ, Viridiana *et al.* Color, phenolic composition and antioxidant activity of blue tortillas from Mexican maize races. *CYTA-Journal of Food*, v. 14, n. 3, p. 473-481, 2016.

IGC (International Grains Council) *Grain market report*. London, 2020. Disponível em: https://www.igc.int/en/default.aspx.

KEAN, Ellie G.; HAMAKER, Bruce R.; FERRUZZI, Mario G. Carotenoid bioaccessibility from whole grain and degermed maize meal products. *Journal of Agricultural and Food Chemistry*, v. 56, n. 21, p. 9918-9926, 2008.

KOVAČ, Marija et al. Yesterday masked, today modified; what do mycotoxins bring next?. *Arhiv za higijenu rada i toksikologiju*, v. 69, n. 3, p. 196-214, 2018.

LÓPEZ-MARTÍNEZ, Leticia X.; PARKIN, Kirk L.; GARCIA, Hugo S. Phase II-inducing, polyphenols content and antioxidant capacity of corn (*Zea mays* L.) from phenotypes of white, blue, red and purple colors processed into masa and tortillas. *Plant Foods for Human Nutrition*, v. 66, n. 1, p. 41-47, 2011.

LÓPEZ-DUARTE, Ana Lilia; VIDAL-QUINTANAR, Reyna Luz. Oxidation of linoleic acid as a marker for shelf life of corn flour. Food Chemistry, v. 114, n. 2, p. 478-483, 2009.

LOPES, J. C. et al. Type of corn endosperm influences nutrient digestibility in lactating dairy cows. Journal of Dairy Science, v. 92, n. 9, p. 4541-4548, 2009.

LOZANO-ALEJO, Nancy *et al.* Physical properties and carotenoid content of maize kernels and its nixtamalized snacks. *Innovative Food Science & Emerging Technologies*, v. 8, n. 3, p. 385-389, 2007.

MARISCAL-MORENO, Rosa María *et al.* Nixtamalization process affects resistant starch formation and glycemic index of tamales. *Journal of Food Science*, v. 82, n. 5, p. 1110-1115, 2017.

MASUOKA, Noriyoshi; MATSUDA, Maya; KUBO, Isao. Characterisation of the antioxidant activity of flavonoids. *Food Chemistry*, v. 131, n. 2, p. 541-545, 2012.

METZLER, Manfred. Proposal for a uniform designation of zearalenone and its metabolites. *Mycotoxin Research*, v. 27, n. 1, p. 1-3, 2011.

MORA-ROCHIN, Saraid *et al.* Phenolic content and antioxidant activity of tortillas produced from pigmented maize processed by conventional nixtamalization or extrusion cooking. *Journal of Cereal Science*, v. 52, n. 3, p. 502-508, 2010.

MORALES, J. C.; ZEPEDA, R. A. G. Effect of different corn processing techniques in the nutritional composition of nixtamalized corn tortillas. *J. Nutr. Food Sci*, v. 7, p. 1-7, 2017.

MORALES-SÁNCHEZ, E.; FIGUEROA, J. D. C.; GAYTÁN-MARTÍNEZ, M. *Proceso y aparato cocedor de calentamiento* óhmico *continuo para obtener masa y harina de maíz nixtamalizado y productos derivados.* Solicitud de patente: MX/a/2010/004151, 2010.

MORENO, Rosa María Mariscal *et al.* The effect of different nixtamalisation processes on some physicochemical properties, nutritional composition and glycemic index. *Journal of Cereal Science*, v. 65, p. 140-146, 2015.

NARVÁEZ-GONZÁLEZ, Ernesto David *et al.* Kernel microstructure of Latin American races of maize and their thermal and rheological properties. *Cereal Chemistry*, v. 83, n. 6, p. 605-610, 2006.

NUSS, Emily T.; TANUMIHARDJO, Sherry A. Quality protein maize for Africa: closing the protein inadequacy gap in vulnerable populations. *Advances in Nutrition*, v. 2, n. 3, p. 217-224, 2011.

NUSS, Emily T.; TANUMIHARDJO, Sherry A. Maize: a paramount staple crop in the context of global nutrition. Comprehensive reviews in food science and food safety, v. 9, n. 4, p. 417-436, 2010.

OBOH, Ganiyu; ADEMILUYI, Adedayo O.; AKINDAHUNSI, Afolabi A. The effect of roasting on the nutritional and antioxidant properties of yellow and white maize varieties. *International Journal of Food Science & Technology*, v. 45, n. 6, p. 1236-1242, 2010.

OPEZ-MARTINEZ, Leticia X. et al. Antioxidant activity, phenolic compounds and anthocyanins content of eighteen strains of Mexican maize. *LWT-Food Science and Technology*, v. 42, n. 6, p. 1187-1192, 2009.

ORTEGA-MOODY, Jorge *et al.* Sistema para producir harina nixtamalizada con transporte de bajo cizallamiento. *Ingeniería Mecánica, Tecnología y Desarrollo*, v. 4, n. 1, p. 33-42, 2011.

PALACIOS-ROJAS, N. *et al. Lime cooking process*: nixtamalization from Mexico to the world. México: CIMMYT, 2016. 50 p.

PAPPA, María Renée; DE PALOMO, Patricia Palacios; BRESSANI, Ricardo. Effect of lime and wood ash on the nixtamalization of maize and tortilla chemical and nutritional characteristics. *Plant Foods for Human Nutrition*, v. 65, n. 2, p. 130-135, 2010.

PÉREZ-FLORES, G. C.; MORENO-MARTÍNEZ, E.; MÉNDEZ-ALBORES, A. Effect of microwave heating during alkaline-cooking of aflatoxin contaminated maize. *Journal of Food Science*, v. 76, n. 2, p. T48-T52, 2011.

PIXLEY, Kevin *et al.* Biofortification of maize with provitamin A carotenoids. *In*: TANUMIHARDJO, S. (Ed.). *Carotenoids and human health.* Nutrition and health. Totowa, NJ: Humana Press, 2013. p. 271-292.

QUINTANAR-GUZMÁN, Adriana *et al.* Changes on the structure, consistency, physicochemical and viscoelastic properties of corn (*Zea mays* sp.) under different nixtamalization conditions. *Carbohydrate Polymers*, v. 78, n. 4, p. 908-916, 2009.

RAMÍREZ-ARAUJO, Hugo; GAYTÁN-MARTÍNEZ, M.; REYES-VEGA, M. L. Alternative technologies to the traditional nixtamalization process. *Trends in Food Science & Technology*, v. 85, p. 34-43, 2019.

RAMÍREZ-JIMÉNEZ, Aurea K. et al. Changes on the phytochemicals profile of instant corn flours obtained by traditional nixtamalization and ohmic heating process. *Food Chemistry*, v. 276, p. 57-62, 2019.

RAMIREZ-WONG, B. et al. Cooking time, grinding, and moisture content effect on fresh corn masa texture. *Cereal Chemistry*, v. 71, p. 337-337, 1994.

RAMOS, Femando D.; VILLAR, Marcelo A.; DIAZ, M. Soledad. Optimal Design of poly (3-hydroxybutyrate) production using alternative carbon sources. *In*: *Computer Aided Chemical Engineering*. Elsevier, 2017. p. 877-882.

RINCÓN-LONDOÑO, Natalia *et al.* Analysis of the pasting profile in corn starch: Structural, morphological, and thermal transformations, Part I. *International Journal of Biological Macromolecules*, v. 91, p. 106-114, 2016.

ROBLES-OZUNA, L. E. *et al.* Effect of nixtamalization conditions ultrasound assisted on some physicochemical, structural and quality characteristics in maize used for pozole. *CyTA-Journal of Food*, v. 14, n. 2, p. 324-332, 2016.

ROJAS-MOLINA, Isela *et al.* Study of structural and thermal changes in endosperm of quality protein maize during traditional nixtamalization process. *Cereal Chemistry*, v. 84, n. 4, p. 304-312, 2007.

ROONEY, Lloyd W.; SERNA-SALDIVAR, Sergio O. *Tortillas*: wheat flour and corn products. Elsevier, 2015.

SAKATA, Renata; SABBAG, Sandra; MAIA, Janini Tatiane. Ocorrência de aflatoxinas em produtos alimentícios e o desenvolvimento de enfermidades. *Enciclopédia Biosfera*, v. 7, n. 13, 2011.

SANTIAGO-RAMOS, David *et al.* Changes in the thermal and structural properties of maize starch during nixtamalization and tortilla-making processes as affected by grain hardness. *Journal of Cereal Science*, v. 74, p. 72-78, 2017.

SANTIAGO-RAMOS, David *et al.* Physical and chemical changes undergone by pericarp and endosperm during corn nixtamalization: a review. *Journal of Cereal Science*, v. 81, p. 108-117, 2018.

SARKIS, Júlia Ribeiro *et al.* Evaluation of key parameters during construction and operation of an ohmic heating apparatus. *Innovative Food Science & Emerging Technologies*, v. 18, p. 145-154, 2013.

SCHAARSCHMIDT, Sara; FAUHL-HASSEK, Carsten. Mycotoxins during the processes of nixtamalization and tortilla production. *Toxins*, v. 11, n. 4, p. 227, 2019.

SERNA-SALDIVAR, Sergio O. Production of chemical-leavened products: crackers, cookies, cakes and related products, donuts, and wheat flour tortillas. *In*: *Cereal grains*. CRC Press, 2012. p. 273-312. 40 p.

SERNA-SALDIVAR, Sergio O. *Cereal grains*: properties, processing, and nutritional attributes. CRC Press, 2016.

SERNA-SALDIVAR, Sergio O.; ROONEY, Lloyd W. Industrial production of maize tortillas and snacks. *In*: *Tortillas*. AACC International Press, 2015. p. 247-281.

SERNA-SALDIVAR, S. O. Milling of maize into lime-cooked products. *Cereal grains*: Properties, Processing, and Nutritional Attributes, CRC Press, Boca Raton, FL, p. 239-257, 2010.

SURI, Devika J.; TANUMIHARDJO, Sherry A. Effects of different processing methods on the micronutrient and phytochemical contents of maize: from A to Z. *Comprehensive Reviews in Food Science and Food Safety*, v. 15, n. 5, p. 912-926, 2016.

SYDENHAM, Eric W. *et al.* Potential of alkaline hydrolysis for the removal of fumonisins from contaminated corn. *Journal of Agricultural and Food Chemistry*, v. 43, n. 5, p. 1198-1201, 1995.

TANIWAKI, Marta Hiromi; PITT, John I.; MAGAN, Naresh. Aspergillus species and mycotoxins: occurrence and importance in major food commodities. *Current Opinion in Food Science*, v. 23, p. 38-43, 2018.

VARGHESE, K. Shiby *et al.* Technology, applications and modelling of ohmic heating: a review. *Journal of Food Science and Technology*, v. 51, n. 10, p. 2304-2317, 2014.

VESONDER, Ronald *et al.* Aspergillus flavus and aflatoxins B1, B2, and M1 in corn associated with equine death. *Archives of Environmental Contamination and Toxicology*, v. 20, n. 1, p. 151-153, 1991.

VILLADA, Jhon Alexander *et al.* Study of the morphological, structural, thermal, and pasting corn transformation during the traditional nixtamalization process: from corn to tortilla. *Journal of Food Engineering*, v. 212, p. 242-251, 2017.

VIVAS, N. E.; WANISKA, R. D.; ROONEY, L. W. Effect of tortilla production on proteins in sorghum and maize. *Cereal Chem.*, v. 64, n. 6, p. 384-389, 1987.

CAPÍTULO 19
METODOLOGIAS E QUALIDADE SENSORIAL DE MILHO E SEUS PRODUTOS

Márcia Arocha Gularte
Maicon da Silva Lacerda
Layla Danne Macedo

RESUMO

O milho, um dos cereais mais consumidos no mundo, é versátil para utilização como matéria-prima para a produção de alimentos, na forma de rápidas preparações até a produção de farinha para preparações mais elaboradas. Praticamente está presente na alimentação humana diária e possui atributos específicos exigidos pelos consumidores. Conhecer as técnicas de avaliação para caracterizar os atributos de aparência, textura e sabor das diversas formas de consumo deste cereal é importante para a cadeia produtiva, indústria de alimentos e consumidor. Devido a isso, este capítulo resume as interferências de qualidade e as principais definições e práticas de análise sensorial para este cereal.

19.1 INTRODUÇÃO

A qualidade sensorial de um produto e a sua manutenção é imprescindível para a aceitação e fidelidade do consumidor em um mercado cada vez mais competitivo. Nesse sentido, a contribuição da análise sensorial aplicada ao milho desde a pós-colheita até o consumo é de extrema importância.

A avaliação sensorial é efetuada de maneira científica por meio de testes sensoriais que são aplicados para verificar a percepção do consumidor. Estes são utilizados para medir a qualidade dos alimentos pelos sentidos humanos de uma equipe de avaliadores, a qual é integrada por um grupo de pessoas, especialmente treinadas, quando a intenção é caracterizar os produtos e quando se deseja saber a aceitação e percepções de qualidade são realizadas com consumidores, sem treinamento.

Por meio da análise sensorial pode-se avaliar e selecionar as matérias-primas que serão usadas para elaboração de um produto, estudar efeitos de processos utilizados, estudar a estabilidade do produto durante o armazenamento, determinar sua vida útil e identificar a preferência do consumidor. Usada também como um importante instrumento para o controle de qualidade nas indústrias, é uma importante ferramenta no desenvolvimento de novos produtos ou alterações em processamentos e formulações de produtos já existentes.

Segundo Dutcosky (1996), é importante realizar uma análise sensorial determinante, que permita conhecer os vários aspectos exigidos pelos consumidores ao escolher um alimento. Além de atuar como instrumento de garantia de qualidade do resultado do produto, é capaz de detectar peculiaridades que não podem ser percebidas por outros instrumentos, ou seja, revela a individualidade existente para a preferência de certos sabores, aromas, cores, aparências, texturas.

A aparência e o sabor são determinantes da aceitação e preferência, solidificando a potencialidade de cultivares para a decisão de produzir e obter sucesso na comercialização. A avaliação de melhores genótipos (adaptação às regiões, clima, manejo, entre outros) e a preferência dos consumidores vai definir os cultivares a serem produzidos por produtores e, assim, a melhor qualidade do produto.

O sabor, por ser um atributo complexo, sendo uma experiência mista, porém unitária, de sensações olfativas, gustativas e táteis percebidas durante a degustação, influenciadas por sensações como: térmicos, dolorosos e/ou cinestésicos, vai variar conforme o produto e o cultivar de milho, pois alguns se apresentam mais aromáticos e, consequentemente mais saborosos que outros.

Neste capítulo serão abordadas as principais definições e metodologias sensoriais e as interferências na qualidade de milho e seus produtos.

19.2 CARACTERÍSTICAS E INTERFERÊNCIAS NA QUALIDADE

19.2.1 MILHO *IN NATURA*

O milho doce se diferencia do milho verde devido aos teores de açúcares e de amido do endosperma. O milho verde é colhido e consumido *in natura* (após uma rápida cocção), em estado leitoso, fresco, com grãos macios (grau de umidade de 70% a 80%) e antes da conversão do açúcar em amido, caso ocorra esta conversão irá reduzir o sabor adocicado e a maciez. Tais características são as preferidas do consumidor. No entanto, entre híbridos de milho verde e doce, o doce é o mais preferido, devido ao sabor e textura. Já o milho da classe superdoce apresenta mais doçura e maciez, devido à conversão de açúcar em amido ser mínima e a maior proporção de água, em relação à matéria seca, aumentando a aceitação pelos consumidores.

As variações de amido, polissacarídeos solúveis em água, açúcares redutores e sacarose no milho são dependentes ao estádio de maturação e do ponto de colheita.

Quando os grãos se encontram com maior teor de açúcar e umidade serão mais bem aceitos.

A rejeição do milho e seus produtos está diretamente relacionada às alterações visuais, à perda de cor, a percepção de aroma e sabor, derivados de metabólitos de deterioração, além da perda de água nos grãos, que faz com que os grãos fiquem "murchos" (Figura 19.1). O armazenamento do milho em espiga é bem suscetível a essas alterações de aparência e sabor, levando os consumidores a rejeitar o produto.

Figura 19.1 Espiga de milho com alterações de aparência.

19.2.2 DIVERSIDADE DE CORES

O milho possui uma grande variedade genética, sendo uma das espécies de maior variabilidade entre as plantas cultivadas (cerca de 400 espécies).

A grande variabilidade genética de milho, que vem sendo produzida e conservada pelos produtores há milhares de anos, e um dos aspectos que mais impressiona é a diversidade de cores (Figura 19.2). Estas são resultantes de pigmentos derivados de duas classes de metabólitos: carotenoides e antocianinas (uma classe de flavonoides). Os carotenoides no milho se destacam por alta concentração em luteína e zeaxantina, classificados como xantofilas, que resultam em cores de grãos variando de amarelo a laranja escuro, podendo ser encontrados em quantidades significativas de β-criptoxantina e menores teores de alfa e beta carotenoides e as antocianinas, proporcionam aos grãos tons de vermelho, azul e roxo: portanto, a cor é um atributo muito importante a ser avaliado sensorialmente, para caracterizar as cultivares.

Figura 19.2 Exemplo de diferenças de cores do pericarpo de milho

19.2.3 PRODUTOS CREMOSOS

Alimentos com consistência cremosa à base de milho, como: cremes, cuscuz, curau, pudins, angu, pamonha e sopas são bem aceitos pelos consumidores. No entanto, a cremosidade pode variar de pouco cremoso a muito cremoso, firme, tenro, mole, grosso, ao ponto de corte, gomoso, aveludado, pegajoso e gelatinoso, conforme o processamento dado ao produto. Estas características são influenciadas principalmente pelo teor de fibras, de amido (amilose e amilopectina) e açucares da cultivar utilizada. Geralmente, maiores teores de amilose, aumentam o atributo firmeza do produto. Outros processos podem influenciar na percepção sensorial, como a retrogradação, fenômeno que se deve a reassociação das moléculas de amilose e amilopectina durante o resfriamento do gel de amido de milho, deixando os produtos mais firmes e endurecidos. Geralmente, quando a força de retenção de água é pequena ocorre a sinérese, que é a exsudação de água, quando os produtos são armazenados em baixas temperaturas.

19.2.4 PRODUTOS EXTRUSADOS

Os atributos que caracterizam os produtos extrusados (*snacks* de milho) são a cor amarelada, maior expansão, baixa dureza, que deriva alta crocância, sendo o atributo mais importante nesses produtos para o consumidor, derivando a facilidade de ruptura, quebradiço, seco. Neste tipo de produto de milho, o que mais influência nas características sensoriais ideais é a granulometria e o teor de fibras. A granulometria é diretamente proporcional aos atributos de textura dos extrusados, quanto mais fina a granulometria, menor a dureza. Assim como, quanto maior a expansão, maior a crocância. Neste caso, cultivares de milho com menor teor de fibras, proporcionam maior expansão e menor dureza dos extrusados.

19.2.5 PRODUTOS PANIFICÁVEIS

Em produtos de panificação, tipo biscoitos seco/doces (*cookies* e broas) elaborados com farinhas de diferentes cultivares de milho, e com farinhas de diferentes granulometrias (fina, média ou grossa), são muito utilizados os testes como o perfil de atributos com escala não estruturada de 9 pontos, em que são avaliados a aparência, cor, odor, gosto doce, crocância, umectância e gosto residual.

A primeira impressão visual em produtos de panificação com milho deve ser a aparência da crosta, principalmente em bolos, *muffins*, pães e similares.

A caracterização dos atributos de aparência externa e interna pode ser afetada pela ausência da rede de glúten e a menor retenção de bolhas de ar e de gás da fermentação na massa, como bolos, *muffins* e pães. Leva-se em conta uma expansão e volume menor, alvéolos pequenos decorrentes da aeração deficiente da massa ou compactação do miolo, comparado aos produtos com glúten, podendo apresentar um produto esfarelado e seco, no entanto, a cor deve ser homogênea, a crosta pode apresentar aspecto liso ou com rugosidades e aspereza, brilho ou opacidade e ainda rachaduras (Figura 19.3).

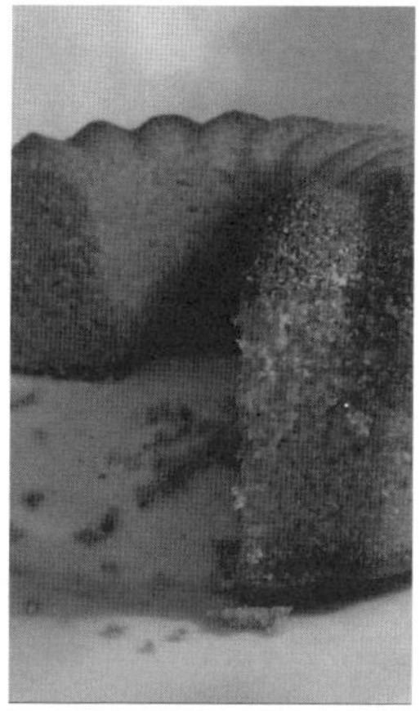

Figura 19.3 Aparência externa e interna de bolo de milho

A cor da crosta de produtos panificáveis ocorre devido a reações químicas, como a reação de Maillard e a caramelização. Estas reações vão produzir uma cor dourada, caramelada, que é característica a estes produtos e o consumidor tem em sua memória sensorial estes padrões de cores. Quando o produto difere destes padrões sensoriais, normalmente o consumidor confere notas baixas de desgostar ou termos de "talvez compraria" ou "não característico", conforme a escala de avaliação utilizada para análise sensorial. Internamente os produtos panificáveis são mais claros e homogêneos que a crosta, com uma cor levemente creme.

Os atributos de textura de produtos panificáveis de milho apresentam uma diminuição da elasticidade, devido à baixa coesividade da massa, motivo que faz com que os produtos esfarelem com facilidade, dificultando para fatiar. Alguns procedimentos podem ser utilizados para melhoria da maciez do miolo, como adição de açúcar, gordura e melhoradores. Em geral, produtos de milho ricos em gorduras e açúcares são macios, apresentam maior elasticidade e facilitam a mastigação.

A mastigabilidade é um parâmetro de avaliação da textura, que em produtos com milho, devido ao maior teor de fibras (segundo a tabela TACO, farinha de milho amarelo tem 5,5 g/100 g, enquanto a farinha de trigo refinada 2,4 g/100 g), ficam mais secos e ressecados, necessitando maior salivação e número maior de mastigações antes da deglutição.

19.3 CONDIÇÕES PARA AVALIAÇÃO SENSORIAL

As avaliações sensoriais devem ser aplicadas com muito cuidado e atenção, pois existem inúmeros fatores que podem influenciar no resultado, como a temperatura da amostra e do ambiente, e a iluminação, que deve ser adequada e isenta de odores e ruídos. Por isso deve-se levar em consideração o ambiente (laboratório), as amostras e o avaliador.

19.3.1 LABORATÓRIO

Para execução de análise sensorial é necessário dispor de ambiente propício como, por exemplo, um laboratório de análise sensorial, pois as condições ambientais são de especial importância ao desempenho do trabalho. O local deve ser longe de ruídos e odores, e é necessário que seja de fácil acesso.

As cabines individuais, idealizadas para possibilitar total concentração e prevenir a interação entre os avaliadores, devem ser planejadas para que, o acesso seja de forma independente do local de preparo das amostras. Devem ser providas de controle de iluminação com lâmpadas de luz branca e colorida (pode ser vermelha, verde ou azul). A luz branca é utilizada em testes que avaliam, além de outros atributos, a aparência do produto, enquanto a luz colorida deve ser utilizada quando se necessita mascarar diferenças visuais entre as amostras. Recomenda-se que as cabines tenham as medidas de 0,9 m de largura e 0,6 m de profundidade.

A comunicação entre o analista sensorial (laboratorista) e o avaliador é feita através de escotilhas (aberturas para passagem de amostras) nas cabines, que permitam a entrega das amostras e devem ser mantidas fechadas durante a avaliação para o isolamento completo do avaliador, proporcionando concentração.

19.3.2 AMOSTRA

O produto deve ser testado na forma que normalmente é consumido. As amostras devem ser codificadas com números de três dígitos aleatórios e servidos em temperatura de consumo. O número de amostras é um ponto muito importante, e deve ser bem avaliado a fim de evitar a fadiga sensorial e mental do avaliador. Dependendo do número de amostras e da quantidade de atributos a ser avaliado, recomenda-se de quatro a seis amostras, no entanto, de forma monádica (avaliação individual da amostra, uma a uma) é bem utilizada, quando não se deseja comparações de amostras.

19.3.3 TREINAMENTO

O treinamento é somente requerido quando se utilizam métodos descritivos, nos quais identifica e quantifica os atributos por um grupo de avaliadores, e deve ser composto por pessoas treinadas, para caracterizar os produtos e discriminativos para determinação de controle de qualidade.

Um treinamento adequado para que os avaliadores se familiarizem com os procedimentos dos testes e amostras, e melhorem suas habilidades em identificar e reconhecer os atributos sensoriais é muito importante. Os avaliadores devem ser instruídos e treinados para serem objetivos e ignorar seus gostos e preferências pelos produtos testados. Devem ser instruídos a não usar cosméticos, perfumes, antes ou durante as sessões. E evitar o contato com o tabaco, café ou com gostos ou odores intensos, por pelo menos, 60 minutos antes da sessão. O processo de integração no grupo deve ser progressivo, tendo em conta a capacidade do avaliador para dar respostas confiáveis.

A aplicação da análise sequencial ou testes de hipóteses sequenciais é recomendada para seleção, comprovação de treinamento e monitoramento de avaliadores.

19.4 ATRIBUTOS DE AVALIAÇÃO

19.4.1 COR

Na cor é avaliada a intensidade, o tom ou a matiz, a vivacidade, a saturação ou grau de pureza e a luminosidade ou brilho, e na aparência, as formas ou formatos e contornos.

A cor e a aparência dos alimentos fornecem a primeira impressão e ajudam o consumidor na decisão sobre aceitação ou rejeição do produto. As cores são percebidas pelo indivíduo fisiologicamente normal quando a energia radiante da região visível do espectro (380 a 760 nm) atinge a retina.

Sabendo disso, deve-se selecionar avaliadores com boa capacidade visual, evitando daltônicos ou com deficiência visual, salvo em condições muito específicas, como para avaliação de produtos para esse público.

19.4.2 ODOR, AROMA E SABOR

O sabor contribui grandemente para a aceitabilidade de um alimento e é usado como critério de qualidade. A percepção de sabor depende das percepções gustativas, odor, aroma e pelos efeitos táteis. Somente após a complexa percepção de todas estas percepções e após a deglutição é que se pode definir o sabor. Por isso, as sensações produzidas quando são ingeridas as amostras não são percebidas apenas por um único sentido, mas sim, por uma mistura de diferentes estímulos e diferentes sistemas nervosos que operam como respostas a estes estímulos.

Por exemplo, comendo um bolo de milho, no momento de provar percebe-se seu odor (sentido do olfato), sua qualidade gustativa de doçura (sentido do gosto), sensação áspera, dependente da granulometria da farinha, sua textura (sentido do tato), e ao deslizar pela garganta, as partículas odoríficas penetram pela parte posterior do nariz (retronasal) resultando na sensação do sabor.

19.4.3 TEXTURA

Ao tocar o bolo de milho com as mãos ou com a boca é facilmente avaliada a textura, mais do que quando se utiliza a visão e a audição. A textura, considerada como o grau da dureza, é definida como a força requerida para romper um alimento entre os dentes molares (sólidos) ou entre a língua e o palato (semissólidos e líquidos).

19.5 MÉTODOS SENSORIAIS

A escolha de um método de análise sensorial está baseada na resposta de pelo menos uma das três questões fundamentais. 1) O produto é aceito/preferido pelos consumidores? 2) Existe diferença perceptível entre o produto em estudo e algum produto convencional similar? (dois produtos podem ser diferentes, mas igualmente aceitos). 3) Quais os principais pontos de diferença? (Que qualidades sensoriais estão presentes? Quais as suas intensidades?).

As respostas a estas três questões permitem classificar os métodos sensoriais em testes afetivos, para a resolução da primeira pergunta; testes discriminativos (ou de diferença), para a segunda e, descritivos para a terceira.

Em qualquer avaliação envolvendo pessoas, todos devem receber e assinar a concordância por meio do termo de consentimento livre e esclarecido (TCLE) e recomenda-se que a proposta de trabalho seja aprovada por um comitê de ética, submetido na Plataforma Brasil (http://plataformabrasil.saude.gov.br/login.jsf).

19.5.1 MÉTODOS AFETIVOS

Os métodos afetivos são importantes ferramentas, pois acessam diretamente a opinião (preferência e/ou aceitação) do consumidor, ou o potencial de um produto, sobre características específicas ou ideias sobre o mesmo e, por isso, são também chamados de “testes de consumidor”.

A percepção sensorial do consumidor no ato de provar amostras de milho, sintetiza as impressões gerais. Para isso, é solicitado avaliar a impressão global, registrando a nota/valor simples. E outra opção é perguntar sobre a intenção de compra, porque traz uma visão correspondente à impressão global e serve também para validar as notas dos atributos.

A aceitabilidade pode ser dimensionada pelo grau de gostar relacionado a um produto único, enquanto a preferência pode ser dimensionada pelo grau de gostar a partir da comparação entre dois ou mais produtos alimentícios.

Os testes afetivos são aplicados para avaliar a manutenção da qualidade dos produtos, a avaliação da aceitação, devido à modificações da formulação, à substituição de matérias-primas e às variações do processamento e embalagem, otimização de produtos e processos, visando melhorar a qualidade e reduzir os custos de produção, verificação do posicionamento do produto no mercado e as oportunidades de acesso ao mercado (suporte para *marketing*).

Como o consumidor escolhe o alimento pela coloração, forma e embalagem, e depois pelo aroma, sabor e textura, a avaliação dos atributos sensoriais antes do lancamento de um produto é de grande interesse.

O processamento de milho influencia na análise sensorial e fornece parâmetros importantes para indústria relacionados à aceitabilidade por parte do consumidor.

Os dois testes quantitativos mais utilizados para avaliação de produtos de milho são preferência e aceitação. Nestes testes o número de consumidores deve ser no mínimo 50, aumentando a confiança do teste se utilizar um número de consumidores acima de 100.

19.5.1.1 Teste de Preferência

É um teste muito importante, pois representa o porquê de o consumidor preferir um ou outro produto ou marca comercial, resultando na qualidade final que se deseja.

A aplicação do teste de preferência em milho ou em seus produtos pode ser utilizada em diversos momentos, como por exemplo, no estudo de diferentes cultivares, de diferentes tratamentos, de formas de diferentes beneficiamentos ou em produtos. E, a avaliação pode ser de forma geral ou direcionada para algum atributo específico, como dureza, cor, sabor e odor.

Os resultados podem ser obtidos estatisticamente a partir da análise de variância ou testes de médias ou computando o número de vezes que uma amostra foi preferia pela outra. As técnicas de avaliação podem ser pelo teste de comparação pareada (seção 19.5.2.3) e escala hedônica (Figura 19.4).

19.5.1.2 Teste de Aceitação

É um dos testes mais usados, que demonstra o quanto o consumidor gosta ou desgosta de um produto.

Consumidores consideram a aparência e a cor dos grãos de milho como características mais importantes na hora da compra e o tempo de cozimento como muito relevante no momento de escolher e comprar milho verde *in natura*. Devido a isso, percebemos a importância de aplicar corretamente os testes e verificar de maneira significativa a aceitação do consumidor.

Os resultados para os testes de aceitação são feitos por meio do cálculo de frequência e representado por gráficos ou histogramas, mas também podem ser feitos pela análise de variância e testes de comparação de médias para mais de uma amostra.

A definição do correto teste e as escalas mais adequadas são definidas pelo pesquisador, porém, o objetivo do estudo é o fator primordial para estas definições.

O teste de aceitação permite que seja calculado o Índice de Aceitabilidade (IA) do produto avaliado, isto é, quanto o produto é aceito em virtude de suas características sensoriais de qualidade, em uma percepção global, ou em relação a atributos como aparência, textura e sabor.

Para o cálculo do IA é necessária a utilização de regra de três simples, onde a nota máxima da escala deve ser equiparada a 100 % e a média do somatório das avaliações será descoberta. Hipoteticamente, quando utilizada uma escala de 9 pontos, e se a média do somatório dos resultados dos avaliadores fosse 6,9.

9 ------ 100 %

6,9 ----- x x = 76,7%

Dessa forma, o índice de aceitabilidade do exemplo é 76,7%, o que caracterizaria o produto como aceito de acordo com suas características sensoriais. O valor mínimo a ser obtido para que o produto seja aceito sensorialmente, e dessa forma, apresenta a tendência a ser consumido é 70%. Abaixo deste índice o produto não agradou aos consumidores e deve passar por melhorias, ou quando não sejam possíveis as melhorias, não lançar o produto a consumo, pois a tendência ao fracasso é iminente.

19.5.1.3 Aceitação por escala hedônica

O teste de aceitação é realizado por meio da escala hedônica, geralmente pode ter 7 ou 9 pontos. Na Figura 19.4 apresentamos um exemplo de ficha para teste de aceitação com escala hedônica com 9 pontos. A escala deve possuir número balanceado de categorias entre o ponto intermediário e os extremos.

NOME: .... Data: ....

Instruções: Avalie cuidadosamente a amostra e utilize a escala para descrever o quanto você gostou ou desgostou da amostra. Marque com um x sua avaliação.

1 ( ) desgostei muitíssimo

2 ( )desgostei muito

3 ( ) desgostei regularmente

4 ( ) desgostei ligeiramente

5 ( ) indiferente

6 ( ) gostei ligeiramente

7 ( ) gostei regularmente

8 ( ) gostei muito

9 ( ) gostei muitíssimo

Comentário adicional: ....

Figura 19.4 Exemplo de ficha com escala hedônica de 9 pontos

19.5.1.4 Aceitação por escala de atitude

Além da aceitação de consumo é necessário saber qual a atitude do consumidor em realmente realizar a compra deste produto. Esse teste representa o desejo de uma pessoa em consumir um produto. O uso do teste de aceitação por escala de atitude ou intensão de compra é mais indicado utilizando escala de 7 a 9 pontos (Figura 19.5). As amostras são apresentadas de forma monádica e sequencialmente ao consumidor para serem avaliadas. Os resultados obtidos após aplicação da escala de atitude são avaliados por teste de frequência e apresentados em gráficos de barra e histogramas.

Nome: .... Data: ....

Instruções: Avalie cuidadosamente a amostra e utilize a escala para descrever sua atitude quanto a amostra.

9 ( ) compraria em toda oportunidade

8 ( ) compraria muito frequentemente

7 ( ) compraria frequentemente

6 ( ) gostei e compraria talvez de vez em quando

5 ( ) compraria se estivesse acessível, mas não procuraria

4 ( ) não gostei, mas compraria ocasionalmente

3 ( ) compraria somente se não pudesse escolher outro alimento

2 ( ) compraria se fosse forçado

1 ( ) nunca experimentaria

Comentário adicional: ....

Figura 19.5 Exemplo de ficha de intenção de compra

19.5.1.5 Aceitação por escala de qualidade

A escala de qualidade tem o propósito de verificar a percepção dos consumidores sobre a qualidade dos produtos. A escala deve ser balanceada podendo de 5 a 7 pontos, e os termos utilizadas são de criatividade do pesquisador, por exemplo, os termos: excelente, ótimo, bom, razoável ou péssimo. Na Figura 19.6 apresentamos um exemplo de escala de qualidade de 7 pontos.

( ) muito ruim
( ) regularmente ruim
( ) levemente ruim
( ) nem ruim, nem bom
( ) levemente bom
( ) regularmente bom
( ) muito bom

Figura 19.6 Exemplo de termos para a escala de qualidade

19.5.1.6 Aceitação por escala do ideal

A escala do ideal é utilizada quando é necessário que seja expresso o ideal do produto em relação à intensidade de algum atributo em específico ou quando se deseja comparar com produtos de concorrentes ou ainda quando se tem uma amostra padrão ideal e se deseja comparar com uma nova desenvolvida (Figura 19.7). Alguns estudos de vida útil são bem avaliados por meio desta escala.

____ fraca
____ muito fraca
____ ideal
____ forte
____ muito forte

Figura 19.7 Exemplo de termos para a escala do ideal

19.5.2 MÉTODOS DISCRIMINATIVOS

Métodos discriminativos são utilizados quando se quer diferenciar as amostras, pois indicam se existe ou não diferença entre elas e podem ser classificados em teste de diferença e similaridade.

Geralmente, são fáceis de interpretar, requerem pouco tempo, são relativamente baratos e avaliam diferença qualitativa ou quantitativa entre as amostras. Bastante usada em controle de qualidade e em estudos de vida útil. Os testes mais utilizados para este fim são denominados: triangular, duo-trio, ordenação, comparação pareada e comparação múltipla.

19.5.2.1 Teste Triangular

Tem o objetivo de verificar diferenças significativas entre duas amostras que sofreram tratamentos diferentes, assim como verificar se mudanças de ingredientes, processamento, embalagem ou estocagem, altera o produto.

Em estudos com milho ou produtos de milho é possível verificar diferenças entre duas amostras que sofreram tratamentos diferentes e, também se podem comparar os tipos de preparo.

Em amostras de milho da mesma classificação, porém com marcas de comercialização diferentes, pode-se verificar se o beneficiamento tem influência sobre algum atributo, como cor, sabor, textura, cremosidade e crocância.

Para aplicação do teste devem-se apresentar aos avaliadores, simultaneamente, três amostras do produto a ser analisado, sendo que duas delas devem ser idênticas. Para que se considere ter sucesso de detecção da amostra diferente, é necessário que seja apresentado aos avaliadores repetições com diferentes arranjos, porém podem ser apresentados até seis combinações diferentes.

A análise dos resultados é realizada pelo número de respostas corretas necessárias para estabelecer diferenças significativas ou baseadas nas tabelas de significâncias.

19.5.2.2 Teste Duo-Trio

Utilizado quando se objetiva determinar se existe diferença sensorial entre uma dada amostra e um padrão, especialmente quando o padrão é bem conhecido pelo avaliador.

Em milho, pode ser utilizado para lançamento de novas cultivares, por exemplo, em que se tem um padrão estabelecido no mercado e observar se a nova cultivar que será lançada terá a mesma maciez no mesmo tempo de cocção da marca conhecida.

Para aplicação do teste é necessário que sejam apresentadas aos avaliadores três amostras, sendo uma delas identificada como padrão (P) e as outras duas codificadas, uma idêntica ao padrão e a outra diferente. As amostras devem ser apresentadas de forma casualizada nas combinações AB e BA (para P = A) e AB e BA (para P = B). No mínimo, realizar em triplicata e observar que os códigos utilizados para as combinações A e B nunca devem ser iguais.

Os resultados obtidos são analisados pela utilização do teste estatístico de distribuição binomial, com probabilidade de acerto de 50%.

19.5.2.3 Teste Comparação Pareada

O teste de comparação pareada é utilizado quando se tem o objetivo de determinar uma diferença de algum atributo em específico ou estabelecer uma preferência entre duas amostras, além de ser útil também para seleção e treinamento de avaliadores.

Em milho, este teste pode ser utilizado quando se desejam verificar se as diferenças entre modos de cocção podem interferir nas características sensoriais, por exemplo, e verificar qual das amostras será preferida pelos avaliadores.

A avaliação dos resultados deve ser feita de acordo com o objetivo do teste. Considera-se unilateral quando existem diferenças entre as amostras, e se deseja saber se esta diferença foi percebida sensorialmente; ou bilateral, quando não existem diferenças entre as amostras, ou quando se opta pela avaliação de preferência.

19.5.2.4 Teste comparação múltipla ou diferença do controle

O teste de comparação múltipla é utilizado quando se objetiva realizar desenvolvimento ou melhoramento de produtos, como cultivares, mudanças de processamento, condições e tempos de armazenamento e embalagens.

Para o milho e seus produtos o uso deste teste objetiva principalmente, o desenvolvimento de novas cultivares, e a comparação de diferentes marcas de produtos ou tempos de armazenamento.

Para aplicação do teste é apresentada ao avaliador uma amostra padrão (P) e solicitado comparar com duas ou mais amostras identificando se pior, ou melhor, que a padrão, pelo grau de diferença que poderá ser em escala verbal, numérica ou mista. E faz-se necessário introduzir uma amostra igual ao padrão (controle) entre as amostras em teste. Na Figura 19.8 apresentamos um exemplo de ficha para aplicação do teste de comparação múltipla.

Os resultados são discutidos por meio de análise estatística, utilizando teste de análise de variância e comparação múltipla de médias. Utilizar o teste de comparação de médias *Dunnett* unilateral, quando existe diferença entre amostras e bilateral quando não se sabe se existe diferença.

Nome: ______________________ Data:

INSTRUÇÕES: Você está recebendo uma amostra identificada como P (padrão) e quatro identificadas. Compare cada amostra com o padrão e identifique se é melhor, igual ou inferior, quanto à maciez dos grãos de milho. Utilizando a escala abaixo, coloque o número correspondente a sua percepção à amostra.

Código das amostras	Avaliação
125	______
436	______
789	______
534	______

(9) Extremamente melhor

(8) Muito melhor

(7) Moderadamente melhor

(6) Ligeiramente melhor

(5) Igual ao padrão

(4) Ligeiramente inferior

(3) Moderadamente inferior

(2) Muito inferior

(1) Extremamente inferior

Comentário adicional: ....

Figura 19.8 Exemplo de ficha para o teste de comparação múltipla

19.5.2.5 Teste ordenação

Utilizado quando se objetiva ordenar de forma crescente ou decrescente a intensidade de um atributo específico, uma série de três ou mais amostras codificadas aleatoriamente ou ordenar a amostra mais preferida pelo avaliador.

Para o milho faz-se o uso do teste quando se deseja verificar se o tempo de armazenamento ou o método de preparo/cocção tem influência sobre as características sensoriais e qual a preferência dos avaliadores.

A aplicação deste teste é indicada quando se tem diferentes cultivares ou grãos que tenham sofrido diferentes tratamentos ou processamentos, diferentes tempos de armazenamento ou quando se deseja saber qual a preferência de consumo entre os avaliadores.

A avaliação dos resultados pode ser feita utilizando o teste de Friedman na tabela de Newell e MacFarlane, a fim de que se verifique se existe diferença significativa entre as amostras.

19.5.3 MÉTODOS DESCRITIVOS

São métodos utilizados para discriminar, descrever e quantificar informações a respeito de características sensoriais, baseados em componentes como aparência, odor, textura e sabor do produto que está sendo avaliado.

O Perfil de Atributos geralmente utiliza de quinze a vinte avaliadores previamente treinados.

Segundo a Associação Brasileira de Normas Técnicas (ABNT), a textura é definida como as propriedades reológicas e estruturais (geométricas e de superfície) de um alimento, perceptíveis pelos receptores mecânicos, táteis e eventualmente pelos receptores visuais e auditivos (ABNT, 1993). A avaliação sensorial de textura em milho e seus produtos vão depender da resposta humana ao estímulo, influenciada pela temperatura da amostra durante a mastigação, a presença de saliva como lubrificante, a velocidade da mandíbula e da língua na boca.

Os sons percebidos quando se experimenta uma amostra, influenciam também na percepção do sabor. Esses estímulos sonoros podem ser usados para aumentar a habilidade dos avaliadores em identificar atributos característicos de produtos de milho, o que pode reforçar propriedades consideradas agradáveis e prazerosas dos produtos. Um dos testes mais utilizados e que caracteriza de forma completa os atributos é o teste de perfil descritivo quantitativo, no entanto, existem outros cuja aplicação vai depender dos objetivos e habilidade do pesquisador.

19.5.3.1 Teste de Perfil Descritivo Quantitativo (PDQ)

O teste de perfil descritivo quantitativo é utilizado quando se quer traçar um perfil de características e desenvolver um registro permanente de um produto ou de seus componentes sensoriais. Faz-se uso de um tipo multidimensional de representação visual a fim de mostrar diferenças e similaridades.

Utilizado principalmente quando se quer decidir ou verificar qual a melhor marca de produto, o melhor processamento, o melhor armazenamento, entre outros, e assim, obter um perfil de qualidade do produto.

Com a utilização deste teste é possível avaliar todos os atributos presentes no produto, como: aparência, odor, sabor e textura. É um método descritivo quantitativo e utiliza escalas não estruturadas, geralmente de 9 cm, sendo os extremos com termos que indicam a menor e a maior intensidade do atributo.

São basicamente três etapas que compõe a execução do teste.

1ª etapa – Seleção dos avaliadores

2ª etapa – Desenvolvimento da terminologia descritiva: a terminologia pode ser construída pelo método tradicional, em que o líder da equipe auxilia na discussão dos termos das sensações percebidas e faz uma lista desses atributos.

3ª etapa – Teste sensorial: os termos definidos pelos avaliadores treinados são colocados em escala compondo a ficha do teste sensorial.

A análise dos resultados por análise de variância e um teste de comparação de médias, normalmente o teste de Tukey, ainda pode ser aplicado análise multivariada. Os resultados são apresentados por gráfico aranha ou *spider-web* (Figura 19.9), que sugere similaridades e diferenças entre as amostras, sendo o número de raios dependente do número dos atributos analisados e será plotado o perfil das características sensoriais de cada amostra avaliada ou ainda, pelo gráfico de componentes principais (ACP) que sugere as relações existentes entre as amostras, evidenciando o que mais as caracterizam.

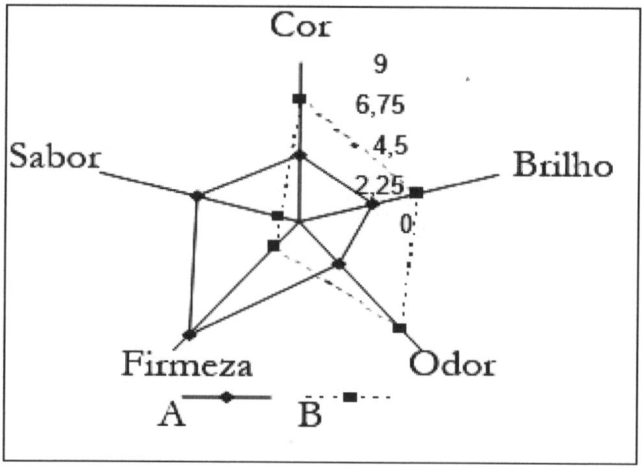

Figura 19.9 Exemplo do gráfico aranha utilizado para representar o perfil de características

19.5.3.2 Teste de avaliação de atributos

Avalia todas as características do produto, por meio de escalas que determinam a intensidade de cada atributo sensorial presente na amostra. As escalas mais utilizadas têm 9 cm e devem ser não estruturadas, tendo como âncoras a menor e maior intensidade do atributo (Figura 19.10). Recomenda-se um mínimo de dez a doze avaliadores para ser representativo estatisticamente. Este teste se diferencia do PDQ pelo fato que o pesquisador é quem determina os atributos, e não os avaliadores. A avaliação estatística é a mesma do PDQ.

Nos métodos descritivos o avaliador deve adequadamente seguir todos os parâmetros estabelecidos quanto aos procedimentos de avaliação, como quantidade de amostra colocada na boca, tempo e forma de manipulação da amostra na boca, opção quanto à expectoração ou deglutição e tempo de avaliação após a expectoração ou deglutição da amostra.

1. Visualmente, compare as amostras e avalie a COR do bolo de milho.

inadequada muito escura — muito característica

2. Observe as amostras e avalie o brilho.

opaco — muito brilhoso

3. Através de uma aspiração curta, sinta o ODOR de cada amostra.

estranho — muito característico

4. Avaliar a macie das amostras.

firme/duro — macio

5. Avalie o SABOR, registrado as diferentes intensidades do sabor característico ou registrado o sabor estranho, se houver.

estranho — muito característico

Figura 19.10 Exemplo de escala não estruturada de 9 cm para avaliação das características de bolo de milho

19.6 CONSIDERAÇÕES FINAIS

As características de aparência, cor, textura e sabor, medidas sensorialmente, pelos sentidos humanos, vão determinar a qualidade do milho e seus produtos. No entanto, a qualidade é dependente de vários fatores, composição, cultivar e cor do milho para a produção de alimentos à base de milho.

Assim, para iniciar um planejamento de análise sensorial deve-se antes definir bem os objetivos, fazendo a pergunta certa para saber qual teste sensorial aplicar no experimento e seguir as normas e metodologias adequadas, desta forma obter as respostas certas para o êxito da pesquisa e aprovação dos consumidores.

REFERÊNCIAS

AMARAL, Luana Figueiredo do *et al.* Biscoito com especiarias e farinhas de milho e semente de abóbora: desenvolvimento e avaliação da qualidade. *DEMETRA: Alimentação, Nutrição & Saúde*, v. 14, p. 33380, 2019.

ASSOCIAÇÃO BRASILEIRA DE NORMAS TÉCNICAS. *ABNT NBR 12995*: teste triangular em análise sensorial de alimentos e bebidas. Rio de Janeiro: ABNT, 1993.

ASSOCIAÇÃO BRASILEIRA DE NORMAS TÉCNICAS. *ABNT NBR 13088*: teste de comparação pareada em análise sensorial dos alimentos e bebidas. Rio de Janeiro: ABNT, 1994.

ASSOCIAÇÃO BRASILEIRA DE NORMAS TÉCNICAS. *ABNT NBR 13169*: teste duo-trio em análise sensorial de alimentos e bebidas. Rio de Janeiro: ABNT, 1994.

ASSOCIAÇÃO BRASILEIRA DE NORMAS TÉCNICAS. *ABNT NBR 13170*: teste de ordenação em análise sensorial de alimentos e bebidas. Rio de Janeiro: ABNT, 1994.

ASSOCIAÇÃO BRASILEIRA DE NORMAS TÉCNICAS. *ABNT NBR 13526*: teste de comparação múltipla em análise sensorial de alimentos e bebidas. Rio de Janeiro: ABNT, 1995.

ASSOCIAÇÃO BRASILEIRA DE NORMAS TÉCNICAS. *ABNT NBR 14140*: teste de análise descritiva quantitativa (ADQ) em análise sensorial de alimentos e bebidas. Rio de Janeiro: ABNT, 1998.

ASSOCIAÇÃO BRASILEIRA DE NORMAS TÉCNICAS. *ABNT NBR 14141*: escalas utilizadas em análise sensorial. Rio de Janeiro: ABNT, 1995.

DUTCOSKY, Silvia Deboni. Análise sensorial de alimentos. *In*: *Análise sensorial de alimentos*. 3. ed. Curitiba: Champagnat, 2011. 426 p.

DUTCOSKY, S. D. Análise sensorial de alimentos. Curitiba: Editora Champagnat, 1996.

GULARTE, M. A. *Manual de análise sensorial*. Pelotas: Editora da Universidade Federal de Pelotas, 2009. 106 p.

INSTITUTO ADOLFO LUTZ. *Métodos físico-químicos para análise de alimentos*. São Paulo: Anvisa, 2008.

MIKALOUSKI, Flavianny Brencis da Silva *et al.* Influência da granulometria da matéria-prima na expansão de extrusados de milho. *Brazilian Journal of Food Technology*, v. 17, n. 1, p. 28-32, 2014.

NAVARRO, Rita de Cássia dos Santos *et al.* Optimized descriptive profile: a rapid methodology for sensory description. *Food Quality and Preference*, v. 24, n. 1, p. 190-200, 2012.

RIBEIRO, R. D.; FINZER, J. R. D. Desenvolvimento de biscoito tipo cookie com aproveitamento de farinha de sabugo de milho e casca de banana. *FAZU em Revista*, v. 7, n. 2, p. 120-124, 2010.

VIGOUROUX, Yves *et al.* Population structure and genetic diversity of New World maize races assessed by DNA microsatellites. *American Journal of Botany*, v. 95, n. 10, p. 1240-1253, 2008.

CAPÍTULO 20
MILHOS ANDINOS PERUANOS

Rebeca Salvador Reyes
Bruna Lago Tagliapietra
Maria Teresa Pedrosa Silva Clerici

RESUMO

Este capítulo apresenta a história, características, valor nutricional, importância e usos dos milhos andinos peruanos, que são cultivos adaptados a climas extremos de desenvolvimento e fazem parte da base alimentar da população rural andina. No total, existem 55 variedades de milhos andinos cultivadas no Peru, seus grãos são caracterizados por serem macios e apresentarem um endosperma amiláceo, além de uma diversidade de tamanhos, formas e cores, associados a mutações genéticas naturais em seu DNA. Em relação ao seu valor nutricional, como o amido é o principal componente, são considerados fonte de carboidratos e energia, enquanto às variedades pigmentadas, como o milho roxo, por possuir compostos bioativos, como antocianinas, flavonoides e ácidos fenólicos, têm sido atribuídos benefícios à saúde. Atualmente, grande parte da produção de milho andino, em suas diferentes formas (grão verde ou seco maduro), é destinada ao consumo direto, sendo utilizados na preparação de pratos típicos, bebidas e sobremesas como fonte de cores, sabores e texturas, gerando valor agregado para um cultivo regional e promovendo o desenvolvimento da agricultura familiar.

20.1 INTRODUÇÃO

O milho é um dos mais antigos grãos de alimentos conhecidos e uma das primeiras culturas domesticadas pelo homem que por meio de seu cuidado e seleção contribuiu para seu melhoramento, podendo-se dizer que ambos viveram e evoluíram juntos desde os tempos remotos. De acordo com Paliwal (2000), embora ainda não exista um consenso em relação ao seu local exato de origem, sabe-se que o milho nasceu e foi domesticado na América, posteriormente, suas sementes foram levadas pelos conquistadores ao continente europeu, para depois serem introduzidas nos países asiáticos e africanos pelo comércio. Dessa maneira, o milho foi distribuído pelo mundo, tendo que se adaptar a diferentes ambientes de cultivo desenvolvendo assim características peculiares em cada região.

Os Andes peruanos são considerados a região com maior diversidade fenotípica de milho do mundo (MINAM, 2018), apresentando grãos de diversos tamanhos, formas, cores e texturas (Figura 20.1), características que segundo Salhuana (2004) podem ser associadas à extrema variedade de condições ambientais, juntamente com a mutação, hibridação e seleção planejada pelos agricultores, que desempenharam um papel importante na produção e manutenção das sementes, contribuindo para a conservação dos recursos genéticos.

Figura 20.1 Diversidade fenotípica dos milhos andinos peruanos

Fonte: Elaboração própria.

Por muitos anos, o milho andino tem sido a base da alimentação para a população rural do Peru, que o utiliza na preparação de uma variedade de pratos típicos, bebidas e sobremesas. Durante a última década, o milho andino ganhou maior valorização no mercado, devido ao crescimento da gastronomia peruana, impulsionada pelas variedades de cores e sabores desses grãos (CARRASCO, 2018). Da mesma forma, estudos científicos foram realizados avaliando os possíveis benefícios à saúde associados ao seu consumo (LAO *et al.*, 2017b).

Neste capítulo, conheceremos a história, as características e a importância do milho andino peruano, bem como suas principais aplicações e usos, culinários e industriais.

20.2 HISTÓRIA DO MILHO NO PERU

Os Andes peruanos e a Mesoamérica (Mexico e Guatemala) são considerados os principais centros de domesticação do milho. De acordo com Grobman *et al.* (2012), a diversificação de complexos raciais característicos do milho andino surgiu durante o período pré-cerâmico, entre os anos 6700 e 3000 a.C. Como evidência desta datação, pequenas amostras fósseis de espigas, cascas e caules de várias raças de milho foram encontradas nos sítios arqueológicos *Paredones* e *Huaca Prieta*, localizados na costa peruana.

Em 1400 d.C., durante a era Inca, os antigos agricultores peruanos alcançaram sofisticação na seleção e criação de novas variedades de milho adaptáveis a vários espaços geográficos e climáticos. Para Rostworowski (2015), a criação de *Andenes* (escadas de cultivo), assim como o desenvolvimento de sistemas de irrigação e ferramentas de trabalho foram as chaves para sustentar o cultivo de milho nas montanhas andinas.

Para os incas, o milho, como a batata e a quinoa, era uma parte importante de sua economia e alimentação, por esse motivo, foi incluído como oferta na maioria de seus rituais e festividades, como o ritual *Capacocha* ou *Capac Hucha*, traduzido de forma livre como "obrigação real", que consistia em realizar festas em gratidão a *Mama Huaco* (ancestral inca que de acordo com as lendas deu o primeiro milho ao império) para garantir uma boa colheita (MURRA, 1979); também era costume colocar espigas de milho em sepulturas (JULIEN, 1987).

Durante a colônia, após a conquista espanhola (1532 d.C.), o milho continuou sendo uma parte importante dos hábitos alimentares da população. Garcilaso de la Vega (2010), em seu livro *Comentarios reales de los Incas*, relata como este era uma das riquezas nativas do Peru e considerado um dos pilares da alimentação da época, sendo consumido assado ou cozido em água, também era moído para fazer o pão do dia denominado *tanta* ou rolos especiais chamados *zancu* para o *Inti Raymi*, traduzido de forma livre como "festival do sol". Neste período, também foram introduzidas novas raças de milho, provenientes de outras regiões da América Central e dos trópicos, as quais posteriormente se cruzaram com as variedades nativas e deram origem a novos híbridos.

O milho no Peru passou por processos de evolução contínuos, que vão desde a domesticação, seguido pela por hibridação, introgressão (retrocruzamentos entre as gerações híbridas e a progenitora) e seleção. Isso se deve a sua importância desde os tempos antigos, estando presente na arte da época, como desenho e pinturas em várias cerâmicas, vestes e gravado nas paredes de várias civilizações pré-incas, sendo até hoje utilizado em diversas vestimentas e adornos em alguns bailes típicos peruanos.

20.3 CLASSIFICAÇÃO: RAÇAS DE MILHO ANDINO

A diversidade genética do milho é dividida em raças. Baseados no estudo de Anderson e Cutler (1942), raça pode ser definida como um grupo de indivíduos que compartilham características fenotípicas (morfologia, desenvolvimento, propriedades bioquímicas e fisiológicas) adaptadas a ambientes semelhantes. Dentro de uma raça, podem surgir variedades que respondem de maneiras diferentes ao estresse abiótico (temperaturas extremas, secas, disponibilidade de nutrientes) ou ao estresse biótico (doenças, pragas e ervas daninhas).

Os Andes peruanos são considerados a área com a maior diversidade de raças de milho do mundo. De acordo com Goodman e Brown (2015), na América existem 260 raças, que corresponde a cerca de 90% de todas as raças de milho cultivadas no mundo, sendo 131 raças provenientes da região andina (SÁNCHEZ *et al.*, 2006), das quais 55 são cultivadas nos Andes peruanos, segundo o último relatório da Universidad Agraria de la Molina (UNAML/MINAM, 2009).

De acordo com Salhuana (2004), considerando seu grau de evolução e surgimento ao longo do tempo (Figura 20.2), as raças de milho andino peruano podem ser divididas em cinco grupos: primitivas, primeira derivação, segunda derivação, introduzidas e incipientes.

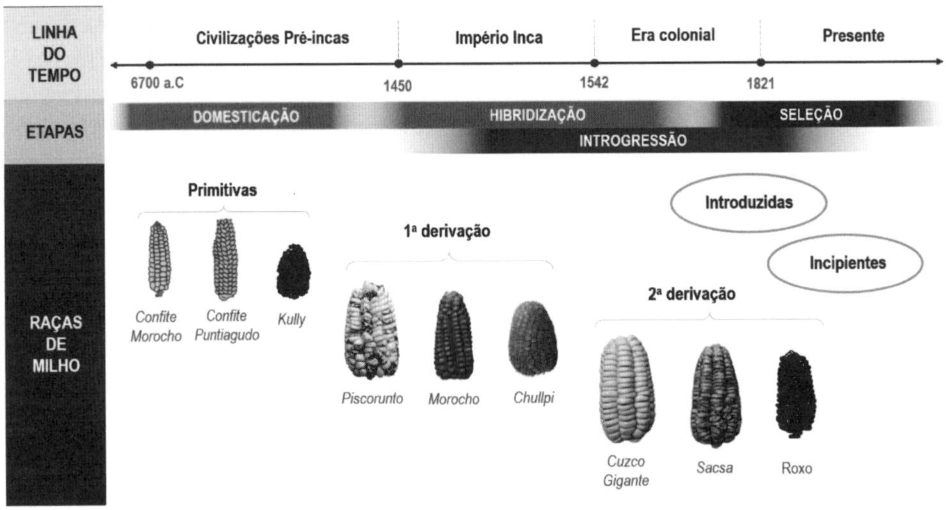

Figura 20.2 Linha do tempo da evolução e surgimento das raças dos milhos andinos peruanos.
Fonte: Elaboração própria.

1) Raças primitivas (cinco raças): Foram os primeiros milhos cultivados pelos habitantes das civilizações pré-incas, sendo que o *Confite Morocho* e o *Kully* os mais antigos. Estas se caracterizam pela precocidade de suas plantas, motivo pelo qual possuem espigas finas, grãos menores e ponta imatura. Atualmente, a maior parte desses milhos é usada mais como ornamento do que como alimento.

2) Raças da primeira derivação (vinte raças): Originaram-se do cruzamento entre as raças primitivas e suas derivadas imediatas (introgressão) durante o Império Inca. Essas raças são adaptadas a climas extremos de cultivo, que variam de 2.500 metros de altitude e 4ºC. Entre os mais conhecidos estão os milhos *Piscorunto* e *Chullpi.*

3) Raças de segunda derivação (dez raças): Originaram-se da hibridação e introgressão dos dois grupos anteriores, por meio da seleção pelos agricultores incas.

Apresentam maior grau de especialização e desenvolvimento vegetativo, razão pela qual produzem espigas mais grossas, com grãos de maior tamanho e densidade, e maior rendimento na produção. Essas raças de milho podem ser cultivadas nos Andes (2.800 m de altitude), bem como na costa peruana (nível do mar). Entre as variedades mais cultivadas estão o estão os milhos *Cuzco Gigante*, *Sacsa* e o Roxo, pertencentes à raça *Cuzco*.

4) Raças introduzidas (seis raças): Foram importadas de outros países para o Peru e posteriormente cruzadas com raças nativas, no entanto, se caracterizam por manter a maior parte de sua morfologia original. Essas cultivares estrangeiras foram introduzidas principalmente nas regiões costeiras e da selva, onde se adaptaram e foram cultivadas regularmente até serem consideradas raças peruanas. É o caso, por exemplo, da raça *Arizona*, originária do México e do sul dos Estados Unidos; da raça *Chuncho*, do *Tuxpeño* mexicano, e a raça *Alemán*, que provavelmente veio com os imigrantes no final do século XIX.

5) Raças incipientes (catorze raças): consideradas como raças de milho que ainda estão em desenvolvimento e são cultivadas em áreas pequenas e restritas.

A maior variação morfológica na espiga e no grão de milho na região andina foi gerada, principalmente, pela seleção humana e pela variação ecológica. No Peru, onde a agricultura é desenvolvida em ecossistemas mais limitados e de difícil cultivo, como desertos, altas montanhas e florestas tropicais, a sobrevivência das raças nativas dependeu de suas adaptações às condições em que desenvolveram suas características distintivas, como resistência a doenças, pragas e tolerância a fatores abióticos, como seca e adaptação à baixa fertilidade do solo (MINAM, 2018).

20.4 CARACTERÍSTICAS MORFOLÓGICAS

O milho andino peruano se caracteriza por apresentar uma variedade de tamanhos, formas, cores e texturas. Segundo Sevilla-Panizo (2003), isso se deve, principalmente, ao seu processo de evolução natural que causou mutações genéticas no DNA do milho com a finalidade de que ele se adaptasse aos diferentes climas de crescimento.

20.4.1 TAMANHO E FORMA

A mesma espiga, de uma variedade específica de milho, pode apresentar grãos grandes, médios ou pequenos, com formas redondas, pontudas, esféricas ou planas. De acordo com Paliwal (2000), essa é uma característica do milho primitivo e dos que se encontram em processo de evolução, sendo afetados, principalmente, pelos fatores ambientais como temperatura, índice pluviométrico, umidade e fertilidade do solo, durante o desenvolvimento da planta e o preenchimento dos grãos.

Por exemplo, na Figura 20.3, observa-se que os grãos da variedade *Sacsa* podem ser grandes, planos e redondos, ou pequenos, esféricos e pontudos, o mesmo acontece com as variedades *Cuzco Gigante* e *Piscorunto*.

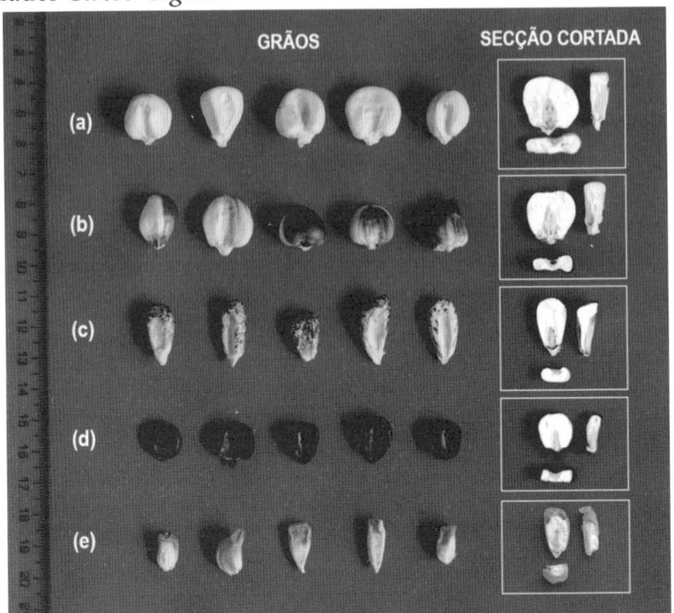

Figura 20.3. Grãos e secção cortada de cinco variedades de milhos andino peruanos, sendo (a) *Cuzco Gigante*, (b) *Sacsa*, (c) *Piscorunto*, (d) Roxo, e (e) *Chullpi*.

Fonte: Elaboração própria.

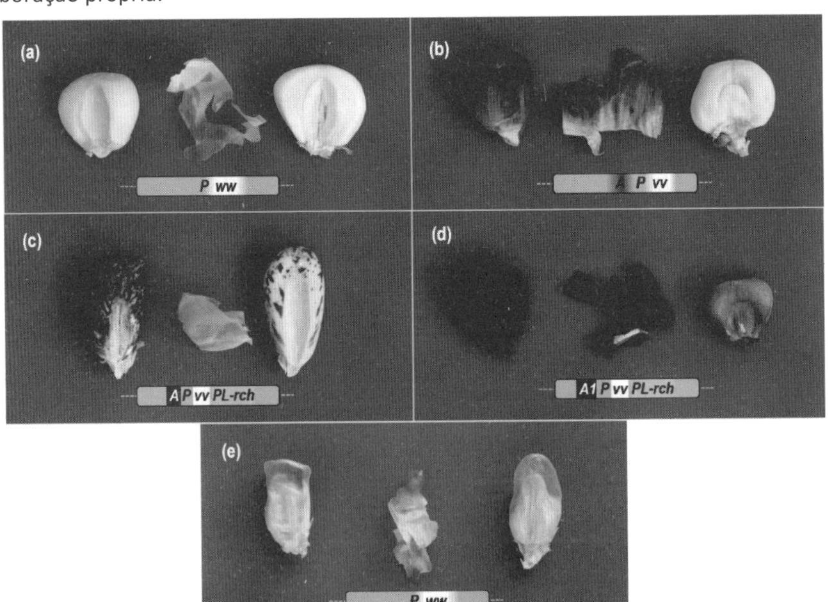

Figura 20.4 Grãos e padrões genéticos dos milhos andinos peruanos (a) *Cuzco Gigante*, (b) *Sacsa*, (c) *Piscorunto*, (d) Roxo, e (e) *Chullpi*.

Fonte: Elaboração própria.

Do ponto de vista agronômico e industrial, a falta de homogeneidade no formato e tamanho dos grãos de milho andinos podem ser considerados fator limitante para a expansão do seu cultivo, pois esses fatores diminuem o rendimento produtivo e dificultam a mecanização das lavouras. No entanto, são essas mesmas características que conferem um caráter exótico nas aplicações culinárias, as quais os milhos andinos são principalmente destinados.

20.4.2 COR

No grão de milho a cor pode ser expressa no pericarpo, aleurona e endosperma, devido à presença ou ausência de certos genes e alelos (dominantes ou recessivos) na cadeia do DNA. Dessa maneira, baseados nos estudos de Sevilla-Panizo (2003) e como mostrado na Figura 4, se o gene *P* (responsável pela cor no pericarpo) estiver unido ao alelo *ww*, o grão não apresentará cor, como o milho *Cuzco Gigante*, enquanto se estiver unido ao alelo *vv*, será pigmentado. A cor dependerá de sua associação com outro gene dominante, por exemplo, se for o alelo *A*, a cor resultante será vermelha, como a do milho *Sacsa*, enquanto se for com o alelo *A1*, a cor resultante será roxa, como no caso de milho roxo. A presença de outros alelos recessivos pode alterar o padrão de coloração, por exemplo, o *rch* produz um efeito manchado e riscado nas variedades de milho *Piscorunto* e *Sacsa*, respectivamente. Quanto à expressão da cor no sabugo, esta depende da posição do gene *P* na cadeia do DNA; se estiver no cromossomo 1, o sabugo será colorido e, dependendo de sua ligação com outros alelos, a cor pode ser preta, roxa, marrom, laranja ou vermelha, alguns exemplos de milhos andinos com sabugo colorido podem ser vistos na Figura 20.5.

Figura 20.5 Diferenças nas cores do sabugo das variedades de milho andino peruano.
Fonte: Elaboração própria.

Para Serratos *et al.* (1987) e Sevilla-Panizo (2003) as mutações na cadeia do DNA nos milhos andinos foram geradas como uma medida de resistência às elevadas altitudes e baixas temperaturas de cultivo, e devido a elas que o milho andino possui os pigmentos naturais pelos quais são reconhecidos e valorizados atualmente, pois como veremos mais adiante, além de servir como fonte de coloração natural na culinária, foi comprovado que seu consumo traz benefícios à saúde.

20.4.3 TEXTURA

O milho andino é caracterizado por possuir grãos suaves com um endosperma totalmente amiláceo, no entanto, existem variedades, como o milho *Chullpi*, que apresentam também uma porção de seu endosperma em estado vítreo por isso são conhecidas como variedades amiláceas doces (PALIWAL, 2000). As diferencias entre os endospermas destes tipos de milho podem ser observadas na Figura 20.6.

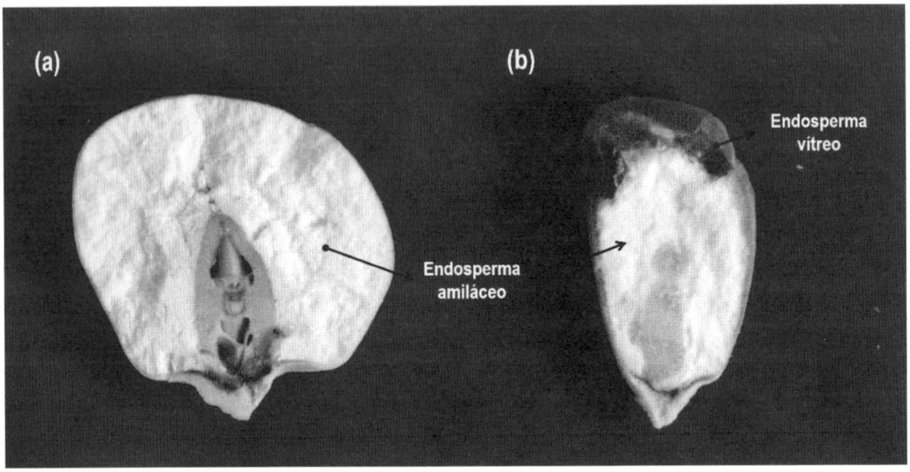

Figura 20.6 Comparação de endospermas entre a variedade de milho amiláceo (a) *Cuzco Gigante* e o milho amiláceo doce (b) *Chullpi*

Fonte: Elaboração própria.

Segundo Salhuana (2004), a presença do endosperma vítreo no milho *Chullpi* é o resultado do manejo no seu cultivo. Quando colhido antes do amadurecimento (com 70% de umidade), o teor de açúcar é elevado, o que torna o milho adocicado, e durante a secagem a conversão de açúcares em amido é inibida pelo gene *su*, responsável pela sua cristalização e pelo aparecimento de rugas nos grãos devido ao colapso interno.

A textura dos grãos é uma característica fundamental relacionada a alguns atributos de qualidade industrial (densidade), agronômica (suscetibilidade ao ataque de pragas e doenças durante o armazenamento) e nutricional (suscetibilidade à hidrólise enzimática durante processos digestivos) (FIGUEROA CÁRDENAS *et al.*, 2013). Os grãos ricos em amido, por serem menos densos e mais macios, tendem a dar uma textura delicada aos alimentos, motivo pelo qual são comumente utilizados como espessantes, enquanto os com endosperma vítreo são usados para alimentação animal.

20.5 VALOR NUTRICIONAL

O milho andino, como todos os cereais, representa uma excelente fonte de energia devido ao principal componente do grão ser o amido (~70%), que, segundo Salhuana (2004), por estar dentro de uma matriz alimentar farinácea tem altas taxas de digestibilidade. Quanto aos seus outros componentes, o grão contém entre 5% e 8% de proteína, 3% a 5% de lipídios, 1% a 4% de fibra bruta e 1,3% de cinza (PIYAPANRUNGRUEANG *et al.*, 2016), perfil semelhante a outros milhos comerciais. No entanto, a presença de compostos bioativos na forma de pigmentos naturais diferencia o milho andino de outras variedades convencionais que, como veremos a seguir, destacam-se como um alimento que promove benefícios à saúde.

20.6 COMPOSTOS BIOATIVOS E BENEFÍCIOS A SAÚDE

Embora as variedades de milhos pigmentados sejam diversas, a maioria das pesquisas realizadas se concentra no estudo do milho roxo e suas diferentes partes: grãos, pericarpo e sabugo, que apresenta antocianinas, ácidos fenólicos e flavonoides.

20.6.1 ANTOCIANINAS

A concentração de antocianinas varia dependendo da parte do milho. Piyapanrungrueang *et al.* (2016) determinaram a concentração de antocianinas no sabugo numa faixa entre 3.280 a 3.970 mg/100 g, em quanto que no grão, segundo os estudos de Gálvez Ranilla *et al.* (2017) e Lopez-Martinez *et al.* (2009), encontrasse entre 310 a 850 mg/100 g. Por esse motivo a maior parte dos estudos realizados tem sido enfocada em otimizar o processo de extração de antocianinas do sabugo (LAO; GIUSTI, 2017a, 2018; MONROY *et al.*, 2016) e sua conservação (KAPCUM; URIYAPONGSON, 2018).

Entre as antocianinas presentes nos extratos de milho roxo, têm sido identificados seis tipos: cianidina-3-glicosídeo, pelargonidina-3-glicosídeo, peonidina-3-glicosídeo e respectivos homólogos acilados cianidina-3-malonilglicosídeo, pelargonidina-3-malonilglicosídeo, peonidin-3-malonilglicoíideo e cianidina 3-glicosídeo, sendo a cianidin-3-glicosideo encontrada em maior quantidade no sabugo (75%) que nos grãos (45%), segundo os estudos realizados por Abdel-Aal *et al.* (2006).

Em comparação com outros cereais pigmentados, o teor de antocianina do milho roxo torna-se até dez vezes superior ao do milho azul (363 mg/100 g) (ABDEL-AAL *et al.*, 2006), do trigo azul (212 mg/100 g), e semelhante ao arroz preto (3.276 mg/100 g) (ABDEL-AAL *et al.*, 2006). Da mesma forma, a concentração de cianidina-3-glicosídeo em seus grãos de 113,54 mg/100 g é maior que a do milho azul (110 mg/100 g), trigo azul (20 mg/100 g) (MAZEWSKI *et al.*, 2017), e até de frutas como o açaí (35,3 mg/100 g) (GOUVÊA *et al.*, 2012), conhecidas por possuírem altas concentrações desse pigmento.

Em geral, as antocianinas fornecem vários benefícios à saúde devido ao seu poder antioxidante, em especial, as antocianinas do milho roxo, que de acordo com o estudo *in vitro* de Bhaswant *et al.* (2017), ajudaram a inibir a proliferação de células cancerígenas colorretais, promovendo apoptose (morte celular programada) e interrompe a angiogênese (crescimento de vasos sanguíneos, que podem estar relacionados a formação de tumores). De acordo com Cevallos-Casals e Cisneros-Zevallos (2003), as antocianinas contribuem para a modulação de bactérias intestinais probióticas e têm efeito antimicrobiano contra bactérias patogênicas. Um estudo *in vivo* de Ramos-Escudero *et al.* (2012), indica que essas antocianinas podem ser consideradas agentes antiobesidade, pois reduzem o índice de adiposidade visceral, gordura corporal e pressão arterial.

20.6.2 ÁCIDOS FENÓLICOS

O estudo de Lopez-Martinez *et al.* (2009) determinou a concentração de ácidos fenólicos no grão em 1.903 mg/100 g. Entre os ácidos identificados, segundo Harakotr *et al.* (2014), encontram se o ácido ferúlico (5,52 mg/100 g), cafeico (3,81 mg/100 g) e clorogênico (1,05 mg/100 g).

Em comparação com outros milhos pigmentados, o milho roxo apresenta um teor maior de ácido ferúlico que o milho azul mexicano, de 2 mg/100 g, reportado por Ranilla *et al.* (2009), e um teor maior de ácido cafeico do que o milho roxo chinês, de 0,30 mg/100 g, informado por Lao *et al.* (2017b). Essas diferenças são geralmente atribuídas às condições de cultivo existentes entre os países onde o milho é cultivado, como mencionado na seção X.4.2., e os pigmentos podem ter surgido como uma medida de resistência à altura e ao frio, portanto, o cultivo neste tipo de ambiente promove o aumento de compostos bioativos.

Os ácidos fenólicos também proporcionam benefícios à saúde, de acordo com Silva e Batista (2017), o ácido ferúlico tem capacidade de promover a diminuição da atividade hiperglicêmica e a hipertensão, com potencial para a prevenção do diabetes tipo II, da mesma forma, de acordo com Pandey *et al.* (2013) o ácido ferúlico pode contribuir para o tratamento de doenças cardiovasculares e, devido à sua capacidade antioxidante, para Chaiittianan *et al.* (2017) pode possuir propriedades anticancerígenas. Por sua vez, o ácido cafeico, de acordo com Ramos-Escudero *et al.* (2012), possui propriedades imunoestimuladoras, enquanto o ácido clorogênico, segundo Monroy *et al.* (2016), ajuda a reduzir a adiposidade visceral.

20.6.3 FLAVONOIDES

Žilić *et al.* (2012) determinaram a concentração de flavonoides no grão em 264 mg/100 g, os quais são armazenados principalmente no pericarpo, cuja concentração é de 4.200 mg/100 g. Lao e Giusti (2017a) identificaram seis tipos de flavonoides: quercetina, naringenina glicosídica, rutina, kaempferol e morina. Desta forma, vemos que o pericarpo pode ser importante fonte de bioativos e este milho deve ser consumido na forma integral.

Comparado a outros milhos pigmentados, o teor de flavonoides do milho roxo peruano é até dez vezes superior aos reportados por 2018 para os milhos vermelho (27 mg/100 g) e azul (30 a 34 mg/100 g).

As propriedades e os benefícios dos flavonoides do milho roxo foram estudados por Lao e Giusti (2017a), que determinaram que o kaempferol, a morina, a rutina e a naringenina glicosídica possuem uma alta atividade antioxidante e, em 2018, observaram que a quercetina contribui para a lipólise dos adipócitos viscerais, podendo auxiliar no controle do peso e prevenção da obesidade.

20.7 IMPORTÂNCIA DO MILHO ANDINO NO PERU

Quando se fala de milho no Peru, distinguem-se dois tipos principais: milho amarelo duro e milho amiláceo andino. O primeiro, basicamente para uso agroindustrial, destina-se à preparação de alimentos balanceados para consumo animal e seu cultivo predomina no litoral, nos vales interandinos e na selva do país; enquanto o segundo é utilizado para o consumo humano direto, em grãos verdes ou secos maduros, e seu cultivo predomina nas altas áreas andinas do centro do país (HUAMANCHUMO DE LA CUBA, 2013).

Ao revisarmos os reportes do Censo Nacional Agropecuario (INEI, 2012), notamos que, há duas décadas, o cultivo de milho andino não era significativo na agricultura e não exercia grande contribuição na economia peruana, uma vez que sua produção era baixa e destinada ao consumo familiar dos agricultores, o que levou a um crescimento lento da sua produtividade. No entanto, o panorama atual é diferente, o milho andino se tornou importante do ponto de vista econômico, social e cultural.

20.7.1 IMPORTÂNCIA ECONÔMICA

Economicamente, de acordo com os dados reportados no anuário da produção agrícola (MIDAGRI, 2018), resumidos na Figura 20.7, entre 2008 e 2018, o milho andino aumentou sua produção, rendimento e preço em 22%, 23% e 75%, respectivamente. Sendo, Puno (21%) a região com maior produção, seguida por Junín (14%), Cuzco (14%), Apurímac (9%), Ancash (8%) e outras (menos de 7%).

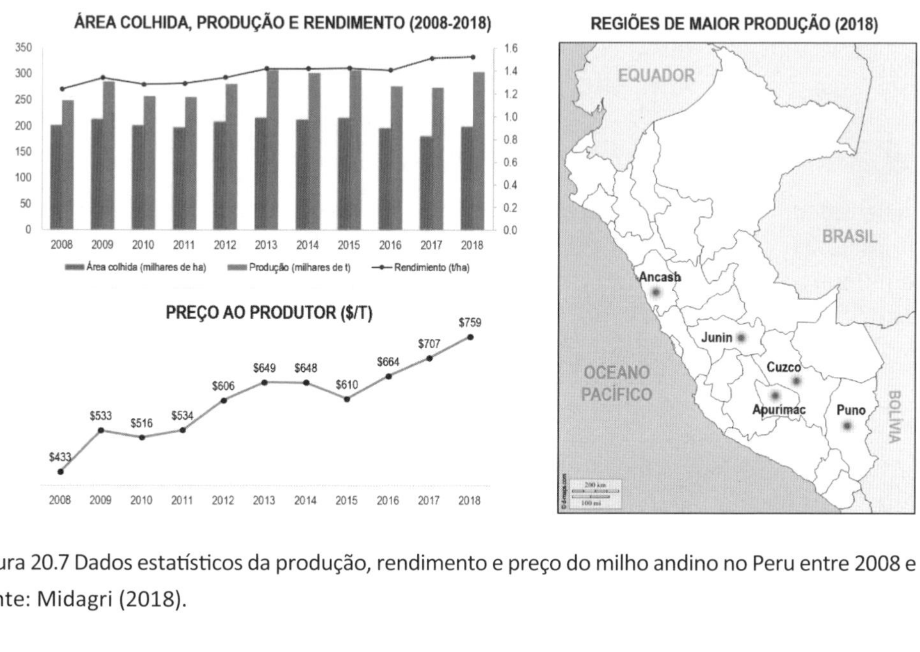

Figura 20.7 Dados estatísticos da produção, rendimento e preço do milho andino no Peru entre 2008 e 2018. Fonte: Midagri (2018).

Em 2018, o milho andino foi considerado uma das culturas emergentes em nível nacional pela Asociación de Gremios de Productores Agrarios del Perú (CARRASCO, 2018), dado que no ano anterior as exportações peruanas de milho amiláceo totalizaram 27 milhões de dólares, o que representou um aumento de 170% em comparação aos 10 milhões de dólares alcançados em 2008. Já em 2019, de acordo com os dados reportados no anuário estatístico do comércio exterior agrário (MENDIETA PINO, 2020), as exportações desse cultivo geraram em média 104 milhões de dólares em vendas a preços ao produtor, o que equivale a 11,2% do Valor Bruto da Produção Agrícola (VBP) do Peru (INEI, 2012). Esse crescimento se deve em grande parte ao aumento das exportações de milho andino para os mercados internacionais, entre os principais países de destino estão a Espanha, o Japão, os Estados Unidos e a China. Considerando que o preço de venda no exterior é de 1,83 dólar, o que ocasiona um aumento de 140% do preço no mercado nacional, isso representa um aumento significativo na renda dos pequenos produtores, motivando-os a aumentar suas áreas de cultivo.

20.7.2 IMPORTÂNCIA SOCIAL

A importância social do milho andino consiste principalmente no número de famílias que se dedicam ao seu cultivo, uma vez que, segundo os dados reportados pelo Ministério da Agricultura do Peru (MIDAGRI, 2018), este é produzido principalmente por pequenos agricultores (agricultura familiar) que possuem propriedades com menos de cinco hectares e veem esse alimento como uma fonte econômica, que pode ser incorporada à sua alimentação (60% a 80%).

Além disso, o cultivo de milho gera empregos. Considerando que para cada hectare de milho é necessário em média cem salários, em 2018, por exemplo, estimaram-se que, para os 200 mil hectares colhidos (MIDAGRI, 2018) (Figura 20.7), foram utilizados cerca de 20 milhões de salários temporários, o que equivale a 55 mil empregos permanente naquele ano.

20.7.3 IMPORTÂNCIA CULTURAL

Como mencionado anteriormente, o milho no Peru é um cultivo ancestral, que constituiu a base alimentar das populações pré-incas e o império inca, deixando um legado no manejo e no consumo deste cereal, especialmente na população rural andina, que expressam valorização e orgulho por esses grãos pela conservação de cultivares e práticas de manejo desde os tempos antigos.

Em 2010, o Instituto Nacional de Cultura do Peru (INC, 4 jan. 2010) declarou como patrimônio cultural da nação os saberes, usos e tecnologias tradicionais associados ao cultivo de milho no Valle sagrado de los Incas, na região de Cuzco. Isso devido ao milho estar relacionado ao culto ao Sol no Império Inca, e seus grãos serem usados para fazer *chicha*, a qual era considerada uma bebida sagrada indispensável para seus rituais. A importância do milho na população peruana pode ser vista em várias expressões do patrimônio cultural, tanto em têxteis, cerâmicas, como em danças, cantos e mitos (GROBMAN *et al.*, 2012).

20.8 CADEIA PRODUTIVA

A cadeia produtiva do milho andino peruano tem sua importância em cada um dos elos que a compõem, o que pode ser observado na Figura 20.8, que aborda desde o consumo de subsistência pelos produtores agrícolas até produtos destinados à exportação.

Para analisar essa cadeia é necessário desenvolver cada elo: produção agrícola, consumo familiar, comércio local e agroindústria.

Figura 20.8 Cadeia produtiva do milho andino no Peru
Fonte: Elaboração própria.

20.8.1 PRODUÇÃO AGRÍCOLA

De acordo com o último Censo Nacional Agrário (INEI, 2012), o cultivo de milho andino é realizado principalmente por pequenos produtores que vivem em áreas rurais altas dos Andes, que utilizam técnicas tradicionais de cultivo herdadas dos incas. Por exemplo, são eles mesmos que selecionam suas próprias sementes, usam fertilizantes orgânicos e ferramentas de trabalho rudimentares, sendo as duas últimas a causa do volume limitado de produção.

Por ter um ciclo vegetativo que varia entre 80 e 200 dias, o milho andino é uma cultura anual cuja semeadura ocorre entre os meses de setembro e novembro, que são os períodos de maior precipitação pluviométrica no planalto peruano (MALAGUTTI, 2013). Segundo a FAO (1993) esse período é adequado para garantir a sobrevivência da cultura aos danos causados pelo frio durante a maturação. Embora o milho no Peru possa ser cultivado desde o nível do mar até mais de 3.500 metros de altitude, são as altas regiões andinas que possuem as maiores áreas de cultivo (Figura 20.8). Esse fato pode estar relacionado ao maior rendimento da produção (t/ha) registrado no último censo agrícola (INEI, 2012).

20.8.2 CONSUMO FAMILIAR

Grande parte da produção agrícola de milho andino é destinada ao consumo de subsistência. Em 2012, segundo os dados reportados no censo nacional agrícola (INEI, 2012), 84% dos agricultores afirmaram que utilizam entre 50% e 80% de sua colheita para a alimentação, espera-se que esse percentual tenha diminuído para 60% até 2022.

A importância do milho andino na dieta dos produtores agrícolas consiste no fato de que grande parte deles vive em condição de pobreza, sendo essa cultura, assim como a batata, uma fonte de energia na sua dieta. Seu consumo ocorre na forma de grãos verdes ou secos maduros, sendo utilizados na preparação de uma variedade de pratos típicos, bebidas e sobremesas, cujos detalhes serão descritos adiante na seção 20.9.

20.8.3 COMÉRCIO LOCAL

É realizado por comerciantes nos diferentes mercados de suprimentos e feiras locais que recebem o produto por meio de intermediários, que os transportam desde os campos de cultivo e os vendem para o consumidor final. Nesses locais, o milho é vendido tanto em sua forma natural (verde e em espigas) quanto seco (em grãos ou farinha).

20.8.4 AGROINDÚSTRIA

Embora não existam dados exatos sobre a quantidade de milho andino destinado a esse setor, o crescimento ocorrido nos últimos anos tem sido notável, agregando valor aos produtos, para que o consumidor final possa adquiri-lo nos diferentes estabelecimentos de supermercados do país (HUAMANCHUMO DE LA CUBA, 2013). Nesses locais, a comercialização se dá por produtos minimamente processados, como grãos secos acondicionados em pequenos sacos, salgadinhos fritos com sabores de queijo e pimentão, a fim de ser mais atrativo para os clientes. Esses produtos também são exportados para o exterior, onde são considerados produtos do tipo *gourmet*.

20.9 APLICAÇÕES CULINÁRIAS E PRODUTOS INDUSTRIALIZADOS

Ao contrário dos países vizinhos, onde o milho é consumido como farinha para fazer tortilhas (México) ou arepas (Colômbia e Venezuela), na região andina peruana, o milho geralmente é consumido diretamente, sem maiores transformações, sendo usado na preparação de pratos para entrada, como guarnição para pratos principais, em bebidas e sobremesas. Essas aplicações podem ser classificadas de acordo com o estado do grão (verde ou seco maduro), formato (integral ou farinha) e o tipo de processamento (cozido, frito ou fermentado):

20.9.1 GRÃO VERDE

Popularmente conhecido como *choclo* (Figura 20.9a), o milho verde é geralmente consumido cozido e acompanhado de queijo fresco (Figura 20.9b) como parte do café da manhã da população rural andina. Na costa, os grãos também são usados como acompanhamento ou guarnição para pratos marinhos típicos como o *ceviche*, a *leche de tigre* e o *tiradito* (ACURIO, 2008). A água de cozimento da espiga também é consumida como uma bebida pura ou adoçada com açúcar. Entre as variedades mais utilizadas para essa forma de consumo estão as derivadas da raça Cuzco, principalmente a variedade *Cuzco Gigante*, devido aos seus grãos macios e de maior tamanho (CUSTER, 2000).

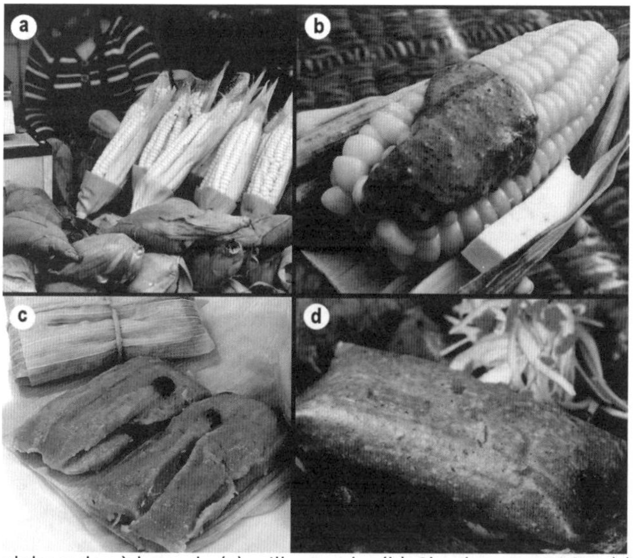

Figura 20.9 Pratos elaborados à base de (a) milho verde: (b) *Choclo* com queijo, (c) *Humitas*, e (d) *Tamal*

Fonte: Elaboração própria.

O milho também é usado na preparação das *humitas* (Figura 20.9c), que consistem em uma pasta ou massa de milho (previamente ralado ou triturado) que é temperada, embrulhada e finalmente cozida nas folhas da espiga de milho, semelhante às pamonhas do Brasil. Na versão doce, às *humitas* adicionam-se passas e açúcar, enquanto na versão salgada, conhecida como *tamal* (Figura 20.9d), a pasta de milho é temperada com as pimentas amarela e vermelha e recheada com carne temperada (carne bovina, suína ou de frango), ovos, azeitonas e amendoins; da mesma forma, as folhas de milho são substituídas por folhas de bananeira defumadas, que lhe conferem um sabor e odor característicos (SUSAETA, 2013).

20.9.2 GRÃO SECO MADURO

Existem diferentes formas de tratamento para secagem do milho nos Andes. De acordo com Valle Campos *et al.* (2019), dependendo da variedade de milho, os agricultores geralmente secam as espigas das plantas ao sol, por quatro a seis meses e deixam a planta livre por um mês até atingir umidade média entre 10% e 12%. Posteriormente, as espigas são descascadas e os grãos embalados, uma parte é vendida inteira e outra parte é transformada em farinha integral.

20.9.2.1 Inteiro

O grão seco maduro é usado nas seguintes preparações: *cancha*, *mote*, percolado de milho roxo, *chicha morada* e *mazamorra morada.*

Figura 20.10 Usos culinários do milho seco maduro: (a) *Cancha*, (b) *Mote*, (c) Percolado de milho roxo, (d) *Chicha morada*, e (e) *Mazamorra morada*

Fonte: Elaboração própria.

- Cancha

É o milho frito ou torrado (Figura 20.10a), para a sua preparação é utilizada uma panela de barro ou frigideira onde são adicionados os grãos de milho (previamente mergulhados em água por cerca de quatro horas), óleo e sal. O cozimento é realizado em fogo baixo, obtendo ao final grãos levemente estourados (diferente da pipoca doce) e dourados, que são utilizados como lanche salgado ou como acompanhamento de pratos como o *ceviche*, os *chicharrones* (torresmos), entre outros (ACURIO, 2008).

Sabe-se que a *cancha* foi uma das primeiras formas de consumo de milho pelos colonos andinos, uma vez que restos de milho torrado foram encontrados em cavernas e sítios arqueológicos (GROBMAN *et al.*, 2012).

Atualmente, a *cancha* também é produzida em nível industrial, no qual é embalado em pacotes de 100 a 200 g, sendo exportada e vendida como lanche *gourmet*. Segundo a Asociación de Gremios de Productores del Perú (CARRASCO, 2018), entre as variedades de milho comumente utilizadas para sua produção estão o milho *Chullpi*, *Piscorunto* e *Sacsa*.

- *Mote*

É o milho descascado cozido em água por algumas horas até obter um grão muito macio (Figura 20.10b). O *mote* pode ser consumido sozinho, temperado com sal, limão e pimenta, ou servir como acompanhamento de sopas e pratos principais, substituindo outros carboidratos, como arroz ou batatas (FAO-RLC, 2010). A variedade normalmente usada para o mote é o milho *Cuzco Gigante*, e a indústria vende o grão descascado em supermercados, mercados locais e internacionais.

- *Chicha* e *mazamorra morada*

É uma bebida e sobremesa representativas do Peru, ambas caracterizadas por sua intensa cor roxa, obtida do milho roxo. Na recita tradicional, segundo Custer (2000), ambas começam sua preparação fervendo os milhos (inteiros, grão com sabugo) em água, junto com frutas (maçã, abacaxi, pêssego e marmelo) e especiarias (canela e cravo). Depois de fervida, a preparação é peneirada (Figura 20.10c) e, no caso da *chicha morada* (Figura 20.10d), é esfriada e adicionada de açúcar, frutas picadas (abacaxi e maçã) e limão, enquanto, para a *mazamorra morada* (Figura 10e), um espessante (amido de milho ou batata doce) é adicionado ao concentrado e é cozida até engrossar, por fim, frutas secas como passas e pimentões são adicionadas.

Tanto a *chicha* como a *mazamorra morada* são amplamente consumidas no Peru. No caso da *chicha morada*, suas vendas igualam-se aos refrigerantes (ANDINA.PE, 2007), por isso, sua comercialização é quase obrigatória em restaurantes, lojas de autoatendimento, e é uma das opções de bebidas em cinemas e franquias de *fast-food*. Por sua vez, o consumo de *mazamorra morada* está presente em comemorações como festas infantis, feriados nacionais e festivais religiosos, como o do Señor de los milagros, também conhecido como o Cristo morado, que ocorre em outubro (considerado o mês roxo) (ANDINA.PE, 2014).

Existem versões industrializadas de ambos os produtos, como o extrato concentrado de *chicha morada*, que preserva o sabor e o aroma do milho e das frutas, e é vendido em garrafa onde somente a água deve ser adicionada para o consumo (LAVADO SOTO *et al.*, 2013). Também existem produtos industriais inspirados por essas preparações, como bebidas em pó e caramelos com sabor de *chicha morada* e *mazamorra morada* instantânea, fabricados à base de açúcar, acidificantes e saborizantes artificiais, no entanto, o milho roxo não faz parte da lista de ingredientes desses produtos para que atinjam o sabor característico das preparações tradicionais, nem contém os antioxidantes derivados do milho roxo.

- *Tocosh*

É um produto alimentício obtido da fermentação bacteriana do milho, utilizando uma técnica de conservação andina. Para isso, segundo Chumpitaz-Segovia (2020), os grãos são armazenados em um poço construído no solo, envolto em *ichu* (grama andina) e prensado mecanicamente com pedras sob uma corrente de água fria da montanha por 4 a 12 meses. O processo termina quando uma espuma é formada na superfície com um forte cheiro de podre, posteriormente, os grãos são secos ao sol e estão prontos para serem incorporados à alimentação.

A *mazamorra de Tocosh* é a forma mais comum de consumo, na qual o milho fermentado é cozido na água até ficar grosso, podendo ser adoçado com açúcar. Esta preparação retém o cheiro desagradável peculiar, no entanto, isso não limita sua comercialização, visto que as pessoas associam seu consumo a benefícios à saúde, entre os quais tem sido comprovadas propriedades antioxidantes (SANDOVAL VEGAS *et al.*, 2015), gastroprotetoras (ESCUDERO ARAUJO; ALVAREZ CHIRI, 2018) e cicatrizantes (CARRANZA SÁNCHEZ; HUAMANCHAQUI HILARIO, 2018).

20.9.2.2 Farinha integral

Quanto aos usos mais conhecidos da farinha integral, é utilizada na preparação de: *chicha de jora*, *champú* e pão de milho roxo.

Figura 20.11 Usos culinários da farinha integral do milho seco maduro: (a) *Chicha de jora*, (b) *Champú* versão azeda, e (c) pão de milho roxo

Fonte: Elaboração própria.

- *Chicha de jora*

Também conhecida como cerveja andina, é uma bebida fermentada obtida a partir da *jora* ou milho maltado. Segundo Garcilaso de la Vega (2010), sua elaboração surgiu era pré-inca, e era considerada uma bebida sagrada usada em atos cerimoniais e festivais sagrados, no qual era oferecida como oferenda a *Pachamama* (mãe terra) para uma boa colheita.

Sua preparação é longa, pois primeiro é necessário obter a farinha de *jora*, procedimento que leva aproximadamente um mês. Para fazer isso, os grãos de milho (tradicionalmente *Cuzco Gigante*) são encharcados e colocados em uma camada de folhas de *jorapanka* (uma planta que cresce nos andes peruanos) para que os grãos absorvam seu sabor. Após sete dias, os grãos germinados são secos ao sol por mais sete dias, uma vez secos, são moídos, obtendo assim a farinha de *jora*, a qual é utilizada no preparo da bebida por cozimento e fermentação. Para isso, a farinha é mergulhada em água morna, que se troca duas vezes a água, depois é coada e fervida com água por oito horas em fogo baixo; se o milho não for doce o suficiente, serão adicionados açúcar ou rapadura. Depois de cozida, a *chicha* é despejada em uma panela ou recipiente de barro, onde é deixada para fermentar por sete ou oito dias, e estará pronta para consumo (FAO-RLC, 2010).

Atualmente, essa bebida é consumida principalmente na região norte e nos Andes peruanos, utilizando o milho de cada região, sendo oferecida aos clientes em vasos ornamentais feitos de cabaças secas, esculpidas e pintadas (Figura 20.11a).

- *Champú*

É uma bebida quente típica da costa peruana, obtida a partir de milho *mote*. Embora sua origem seja desconhecida, as teorias de Romero (1988) e Santa Cruz (2004) sugerem que ela foi trazida da África para a América pelos escravos, pois é justamente nessas regiões onde sua comercialização é mais forte.

Atualmente o *champú* é uma bebida consumida no café da manhã durante o inverno. Sua venda é realizada nas ruas em praças das cidades, com diferentes versões, dependendo da região. Por exemplo, em Lima, a versão com leite é feita misturando a farinha de milho com farinha de trigo, açúcar e canela, enquanto a versão azeda (Figura 20.11b) é preparada com farinha de milho fermentada, *mote*, rapadura, folhas de laranja, cravo, anis, canela e frutas frescas picadas, sendo esta a mais popular (FAO-RLC, 2010).

- Pão

Desde a época dos incas, o pão à base de milho era um alimento importante e venerado. Embora, atualmente, a maioria dos pães produzidos sejam à base de trigo, existem receitas tradicionais para o pão de milho que são mantidas principalmente nas terras altas dos Andes. Ugaz, no seu livro *Panes del Perú: el encuentro del maíz y el trigo (2008)*, descreve algumas dessas receias, como o *tanta wawa* que é um tipo de pão em forma de bebê que é preparado em comemoração a todos os santos, ou o pão de milho roxo que ter essa cor característica intensa, como pode ser observado na Figura 20.10c. Segundo esse autor, pão de milho andino é caracterizado por ser doce, seguir um processo de fermentação natural, não ter muito volume e ter formas e desenhos variados, como roscas, tranças ou flores.

20.10 CONCLUSÃO

O milho andino peruano possui uma diversidade de tamanhos, formas, cores e texturas, como resultado da evolução natural e adaptação aos climas de cultivos nos Andes, onde faz parte da alimentação da população rural. Devido às suas diferenças morfológicas, os grãos representam um ingrediente com potencial para ser utilizado no desenvolvimento de novos produtos pela indústria, pois podem servir como fontes de cor natural, criando alimentos com novos sabores, texturas e aromas. Dessa forma, se pode agregar valor a uma cultura regional promovendo o desenvolvimento da agricultura familiar.

AGRADECIMENTOS

As autoras agradecem ao Conselho Nacional de Desenvolvimento Científico e Tecnológico (CNPq), pelas bolsas para a primeira (Processo n. 141263/2019-9) e segunda (Processo 140805/2020-6) autoras, e à Coordenação de Aperfeiçoamento de Pessoal de Nível Superior (CAPES, código de financiamento 001) pelo suporte ao programa de pós-graduação de Tecnologia de Alimentos da Universidade Estadual de Campinas (Unicamp), São Paulo.

REFERÊNCIAS

ABDEL-AAL, El-Sayed M.; YOUNG, J. Christopher; RABALSKI, Iwona. Anthocyanin composition in black, blue, pink, purple, and red cereal grains. *Journal of Agricultural and Food Chemistry*, v. 54, n. 13, p. 4696-4704, 2006.

ACURIO, Gastón. *500 años de fusión*: la historia, los ingredientes y las nuevas propuestas de la cocina peruana. Punto y Coma Editores, 2009.

ANDERSON, Edgar; CUTLER, Hugh C. Races of *Zea mays* I.: Their recognition and classification. *Annals of the Missouri Botanical Garden*, v. 29, n. 2, p. 69-88, 1942.

ANDINA.PE. Mercado de refrescos líquidos crecería más de 50% este año. *Andina.pe (Agencia Peruana de Noticias)*, 26 nov. 2007. Disponível em: https://andina.pe/agencia/noticia-mercado-refrescos-liquidos-creceria-mas-50-este-ano-150952.aspx Acesso em: 5 ago. 2020.

ANDINA.PE. Exportación de maíz morado creció 216% entre enero y mayo. *Andina.pe (Agencia Peruana de Noticias)*, 27 jul. 2014. Disponível em: https://andina.pe/agencia/noticia-exportacion-maiz-morado-crecio-216-entre-enero-y-mayo-186565.aspx Acesso em: 5 ago. 2020.

BHASWANT, Maharshi *et al.* Anthocyanins in chokeberry and purple maize attenuate diet-induced metabolic syndrome in rats. *Nutrition*, v. 41, p. 24-31, 2017.

CARRANZA SÁNCHEZ, Rosa Amalia; HUAMANCHAQUI HILARIO, Ayme Alida. *Efecto cicatrizante de una crema a base de solanum tuberosum (tocosh) y membrana testácea de huevo de gallina en ratones albinos con lesiones por heridas punzo cortantes.* Facultad de Ciencias Farmacéuticas y Bioquímica, Universidad Inca Garcilaso de la Vega, Lima, Peru, 2018. Disponível em: http://repositorio.uigv.edu.pe/handle/20.500.11818/2135.

CARRASCO, J. C. L. Exportaciones peruanas de maíz amiláceo crecieron 170% en los últimos diez años. *Agraria.pe. (Agencia Agraria de Noticias)*, 4 set. 2018. Disponível em: https://agraria.pe/noticias/exportaciones-peruanas-de-maiz-amilaceo-crecieron-170-en-los-17369. Acesso em: 5 ago. 2020.

CEVALLOS-CASALS, Bolívar A.; CISNEROS-ZEVALLOS, Luis. Stoichiometric and kinetic studies of phenolic antioxidants from Andean purple corn and red-fleshed sweetpotato. *Journal of Agricultural and Food Chemistry*, v. 51, n. 11, p. 3313-3319, 2003.

CHAIITTIANAN, Rungsiri; SUTTHANUT, Khaetthareeya; RATTANATHONGKOM, Ariya. Purple corn silk: a potential anti-obesity agent with inhibition on adipogenesis and induction on lipolysis and apoptosis in adipocytes. *Journal of Ethnopharmacology*, v. 201, p. 9-16, 2017.

CHUMPITAZ-SEGOVIA, Carolina et al. Bioprospection of native psychrotolerant plant-growth-promoting rhizobacteria from Peruvian Andean Plateau soils associated with Chenopodium quinoa. *Canadian Journal of Microbiology*, v. 66, n. 11, p. 641-652, 2020.

CUSTER, F. A. *El arte de la cocina peruana*. Fundación Cuzzi y Cía, Editora Otero. 2000. p. 272.

DE LA VEGA, Garcilaso. *Comentarios reales de los Incas. Antología*. Lima: El Comercio, 2010.

ESCUDERO ARAUJO, Luis Angel; ALVAREZ CHIRI, Paola Rocio. *Efecto gastroprotector del extracto acuoso del tocosh de solanum tuberosum en* úlceras *gástricas en ratas albinas.* Facultad de Ciencias Farmacéuticas y Bioquímica, Universidad Inca Garcilaso de la Vega, Lima, Peru, 2018. Disponível em: http://repositorio.uigv.edu.pe/handle/20.500.11818/2955

FAO. *El maíz en la nutrición humana*. Roma: Organización de las Naciones Unidas para la Agricultura y la Alimentación, 1993. (Colección FAO: Alimentación y Nutrición, n. 25). Disponível em: http://www.fao.org/3/t0395s/T0395S00.htm. Acesso em: 20 jul. 2020.

FAO-RLC. *Gastronomía tradicional altoandina*. Santigo de Chile: Organización de las Naciones Unidas para la Agricultura y la Alimentación, Oficina Regional para América Latina y el Caribe (FAO-RLC), 2010.

FIGUEROA CÁRDENAS, Juan de D. *et al.* Propiedades físicas del grano y calidad de los grupos raciales de maíces nativos (criollos) de México. *Revista Fitotecnia Mexicana*, Chapingo, v. 36, supl. 3-a, p. 305-314, 2013.

GÁLVEZ RANILLA, Lena *et al.* Phenolic composition and evaluation of the antimicrobial activity of free and bound phenolic fractions from a Peruvian purple corn (*Zea mays* L.) accession. *Journal of Food Science*, v. 82, n. 12, p. 2968-2976, 2017.

GOODMAN, M. M.; BROWN, W. L. *Races of corn*. John Wiley & Sons, 2015. p. 33-79.

GOUVÊA, Ana Cristina Miranda Senna et al. Anthocyanins standards (cyanidin-3-O-glucoside and cyanidin-3-O-rutinoside) isolation from freeze-dried açaí (Euterpe oleraceae Mart.) by HPLC. *Food Science and Technology*, v. 32, p. 43-46, 2012.

GROBMAN, Alexander *et al.* Preceramic maize from paredones and huaca prieta, peru. *Proceedings of the National Academy of Sciences*, v. 109, n. 5, p. 1755-1759, 2012.

HARAKOTR, Bhornchai *et al.* Anthocyanin, phenolics and antioxidant activity changes in purple waxy corn as affected by traditional cooking. *Food Chemistry*, v. 164, p. 510-517, 2014.

HUAMANCHUMO DE LA CUBA, Cecilia *et al. La cadena de valor de maíz en el Perú:* diagnóstico del estado actual, tendencias y perspectivas. Lima, Peru: Instituto Interamericano de Cooperación para la Agricultura (IICA), 2013.

INC (Instituto Nacional de Cultura) *Declaran patrimonio cultural de la Nación a los saberes, usos y tecnologías tradicionales asociados al cultivo del maíz en el Valle Sagrado de los Incas*. El Peruano, Peru: INC, 4 jan. 2010.

INEI (Instituto Nacional de Estadística e Informática). *IV Censo Nacional Agropecuario (CENAGRO)*. Base de dados. 2012. Disponível em: https://proyectos.inei.gob.pe/CenagroWeb/# Acesso em: 5 jul. 2020.

JULIEN, Catherine J. Las tumbas de Sacsahuaman y el estilo Cuzco-Inca. *Ñawpa Pacha*, v. 25, n. 1, p. 2-125, 1987.

KAPCUM, Chutikarn; URIYAPONGSON, Juntanee. Effects of storage conditions on phytochemical and stability of purple corn cob extract powder. *Food Science and Technology*, v. 38, p. 301-305, 2018.

LAO, Fei; GIUSTI, M. Monica. The effect of pigment matrix, temperature and amount of carrier on the yield and final color properties of spray dried purple corn (*Zea mays* L.) cob anthocyanin powders. *Food Chemistry*, v. 227, p. 376-382, 2017.

LAO, Fei; GIUSTI, M. Monica. Extraction of purple corn (*Zea mays* L.) cob pigments and phenolic compounds using food-friendly solvents. *Journal of Cereal Science*, v. 80, p. 87-93, 2018.

LAO, Fei; SIGURDSON, Gregory T.; GIUSTI, M. Mónica. Health benefits of purple corn (*Zea mays* L.) phenolic compounds. *Comprehensive Reviews in Food Science and Food Safety*, v. 16, n. 2, p. 234-246, 2017.

LAVADO SOTO, M. A.; RÁEZ GUEVARA, L.; ROBLES CALDERÓN, R. El maíz morado como matéria-prima industrial. *Industrial Data*, v. 16, n. 1, p. 85-91, 2013. DOI: https://doi.org/10.15381/idata.v16i1.6422.

LI, Qian *et al.* A comparative study of anthocyanin distribution in purple and blue corn coproducts from three conventional fractionation processes. *Food Chemistry*, v. 231, p. 332-339, 2017.

MALAGUTTI, Gino *et al. Experiencias en el cultivo del maíz en el área andina.* Quito, Equador: Instituto Interamericano de Cooperación para la Agricultura (IICA), 2013. v. 2. 56 p.

MAZEWSKI, Candice; LIANG, Katie; DE MEJIA, Elvira Gonzalez. Inhibitory potential of anthocyanin-rich purple and red corn extracts on human colorectal cancer cell proliferation in vitro. *Journal of Functional Foods*, v. 34, p. 254-265, 2017.

MENDIETA PINO, J. Anuario estadístico: comercio exterior agrário 2019. Lima, Peru: Ministerio de Agricultura y Riego, 2020. Disponível em: https://cdn.www.gob.pe/uploads/document/file/2803435/Compendio%20del%20anuario%20%22COMERCIO%20EXTERIOR%20AGRARIO%22%202019.pdf. Acesso em: 4 jul. 2020.

MIDAGRI (Ministerio de Desarrollo Agrario y Riego). *Actividades estadísticas.* Sistema Integrado de Estadísticas Agrarias (SIEA). Base de dados, 2018. Disponível em: <https://siea.midagri.gob.pe/portal/>. Acesso em: 29 jun. 2020.

MINAM (Ministerio del Ambiente). *Línea de base de la diversidad genética del maíz peruano con fines de bioseguridad.* Lima, Peru, 2018. Disponível em: <https://bioseguridad.minam.gob.pe/wp-content/uploads/2019/01/Linea-de-base-ma%C3%ADz-LowRes.pdf>Acesso em: 29 jun. 2020.

MONROY, Yaneth M. *et al.* Extraction of bioactive compounds from cob and pericarp of purple corn (*Zea mays* L.) by sequential extraction in fixed bed extractor using supercritical CO2, ethanol, and water as solvents. *The Journal of Supercritical Fluids*, v. 107, p. 250-259, 2016.

MURRA, J. V. La organización económica del estado Inca. *Anuario de Estudios Centroamericanos*, v. 5, p. 146-147, 1979.

PALIWAL, R. L. El maíz en los trópicos: mejoramiento y producción. *In*: FAO, 2000. Disponível em: <https://www.fao.org/3/x7650s/x7650s00.htm>. Acesso em: 3 ago. 2020.

PANDEY, Rachna *et al.* Phenolic acids in different preparations of Maize (*Zea mays*) and their role in human health. *International Journal of Current Microbiology and Applied Science*, v. 2, n. 6, p. 84-92, 2013.

PANIZO, Ricardo SEVILLA. Historia del mejoramiento genético de plantas en el Perú. *In: Primer congreso peruano de mejoramiento genético y biotecnología agrícola.*, 2003.

PIYAPANRUNGRUEANG, Wachirawit *et al.* Comparison of anthocyanin extraction methods from high anthocyanin purple corn cob hybrid: KPSC 901, and quality of the extract powder. *Journal of Food Processing and Preservation*, v. 40, n. 5, p. 1125-1133, 2016.

RAMOS-ESCUDERO, Fernando *et al*. Purple corn (*Zea mays* L.) phenolic compounds profile and its assessment as an agent against oxidative stress in isolated mouse organs. *Journal of Medicinal Food*, v. 15, n. 2, p. 206-215, 2012.

RANILLA, Lena Galvez *et al*. Evaluation of indigenous grains from the Peruvian Andean region for antidiabetes and antihypertension potential using in vitro methods. *Journal of Medicinal Food*, v. 12, n. 4, p. 704-713, 2009.

ROMERO, Fernando. *Quimba, fa, malambo, ñeque*: Afronegrismos en el Perú. Lima: Instituto de Estudios Peruanos, 1988.

ROSTWOROWSKI, María. *Historia del Tahuantinsuyu*. Lima: Instituto de Estudios Peruanos, 2015.

SALHUANA, Wilfredo S. Diversidad y descripción de las razas de maíz en el Perú. *Cincuenta años del Programa Cooperativo de Investigaciones en Maíz (PCIM)*: logros y perspectivas. Lima-Peru: Universidad Nacional Agraria La Molina (UNALM), 2004. p. 204-251.

SÁNCHEZ, J. J. *et al*. Isozyme and morphological variation in maize of five Andean countries [*Zea mays* L.]. Maydica (Itália), 2006.

SANDOVAL VEGAS, Miguel Hernán *et al*. Efecto antioxidante y citoprotector del tocosh de Solanum tuberosum papa en la mucosa gástrica de animales de experimentación. *In*: *Anales de la Facultad de Medicina*. UNMSM. Facultad de Medicina, 2015. p. 15-20.

SANTA CRUZ, N. *Investigacion (1958-1991)*. Lima, Peru: LibrosEnRED, 2004. (Obras completas, II).

SERRATOS, A. *et al*. Factors contributing to resistance of exotic maize populations to maize weevil, Sitophilus zeamais. *Journal of Chemical Ecology*, v. 13, n. 4, p. 751-762, 1987.

SEVILLA, R.; CHÁVEZ-SERVIA, J. L.; SEVILLA-PANIZO, R. Colecta y clasificación para programar la conservación in situ de la diversidad de maíz en la Amazonía peruana. *Fundamentos genéticos y socioeconómicos para analizar la agrobiodiversidad en la región Ucayali*, v. 16, p. 33-50, 2006.

SILVA, Eliane de Oliveira; BATISTA, Ronan. Ferulic acid and naturally occurring compounds bearing a feruloyl moiety: a review on their structures, occurrence, and potential health benefits. *Comprehensive Reviews in Food Science and Food Safety*, v. 16, n. 4, p. 580-616, 2017.

SUSAETA. *Un viaje por la cocina peruana*. Lima, Peru: TIKAL, 2013.

UGAZ, A. *Panes del Perú*: El encuentro del maiz y el trigo. Lima, Peru: Planeta, 2008.

UNAML/MINAM. *Mapa de razas de maíz del Perú*. Universidad Nacional Agraria La Molina (UNAML)/Ministerio del Ambiente (MINAM), 2009. Disponível em: https://sinia.minam.gob.pe/mapas/mapa-razas-maiz-peru. Acesso em: 29 jul. 2020.

VALLE CAMPOS, Manuel *et al.* Análisis proximal y cuantificación de antocianinas totales en Zea mays variedad morada sometido a diferentes procesos de secado. *Revista de la Sociedad Química del Perú*, v. 85, n. 1, p. 109-115, 2019.

ZIELINSKA, Magdalena; ROPELEWSKA, Ewa; MARKOWSKI, Marek. Thermophysical properties of raw, hot-air and microwave-vacuum dried cranberry fruits (Vaccinium macrocarpon). *LWT-Food Science and Technology*, v. 85, p. 204-211, 2017.

ŽILIĆ, Slađana *et al.* Phenolic compounds, carotenoids, anthocyanins, and antioxidant capacity of colored maize (*Zea mays* L.) kernels. *Journal of Agricultural and Food Chemistry*, v. 60, n. 5, p. 1224-1231, 2012.

ZÚÑIGA SARMIENTO, Redrik Alexis. *Producción de pan a partir de tocosh de papa (solanum tuberosum) para el mercado nacional.* 2018. 108 f. Tesis (Título Profesional de Ingeniero Industrial) – Facultad de Ingeniería, Escuela Profesional de Ingeniería Industrial, Universidad César Vallejo, Chimbote, Peru, 2018. Disponível em: https://hdl.handle.net/20.500.12692/23801.

CAPÍTULO 21

ALTERAÇÕES NUTRICIONAIS DURANTE O PROCESSAMENTO DO MILHO

Bruna Lago Tagliapietra
Rebeca Salvador Reyes
Marcio Schmiele
Maria Teresa Pedrosa Silva Clerici

RESUMO

Este capítulo apresenta as modificações das características químicas e do valor nutricional dos grãos de milho e seus derivados durante o processamento tecnológico adequado. Sabe-se que o milho é um dos cereais mais difundidos no mundo, sendo usado como fonte de carboidratos na alimentação humana e animal devido ao valor nutricional do grão e às inúmeras possibilidades de utilização pela indústria. O uso do milho na alimentação humana se baseia no consumo dos grãos verdes (assado, cozido ou na culinária) e nos grãos maduros, após os processos de moagem seca (onde são obtidas as frações de diferentes granulometrias) e da moagem úmida (que proporciona a extração do amido e separação dos demais componentes). Embora o processamento melhore as características tecnológicas e possibilite a aplicação em uma série de produtos, esses métodos podem afetar as características nutricionais, modificando a quantidade e a qualidade dos nutrientes.

21.1 INTRODUÇÃO

O milho (*Zea mays* L.) é uma das culturas de cereais mais importantes cultivadas no mundo, devido ao valor nutricional do grão e por se adaptar à diferentes condições ambientais, sendo considerado um alimento básico da dieta de grande parte da população. Atualmente, é o cereal mais cultivado em todo o mundo, sendo os Estados Unidos, a China e o Brasil os principais produtores (Tabela 21.1). Além disso, pode ser considerado um cereal com grande importância para segurança alimentar em muitos países pela facilidade de armazenamento e devido à grande produção por pequenos agricultores, que o usam para subsistência.

Tabela 21.1 Produção mundial de milho e os três principais países produtores entre 2016 e 2020, em milhões de toneladas

País	Safra			
	2016/2017	2017/2018	2018/2019	2019/2020
Estados Unidos	384,8	371,1	364,3	345,9
China	263,6	259,1	257,3	260,8
Brasil	98,5	82,0	101,0	101,0
Outros	380,6	366,4	400,7	405,8
Total mundial	1.127,5	1.078,6	1.123,3	1.113,5

Fonte: USDA (2020).

Economicamente, o milho pode gerar renda anual, pois pode ser cultivado em diferentes condições climáticas e países como o Brasil, conseguem duas safras por ano, podendo o grão ser estocado por vários anos. Na alimentação animal o milho é destinado, em sua maioria, para fabricação de ração. Na alimentação humana o milho pode ser utilizado em uma ampla variedade de produtos, desde a industrialização e consumo doméstico do milho verde, que é base para elaboração de diversos pratos da culinária brasileira como pamonha, curau e bolos, até produtos farináceos, constituindo um ingrediente básico para uma série de alimentos, como fubás, farinhas, canjicas e óleo, até produtos mais elaborados, como xarope de glucose, xarope de alto teor de frutose e dextrinas. Além disso, na Figura 21.1 podemos visualizar a utilização do milho, desde o estágio de maturação verde até o estágio maduro e a geração de inúmeros produtos. Embora o processamento industrial e os tratamentos culinários melhorem as qualidades sensoriais dos alimentos, por meio da formação de aromas agradáveis, sabores e cores, enquanto destroem substâncias antinutritivas, o processamento também pode afetar o valor nutricional do milho, modificando a quantidade e a qualidade dos nutrientes. Dependendo do tipo de processamento e a exposição à fatores físico-químicos extrínsecos e intrínsecos, como teor de água, umidade relativa, temperatura, oxigênio, luz e pH, podem ocorrer perdas nutritivas, principalmente no conteúdo de vitaminas e minerais. Da mesma forma, a adição de ingredientes complementares como açúcares, óleo, sal, entre outros, serão responsáveis pela alteração do valor energético. Portanto, o valor nutricional do milho e dos derivados variam em relação à composição da matéria-prima e as características físico-químicas dos produtos não se encontram disponíveis nas tabelas de composição dos alimentos. Considera-se importante ressaltar as mudanças nutricionais durante o processamento ao avaliar a ingestão de nutrientes por populações que consomem uma grande quantidade de milho ou produtos de milho em sua alimentação diária.

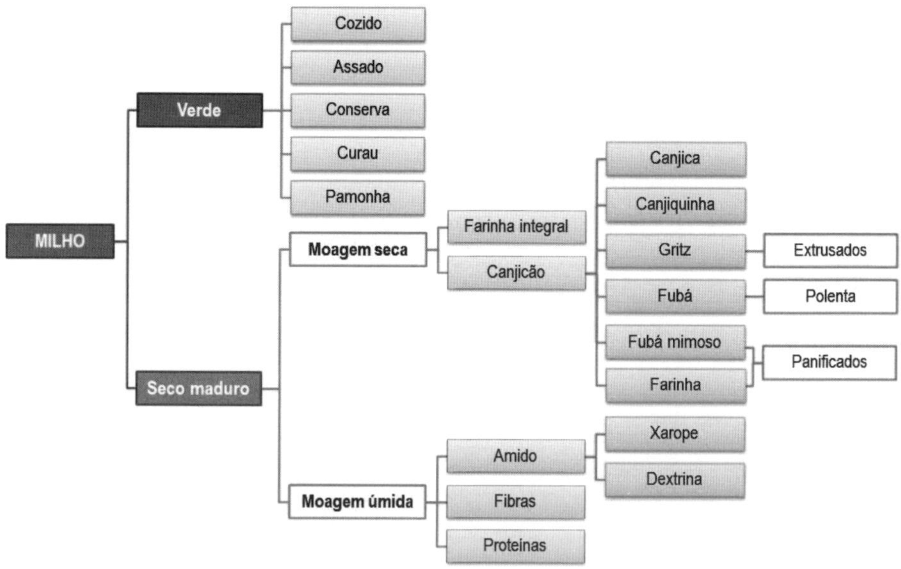

Figura 21.1 Produtos obtidos na cadeia produtiva do milho

Além de ser um grande produtor, o Brasil é um país consumidor de milho, por isso que, conforme estabelecido pelo decreto-lei nº 399, de 30 de abril de 1938 (BRASIL, 1938), este é considerado um dos cereais que integra a cesta básica dos brasileiros. Assim, neste capítulo apresentamos alguns casos específicos sobre as alterações nutricionais do milho durante o processamento industrial e culinário, incluindo os grãos na forma verde e madura e as aplicações dos seus derivados.

21.2 VALOR NUTRICIONAL

O milho apresenta diferenças em relação à composição nutricional em cada época de colheita, que podem estar relacionadas à presença da quantidade e da qualidade dos nutrientes, da textura e da aparência, sendo que estas características vão influenciar na forma de consumo e no processamento dos grãos. De acordo com a Figura 21.1, o consumo do milho pode ocorrer em diferentes formas e o entendimento sobre o valor nutricional e as possíveis alterações com o processamento serão discutidos a seguir. Para facilitar a apresentação destes dados, os produtos serão divididos com o grau de maturação e a forma de processamento.

21.2.1 MILHO VERDE E SEUS DERIVADOS

O milho verde (Figura 21.2a) é muito popular para pequenos comerciantes e pode ser cozido em água ainda na espiga, assado ou usado para preparações como pamonha (Figura 21.2b), curau (Figura 21.2c), conserva e sopa, entre outros. Nesse estágio de maturação o milho apresenta como características principal teor de umidade em torno de 60% (Tabela 21.2), considerado alto se comparado ao milho maduro (máximo de

15% de umidade), além de apresentar baixa estabilidade ao armazenamento e o cozimento é rápido.

Figura 21.2 O milho verde (a) e alguns derivados culinários como a pamonha (b) e o curau (c)

O valor nutricional e os benefícios do milho verde podem ser alterados conforme a forma de processamento para o consumo, podendo ser realizado através da cocção em água e cocção em óleo (fritura).

21.2.1.1 Cocção em água

O cozimento permite a coagulação das proteínas e aumenta a digestibilidade dos carboidratos do milho. No entanto, devido à ação do calor em meio solúvel (água), as principais perdas que ocorrem nesse tipo de cozimento são das vitaminas hidrossolúveis (termosensíveis) e a lixiviação de nutrientes (vitaminas hidrossolúveis e sais minerais) para a água de cozimento, por isso é recomendado consumir esta água junto com os alimentos.

Dependendo da técnica de cocção, as alterações nutricionais podem ser minimizadas ou potencializadas. Por exemplo, se o milho é colocado diretamente em água fervendo (100ºC) suas proteínas se coagulam e impedem que as mesmas sejam transferidas para a água, enquanto que se colocado em água fria, e posteriormente levado para a ebulição, ocorrerá uma perda parcial das proteínas solúveis para a água, além da perda de vitaminas ser maior. No cozimento sob pressão, por atingir temperatura superior a ebulição o tempo de cozimento diminui, havendo maior aproveitamento nutricional. No cozimento a vapor se obtém maior preservação dos alimentos, dos sais minerais e menor perda de vitaminas do que na fervura tradicional, enquanto o cozimento em forno ou assado, devido à rápida coagulação das proteínas da superfície, impede a saída da água de milho e de alguns nutrientes.

21.2.1.2 Cocção em óleo

Em alguns países como o Peru, México e Venezuela, o milho verde também é consumido frito. Durante o processo de fritura há uma troca entre a água do alimento e a gordura ou óleo do meio de cozimento, o que gera no milho um aumento do conteúdo de lipídios e, portanto, um valor calórico mais alto. No entanto, esse processo retém mais algumas vitaminas do complexo B (B1 – tiamina, B2 – riboflavina e B6 – piridoxina) e da vitamina C (ácido ascórbico) do que o cozimento na água ou no vapor.

Tabela 21.2. Valor nutricional de alguns produtos obtidos do milho verde e de seus derivados

Produto	Umidade	Proteínas	Lipídios	Sais minerais	Carboidratos digeríveis	Fibras alimentares	Valor energético
	g/100g						kcal
Milho verde[a]	63,5	6,6	0,6	0,7	28,6	3,9	138
Milho assado, sem sal[b]	56,2	7,9	0,7	0,85	34,3	4,7	165
Milho cozido[b]	75,3	3,4	2,0	0,92	18,4	4,1	96
Conserva, drenada[a]	76,2	3,2	2,4	1,1	17,1	4,6	98
Pamonha pré-cozida[a]	61,3	2,6	4,8	0,6	30,7	2,4	171
Curau[a]	81,6	2,4	1,6	0,5	13,9	0,5	78

Fonte: [a] Unicamp/Nepa (2011), [b] TBCA-USP (2020).

Além disso, o milho é enriquecido com os ácidos graxos majoritários do óleo, por isso se recomenda que a fração lipídica utilizada seja de boa qualidade, principalmente rico em ácidos graxos monoinsaturados (principalmente ácido oleico), por serem mais estáveis ao processo de fritura.

Outro ponto a ser considerado são os ingredientes adicionados ao milho. Quando consumido em espiga, cozido na água, normalmente é acrescentado sal de cozinha no momento do consumo, porém, não existe uma recomendação de quantidade ideal, sendo muitas vezes adicionado em excesso, elevando a quantidade de sódio do alimento, sendo prejudicial à saúde, principalmente para hipertensos. Além disso, a adição de manteiga ou margarina aumenta o teor de lipídeos do milho e, por consequência, o valor calórico. Quando incorporado como ingrediente em outras preparações, o valor nutricional vai depender dos demais ingredientes, como por exemplo, a pamonha doce, devido à adição de açúcar, queijo, ou rapadura, poderá apresentar maior teor de outros nutrientes e maior valor calórico.

21.2.2 MILHO MADURO

Existem vários tipos de milho (Figura 21.3) com composição nutricional diferente (Tabela 21.3), sendo a variedade e a qualidade exigida pelos grãos determinadas conforme o destino ou uso final dos grãos. Para exemplificar, o milho ceroso, que devido à proporção de amilopectina (aproximadamente 99%) presente nos grãos, é preferencialmente destinado para a indústria alimentícia e produção de adesivos (PAES, 2006). Os milhos duro e dentado, devido à proporção de endosperma vítreo e farináceos (associado a um maior teor de proteínas), são usados para obtenção de outros produtos pela indústria, enquanto que os milhos andinos, pertencentes ao tipo amiláceo, por possuírem o endosperma farináceo e textura suave, são destinados ao consumo direto, do campo para a mesa (INEI, 2012).

Outro ponto importante a ser destacado é a diferença entre grãos e sementes. Os grãos são utilizados como alimento diretamente ou após transformação industrial. As sementes recebem aplicações de defensivos químicos e/ou biológicos e devem ser destinadas exclusivamente para o plantio.

Figura 21.3 Grãos de milho das variedades comerciais (a) amarelo dentado, (b) pipoca, e as variedades andinas peruanas (c) *Mote*, (d) *Roxo*, (e) *Sacsa*, e (f) *Cuzco Gigante*.

Tabela 21.3 Composição química (% em base úmida) de variedades de milho

Variedade de milho	Umidade	Cinzas	Proteínas	Lipídeos	Carboidratos totais
Duro[a]	10,5	1,7	10,3	5,0	72,5
Dentado[a]	9,6	1,7	10,7	5,4	75,8
Amiláceo[a]	11,2	2,9	9,1	2,2	74,6
Doce[a]	9,5	1,5	12,9	3,9	72,2
Pipoca[a]	10,4	1,7	13,7	5,7	68,5
Andino[b]	12,0	1,4	6,5	4,0	76,1

Fontes: [a] Harper (1981); [b] Salhuana (2004); [c] calculado como extrato etéreo.

O milho comercial amarelo (dentado e duro) é amplamente utilizado e conhecido, sendo que o grão é constituído de 80% a 85% de endosperma, 10% a 12% de pericarpo e 5% a 6% de gérmen e os nutrientes não estão distribuídos de forma homogênea entre as estruturas morfológicas (Tabela 21.4).7

Tabela 21.4 Composição química (% em base seca) do grão de milho, pericarpo, endosperma e do gérmen

Grão e frações	Proteína	Lipídios	Cinzas	Carboidratos	
				Amidos	Outros
Grão inteiro	9,1	4,4	1,4	73,4	11,7
Pericarpo	3,7	1,0	0,8	7,3	87,0
Endosperma	8,0	0,8	0,3	87,6	3,3
Gérmen	18,4	33,2	10,5	8,3	19,6

Fonte: Adaptado de Watson (1987).

O pericarpo é formado pelas partes externas do grão, onde está a maior concentração de fibras, constituído principalmente por hemicelulose (67%), celulose (23%) e lignina (0,1%). O gérmen apresenta a maior concentração de lipídios e armazena as enzimas fisiológicas responsáveis pela germinação do grão. Os lipídios se constituem em uma considerável fonte de energia e vitamina E, já as proteínas contidas no gérmen contribuem para o valor nutricional do grão inteiro e são constituídas de albuminas, globulinas e glutelinas.

Os carboidratos digeríveis são aqueles que conseguem ser digeridos (hidrolisados) pelo organismo através da ação enzimática. O amido é o componente principal dos grãos de milho, sendo constituído por cadeias lineares ou ramificadas de moléculas de glicose que são unidas por ligações glicosídicas $\alpha 1 \rightarrow 4$ ou $\alpha 1 \rightarrow 6$, formando a amilose e a amilopectina (MAHAN *et al.*, 2013) e o material intermediário (também conhecido como glucanas) (SCHMIELE *et al.*,2019). Durante a etapa da digestão por enzimas amilolíticas endógenas, o amido é transformado em glicose e a velocidade com que ocorre esse processo está relacionada com a estrutura da matriz do alimento e o grau de cristalinidade do amido, podendo ser variável, determinando-se assim o índice glicêmico (IG) e a carga glicêmica (CG) do alimento.

A resposta glicêmica é utilizada como uma forma de classificar os alimentos em relação ao potencial de elevar a glicose pós-prandial no sangue. O IG foi definido por Jenkins *et al.* (1981) como o aumento da área sob a curva da resposta glicêmica produzida por um alimento, em relação à mesma quantidade de carboidrato disponível de um produto padrão (pão branco ou glicose). Porém, por se tratar de um parâmetro que avalia cada alimento individualmente, quando consumidos alimentos de diferentes IG essa resposta é perdida. Assim, a CG proposta por Salmeron *et al.* (1997) surge com como uma ferramenta com utilidade ampla, visto que considera a quantidade de carboidratos disponíveis presentes na porção do alimento consumido e o índice glicêmico. O milho em espiga (150 g) tem IG = 54, e CG = 17, considerado um alimento de baixo índice glicêmico (≤ 55) (BRAND-MILLER, 2004), enquanto os produtos processados geralmente apresentam valores superiores a esses índices, devido aos processamentos e à formulação, que acabam deixando a matriz do alimento mais exposta, além de que muitas preparações à base de milho utilizarem outros ingredientes refinados.

Em alguns países, o milho constitui a única fonte diária de proteínas da população, porém, devido à maior parte da fração proteica ser representada pela zeína, a qual é pobre nos aminoácidos essenciais como lisina e triptofano, a zeína é considerada de menor valor biológico, sendo necessário a complementação com outras fontes de proteína de alto valor biológico ou com outros vegetais capazes de complementar o perfil de aminoácidos essenciais (Tabela 21.5).

Tabela 21.5 Conteúdo de aminoácidos essenciais na proteína do gérmen e endosperma de milho comum (mg de nitrogênio/100 g de proteína)

Aminoácidos essenciais	Endosperma	Gérmen	Padrão FAO/ WHOa
Triptofano	38	62	60
Treonina	249	268	250
Isoleucina	289	249	250
Leucina	810	444	440
Lisina	180	341	340
Metionina e cistina	197	156	220
Fenilalanina	284	208	380
Tirosina	382	148	380
Valina	319	340	310

FAO/WHO – Food and Agriculture Organization/World Health Organization.

Fonte: Harper (1981).

O gérmen fornece lisina e triptofano, dois aminoácidos limitantes no endosperma do milho. A proteína do endosperma, como a proteína do grão inteiro, apresenta quantidades insuficientes de lisina e triptofano, mas possui aminoácidos sulfurados (metionina e cisteína – na forma de cistina). Por sua vez, as proteínas das leguminosas são ricas de lisina e triptofano e deficientes em aminoácidos sulfurados. Assim, a proteína do feijão ou de outras leguminosas complementam melhor o balanço nutricional da proteína do milho.

A qualidade de uma proteína está diretamente ligada ao teor de aminoácidos essenciais necessários para o crescimento e/ou manutenção do ser humano (HARPER, 1981), e o seu valor nutritivo pode ser determinado comparativamente à caseína, pela razão da eficiência proteica (PER), que estima o quanto da proteína ingerida é utilizada para o crescimento. A PER das proteínas do gérmen de milho é superior quando comparada à proteína do endosperma. Em todas as variedades, a qualidade da proteína do gérmen é maior em relação à do endosperma, e superior também em relação à qualidade proteica do grão inteiro (Tabela 21.6).

Tabela 21.6 Razão de eficiência proteica (PER) de grão inteiro, gérmen e endosperma de variedades de milho da Guatemala

Amostra	Amarelo	*Azote*[a]	*Cuarenteño*	Opaco-2
Grão inteiro	42,5	44,3	65,4	81,4
Gérmen	65,7	80,4	90,6	85,0
Endosperma	40,9	42,0	46,4	77,0

[a] Expresso como porcentagem usando a caseína como referência (100%).

Fonte: Poey *et al.* (1979).

Como outros cereais, o milho apresenta baixo teor de cálcio, fósforo, potássio e magnésio. Do fósforo presente no milho, aproximadamente 80% está presente na forma de ácido fítico, o qual está em maior concentração no gérmen. A presença de ácido fítico interfere na biodisponibilidade dos minerais divalentes devido à complexação formando fitatos insolúveis de cálcio, magnésio, zinco e ferro, que podem estar presentes no próprio milho, bem como com outros alimentos consumidos junto com o cereal.

O milho é considerado uma fonte de carotenoides importantes, sendo que os principais são a zeaxantina, a luteína, a β-criptoxantina e o β-caroteno (OLIVEIRA; RODRIGUEZ-AMAYA, 2007), encontrados no milho de cor amarela, laranja ou vermelha, nos quais são distribuídos principalmente no endosperma vítreo do grão. Além dos carotenoides, o milho contém praticamente todas as vitaminas, com exceção da cianocobalamina (vitamina B12). Os compostos fenólicos também são encontrados no pericarpo e no endosperma vítreo, em concentrações maiores que no trigo, aveia, cevada e arroz. O grão inteiro de milho apresenta cerca de 601 μg/g de ácidos fenólicos, encontrados na forma de cianidinas, pelargonidinas, peonidina, campferol, quercetina, leucocianidina e leucopelargonidina (DYKES; ROONEY, 2007). Por isto, o consumo de alimentos integrais, que conservam o pericarpo e a camada de aleurona, bem como o gérmen, se torna importante, pois é nessas frações que são encontradas as maiores quantidades de nutrientes como fibras, minerais, vitaminas e compostos bioativos.

No Brasil, as farinhas de milho, com exceção das produzidas por microempreendedores individuais e pela agricultura familiar, devem ser obrigatoriamente enriquecidas com ferro e ácido fólico (BRASIL, 2017). Esse enriquecimento visa o combate à anemia e à má formação do feto durante a gestação, respectivamente. Uma alternativa ao consumo de farinhas não enriquecidas é complementar com alimentos que possuem ferro e ácido fólico na composição, como vegetais verdes escuros e leguminosas, ou incorporá-los nas preparações, como por exemplo, a "canjiquinha mineira" que possui carne como um dos ingredientes. Para explicar o efeito do processamento no valor nutricional, outra comparação que pode ser feita é em relação ao milho pipoca (Figura 21.4b). Por ser consumida na forma integral (Figura 21.4d), a pipoca é naturalmente rica em fibras (14,3%), sendo uma alternativa saudável quando comparada a outros aperitivos industrializados.

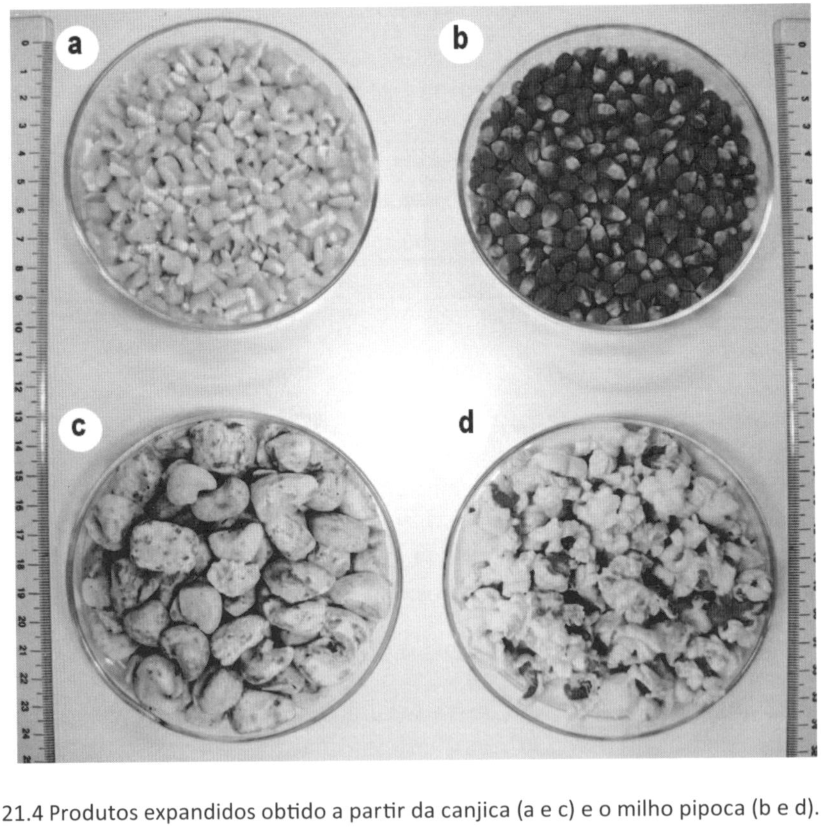

Figura 21.4 Produtos expandidos obtido a partir da canjica (a e c) e o milho pipoca (b e d).

Fonte: Mahan; Raymond, 2016

Durante o preparo da pipoca podem ser utilizados diferentes ingredientes, como óleo, sal, açúcar, manteiga ou outros temperos, o que altera o valor calórico e os nutrientes, podendo comprometer os benefícios que estariam associados ao consumo.

Por exemplo, a pipoca para micro-ondas contém 608 mg de sódio/100 g de pipoca, valor bem elevado quando comparado à pipoca feita somente com a adição de óleo de soja, o qual apresenta 4 mg de sódio/100 g de pipoca (TBCA, 2020). O sódio em quantidades excessivas pode ser prejudicial à saúde, causando desequilíbrio hídrico, retenção de líquidos e aumento da pressão sanguínea (MAHAN *et al.*, 2013). Neste ponto é importante ressaltar que o milho pipoca que é estourado de forma doméstica, o consumidor precisa tomar muito cuidado com a quantidade de sal ou açúcar adicionado.

De forma geral, a indústria utiliza os grãos maduros, que são processados via moagem úmida ou seca, obtendo uma variedade de produtos, com diversas granulometrias e com alterações nas suas propriedades nutricionais e que podem ser utilizados como ingredientes na elaboração de outros produtos (Tabela 21.7).

Para melhor discutem quando aplicados em outros alimentos, vamos abordar os produtos da moagem a seco e moagem úmida.

Tabela 21.7 Valor nutricional de produtos obtidos por meio da moagem seca e úmida do milho e alguns derivados

Produto	Umidade	Proteínas	Lipídeos	Cinzas	Carboidrataos Totais*	Fibra Alimentar	Valor Energético
	100g						Kcal
Milho pipoca com óleo [b]	2,8	9,9	15,9	1,0	70,3	14,3	448
Canjica branca crua [b]	13,6	7,2	1,0	0,2	78,1	5,5	358
Canjica com leite [b]	72,5	2,4	1,2	0,3	23,6	1,2	112
Farinha integral [c]	ND	7,0	2,8	ND	67,3	5,7	316
Farinha amarela [a]	9,8	5,6	1,4	0,5	82,7	1,9	375
Fubá [b]	11,5	7,2	1,9	0,6	78,9	4,7	353
Pão de milho [b]	30,4	8,3	3,1	1,8	56,4	4,3	292
Bolo de milho [b]	36,7	4,8	12,4	1,0	45,1	0,7	311
Mingau [d]	63,9	2,4	2,6	0,6	30,5	0,1	154
Polenta [d]	73,5	2,2	0,7	0,6	23,0	1,7	104
Cuscuz paulista [b]	68,9	2,6	4,6	1,3	22,5	2,4	142

Produto	Umidade	Proteínas	Lipídeos	Cinzas	Carboidrataos Totais*	Fibra Alimentar	Valor Energético
	100g						Kcal
Cuscuz cozido com sal [b]	71,1	2,2	0.7	0,7	25,3	2,1	113
Snacks sabor queijo [c]	ND	5,6	13,2	ND	68,0	0,0	416
Cereal matinal (cornflakes) [d]	5,6	7,8	0,5	2,5	83,4	3,6	362
Tortillas [d]	45,9	5,7	2,85	0,92	44,6	6,3	214
Arepa com queijo muçarela [d]	37,9	6,71	8,29	1,27	45,8	2,7	279
Amido nativo (cru) [b]	12,6	0,6	TR	0,1	87,1	0,7	361
Glucose de milho [b]	20,4	0,0	0,0	0,2	79,4	NA	292
Xarope de alto teor de frutose [a]	24,0	0,0	0,0	0,0	76,0	0,0	281

*Inclui a fração fibra alimentar; TR - traços. ND = não disponível

Fontes: [a] USDA (2012); [b] UNICAMP/NEPA (2011); [c] marca comercial; [d] TBCA-USP (2020).

21.2.2.1 Produtos da moagem a seco e derivados

A moagem a seco é um processo físico que objetiva a quebra do grão em diferentes frações com granulometria, características físicas, principalmente dureza e cor distintas, que afetam o comportamento tecnológico da fração durante o processamento. A redução do endosperma em diferentes tamanhos produz diversos tipos de produtos, como os apresentados na Figura 21.5.

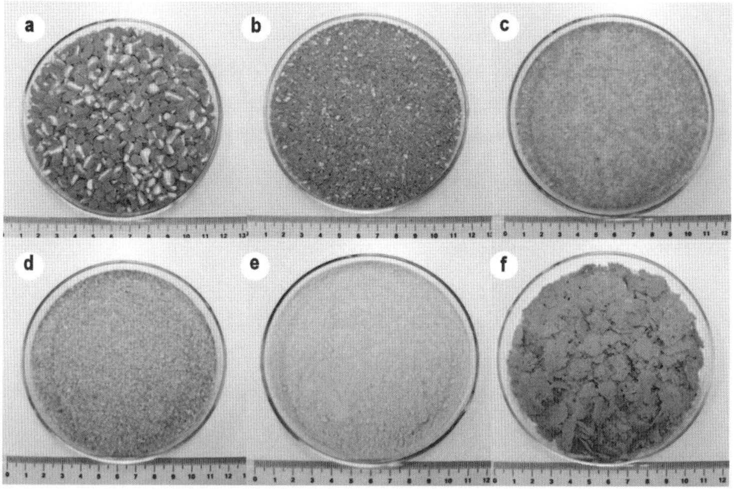

Figura 21.5 Produtos obtidos a partir da moagem seca do milho, sendo (a) canjicão, (b) grits, (c) farinha integral, (d) fubá, (e) fubá mimoso e (f) flocos.

Dependendo de como é realizada, a moagem seca pode gerar produtos com diferentes valores nutricionais (Tabela 21.7). Por exemplo, da moagem do grão de milho inteiro se obtêm a farinha de milho integral (Figura 21.5c), que é a farinha que não passou pelo processo de canjicamento, permanecendo com o pericarpo. Desta forma, essa farinha apresenta teores de fibras alimentares maiores do que o fubá (Figura 21.5d), como pode ser observado na Tabela 21.7. A presença de fibras alimentares na dieta tem mostrado funções fisiológicas benéficas no trato gastrointestinal e na redução do risco de certas doenças crônicas não transmissíveis como diverticulite, câncer de cólon, obesidade, problemas cardiovasculares e diabetes (CALLEGARO *et al.*, 2005). A farinha integral possui prazo de validade mais curto, pois o óleo contido no grão em contato com o oxigênio e a luz pode resultar na rancidez oxidativa pela auto-oxidação e foto-oxidação, respectivamente. Além disso, a presença de lipases pode promover a hidrólise dos ácidos graxos, resultando na rancidez hidrolítica.

A maioria das farinhas de milho é refinada para retirar o pericarpo e o gérmen do milho, visando aumentar a estabilidade o tempo de conservação. Da moagem do canjicão, que é constituído quase na totalidade pelo endosperma, obtêm-se produtos com composição nutricional semelhante (Tabela 21.7), visto que, o que muda nesses produtos é a granulometria. Os grits (Figura 21.5b) são uma farinha de milho de granulometria grossa, entre 14 e 28 mesh. O fubá (Figura 21.5d) é uma farinha de milho de granulometria média, que possui de 28 a 75 mesh, e o fubá mimoso (Figura 21.5e) é a farinha mais fina e delicada que possui menos de 75 mesh.

Em geral, os produtos obtidos da moagem a seco do milho (usando grãos inteiros ou canjica) não são consumidos diretamente, necessitam de um processamento adicional antes do consumo, o qual pode ser realizado em um ambiente industrial em grande escala ou processado localmente em pequena escala para uso culinário. Esses processos secundários podem incluir a adição de outros ingredientes junto com o processamento térmico, que inclui fervura, secagem, fritura ou cozimento, os quais podem afetar os atributos nutricionais do produto finalizado.

Alguns desses produtos são descritos a seguir, bem como as alterações nutricionais advindo do processamento adequado.

- **Produtos de panificação**

O milho não contém proteínas capazes de desenvolver a rede de glúten (uma rede viscoelástica proteica formada pela gliadina e glutenina). Desta forma, trata-se de uma alternativa para utilização na alimentação de pessoas (i) autoimune, comumente representada pela doença celíaca; (ii) alérgicas, representada pela alergia ao trigo e; (iii) não autoimunes – não alérgica, representada pela sensibilidade ao glúten não celíaco (SGNC) (ROSZKOWSKA *et al.*, 2019). Desta forma, o milho apresenta-se como opção em substituição aos cereais como trigo, cevada, centeio e triticale, farinhas tradicionalmente utilizadas na panificação. A farinha e o fubá são utilizados na panificação em diversos produtos (Tabela 21.7), sendo que o processamento térmico e os ingredientes utilizados para as formulações dos produtos influenciarão na composição centesimal e nos valores nutricional e calórico do alimento. Na elaboração de um bolo de fubá, por exemplo, são adicionados ovos, leite, açúcar gordura, entre outros, e como consequência há aumento do teor de lipídios, proteínas e carboidratos de rápida digestão e absorção quando comparado ao fubá de milho.

- **Flocos de milho**

Os flocos de milho (*cornflakes*), apresentados na Figura 21.5f, são produzidos com ½ a ⅓ do grão inteiro do milho degerminado, os quais são estendidos em camadas muito finas e forneados ou através de flocagem utilizando-se o *drum-dryer*. Devido à inclusão do grão inteiro, estes flocos apresentam maior teor de fibras quando comparado a um cereal matinal extrusado. Segundo o estudo de Batterman-Azcona e Hamaker (1998), devido à baixa agressividade do seu processamento, grande parte das estruturas proteicas (alfa-zeínas) permanecem intactas, o que contribui para retardar a absorção do amido, tornando a digestão mais lenta. Geralmente os flocos recebem adição de alguns ingredientes, como chocolate, açúcar e/ou mel, o que ocasiona o aumento da carga glicêmica e do valor calórico da preparação. Comparando as informações nutricionais dispostas no rótulo de um cereal matinal, da mesma marca, observamos que para cada 100g do *cornflakes* foram encontrados 8 g de açúcar, enquanto, o mesmo produto, porém com sabor chocolate esse valor aumentou para 24 g.

- **Produtos expandidos**

Outro tipo de pipoca doce (Figura 21.4c) consumida é a obtida pelo processo de expansão, a partir da canjica de milho (Figura 21.4a). A canjica passa por tratamento térmico em canhões de expansão, com combinação de temperatura e pressão, que promovem a expansão. Após este processo, a pipoca é submetida ao processo de secagem, para ter mais estabilidade ao armazenamento e, em seguida, recebem a adição de açúcares e dos compostos responsáveis pelo sabor característico.

- **Produtos extrusados**

O grits (Figura 21.5b) e as farinhas (Figura 21.5c, d, e) podem ser utilizados para a fabricação de produtos extrusados, que se caracterizam por ser um processo térmico que envolve a combinação de calor, umidade e força mecânica modificando a matéria-prima e proporcionando novos formatos e estruturas com diferentes características funcionais e nutricionais. Durante a passagem pela extrusora há o cozimento da matéria-prima, a alta temperatura causa o rompimento e a gelatinização dos grânulos de amido, a desnaturação e a reorientação das proteínas (ORDÓÑEZ, 2007). Esse processo faz com que a matriz alimentar fique exposta ao contato com agentes oxidantes externos, como a luz e agentes biológicos (enzimas digestivas), de modo que os produtos extrusados tenham um alto IG. No entanto, melhorias no valor nutricional podem ser obtidos pela modificação dos parâmetros de trabalho (pressão e temperatura) ou a adição de outros ingredientes.

Por exemplo, a adição de lipídios (ácido graxos láurico, mirístico, palmítico, esteárico) promove a formação de complexos amido-lipídeo, que são denominados como um tipo de amido resistente, afetando tanto as características tecnológicas (propriedade de pasta, estrutura do gel, retrogradação) como as nutricionais (digestibilidade do amido) do produto. Thachil *et al.* (2014) observaram que a adição de lipídios durante a extrusão de salgadinhos à base de milho altera a taxa de expansão e a dureza dos produtos devido à formação desses complexos.

Por sua vez, a mistura com farinhas de leguminosas, a inclusão de fibras, de colágeno, entre outros, é uma estratégia de diminuir a digestibilidade dos produtos extrusados, ao mesmo tempo em que se obtém melhor valor nutricional.

- **Farinha pré-gelatinizada**

As farinhas pré-gelatinizadas são produtos de grande importância industrial, destinada para o preparo de alimentos rápidos, com cozimento breve em água quente, como as arepas colombianas e a polenta italiana. Como o amido da farinha pré-gelatinizada está completamente gelatinizado, o mesmo é rapidamente digerível e o alimento apresenta alto índice glicêmico. Porém, a mistura com outros ingredientes, como por exemplo, as arepas que são recheadas com carne, queijo, feijão entre outros, melhora o valor nutricional do alimento e a resposta glicêmica do alimento.

- *Masa*

Em muitas regiões da América do Sul e América Central o milho é primeiro transformado em *masa*, pelo processo conhecido como nixtamalização. Nesta operação, os grãos de milho são aquecidos em água contendo hidróxido de cálcio. A temperatura é elevada até no mínimo 82ºC e mantido por um período de aproximadamente 1 hora, sendo posteriormente resfriado. Desta forma é produzido o nixtamal, que é então lavado para a remoção do pericarpo e do excesso de hidróxido de cálcio e moído manualmente ou em moinho de pedra (PAPPA *et al.*,2010). O produto úmido moído é a *masa* que é usada para a elaboração de uma série de produtos, como as tortillas (Tabela 21.7).

Embora o cozimento com hidróxido de cálcio elimine parcialmente parte do gérmen e a maior parte do pericarpo, de modo que as tortillas apresentam menores teores de fibras alimentares e lipídeos do que o grão integral, o milho nixtamalizado apresenta vários benefícios em comparação com os grãos processado, porque, devido ao seu processo alcalino, os grãos são moídos com mais facilidade, apresentam melhor sabor e um maior valor nutricional, com uma maior biodisponibilidade de niacina, melhor qualidade de proteínas e maior concentração de cálcio (100 mg/100 g) (SERNA-SALDIVAR; CHUCK-HERNANDEZ, 2019), além de menor conteúdo de micotoxinas (AFOAKWA *et al.*, 2007).

21.2.2.2 Produtos da moagem a úmido e derivados

A moagem úmida é um processo que objetiva a separação dos componentes, sendo o principal produto a obtenção de amido (Figura 21.6). Por consequência do processo de moagem se obtém também ainda o óleo de milho extraído do gérmen, as fibras alimentares e a proteína do milho (a qual muitas vezes é denominada de "glúten de milho" pela indústria, mesmo que de forma errônea). A etapa mais importante da moagem úmida é o processo de maceração dos grãos, no qual o milho é deixado em repouso em tanques com uma solução de dióxido de enxofre e água. Essa solução proporciona o aumento da umidade dos grãos e auxilia a separação do amido, por consequência, ocasiona a perda de compostos solúveis (vitaminas, açúcares e minerais). Esta água de maceração é amplamente reaproveitada como substrato na indústria de biotecnologia ou desidratada e incluída na ração animal. As mudanças físicas, químicas e bioquímicas induzidas durante o processo de maceração são responsáveis pela qualidade e pelo rendimento dos produtos obtidos (GERALDI *et al.*, 2012).

Figura 21.6 Produtos obtidos a partir da moagem úmida dos grãos de milho, sendo (a) xarope de milho (b) amido de milho e (c) maltodextrina.

Os produtos obtidos da moagem úmida (Figura 21.6) não são consumidos de forma direta e geralmente necessitam de um processamento adicional, sendo utilizados como ingredientes em diversos produtos. Alguns desses produtos são descritos a seguir, bem como as alterações nutricionais de seu processamento, com maior ênfase ao amido, devido à importância industrial.

- **Amido**

O amido é caracterizado por ser um carboidrato de alta pureza, pois grande parte os outros nutrientes são separados no processo de extração pela moagem úmida dos grãos (GWIRTZ; GARCIA-CASAL, 2014). O amido de milho apresenta um baixo teor de proteínas (0,6 g/100 g) e também de cinzas (0,1 g/100 g), além de apresentar diminuição dos teores de todas as vitaminas e minerais, como por exemplo, a concentração de potássio no grão de milho inteiro é de 286 mg/100 g, enquanto no amido de milho diminui para 3 mg/100 g. Apesar disso, o amido é o produto da moagem úmida de maior aplicação industrial.

Para ser absorvido pelo organismo, o amido precisa ser submetido ao processo de gelatinização, pois normalmente quando consumido no estado nativo dificilmente é atacado pelas enzimas amilolíticas (JANE, 2003). Os amidos podem ser classificados de acordo com o processo de digestão no intestino delgado humano, como: amido rapidamente digerível, o qual apresenta uma rápida e completa digestão, como consequência um alto índice glicêmico, sendo encontrado nos alimentos amiláceos cozidos recentemente, como por exemplo nos pães; o amido lentamente digerido, o qual apresenta uma digestão lenta mas completa, encontrado na maioria dos cereais crus (MAHAN *et al.*, 2005); e o amido resistente, o qual constitui uma fração do amido que não é hidrolisado pelas enzimas amilolíticas endógenas.

Os amidos na forma nativa são amplamente aplicados aos produtos feitos na hora. Porém, para melhorar as características originais e possibilitar a aplicações em produtos específicos, a fim de promover espessamento, melhorar retenção de água, aumentar estabilidade, melhorar sensação ao paladar e brilho e gelificar os amidos são modificados. Os amidos modificados são alterados por meios genéticos, físicos, enzimáticos e químicos (ou pela combinação de pelo menos dois tipos), o que possibilita ser amplamente utilizado pela indústria alimentícia e não alimentícia. Por exemplo, quando o amido de milho é utilizado na panificação, devido ao processo de mistura com a água e com os demais ingredientes, durante o processo de cozimento vai ocorrer a gelatinização do amido, e por consequência aumento da digestibilidade. Assim, o valor nutricional dos produtos que possuem amido como ingredientes sofrem modificações de acordo com o processamento e com os demais ingredientes que são utilizados nas formulações, como açúcares, lipídeos, fibras alimentares, proteínas, entre outros, os quais podem formar complexos com o amido, modificando a biodisponibilidade.

Dentre as diversas funções, o amido se destaca como um agente espessante e emulsificante (amido esterificado) sendo aplicado para elaboração de vários produtos industrializados. Por exemplo, nas sopas instantâneas os amidos pré-gelatinizados são utilizados como agentes espessantes, responsáveis pela consistência do produto.

Estudo realizado por Silva *et al.*, (2006) demonstrou que a utilização de amidos modificados em maionese possibilita considerável redução do teor de gordura (cerca de 50%), sendo bem interessante nutricionalmente, visto que esse tipo de alimento é reconhecido por ser excessivamente calórico.

A aplicação de amido de milho utilizando o extrusor como reator, na presença de ácidos graxos, pode ser uma alternativa economicamente viável para a obtenção de amido resistente tipo 5. O processo baseia-se na termodextrinização das moléculas de amilose e amilopectina liberando dextrinas. Estas apresentam conformação em α-hélice, apresentado característica hidrofóbica na parte interna e hidrofílica na parte externa. Desta forma, é possível ocorrer a complexação física das dextrinas com a cadeia linear apolar de ácidos graxos saturados. Esta interação é reversível com aplicação de altas temperaturas, mas ao resfriar o gel de amido, o rearranjo pode tornar a ocorrer. Desta forma, parte desse amido não é hidrolisada pelas enzimas amilolíticas do trato gastrointestinal, atuando então como uma fibra alimentar solúvel, com potencial efeito prebiótico. Além disso, dependendo do tipo de ácido graxo (principalmente ácidos graxos de cadeia curta, por serem mais reativos), pode ocorrer a esterificação da carboxíla com a hidroxíla da glicose presente no amido formando um éster, gerando um amido resistente tipo 4 (quimicamente modificado). Há ainda a possibilidade de formar amido resistente tipo 3 por meio da retrogradação do amido (BEMILLER, 2020; TACER-CABA; NILUFER-EDIL, 2019; CHANG *et al.*, 2018). Outros produtos derivados da moagem úmida que vem ganhando espaço na indústria são os xaropes e as dextrinas, que serão discutidas a seguir.

- **Xarope de milho**

O xarope de milho, também conhecido como glucose de milho, é obtido por meio da hidrólise ácida ou enzimática do amido de milho em glicose (DAMODARAN; PARKIN, 2017). Este produto geralmente apresenta entre 60% e 70% de sólidos solúveis, alta viscosidade e alta doçura, por isso a aplicação em produtos e bebidas é limitado (HELSTAD, 2019). Em 1970, a Clinton Corn Processing Company e um grupo de investigadores japoneses desenvolveram um método de processamento que aumentou a concentração de frutose no xarope de milho, por meio da isomerização das dextrinas do amido em frutose, utilizando a enzima glicose isomerase; dessa maneira se obteve o High Fructose Corn Syrup (HFCS), traduzido do inglês como xarope de milho com alto teor de frutose, o qual apresenta até 55% de frutose e entre 71% a 75% de sólidos solúveis, por isso, apresentando poder de doçura superior à sacarose (RIPPE, 2014). O HFCS possui, além da alta concentração de frutose, considerável fração de glicose não convertida, além de ser possível a formação de traços de manose.

O uso do HFCS expandiu em países como Estados Unidos e Canadá, que o utilizam como substituto da sacarose da cana-de-açúcar, proveniente de países tropicais (incluindo o Brasil), proporcionando a transformação da textura dos alimentos, aumentando a viscosidade e maciez ao mesmo tempo em que diminui a formação de cristais de açúcares. A crescente utilização pela indústria, tem ocasionado consumo excessivo do HFCS, através de sucos ou adicionados em inúmeros produtos industriais. Apesar de a frutose ter um IG baixo (32) quando comparada à glicose, apresenta metabolização diferente pelo organismo humano. Como a frutose é metabolizada no fígado, o consumo excessivo pode ocasionar sobrecarga e o que não for metabolizado é armazenado na forma de triglicerídeos.

- **Dextrinas**

Trata-se de um carboidrato complexo obtido por meio da hidrólise ácida ou enzimática do amido, apresentando como característica a baixa solubilidade em água fria, podendo ser encontrada comercialmente na forma de gomas. A maltodextrina é uma combinação de carboidratos complexos (dextrinas, maltotetrose, maltotriose e maltose, além de traços de dextrose), sendo proveniente da conversão enzimática do amido do milho. A maltodextrina visa manter o índice glicêmico mais estável devido à combinação das características próprias dos açúcares, sendo bastante usada em suplementos alimentares.

21.3 CONCLUSÃO

Os grãos de milho e os seus derivados são importantes fontes de nutrientes para a alimentação humana e matéria-prima para a indústria alimentícia. As quantidades e qualidades dos nutrientes disponíveis bem como os valores calóricos dos alimentos podem sofrer variações de acordo com a variedade e estágio de maturação do milho, o método de processamento, a aplicação pela adição de outros ingredientes na formulação de produtos industrializados ou preparações culinárias. O processamento dos grãos possibilita ampliar a utilização dos derivados em uma série de produtos, a fim de atender as necessidades da indústria e as demandas dos consumidores.

21.4 AGRADECIMENTOS

Os autores agradecem ao Conselho Nacional de Desenvolvimento Científico e Tecnológico (CNPq), pelas bolsas de doutorado de B. L. Tagliapietra (Processo 140805/2020-6) e de R. Salvador-Reyes (Processo n. 141263/2019-9). À Coordenação de Aperfeiçoamento de Pessoal de Nível Superior (Capes, código de financiamento 001) pelo suporte financeiro. Ao programa de pós-graduação em Tecnologia de Alimentos da Universidade Estadual de Campinas (Unicamp), ao Instituto de Ciência e Tecnologia (ICT) e à Universidade Federal dos Vales do Jequitinhonha e Mucuri (UFVJM) pelo suporte institucional.

REFERÊNCIAS

AFOAKWA, Emmanuel Ohene *et al.* Influence of spontaneous fermentation on some quality characteristics of maize-based cowpea-fortified nixtamalized foods. *African Journal of Food, Agriculture, Nutrition and Development*, v. 7, n. 1, 2007.

BATTERMAN-AZCONA, Sheri J.; HAMAKER, Bruce R. Changes occurring in protein body structure and α-zein during cornflake processing. *Cereal Chemistry*, v. 75, n. 2, p. 217-221, 1998.

BEMILLER, James N. Resistant starch. *Science and Technology of Fibers in Food Systems*. p. 153-183, 2020.

BRAND-MILLER, Jennie C. Postprandial glycemia, glycemic index, and the prevention of type 2 diabetes. *The American Journal of Clinical Nutrition*, v. 80, n. 2, p. 243-244, 2004.

BRASIL. Decreto-lei nº 399, de 30 de abril de 1938. Aprova o regulamento para execução da Lei nº 185, de 14 de janeiro de 1936, que institui as Comissões de Salário-Mínimo. *Diário Oficial da União*: seção 1, Brasília, DF, 7 maio 1938.

BRASIL. Resolução-RDC nº 150, de 13 de abril de 2017. Dispõe sobre o enriquecimento das farinhas de trigo e de milho com ferro e ácido fólico. *Diário Oficial da União*: seção 1, nº 73, Brasília, DF, 17 abr. 2017.

CALLEGARO, Maria da Graça Kolinski *et al.* Determinação da fibra alimentar insolúvel, solúvel e total de produtos derivados do milho. *Food Science and Technology*, v. 25, p. 271-274, 2005.

CHANG, Y. K.; SCHMIELE, M.; HORI, L. K. T.; CLERICI, M. T. P. S. *Processo de obtenção de amido resistente misto do tipo 3 e 5, amido resistente obtido e uso*. Titular: Universidade Estadual de Campinas. Procuradora: Fernanda Lavras Costallat Silvado. BR102016030414A2/PCT/BR2017/000148. Depósito: 21 dez. 2016. Concessão: 17 jul. 2018. Disponível em: https://patents.google.com/patent/BR102016030414A2. Acesso em: 2 ago. 2020.

DYKES, L.; ROONEY, L. W. Phenolic compounds in cereal grains and their health benefits. *Cereal Foods World*, v. 52, n. 3, p. 105-111, 2007.

FENNEMA, Owen R.; DAMODARAN, Srinivasan; PARKIN, Kirk L. Introduction to food chemistry. *In*: *Fennema's food chemistry*. CRC Press, 2017. p. 1-16.

GERALDI, Claudinéia Aparecida Queli. Análise econômico-financeira de um novo processo de produção de derivados de milho. *Engevista*, v. 14, n. 2, 2012.

GWIRTZ, Jeffrey A.; GARCIA-CASAL, Maria Nieves. Processing maize flour and corn meal food products. *Annals of the New York Academy of Sciences*, v. 1312, n. 1, p. 66-75, 2014.

HARPER, A. Amino acid scoring patterns. *In*: JOINT FAO/WHO/UNU EXPERT CONSULTATION ON ENERGY AND PROTEIN REQUIREMENTS. 5-17 out. 1981. Roma. Disponível em: http://www.fao.org/docrep/MEETING/004/M3013E/M3013E00.htm. Acesso em: 18 jul. 2020.

DAMODARAN, Srinivasan.; PARKIN, Kirk. L. *Química de Alimentos de Fennema*. São Paulo, Brasil: Grupo A, 2017.

HELSTAD, Scott. Corn sweeteners. *In*: SERNA-SALDIVAR, Sergio O. *Corn*: chemistry and technology. 3. ed. AACC International Press, 2019. p. 551-591.

INEI - Instituto Nacional de Estadística del Perú). *IV CENAGRO*. Censo nacional agrícola. 2012. Disponível em https://proyectos.inei.gob.pe/CenagroWeb/#. Acesso em: 12 jul. 2020.

JANE, Jay-lin et al. Structures of amylopectin and starch granules: How are they synthesized?. *Journal of Applied Glycoscience*, v. 50, n. 2, p. 167-172, 2003.

JENKINS, David J. *et al*. Glycemic index of foods: a physiological basis for carbohydrate exchange. *The American Journal of Clinical Nutrition*, v. 34, n. 3, p. 362-366, 1981.

MAHAN, L. Kathleen; ESCOTT-STUMP, Sylvia. *Krause*: alimentos, nutrição e dietoterapia. São Paulo: Roca, 2005.

MAHAN, L. Kathleen; RAYMOND, Janice L. Krause's food & the nutrition care process-e-book. Elsevier Health Sciences, 2016.

OLIVEIRA, Giovanna; RODRIGUEZ-AMAYA, Delia B. Processed and prepared corn products as sources of lutein and zeaxanthin: compositional variation in the food chain. *Journal of Food Science*, v. 72, n. 1, p. S079-S085, 2007.

ORDÓÑEZ, J. A. *Tecnologia de alimentos*: componentes dos alimentos e processos. São Paulo: Artmed, 2007. 294 p.

PAES, Maria Cristina Dias. Aspectos físicos, químicos e tecnológicos do grão de milho. *Embrapa Milho e Sorgo-Circular Técnica (INFOTECA-E)*, 2006.

PAPPA, María Renée; DE PALOMO, Patricia Palacios; BRESSANI, Ricardo. Effect of lime and wood ash on the nixtamalization of maize and tortilla chemical and nutritional characteristics. *Plant Foods for Human Nutrition*, v. 65, n. 2, p. 130-135, 2010.

POEY, F. R. *et al*. Germ-endosperm relationship in the nutritional improvement of maize grain. *In*: INTERNATIONAL SYMPOSIUM ON SEED PROTEIN IMPROVEMENT IN CEREALS AND GRAIN LEGUMES, 1978, NEUHERBERG; AUT; VIENNA: IAEA; DA, 1979. v. 1, pp. 369-384.

RIPPE, James M. Fructose, high fructose corn syrup, sucrose, and health: modern scientific understandings. *In*: *Fructose, high fructose corn syrup, sucrose and health*. New York: Humana Press, 2014. p. 3-12.

ROSZKOWSKA, Anna *et al*. Non-celiac gluten sensitivity: a review. *Medicina*, v. 55, n. 6, p. 222, 2019.

SALHUANA, Wilfredo. Diversidad y descripción de las razas de maíz en el Perú. *Cincuenta años del Programa Cooperativo de Investigaciones en Maíz (PCIM)*. Lima, Peru: UNALM, 2004. p. 204-251.

SALMERÓN, Jorge *et al*. Dietary fiber, glycemic load, and risk of NIDDM in men. *Diabetes Care*, v. 20, n. 4, p. 545-550, 1997.

SCHMIELE, M.; SAMPAIO, U. M.; CLERICI, M. T. P. S. Basic principles: starches for food application. *In*: CLERICI, M. T. P. S.; SCHMIELE, M. (Eds.). *Starches for food application*: chemical, technological and health. Cambridge: Academic Press, 2019. p. 1-22. DOI: https://doi.org/10.1016/B978-0-12-809440-2.00001-0.

SERNA-SALDIVAR, Sergio O.; CHUCK-HERNANDEZ, Cristina. Food uses of lime-cooked corn with emphasis in tortillas and snacks. *In*: SERNA-SALDIVAR, Sergio O. *Corn*: chemistry and technology. 3. ed. AACC International Press, 2019. p. 469-500.

SILVA, Graziela de Oliveira da *et al.* Características físico-químicas de amidos modificados de grau alimentício comercializados no Brasil. *Food Science and Technology*, v. 26, n. 1, p. 188-197, 2006.

TACER-CABA, Zeynep; NILUFER-ERDIL, Dilara. Resistant starch. *In*: *Reference Module in Food Science*. Elsevier, 2018.

TACER-CABA, Z. The concept of superfoods in diet. *In: The role of alternative and innovative food ingredients and products in consumer wellness*. Academic Press, 2019. p. 73-101.

TBCA-USP – Tabela Brasileira de Composição de Alimentos – Universidade de São Paulo. Food Research Center (FoRC). Versão 7.1. São Paulo: USP, 2020. Disponível em: http://www.fcf.usp.br/tbca. Acesso em: 28 jul. 2020.

THACHIL, Madonna T.; CHOUKSEY, Mithlesh K.; GUDIPATI, Venkateshwarlu. Amylose-lipid complex formation during extrusion cooking: effect of added lipid type and amylose level on corn-based puffed snacks. *International Journal of Food Science & Technology*, v. 49, n. 2, p. 309-316, 2014.

TOMASIK, Piotr. *Chemical and functional properties of food saccharides*. CRC Press, 2003.

UNICAMP/NEPA – Núcleo de Estudos e Pesquisas em Alimentação). *TACO (Tabela Brasileira de Composição de Alimentos)*. 4. ed. rev. ampl. Campinas: 2011. 161p.

USDA – United States Department of Agriculture). *Grain*: world markets and trade. 2020. Disponível em: https://apps.fas.usda.gov/psdonline/circulars/grain.pdf. Acesso em: 27 jun. 2022.

USDA – United States Department of Agriculture). *National nutrient database for standard reference, release 25*. 2012. Disponível em: https://www.ars.usda.gov/ARSUserFiles/80400525/Data/SR25/sr25_doc.pdf. Acesso em: 28 jul. 2020.

WATSON, Stanley A. Structure and composition. *In*: WATSON, S. A.; RAMSTAD, P. E. (Eds.). *Corn*: chemistry and technology. St. Paul, Minnesota: American Association of Cereal Chemists (AACC), 1987. p.53-82.

AUTORES

Aldrey Nathália Ribeiro Corrêa: Biomédica, Mestre em Nutrição e Alimentos na Universidade do Vale do Rio dos Sinos, em São Leopoldo (RS).

Adriano Hirsch Ramos: Engenheiro Agrônomo, Doutorando em Ciência e Tecnologia de Alimentos (PPGCTA) na Universidade Federal de Pelotas, em Pelotas (RS).

Aline Felten Boldam: Engenheira de Alimentos, Professora e Membro do Programa de Pós-Graduação em Nutrição e Alimentos, da Universidade do Vale do Rio dos Sinos, em São Leopoldo (RS).

Alvaro Renato Guerra Dias: Engenheiro Agrônomo, Professor e Membro do curso de Pós-graduação em Ciência e Tecnologia de Alimentos (PPGCTA), da Universidade Federal de Pelotas, em Pelotas (RS).

Betina Bueno Peres : Tecnóloga de Alimentos, doutoranda em Ciência e Tecnologia de Alimentos (PPGCTA) na Universidade Federal de Pelotas, em Pelotas (RS).

Bruna Lago Tagliapietra: Nutricionista e Tecnóloga de Alimentos, doutoranda em Tecnologia de Alimentos na Universidade Federal de Campinas (Unicamp), Campinas (SP).

Chirle de Oliveira Raphaelli: Química de Alimentos, Professora da Faculdade de Nutrição, da Universidade Federal de Pelotas (UFPel).

Cristiano Dietrich Ferreira: Engenheiro Agrônomo, Professor e Membro do Programa de Pós-Graduação em Nutrição e Alimentos, da Universidade do Vale do Rio dos Sinos, em São Leopoldo (RS).

Daiane Vogel do Carmo Pansera: Nutricionista, Mestranda em Nutrição e Alimentos na Universidade do Vale do Rio dos Sinos, em São Leopoldo (RS).

David Fernando dos Santos: Membro do curso de Engenharia de Alimentos e do Programa de Pós-Graduação em Ciência e Tecnologia de Alimentos (PPGCTAL), Universidade Federal da Fronteira Sul (UFFS).

Dianini Hüttner Kringel: Química de Alimentos, Doutora em Ciência e Tecnologia de Alimentos pela Universidade Federal de Pelotas, em Pelotas (RS).

Eberson Diedrich Eicholz: Engenheiro Agrônomo, Pesquisador na Empresa Brasileira de Pesquisa Agropecuária (EMBRAPA), em Pelotas (RS).

Elessandra da Rosa Zavareze: Engenheira de Alimentos, Professora e Membro do curso de Pós-graduação em Ciência e Tecnologia de Alimentos (PPGCTA), da Universidade Federal de Pelotas, em Pelotas (RS).

Elisa dos Santos Pereira: Nutricionista, Mestre em Ciência e Tecnologia de Alimentos (PPGCTA) pela Universidade Federal de Pelotas, em Pelotas (RS).

Felipe Leandro Felipim Ferrazza: Membro do curso de Agronomia no Instituto Federal de Educação, Ciência e Tecnologia Farroupilha, em Santo Augusto (RS).

Franciene Almeida Villanova: Engenheira Agrônoma, Doutora em Ciência e Tecnologia de Alimentos pela Universidade Federal de Pelotas, em Pelotas (RS).

Gabriela Caroline Lenhani: Engenheira de Alimentos, Membro do curso de Engenharia de alimentos e do Programa de Pós-Graduação em Ciência e Tecnologia de Alimentos (PPGCTAL), Universidade Federal da Fronteira Sul (UFFS), em Guarapuava (PR).

Gustavo Heinrich Lang : Engenheiro Agrícola, Doutor em Ciência e Tecnologia de Alimentos pela Universidade Federal de Pelotas, em Pelotas (RS).

Henrique Passos Neutzling: Engenheiro Agrônomo pela Universidade Federal de Pelotas, em Pelotas (RS).

Jaqueline Pozzada dos Santos: Engenheira de Alimentos, Doutora em Ciência e Engenharia de Alimentos pela Universidade Federal de Rio Grande, Rio Grande (RS).

Jessica Fernanda Hoffmann: Tecnóloga de Alimentos, Professora e Membro do Programa de Pós-Graduação em Nutrição e Alimentos, da Universidade do Vale do Rio dos Sinos, em São Leopoldo (RS).

Jessie Tuani Caetano Cardoso: Engenheira Agrícola, Mestre em Ciência e Tecnologia de Alimentos pela Universidade Federal de Pelotas, em Pelotas (RS).

Juliana Rocha Vinholes: Química, Pesquisadora na Empresa Brasileira de Pesquisa Agropecuária (EMBRAPA), Pelotas (RS).

Laura Martins Fonseca: Engenheira de Alimentos, Pós-doutoranda em Ciência e Tecnologia na Universidade Federal de Pelotas, Pelotas (RS).

Layla Dame Macedo: Química de Alimentos pela Universidade Federal de Pelotas, em Pelotas (RS).

Lázaro da Costa Corrêa Cañizares: Engenheiro Agrônomo, Doutorando em Ciência e Tecnologia de Alimentos na Universidade Federal de Pelotas, em Pelotas (RS).

Leonardo Nora: Engenheiro Agrônomo, Professor e Membro do curso de Pós-graduação em Ciência e Tecnologia de Alimentos (PPGCTA), da Universidade Federal de Pelotas, em Pelotas (RS).

Maicon da Silva Lacerda: Químico de Alimentos pela Universidade Federal de Pelotas, em Pelotas (RS).

Márcia Arocha Gularte : Economista Doméstica, Professora e Membro do curso de Pós-graduação em Ciência e Tecnologia de Alimentos (PPGCTA), da Universidade Federal de Pelotas, em Pelotas (RS).

Marcio Schmiele: Químico de Alimentos, Professor na Universidade Federal dos Vales do Jequitinhonha e Mucuri, Diamantina (MG).

Maria Teresa Pedrosa Silva Clerici: Farmacêutica, Professora e Pesquisadora na Universidade Federal de Campinas (Unicamp), Campinas (SP).

Mariana Pereira Silveira: Engenheira de Alimentos, Doutoranda em Engenharia de Alimentos na Universidade Federal de Campinas (Unicamp), Campinas (SP).

Marina Peter Schwab: Engenheira Agrônoma pela Universidade Federal de Pelotas, em Pelotas (RS).

Maurício de Oliveira: Engenheiro Agrônomo, Professor e Membro do curso de Pós-graduação em Ciência e Tecnologia de Alimentos (PPGCTA), da Universidade Federal de Pelotas, em Pelotas (RS).

Newiton da Silva Timm: Engenheiro Agrícola, Doutor em Engenharia Agrícola pela Universidade Federal de Santa Maria, Santa Maria (RS).

Rebeca Salvador-Reyes: Engenheira Agroindustrial, Doutoranda em Tecnologia de Alimentos na Universidade Federal de Campinas (Unicamp), Campinas (SP).

Ricardo Scherer Pohndorf: Engenheiro Agrícola, Professor e Pesquisador na Universidade Federal de Pelotas, em Pelotas (RS).

Ricardo Tadeu Paraginski: Engenheiro Agrônomo, Professor e Pesquisador no Instituto Federal de Educação, Ciência e Tecnologia Farroupilha, em Santo Augusto (RS).

Rubia Batista Viana: Membro do curso de Engenharia de alimentos e do Programa de Pós-Graduação em Ciência e Tecnologia de Alimentos (PPGCTAL), Universidade Federal da Fronteira Sul (UFFS).

Silvia Rivero Meza: Engenheira de Alimentos, Professora no Centro Universitário FIEO, em Osasco (SP).

Taiane Mota Camargo: Química de Alimentos, Doutoranda em Ciência e Tecnologia de Alimentos (PPGCTA) na Universidade Federal de Pelotas, em Pelotas (RS).

Thaís de Souza Rocha: Engenheira de Alimentos, Professora na Universidade Estadual de Londrina, em Londrina (PR).

Valmor Ziegler: Tecnólogo de Alimentos, Professor e Membro do Programa de Pós-Graduação em Nutrição e Alimentos, da Universidade do Vale do Rio dos Sinos, em São Leopoldo (RS).

Vania Zanella Pinto:Engenheira de Alimentos, Professora e Pesquisadora do curso de Engenharia de alimentos e do Programa de Pós-Graduação em Ciência e Tecnologia de Alimentos (PPGCTAL), da Universidade Federal da Fronteira Sul (UFFS), em Laranjeiras do Sul.

Vinícius Gonçalves Deon: Engenheiro Mecânico, Professor e pesquisador do Instituto Federal de Santa Catarina, em Xanxerê (SC).